전사로 읽는 전술학

김창진 · 김영택 공저

전사로 읽는 전술학

김창진 · 김영택

2017년 8월 4일 초판 인쇄
2017년 8월 8일 초판 발행
2018년 9월 4일 초판 2쇄 인쇄
2018년 9월 8일 초판 2쇄 발행
발행인 박 진 영
발행처 도서출판 진영사
인천광역시 부평구 갈산동 185번지 풍진빌딩 303호
전화 : 032)505-4207
팩스 : 032)505-4206
E-mail : 0183734207@hanmail.net
등록 : 122-91-77317

ISBN 978-89-6541-326-4 93390
값 25,000원

책을 쓰면서

군사학이 사회학의 일부로 자리 잡고 캠퍼스에서 강좌를 개설한지도 적지 않은 시간이 흘렀다. 이제 군사학은 하나의 학문 분야로 완전히 자리매김하였고, 대학에서도 누구나 군사학 한 강좌 정도 선택하는 것이 낯설지 않은 풍경이 되었다. 군사학이라는 미지의 분야들이 젊은이들에게 개방되어 학문의 다양성을 제공함은 물론이고 지식의 갈증을 풀어내는 오아시스와 같은 존재가 된 것이다.

이러한 사회적 요구에 발맞춰 많은 군사학 서적들이 출판되고 있다. 그러나 그간 발간된 책들은 주로 전쟁사나 전략 분야에 한정되어 있어 처음 군에 입문하거나 군에 대한 초보적 관심을 가지고 연구해 보고자 하는 마니아층의 참고 서적으로는 부족한 면이 적지 않았다.

저자는 그간 야전에서 초급장교 경력을 쌓고, 영관장교 시절에는 학생군사학교에서 장차 군의 간성이 될 학군장교들을 양성하는 데 주력하였다. 전역 후에도 이 순간까지 강단에서 수년간 군사학을 연구하고 가르치는 행운을 안고 생활해 오고 있다.

저자는 이 과정에서 '처음 전술학을 접하는 학도들에게 어떻게 하면 전술학의 이론적 개념을 쉽게 정립하게 하여 기본전투기술과 기초전략의 역량을 키워나갈 수 있게 할 수 있을까?' 하는 데 노력을 집중해왔다. 오랜 경험과 고민 끝에 '전술학은 전사로 연구하는 것이 최고의 수(秀)다.'라는 지론을 가지게 되었고, 전술과 전투에 대한 이해를 쉽게 해 나갈 수 있는 최고의 방법은 결국 전사(戰史)를 통한 것임을 확신하게 되었다.

이러한 확신을 바탕으로 향후 군 초급간부에 뜻을 두고 있거나, 대학에서 사회학에 관심을 두고 전공 또는 교양으로 연구하고 있는 젊은이들이 보다 쉽고 흥미롭게 전술학을 연구할만한 교재의 필요성을 절감하게 되어 졸저를 집필하게 되었다. 따라서 졸저의 각 장, 절마다 고대로부터 현대전까지의 전사가 가미된 실전적 상황과 연계된 전술 상황들을 접하게 될 것이다.

그간 전술은 날로 새로운 무기체계와 과학적 시스템에 따라 많은 변화와 발전을 동반해왔다. 하지만 이러한 것들을 운용하여 전투와 연계시키는 주체는 결국 인간이고, 그 중심의 한 가운데 있는 것이 초급간부이다. 그러므로 본서의 학습은 군의 초급간부들에게 견고한 전술적 식견을 토대로 보다 효과적인 전투지휘능력을 향상 시킬 뿐만 아니라 한 걸음 더 나아가 적과 싸워 이길 수 있는 필승의 신념을 심어주는데 소중한 지침서가 될 것으로 확신한다.

아무쪼록 필자의 작은 노력이 독자 여러분의 소망에 큰 보탬이 되기를 기원한다.

저자 씀

목 차

제 1 장

전술이란 무엇인가?

상륙을 지휘하는 맥아더

진천전투 전황보고

제1절 전술의 정의

전술은 **과학(科學, Science)과 술(術, Art)**의 영역이 함께 한다. 전술에서의 **과학**은 수많은 전투사례 등을 분석한 결과 나타난 일정한 원리와 원칙 등의 논리적이고 체계적인 지식 기반이다. **술(術)**은 다양한 전술 상황에서 전투 지휘관의 직관력, 전투감각 등에 의해 발휘되는 운용능력이다. 여기에서 중요한 것은 이러한 술(術)적 요소의 능숙한 구사를 위해서는 과학이 그 기반이 되어야 한다는 것이다. 즉, 원칙에 강해야 창의성 있는 응용이 가능하다는 것을 강조한 것임을 알아야 한다. 따라서 이 책을 읽는 독자는 본문 내용의 전투사례에 만족하지 말고 수많은 **전사를 통하여 생생한 교훈과 전장의 감각**을 느끼면서, 전술을 이해하려는 노력을 끊임없이 해주기 바란다.

전술을 정의하기에 앞서 인류의 역사에 대하여 생각해 볼 필요가 있다. 인류의 역사는 전쟁의 역사라고 할 만큼 지구상에서는 수많은 전쟁이 계속되어 왔으며 지금 이 순간에도 진행되고 있다. 그리고 이러한 전쟁이 앞으로도 계속 될 것이라는 것은 쉽게 예측해 볼 수 있다. 이처럼 전쟁의 역사는 인류가 출현한 시대부터 시작하여 현재에 이르기까지 유구한 역사를 갖고 있으며 이를 통하여 전술은 발전을 거듭하여 오게 된 것이다. 즉, 인류의 역사와 함께 한 것이 전쟁의 역사이다.

전술의 시작과 발전은 인간의 본능에서 찾아볼 수 있다. 인간은 본능적으로 자신의 생명을 지키려는 습성을 갖고 있으며 이를 위한 행동을 반복하게 된다. 생존을 위해서 사냥(공격)을 하며, 주변의 위협으로부터 생명을 지키기 위한 대비(방어)를 본능적으로 하게 된다. 이러한 활동이 최초에는 개인에서 시작하여 점차 집단을 이루면서 조직화 되어 발전하였을 것이다. 물론 초기에는 전술이라는 용어도 존재하지는 않았을 것이다. 그렇지만 집단이 형성되면서 사냥을 하고 상대를 공격하는 행위, 주거지를 지키는 등의 일을 효과적으로 수행하기 위한 많은 고민을 하면서 실제로 적용하여 보았을 것이다. 즉, 인적자원(병력)과 도구(무기 등)를 활용한 다양한 방법(지형이용 등)으로 공격과 방어행동을 구사하면서 수많은 시행착오를 통하여 그 방법을 발전시켰을 것이다.

우리는 이러한 인류 생존의 역사를 전술의 시작과 발전과정이라고 이해하면 될 것이다. 그리고 인류의 역사에서 나타난 인간의 본능적인 행동으로부터 전술을 이해하려 한다면 그것이 가장 쉽게 전술에 입문하는 길임을 밝혀 두고자 한다.

전술(Tactics)이란 용어의 어원은 그리스어의 TAKTIKOS로 원래는 '배열한다, 정돈한다.'의 뜻을 지니고 있다. 글자의 뜻으로 전술을 살펴보면 '전(戰,싸움)'과 '술(術)'로 이루어져 있으며 직역하면 '싸우는 재주 또는 기술'을 뜻함을 알 수 있다.

전술(Tactics)에 대하여 대한민국 육군의 군사용어사전(육군, 2012)에서는 '전투시 부대의 운용', '아군 상호간 및 적과 관련하여 부대의 모든 잠재력을 발휘하기 위한 질서 있는 부대배치 또는 기동'이라 하고 있다.

육군의 권위 있는 전술교범(육군, 2013) 에서는 '군단 이하의 전술제대가 전투에서 승리하기 위하여 전투력을 조직하고 운용하는 과학(科學, Science)과 술(術, Art)이다.' 라고 정의하였다.

전술에서 말하고 있는 과학과 술에 대한 내용을 참고해 보고자 한다.

① **과학(Science)**의 영역은 고금의 전투전사 등을 대상으로 관찰과, 연구, 실험을 통하여 입증된 전술의 객관적인 원리·원칙, 방법, 기술 및 절차, 또는 각종 제원 등을 말하며, 이는 논리적이고 체계적인 경험 지식인 것이다. 즉, 전술에는 그동안의 오랜 세월을 거치면서 증명된 보편적이고 객관적인 법칙이 존재한다는 것이다.

② **술(Art)**은 직관과 통찰력에 의한 운용능력이며, 고도의 전투감각이 지배하는 영역으로 이것은 창의력과 직결된다. 창의력은 과학적인 능력에 부과하여 교육, 훈련, 연습, 실전경험 등을 통해 얻을 수 있는 발전된 능력이다. 즉, 전술은 다양한 환경과 상황 속에서 오랜 경험을 통하여 축척한 기예(技藝)가 존재한다는 것이다.

중요한 것은 술적 측면에서의 능력은 과학적 측면에서의 능력이 기반이 되어야 제대로 발휘될 수 있다는 사실이다. 즉, 전술은 과학적 원리의 바탕 위에서 다양한 운용의 기술을 발휘하는 과학(科學)과 술(術)의 복합체라는 것이다.

전술의 어원과 군사사전, 전술교리의 표준인 교범 상에서의 정의 등을 종합해 보았을 때 '전술이란 전술제대가 전투에서의 승리를 위하여 여러 가지의 수단과 방법을 구사하는 전투기술'이라고 하였을 때 큰 이견은 없을 것으로 생각한다.

이러한 전술은 용병술 체계에서는 가장 하위의 개념이며 이는 작전술 및 군사전략의 성공에 기여하는 것을 목적으로 하여야 한다. 전술에 대한 정의는 주요 군사이론가와 국가별로 다양하게 나타나고 있지만 그 본질에서는 거의 유사함을 볼 수 있다. 주요 이론가 및 국가별 정의를 참고해 보면 다음과 같다.

이론가	전 술 관
클라우제비츠	전투에서 부대를 사용하는 기술이다.
웨 벨	전술은 과학적인 합리성에 입각한 자유스러운 기술이어야 한다.
大몰트케	가장 곤란한 상황과 압박하에서 활용하는 기술이다.
리델하트	직접 전투행위를 위해 병력을 배치 및 운용하는 기술이다.
마 한	전술은 예술과 같이 무한히 다양한 형상을 창조하는 술이다.
나폴레옹	전술은 결코 버릴 것 없는 일정한 원칙이 있는 기술이다.

표에서 보듯이 한국군에서 전술을 정의한 바와 유사하게 대부분의 군사 이론가들도 전술을 술(術) 또는 기술의 차원으로 정의하였다. 군사적으로 강대국인 국가들도 이와 유사하게 규정하고 있음을 알 수 있다. 구체적인 예로, 미국의 작전 요무령(FM100-5)에서는 전술을 '가용 전투력을 사용하여 교전 또는 전투에서 승리할 수 있는 특정 방법이다.' 라고 규정짓고 있다.

결국, 전술은 전사를 통한 공통의 원리를 도출하여 이를 기반으로 삼아 반복행동에 의해 숙련되고 다양한 상황에 따라 적용하는 술(術)적인 능력이 중요한 분야임을 말하는 것이다. 즉, 합리적 직관과 통찰력을 바탕으로 운용능력에 많은 비중을 두고 있는 것이 전술인 것이다.

전술을 배우는 목적은 과학적 기반을 이해하며, 이를 바탕으로 운용능력을 갖추는데 있다. 이것이 전사를 통한 전술의 이해를 강조하는 이유이다. 따라서 수

많은 전사를 통하여 성공과 실패사례에서 공통되는 원리를 찾을 줄 알아야 한다. 그리고 이를 바탕으로 응용을 위한 노력을 다하는 것이 진정한 전술가(戰術家)임을 명심하기 바란다.

"전술은 10년마다 변해야 한다. 그렇지 않으면 모든 전투에서 비참한 패배만이 기다리고 있을 것이다."

– 나폴레옹 –

제2절 용병술체계

용병술 체계는 전쟁에서 승리하기 위하여 군사전략 개념에 따라 '군사전략, 작전술, 전술'로 구분하고 있다. 용병술을 수행하는 제대는 국방부, 합참, 야전군, 군단급 이하 제대로 구분할 수 있으며 각각의 수준에 부합된 용병술을 적용하게 된다. 각각의 수준별 구분에 따라 수행할 목표가 설정되어 있으나 이는 독립적인 개념이 아니며 상호 **연계성**을 갖고 보완하는 관계인 것이다.

1. 개 요

사전적인 의미에서 용병술(用兵術)이란 '전쟁에서 군사를 지휘하여 전투를 승리로 이끌기 위한 여러 가지 방법이나 기술'이라고 정의하고 있다. 용병술과 관련된 용어로는 용병법(用兵法)이 있으며 이밖에도 용병(用兵 '군사를 부림')이라는 용어도 함께 사용되고 있다. 이상의 용어는 모두 동일한 의미로 볼 수 있으며 여기에서는 용병술로 통일하여 일관성을 유지하여 기술하기로 하겠다.

용병술이란 용어가 언제부터 사용되었는지를 명확하게 식별하기는 어려우나 단어의 뜻으로 보아서는 최초에는 군사 분야에서 주로 사용했을 군사전문용어로 추정해 볼 수 있다. 그러나 현대에는 다양한 분야에서 보편적으로 쓰이는 경향을 보이고 있다. 특히 "○○○ 감독의 용병술이 빛을 발할까?" 등과 같이 용병술이란 용어는 스포츠계에서도 많이 쓰이는 경향이 있으며, 이 경우에는 감독의 경기운영 전략에 따라 선수를 기용하는 기술을 의미하고 있다.

용병술이란 용어는 인류가 오랜 전쟁의 역사를 거치면서 그 의미가 정립된 것으로 보인다. 동양병법의 진수로 평가받는 손자병법의 작전(作戰)편에서는 범용병지법(凡用兵之法, '무릇 용병의 법은 ~'), 모공(謀攻), 군쟁(軍爭)편 등에 용병이라는 용어가 등장하고 있다. 이와 같이 손자병법에 사용된 것으로 보아서는 손무(孫武)의 활동시기인 춘추시대부터 이거나 또는 그 이전부터 형성된 것으로 보인다.

국가 차원에서 수행하는 전쟁은 국가의 생존이나 번영 등 국가 전략적 목표를 달성하기 위해 수행된다. 따라서 국가는 전쟁에서 승리하기 위하여 국가전략의 개념에 따라 군사력을 조직하고 운영하는 활동이 필요하게 되는데 이것을 용병술이라고 한다. 즉, 용병술이란 전쟁을 준비하고 수행하는 활동인 것이며, 여기에는 그 수준에 따라 상위의 개념부터 나열해 보면 군사전략, 작전술 및 전술로 구분하게 된다.

전쟁수준에 따라 군사작전을 지휘하는 체계는 국방부, 합동참모본부, 야전군, 군단급 이하 제대로 구분되며 이들 제대가 각각의 수준에 부합되는 용병술을 적용하여 행사하는 것이다.

각각의 전쟁수준에서는 그 수준별로 목표가 설정되게 되며 상하체계와의 연관성을 유지하게 된다. 따라서 전쟁의 수준을 분류하는 목적은 각 수준별로 설정한 각각의 목표들이 긴밀한 연관성을 유지하면서 국가의 전쟁목표 달성에 보다 용이하게 연계시키기 위한 것이다.

다시 말하면, 전쟁의 수준을 구분하는 것은 국가의 전략 목표로부터 전술 목표에 이르기까지, 이를 수행하는 국가전쟁지도기구로부터 전술제대까지 상호 연계성을 명확하게 하기 위한 것이다. 따라서 이는 관념적인 구분인 것이며 각각의 수준을 독립적인 개념으로 분류하는 것은 아니다. 전쟁의 수준별 목표는 용병술체계의 수준과 일치한다.

즉, 용병술체계는 국가목표를 달성하기 위하여 국가전쟁지도기구로부터 전술제대에 이르기까지 군사력을 운용하는 군사전략, 작전술, 전술의 연관된 일련의 체계이다.

군사전략과 작전술, 전술은 공히 국가목표를 달성하기 위한 군사적 수단으로써 시간 및 공간적으로 용병체계 내에 서로 밀접한 관계를 맺고 있는 군사 활동이지만 본질적으로는 개념상의 차이가 존재한다.

2. 용병술체계 내의 개념비교

용병술체계 내에 존재하는 군사전략, 작전술, 전술의 개념을 상호 비교하여 그 범위와 수준을 구분해 보면 다음과 같이 정리할 수 있다.

가. 목 적

군사전략의 목적은 국가목표 달성이라는 다소 포괄적이고 광범위한 성격을 지니고 있다. 국가목표를 달성하기 위한 정치, 경제, 사회, 군사 등의 제 기능 중에서 군사부문의 국가목표를 달성하는데 있다. 이에 비해 작전술은 군사전략의 목표를 달성하는데 있으며, 전술이 갖는 목적은 작전술의 목적을 달성하는데 있다.

따라서 군사전략은 작전술에, 작전술은 전술에 그 임무와 지위를 부여할 수 있고, 작전술과 전술은 부여된 임무완수를 통하여 군사전략과 작전술의 목적달성에 기여하게 된다.

나. 목 표

목표적인 측면에서 군사전략은 모든 가능한 방법을 동원하여 전쟁을 억제하는 것이며, 억제에 실패 시에는 전쟁 또는 전역(轉役)에서 가능한 전투에 의하지 않고 국가목표를 달성하는 고차원적인 전투기술을 목표로 한다. 반면, 작전술은 전쟁 또는 전투에서 주도권 장악 또는 적의 의지를 마비시켜 전투를 최소화함으로써 전략 및 전술을 유리한 방향으로 이끄는데 그 목표를 두고 있다. 전술은 유혈수단인 직접적인 전투기술을 통하여 적 전투력의 격멸을 목표로 한다.

다. 수 단

군사전략의 목표를 달성하기 위해서 전쟁 이전에는 전투력 양성과 동원 등의 전쟁준비와 경계, 기동 그리고 배비, 전쟁 이후에는 전투라는 복합적이고 다양한 수단을 사용할 수 있다. 작전술은 군대를 전쟁의 수단인 전투에 가장 유리한 방향으로 개입시키는 기동과 배비, 전투를 주요수단으로 하여 그 목표를 달성한다.

전술은 전쟁 이후의 전투행동에 대한 문제이므로 전장 내에서 사격과 기동 등의 직접적인 수단을 통하여 그 목표를 달성하여야 한다.

라. 시간과 공간

군사전략은 시간과 공간의 측면에서 볼 때 광범위한 지역을 대상으로 삼고 있으며, 장기적인 안목으로 전쟁에서 승리하기 위한 전투력의 조성과 배비를 다룬다.

즉, 전 국토를 대상으로 하여 작전기동 이전의 군사행동의 계획 및 지침으로 볼 수 있다. 작전술은 전투가 발생하고 있는 전장에 군대를 가장 유리하게 개입할 수 있도록 적과 접촉되기 이전에 이루어지는 전장까지의 기동을 말하는 것이다. 그에 비해 전술은 전장이라는 부여받은 제한된 공간에서 시간적으로는 단기적으로 조성된 전투력을 사용하는 전투실행 방법으로 배비된 전투부대가 전장내에서 최대의 충격효과를 발휘할 수 있도록 사용하는 적과 접촉된 이후의 군사행동 기술이다.

마. 기 능

기능적으로 군사전략은 전쟁의 전체적인 계획과 실천을 담당한다. 작전술은 전투현장의 기동과 배비 그리고 전투를 통제하며, 전술은 제한적이고 부분적인 전투수행 기술이다. 따라서 군사전략은 작전술을, 작전술은 전술을 통제하고 지원하는 기능이다. 그리하여 상위 체계의 성공과 실패는 하위 체계의 성공과 실패에 결정적이다. 즉, 군사전략상의 승리는 작전술 또는 전술의 실패를 만회할 수 있고, 작전술의 성공도 전술상의 실패를 만회할 수 있다.

바. 책임 및 과업

용병술 체계에서 제대별 기준에 의해 책임과 과업을 적용할 경우 국방부와 합동참모본부의 최고 지휘관이 책임을 지는 전쟁지도분야가 군사전략이고, 합동참모본부와 야전군의 지휘관이 책임을 지는 전투지도방법이 작전술 분야이다. 전술은 통상적으로 군단급 이하 제대의 지휘관이 담당하는 전투실행방법이다.

이상과 같이 군사전략, 작전술, 전술에 대한 개념적인 차이를 목적으로부터 책임 및 과업 순으로 구분해 보았는데 각각에 따르는 개념상의 차이는 존재하는 것으로 나타났다. 그러나 실제로 접근해 보면 이들에 대한 명확한 구분은 어려운 것이 사실이다. 그것은 전쟁수준별로 각각의 목적과 목표는 설정되어 있으나 독립적인 것이 아니라 상호 연계성을 가지고 보완적인 관계에 있기 때문이다.
즉, 개념상의 차이에도 불구하고 실제적으로는 명확하게 구별이 될 수 없는 유기적인 관계에서 작용한다는 것이다.

용병체계의 상관관계를 요약하여 표로 정리해 보면 다음과 같다.

〈군사전략, 작전술, 전술의 상관관계〉

구 분	군사전략	작전술	전 술
목 적	국가목표 달성	군사전략목표 달성	작전술목표 달성
목 표	無血勝利 (전투배제)	적 전투의지 파괴 (전투의 최소화)	적 전투력 격멸
수 단	경계, 기동, 배비, 전투	기동, 배비, 전투	전투(사격, 기동)
시/공간	작전기동 이전의 군사행동 (全國土, 戰區, war)	전장까지의 기동 (戰役, Campaign)	접적이후 군사행동 (戰場, Battlefield)
기 능	전술, 작전술 실패 만회 가능	·전략실패 만회 불능 ·전술실패 만회 가능	전략, 작전술실패 만회 불능
책 임	국방부, 합참	합참, 야전군	군단 이하 제대
과 업	전쟁지도 방법	전투지도 방법	전투실행 방법

* 출처 : 군사이론 연구(p.337, 육군 교육사, 1989)

"전쟁을 성공시키기 위해서는 군사적 승리뿐만 아니라 그의 승리를 정치적으로 활용하는 것이 필요하다."

– 맥아더 –

제3절 용병술체계 상 전술의 위치

전쟁을 수행하는 조직과 기관은 국군통수권자인 대통령으로부터 국방부, 합참, 야전군, 군단급 이하의 제대로 다양하게 구성되어 있으며 용병술 체계는 '군사전략, 작전술, 전술'로 구분하고 있다. 전술은 군단급 이하의 제대에서 적용하는 것으로 용병술 체계상으로는 최하위에 있으나 전투의 승리가 작전술과 군사전략의 성공으로 이어지는 연계성을 갖고 있다. 즉, 전술의 위치와 중요성은 이러한 연계성과 상호 보완성에서 찾아야 할 것이다.

앞에서 전술의 위치를 일부 언급하면서 그 정의를 알아보았다. 정의에서, 전술이란 전술제대가 전투에서의 승리를 위하여 여러 가지의 수단과 방법을 구사하는 전투기술이라고 설명한 바 있다.

여기에서는 용병체계 내에 존재하는 전술의 범위와 수준을 좀 더 명확히 하고자 한다. 이미 주지한 바와 같이 '전술'이라고 하는 체계는 전술 그 자체로 독립적으로 존재하는 것은 아니다. 전술은 통상 전쟁수준과 용병술체계라고 하는 틀 속에서 이를 통제하는 작전술과 그 상위의 개념이라 할 수 있는 전략에 의해 통제되고 이해해야 할 위치이다.

용병술체계에서 담당하는 영역과 제대에 대한 일반적인 기준을 살펴보면 전쟁의 수준을 구분하였을 때와 유사하다. 즉, 상위와 하위의 개념 간에 긴밀한 연관성을 갖고 있는 체계로 상호 중첩 되거나 영향을 미치는 관계에 있다. 따라서 전쟁수준과 용병술체계 내에서 전술이 차지하는 영역과 역할을 이해할 때 전술에 대한 개념은 쉽게 정립될 수 있을 것으로 믿는다.

① **군사전략**은 군사력을 건설하고 전쟁의 승리를 추구 하는 바를 구상하고 적용하는 것을 말한다. 국가적 차원의 전쟁수행을 담당영역으로 하며 전쟁철학이 부여한 사상적 기조를 바탕으로 하여 전쟁을 수행하는 상위의 군사력 운용개념을 도출하는 과정을 말하는 것이다. 군사전략의 주요 기능은 평시와 전시로 구분하여 볼 수 있다. 평시에는 군사력을 건설하고 유지 및 관리를 하는 것이다. 즉,

전쟁에 대비하여 군사력을 건설하고 유지하기 위한 교육훈련, 교리 및 무기체계 등의 발전에 주력하는 것이다. 전시에는 적과 싸워서 전쟁을 승리로 종결시켜 국가목표를 달성하는 것이다. 전시에 수행하는 기능을 일반적으로 용병기능이라고 한다.

따라서 평시와 전시의 주요기능을 보게 되면 '철저한 전쟁준비(평시)로 적과 싸우면 이기는(전시) 것으로 요약해 볼 수 있다. 군사전략은 군사행동의 방향을 결정하고 군사작전의 유리한 상황과 여건을 조성하는 등 전쟁에서 군사 분야의 준비와 실행을 핵심과제로 한다. 전략은 국방부와 합동참모본부 등의 국가전쟁지도 기구가 주관한다.

② **작전술**은 그 용어가 내포하고 있는 뜻(作戰術, '싸움을 만드는 기술')을 보면 전쟁수행의 가장 핵심적인 작전행위임을 알 수 있다. 즉, 결정적인 시기와 결정적인 장소를 식별하여 전투력을 집중시키는 군사행동을 말한다. 이것은 행동의 자유를 획득하는 것이고 작전수행의 기초가 되는 것이다. 이러한 군사행동을 통하여 가장 유리한 조건하에서 궁극적으로는 전투를 하지 않고 승리를 달성하는 것이다.

이러한 과정을 조성하는 기동(機動)과 배비(配備)를 작전(作戰, operation) 이라고 한다. 즉, 작전술은 군사전략이 부여한 전략목표를 달성하고 지원하기 위한 군사력의 기동, 배비에 대한 계획과 실행을 하는 것이다. 작전술은 전역(戰役)[1]과 주요작전을 담당영역으로 하며 상위개념의 군사전략과 하위개념의 전술과의 연결을 보장하는 역할을 한다.

③ **전술**은 군단급 이하제대에서 전투에서의 승리를 위하여 다양한 수단과 방법을 동원한 활동을 하게 된다. 용병술 체계상에서는 최하위의 개념이지만 전술에서의 승리는 작전술과 군사전략의 승리를 촉진하는 촉매제의 역할을 하게 된다.

전술이 차지하는 위치와 그 활동 영역에 대해서는 상위 개념인 작전술, 전략 등과의 관계를 고려해 보면 상호 중첩되는 부분이 있기도 하며 밀접한 연관성을

1) 통상 주어진 공간 및 시간 내에 공통목표를 달성하도록 지향된 일련의 관련된 군사작전을 말한다.

갖고 있기도 하다. 전술은 전투와 교전을 계획하고 수행하는 것을 담당영역으로 하며 전략과 작전술이 부여한 작전목표를 달성하고 지원하기 위한 전투기술을 말한다.

전술은 지형과 기상의 적절한 활용, 적시적인 시기의 포착과 과감한 전투행동으로 승리를 보장하여야 한다. 이것은 전투지휘관(자)의 역할에 따라 그 성패가 좌우되므로 불굴의 투지와 결단력을 갖춘 초급 지휘관(자)의 역할은 대단히 중요한 전승의 요인으로 작용한다.

손자병법에서도 전술의 중요성에 대하여 병세(兵勢)편에 다음과 같은 내용이 있다. '범전자(凡戰者), 이정합(以正合), 이기승(以奇勝), 싸움이란 정해진 계획대로 시작하지만 기묘한 속임수 등의 임기응변으로 승리하는 것이다.' 라고 하였다.

즉, 변화하는 각종 상황에서 지휘관의 직관과 감각을 발휘하는 전술의 구사가 얼마나 중요한가를 표현한 내용으로 볼 수 있다.

이러한 전쟁의 수준 구분과 용병술 체계를 고려해 볼 때 전술의 위치는 국가차원인 전략적 수준의 전쟁목표를 달성하기 위한 작전술 목표에 기여하고 이를 보장하기 위한 전투력을 운용하는 실질적 전투행동으로 이해할 수 있다.

제 2 장

전투의 특성과 3요소

제1절 전투의 특성
제2절 전투의 3요소

국방경비대 포사격 훈련　　　　국방경비대 창설

제1절 전투의 특성

육체적, 심리적으로 스트레스와 고통을 가장 심하게 느끼는 장소가 전투현장이다. 전투는 살육을 통해서 그 목적을 달성하는 것이다. 때문에 이 과정에서 예상하지 못했던 다양한 상황의 전개와 극심한 고통 등이 함께 하는데 이것을 전투의 특성이라고 한다. 전투의 특성을 제대로 이해하고 대비하지 못하였을 경우에는 전장에서 심리의 부적응으로 인한 돌발행동, 판단의 오류로 인한 전기(戰機)의 상실 등으로 치명적인 오류를 범하기도 한다.

지금까지 알아본 전술은 전투를 본질로 하고 있다. 따라서 전술은 전투라는 수단을 통해서 성립된다. 클라우제비츠는 그의 저서 전쟁론(On War)에서 "전쟁에서 유일하고 효과적인 수단은 오직 전투뿐이다. 전투라는 수단을 통하여 우리는 적 전투력 격멸이라는 전쟁목적을 달성할 수 있다. 전투만이 본래의 군사행동이며, 여타의 모든 것은 다만 전투를 성립시키는 요소에 불과하다."라고 하면서 전투행위만이 전쟁 해결의 유일한 수단임을 강조하였다.

따라서 전투의 목적은 전쟁의 궁극적 승리를 위해 적을 분쇄, 격멸하는데 있으며, 전투의 사명은 적 전투력을 격멸하거나, 한 지역 또는 목표물을 탈취 또는 확보하기 위해 공격과 방어를 실시하는데 있다. 클라우제비츠는 적 부대 격멸이라는 유혈 섬멸전만이 가장 효과적으로 전술의 목표를 달성하는 유일한 길이며 전쟁을 해결하는 것이라고 하였다.

이러한 의미에서 보았을 때 전투는 일정한 공간과 시간에서 상대방을 분쇄하기 위한 힘의 충돌이 발생하고, 힘의 우위가 절대적으로 지배하는 우승열패의 원리가 존재하는 현장인 것이다. 어느 것이나 그렇듯 전투도 그 나름의 특성을 가지고 있다. 전투의 특성을 언급할 때 일반적으로 클라우제비츠가 그의 전쟁론에서 언급한 불확실성, 위험, 격렬한 마찰, 육체적 피로와 고통의 영역 등을 중심으로 설명하고 있는데 여기에서도 이를 중심으로 서술하기로 하겠다.

1. 불확실성의 영역

클라우제비츠는 "전투는 불확실성의 영역이다. 전투 중에 지휘관이 취하는 행동의 근거는 그 3/4이 불확실의 안개 속에 잠겨 있다. 진실을 찾기 위해서 날카로운 지성이 요구되는 영역이다." 라는 말로 전투 현장에서의 불확실성에 대해 설파하고 있다.

이러한 불확실성은 전장현장을 육안으로만 관측 가능했던 고대의 전투현장에서 뿐 아니라 오늘날과 같이 감시체계가 발달한 현대전에서도 동일하게 나타나는 현상이다. 전투 현장에서의 적에 관한 사항, 기상조건, 익숙하지 않은 지형, 아군의 상황변동 등은 정확한 판단과 결심을 어렵게 만드는 요인이다. 또한 오판을 유도하기 위한 적의 다양한 기만활동 등은 상황판단과 결심을 더욱 어렵게 만든다.

이러한 불확실성은 전투가 격렬해지고 결정적인 순간이 되면 더욱 다루기 어렵게 된다.

불확실성은 우연과 항상 밀접한 관계를 맺고 있다. 불확실성을 해소하지 못하면 우연과 직면하게 된다. 우연이란 피아 공히 통제할 수 없고 합리적으로 예견할 수 없는 사건들을 말한다. 아무리 치밀한 작전계획을 수립하였어도 사소한 요소나 환경으로 인해 자신의 의도와는 전혀 다른 상황이 전개될 수 있고, 일사불란한 지휘체계 속에서도 예상치 못한 혼란이 일어날 수 있으며, 완벽한 승리를 지향하는 상황 속에서도 갑자기 패배의 요인이 출현할 수도 있다.

한 예로 방어 시 적의 공격으로 돌파구가 형성되었을 시 지휘관은 예비대를 투입하게 된다. 이때 가장 적절한 위치와 시간에 예비대를 투입해야 하는데 과장된 정보 등으로 불확실성이 난무하는 전투현장에서의 결심은 이를 더욱 어렵게 만드는 것이다. 이럴 경우 지휘관이 취할 수 있는 태도는 이전의 경험과 지식을 토대로 하여 가장 성공 확률이 높은 방책[2]을 선택하는 것이 일반적이다.

불확실성을 해소하는 것은 전반적인 상황의 진전 등을 알고 있어야 가능하다. 따라서 상하제대와의 원활한 소통이 이루어져야 한다. 이런 점에서 통신은 대단

2) 부대에 부여된 임무를 완수하기 위하여 채택할 수 있는 실행 가능한 계획을 말한다.

히 중요한 기능이 된다. 생사의 현장인 전투에서 상하급 제대간에 통신 등이 원활하지 않다면 얼마나 답답한 상황이 되겠는가는 겪어본 사람만이 알 것이다.

최초 무선보고가 날아오고 나서 갑자기 교신이 뚝 끊겼다. 무전기를 잡고 아무리 불러도 응답이 없었다.(중략) 그런데 상황실에서 송신을 하면 "칙- 칙- 하면서 무전기의 키 잡는 소리가 들렸다. 무전기의 송신기에 이상이 있음을 직감하고, 송신기에 이상이 있으면 무전기의 키를 짧게 세 번만 잡아보라고 지시하니 응답이 왔다. "칙, 칙, 칙" "내가 보내는 말이 맞으면 두 번을 잡아라."고 하니 "칙, 칙"하고 응답이 왔다. 매복 전투시 무전기의 고장은 단순한 고장으로 끝나지 않는다. 고립무원의 상태가 되고 마는 것이다.

– 출 처 : 전투감각 –

---

2. 위험의 영역

클라우제비츠는 "위험과 모험은 전투의 요소이다. 마치 격류에 뛰어들 듯이 우리의 정신은 이러한 위험의 요소에 뛰어드는 것이다." 라고 하면서 전투의 특성인 위험에 대해 말했다. 전투현장의 참혹성은 단순한 칼과 창 등의 무기를 사용했던 고대의 전장보다 가공할 살상력을 가진 현대전장에서 더 확대되었다고 할 수 있다.

위험은 경우에 따라 감수할 만한 가치 있는 위험이 있으며, 감수할 수 없을 만큼 중대한 위험도 있다. 지휘관은 임무달성을 위해 필요할 때는 위험을 감수하는 대담성이 필요하다. 이때 위험을 감수한다는 것은 만용을 의미하는 것이 아니라 최소의 대책을 강구하거나 감수한 결과보다 더 큰 결과를 얻을 수 있다는 계산된 모험[3]을 의미하는 것이다.

또한 지휘관은 신변의 위험이 노출된 전장에서 자신의 안전에 집착하지 않고

3) 롬멜이 말한 '계산된 모험'이란 성공여부에 대한 완전한 확신은 없으나 실패했을 경우 어떤 상황이 발생하든 이에 대처할 수 있는 대응능력을 보유하는 것이다. 반면 '군사적 도박'이란 자기부대를 완전한 승리, 완전한 패배라는 둘 중 하나라는 식의 승부수를 던지는 것이라고 하였다.

최전선의 병사들과 위험을 같이 나눔으로써 그들의 사기를 높이려는 노력이 절대적으로 요구된다. 제2차 세계대전 당시 아이젠하워 원수는 위험한 전투상황에서 지휘관의 역할을 "내가 전장에 나타나면 병사들이 위안을 얻고 전투상황에 대해서 안도감을 가졌었다. 자기들끼리 속삭이기를 '여기는 우리가 생각하는 것보다 덜 위험 한 게 틀림없어, 그렇지 않으면 사령관님께서 여기까지 오시지 않았을 것이거든' 이라고 말하고 있었다."[4]고 했다. 이는 위험의 영역에서 지휘관의 진두지휘가 얼마나 큰 의미를 갖고 있는가를 보여주는 좋은 예라 할 수 있다.

전투현장은 상상을 할 수 없는 위험이 예고없이 찾아온다. 그 아무리 선의의 표정을 짓고 있는다 해도 그 이면에는 어떠한 위험이 있는지를 아무도 모른다.

낙동강 전선에 투입된 제1사단 제15연대 3중대는 왜관북방 328고지에서 적과 치열한 고지 쟁탈전을 계속하고 있던 중, 적 병사 6명이 손을 들고 투항해 왔다. 병사들은 잠시 사격을 멈추었고 소대장은 투항하는 적병을 향해 총을 버리고 올라오라고 고함을 쳤다. 적병은 20m 가까이 접근해 오다가 갑자기 거꾸로 둘러메고 있던 다발총으로 사격을 가해와 중대전진 기지는 순식간에 붕괴되고 적에게 빼앗기고 말았다.

– 출 처 : 6.25 전쟁사 –

---

3. 마찰의 영역

클라우제비츠는 "전투시 종이 위에 이루 다 어림할 수 없이 많고 하찮은 사건의 발생으로 제반 계획이 늦어지고 본래의 목표에 차질이 생기게 된다." 라고 전투현장을 설명하였다. 전투는 의지력을 갖고 있는 쌍방 간의 행동이 충돌하는 것이며, 이 과정에서 마찰이 나타난다. 즉 나의 의지대로 상대가 움직여 주기를 기대할 수 없는 것이다. 또한 이것이 표현되는 전투현장은 지형 및 기상의 영향도 받게 되면서 이것 역시 마찰의 원인이 된다.

전투시의 작전지속지원의 제한, 원활한 의사소통의 제한에 따른 인적구성원간

4) 최세인, 「지휘·통솔, 그 실제와 본질」, p71, 2003.

의 갈등, 침체된 사기에서 오는 불안감과 공포 등 이루 말할 수 없는 각종 요인에 의한 수많은 마찰요인이 존재하는 것이 전투이며, 이러한 요인이 지휘관이 구상한 모든 계획 등의 실행에 큰 어려움을 겪게 되는 것이다.

마찰을 최소화하기 위해서는 인적 구성원인 지휘관과 지휘관, 지휘관과 참모, 참모와 참모간의 원활한 의사소통과 협조체계가 구축되어야 하며, 실시간으로 변화하는 적에 대한 상황, 기형 및 기상의 영향, 작전지속지원을 위한 노력, 사기 및 군기의 유지 등에 대해서 면밀한 계획은 물론 전투 실시간에도 마찰요인을 극복하기 위한 노력을 기울여야 한다.

전장마찰에는 기동마찰과 화력마찰 이외에 기상조건, 지형의 원근(遠近)이나 험준(險峻) 등에 의한 지형마찰이 있는데 이것은 전투력의 한계에서 언급하기로 한다.

또한 전투현장에서 심리적으로 겪게 되는 마찰은 인간의 본성과 군인으로서의 임무 수행이라는 측면에서 많은 갈등을 일으키기도 한다.

중상을 입은 포로는 참으로 난감한 문제였다. 의사 출신 대원이 상태를 살펴보니 부상이 너무 심해 옮기기도 어려웠다. 이미 적진에 들어온 것이 확실해진 유격대 역시 기동력을 잃으면 끝장이었다. 선택은 둘 중 하나였다. 포로가 살아있다는 것을 전제로 임무를 포기하고 전원 귀대하거나, 포로를 사살하고 임무를 계속하는 것이었다. 포로는 밤새 살려달라고 애원하였다.

– 출 처 : 아름다운 영웅 김영옥 –

---

4. 육체적 피로와 고통의 영역

클라우제비츠는 "전투는 육체적 피로와 고통의 영역이다. 만약 지휘관이 이러한 전투의 특성에 압도되지 않으려면 그는 선천적이든 후천적이든 육체적, 정신적 강인성을 갖고 있지 않으면 안된다."라고 하면서 이를 극복하기 위한 강인성의 구비를 강조하였다.

모든 전장에서는 육체적 피로와 고통을 겪게 된다. 앞에서 말한 바와 같이 전투의 특성은 위험과 마찰 등이 항상 존재하는 특성을 갖고 있는 것이므로 당연히 육체적 피로와 고통은 항상 함께 수반될 수 밖에 없는 것이다. 아무리 육체적으로 건강하고 정신적으로 단련이 되어 있는 사람일지라도 생명의 위험이 상존하는 전투현장에서 이러한 고통을 피하기는 어려울 것이다.

전투현장은 육체적 고통뿐만 아니라 정신적 고통도 함께 겪게 된다. 주변의 동료가 죽거나 부상당하는 처참한 장면을 보게 되면 극심한 정신적 고통도 함께 나타나게 된다.

따라서 이러한 고통의 영역을 극복하기 위한 지속적인 심신의 단련은 모든 장병이 갖추어야 할 필수 조건이 되는 것이다. 이외에도 연구자에 따라 인간적 요소[5)]와 역동성[6)]을 전투의 특성에 포함하고 있다.

특히 잠이 부족하고 체력이 고갈되면 환청과 환각 상태 등이 나타나는 경우도 발생하며 이러한 경우 제대로 된 상황조치가 불가능해 지기도 한다.

이런 현상은 체력이 많이 소모되는 보병부대보다도 기계화 부대에서 많이 발생했다. 며칠씩 연속된 야간전투를 하면서 잠을 못 자고 주야 리듬이 무너지더니 스트레스 증후군이 발전하여 이상한 소리를 듣고 환각 상태에 빠진다. 쉬지 못하고 계속 전투를 하면 정신적 질환으로 발전하고 만다. 좁은 전차안의 승무원은 먼저 적을 발견하고 먼저 정확히 쏴야 한다는 중압감과 함께 주야로 달리며 시끄러운 전차소음 등으로 곤죽이 되도록 지친다.

– 출 처 : 전장감각 –

"적이라 할지라도 위대한 천재는 존경해야 마땅하다. 하물며 교활한 늑대를 잡으려면 그 늑대의 교활한 재능을 알 필요가 있으며 늑대처럼 꾀를 써야 한다."

– 몽고메리 –

5) 전투의 특성을 인지하는 유일한 존재인 동시에, 무형전투력을 창출하고 전투를 수행하는 주체는 결국 인간이기 때문이다. 인간이 보유하고 있는 의지와 본성, 정신적·육체적인 능력, 감정, 판단력 등은 전투를 지배하는 요소라 할 수 있다.

6) 피아 전투력이 시간 및 공간요소와 인과관계를 이루면서 한 치의 양보도 없이 활발하게 대립하는 역동적인 과정인 것이다.

제2절 전투의 3요소

전투력, 시간, 공간을 전투의 3요소라고 한다. 이것은 어느 하나가 절대적으로 우세하다고 하여 전투에서의 승리를 보장받는 것은 아니다. 중요한 것은 이 세 가지의 전투요소를 균형있게 활용하고 적용하느냐의 문제인 것이다.

전투의 3요소를 변화하는 전투상황에 부합되게 어떻게 적용하는가에 따라 전투의 승패는 결정되는 것이다. 즉, 전투지휘관(자)은 상황을 명찰할 수 있는 탁월한 전술적인 안목, 즉 전술안(戰術眼)과 전투의 3요소에 대한 깊은 이해 그리고 활용의 능력을 갖추고 있어야 한다.

1. 개 요

앞서 전술을 정의하면서 '전술이란 전술제대가 전투에서의 승리를 위하여 여러 가지의 수단과 방법을 구사하는 전투기술' 이라고 설명한 바 있다. 전투는 통상 군단급 이하 제대에서 발생하는 무력전을 지칭하는 것으로써 전술적인 차원의 싸움(Combat)을 말한다.

즉, 전투는 전술을 조직적인 행동으로 표현하는 것이라고 볼 수 있으며 '특정한 지역 또는 목표물을 확보하기 위하여 공격하거나, 지역 또는 지점을 계속 확보하기 위하여 방어하며, 기타 작전목적을 수행하기 위하여 적과 직접 싸우는 본래의 군사행동'인 것이다.

이러한 전투는 인간의 의지와 힘에 의해 수행되며 상대가 있는 것이고 그 쌍방이 주체가 되는 것이다. 전투는 쌍방의 힘(전투력)이 일정한 공간과 시간에서 충돌하여 발생한다. 이 힘과 공간, 시간이 전투를 지배하며 이를 전투의 3요소라 칭한다.

이 3요소는 전투에서 상호 연관성을 가지고 있다. 이것은 결합하면서 승수효과가 발생하기도 하지만 특정한 분야의 저조는 균형을 상실하여 전투에서의 패배를 초래하기도 한다.

① **전투력**은 일반적으로 힘(Energy)을 의미하며 이것은 적을 타격하는 기본요

소이다. 이 힘을 이용하여 직접적으로 적을 격멸하거나 굴복시키기 위해 적과 싸우는 행위를 하는 것이다. 뒤에서 언급하겠지만 이 힘에는 유형적 요소와 무형적 요소가 있다.

② **시간**(Time)은 기상현상을 나타내는 밝고 어두움, 차고 더움, 맑고 흐림(비, 눈 등) 등의 자연적인 현상과 시기를 말한다. 이 시간의 의미에는 적에 대한 타격의 시기 또는 상황에 따라 병력을 전환하는 시기(전기, 轉機) 등이 포함되며 전기는 뒤편에서 자세하게 언급한다.

③ **공간**(Space)은 지형과 지물의 특성을 말하며 자연 현상적으로 생성된 지형과 인위적으로 조성한 인공 구조물 등이 있다. 이 공간의 의미에는 궁극적으로 적에 비해 상대적으로 유리한 지형과 지물을 이용해야 된다는 것 등을 포함한다.

전투는 통상 공격과 방어라는 형태로 표현되는데 단순히 힘이 우위에 있다고 승리하는 것은 아니다. 즉 병력이 적에 비해 많다고 해서 반드시 승리를 보장하지는 못하는 것이다. 물론 병력의 많고 적음은 중요한 요소임에는 틀림없으며 압도적인 우세는 전승의 중요한 요인이 될 수도 있다. 그러나 그것은 전투의 3요소 중 하나의 요소이며 다른 요소에 의해 변수는 얼마든지 작용할 수 있는 것이다.

그러므로 승리의 요체는 '이러한 전투의 3요소를 어떻게 결합시키고 통합하느냐?' 의 문제이다. 3요소는 서로 밀접하고 유기적인 관계를 맺고 있으며, 그 결과에 따라 그 본질인 힘은 강해지기고 하고 약해지기도 한다. 따라서 전투의 3요소에 대한 상호작용을 완벽히 이해하고 운용해야 한다. 이것이 전투지휘관(자)의 덕목인 전술적 안목, 즉 전술안(戰術眼)이다. 따라서 이러한 운용 기술(術)과 적절한 시기와 장소를 선택할 수 있는 전투적인 안목을 겸비한 전투 지휘관(자)이야말로 전장의 주도권을 장악하여 전승을 쟁취할 수 있다.

전투력의 3요소를 균형 있게 적용하여 대승을 거둔 대표적인 전례로 이순신 장군의 명량대첩을 들 수 있다.

전례 : 명량대첩

① 상 황

○ 일본군

1597년 3월 1일(정유년 음력 1월 4일)에 일본은 명과의 강화협상이 결렬되자 가토 기요마사가 이끄는 일본군 선봉대가 조선의 부산을 재침하였고 이것이 정유재란이다. 일본 수군은 이순신의 파직과 원균의 칠천량 해전 대패로 말미암아 남해안 대부분의 제해권을 장악하였으며, 일본 육군도 1597년 9월 25일(음력 8월 15일), 9월 29일(음력 8월 19일)남원 전투, 전주성 전투에서 조명 연합군을 대파하고 전라도를 점령하고 충청도 지역까지 진격한 상태였다.

► **조선의 바다에서 이순신이 통제사로 재임하던 시절에는 단 한번도 이기지 못했던 해전을 이순신의 파직과 무능한 원균이 통제사가 된 후 칠천량에서 대승을 거두게 되자 이와 같은 상황이 조성된 것이었다.**

일본 수군은 총 200여척의 대함대를 구성하고 있었는데 주요 장수로는 구루시마 미치후사, 도도 다카토라, 와키사카 야스하루, 가토 요시아키, 구키 요시타카 등이 있었음. 이중에서 주력을 형성했던 구루시마 수군은 원래 해적 출신으로 물살이 빠른 지역에 익숙하여 명량해협 통과에는 무리가 없을 것으로 판단하고 있었다.

일본군은 충청도 지역까지 북상한 육군과 합류하기 위하여 목포 쪽으로 흐르는 북서류를 타고 명량해협을 통과하여 서해안 지역으로 서진할 계획이었다. 이러한 계획이 성공하면 육군과 한양을 공격하려 한 것이다. 일본군은 이순신이 복귀했다는 것은 알고 있었지만, 칠천량 패전으로 전력이 보잘 것 없을 것이며 조선수군의 사기도 크게 저하되어 있을 것으로 판단하고 승리를 자신하는 오만에 찬 분위기였다.

► **구루시마 가문은 일본 전국시대에 최강으로 손꼽히는 해적이었다고 하며 후에 토요토미 히데요시의 신임을 받아 승승장구하게 되는데 형제가 나란히 임진왜란에 참전하였다. 형인 구루시마 미치유키는 1592년 거북선을 돌격선으로 앞세운 당포해전에서 이순신의 함대에 의해 전사하게 되었다.**

이후에 그의 동생인 미치후사는 칠천량 해전에서 원균의 함선을 빼앗았다고 전해지며 명량에서 이순신과 일전을 벌이게 되었다. 그도 형의 원수를 갚겠다는 비장한 결의로 명량해협의 싸움에 나섰을 것이나, 명장 이순신의 적수는 되지 못하여 결국 울돌목에서 최후를 마치게 되었다. 이순신은 바다에 빠진 그의 목을 베어 돛대에 걸게 하여 일본군의 사기를 크게 저하시켜 전투의지를 상실하게 만들었다. 결국 침략군의 두 형제는 이순신에 의해 전사당하는 비참한 결과를 맞이하였다.

○ 이순신과 조선수군

1592년 5월 23일(음력 4월 13일) 임진왜란 발발 이후 조선수군은 이순신의 탁월한 지휘로 첫 해전인 옥포해전을 시작으로(6월 16일) 연전연승하였으나, 원균과 일부 서인 세력의 모함을 받고 이순신은 삼도수군통제사(三道水軍統制使)직에서 파직당하여 서울로 압송되어 4월 19일(음력 3월 4일)에 투옥되고 문초를 당하게 되었다.

이순신의 심문관에 임명된 우의정 정탁(鄭琢)의 상소로 5월 16일(음력 4월 1일)에 가까스로 사형을 모면하게 되며, 도원수 권율(權慄) 밑에서 백의종군하라는 명령을 받게 되는데 이것은 이순신이 무관생활 중에 겪게 되는 2번째 백의종군 이었다.

이순신이 투옥된 후 무능한 선조는 원균을 삼도수군통제사로 임명하게 되었는데 그의 임명은 조선 수군 최초의 패전과 제해권 상실을 가져오게 되었다. 원균은 1597년 8월 16일(음력 7월 4일) 칠천량 해전에서 일본군의 기습을 받아 크게 패하여 이순신 장군이 대첩을 거둔 한산도를 지나 춘원포의 어느 야산으로 도주하다 죽임을 당하였고 판옥선 대부분은 불타거나 왜군에게 노획되는 처참한 결과를 가져왔다.

*** 원균이 육지로 도주하다 죽은 장소를 '고성 춘원포'로 대부분 기록하고 있는데 잘못된 내용이다. '통영 춘원포' 이며 이 지역은 경남 고성군과의 경계에서 가까이 위치해 있는 한적한 포구이다.**

이를 수습하기 위하여 조정에서는 병조판서 이항복(李恒福)등의 건의로 이순신을 다시 삼도수군통제사로 임명하게 된다.

이순신이 다시 조선 수군을 모아 정비했을 때 함선은 12척밖에 남아 있지 않았고 조정에서는 전력의 열세를 이유로 수군을 폐지하라는 명령을 내리게 되는데, 이때 이순신은 그 유명한 "**미신불사(微臣不死) 상유십이(尙有十二)** 아직도 우리에게는 12척의 배가 남아 있으며 신이 죽지 않는 한 적이 감히 우리의 수군을 업신여기지 못할 것입니다."라는 비장한 결의를 표하였다. 이러한 말은 군인으로서의 그의 능력과 강직한 인품을 생각해 볼 때 오직 이순신만이 할 수 있는 말이라고 보아진다.

그 뒤 전열을 재정비하고 해전에 대비하기 위해 남해안 일대 등에서 칠천량 패전 후 흩어진 병사들을 모아 수군 재건을 위해 노력하였다. 이 과정에서 진도의 벽파진으로 진을 옮기고, 다시 해남의 우수영으로 진을 옮기게 된 후 명량해전을 맞이하게 되었다. 이순신이 8월에 조정에 보고한 수군의 군사력은 12척에 불과하였다.

► **회령포에서 배설이 지휘하던 8척의 병선을 인수하였고 이후에 어란과 이진 등지에서 피신해 있던 병선을 수습하여 명량해전 직전에는 13척으로 함대를 이루게 되었음.**

② 명량(鳴梁)의 특징을 간파하고 결전을 결심한 이순신

○ 명량해협은 진도군과 화원반도 사이에 위치해 있으며 예로부터 물 흐름이 거세어 마치 울음소리처럼 들린다 하여 '울돌목'이라고도 불리었던 곳이다. 이순신은 전력의 열세를 고려하여 일본 수군을 상대할 장소로 수로의 폭이 좁으며 일정한 시간에(만조) 바닷물의 흐름이 바뀌는 울돌목을 결전의 장소로 생각하고 있었다. 이순신은 이미 좁은 수로, 특유의 거센 물살과 조류의 방향이 일정한 시간에 변한다는 지형의 특징을 알고 있었던 것이다.

○ 결전을 하기에 앞서 저하된 사기를 고취시키고자 명량대첩 직전 날인 음력 9월 15일, 이순신 다운 비장한 결의를 다음과 같은 말로 표현하였는데 이것은 각계에서 인용하는 명언이 되었다. "병법에 이르기를 '**필사즉생(必死卽生) 필생즉사(必生卽死)** 반드시 죽고자 하면 살고 반드시 살고자 하면 죽는다.'고 하였으며, '**일부당경(一夫當逕) 족구천부(足懼千夫)**' 한 사람

이 길목을 지키면 천명도 두렵게 할 수 있다."고 하면서 전의를 고취시키고자 노력하였다.

○ 즉, 명량이 결코 불리하지 않다는 점을 인식시킴과 동시에 전투지휘관의 결연한 의지와 장병의 저하된 사기 그리고 불굴의 전투의지를 높이는 말을 이처럼 짧고 간결하게 표현하면서 무한의 신뢰를 주는 무장다운 면모를 보여 주었다.

○ 폭이 294m 밖에 되지 못하는 천혜의 지형은 전력이 열세한 조선 수군에게는 일자진(一字陣) 형성으로 화력의 집중이 가능하며 적의 포위공격 위협이 없는 유리한 지형으로 적과의 일전에 유리한 조건이 되었다. 또한, 유속은 6.5m/s 정도로 대단히 빠르고, 밀물과 썰물 때에는 급류로 변하는 곳이며 오후가 되면 조류(밀물과 썰물에 의해 발생하는 바닷물의 흐름)의 방향이 바뀌게 되는 시각이 있어 이때는 공격하는 일본 수군의 입장에서는 대단히 불리한 상황이 될 것임을 이순신은 미리 알고 있었던 것이다.

► 좁은 수로는 적은 수의 전선으로 **일자진(一字陣)을 형성하여 화력을 집중**하기에 효과적이고, 조류가 바뀌는 시간을 적절하게 이용하면 공격에 유리하다는 구상을 한 결과였다. 한산도 해전에서는 충분한 전력을 보유한 상황이었으므로 학익진으로 대승을 거둔 것과는 비교되는 대목이다. 뛰어난 전술적 식견과 장소와 시간을 꼼꼼하게 관찰하여 비교 분석하는 안목이 없었다면 가능하지 않았을 전투구상인 것이다.

③ 작전경과

○ 벽파진에서 우수영으로 본진을 옮긴 이튿날인 1597년 10월 25일(음력 9월 16일) 새벽 3~4시경 어란진에서 출병한 일본 수군 130여 척이 7~8시경 순조(順潮)를 타고 10여 척씩 대열을 맞추며 울돌목으로 접근하고 있었다. 이때의 조류 방향은 동쪽에서 서쪽이었으므로 일본 수군의 진격 방향이 조류의 흐름과 일치하는 순방향으로 공격에는 유리한 상황이었다.

○ 이순신은 보고를 받고 울돌목으로 향했는데 이미 적선의 선봉대열이 통과 하고 있는 시점이었고, 이순신의 명령에 따라 즉각적 포격을 가하면서 전투가 시작되었다. 그러나 대규모 함선으로 명량을 가득 채운 적의

기세에 밀려 조선 수군은 겁을 먹고 전진하기를 머뭇거리는 형편이었다.

○ 이순신이 탑승한 대장선만이 홀로 전방에 나가서 계속 자리를 고수하며 부하들을 독려하면서 약 40분 가량을 버티고 있었다. 마침내 초요기(대장이 장수를 부를 때 사용하는 깃발)를 올려 뒤로 물러나 있던 중군장 미조항 첨사 김응함과 거제현령 안위를 불러 크게 질책하며 독전을 명하였다. 이에 두 사람의 배가 적진으로 공격을 시작하였고 안위의 군선으로 일본 수군의 공격이 집중되자 이순신의 대장선이 대포로 공격하여 구출하였다. 이 과정에서 안위의 배를 둘러쌓던 적장선을 포함한 3척의 적선이 녹도만호 송여종과 평산포 대장 정응두의 포격으로 격침되는데 이때 바다에 죽은 채 빠져 있는 붉은 갑옷의 적장이 구루시마임을 항왜(降倭) 준사(俊沙)가 알리자, 이순신은 병사 김돌손을 시켜 즉시 구루시마를 끌어 올려 머리를 베어 돛에 메어 달게 하였다.

○ 이를 본 조선 수군의 사기는 급격히 올라간 반면에, 전투 중에 자신들의 지휘관이 참수된 것을 본 일본 수군의 사기는 크게 떨어졌다. 설상가상으로 오후12시 경이 되어 점차 조류의 방향이 바뀌기 시작하자, 이번에는 조류의 방향이 조선 수군에게는 순조(順潮)가 되고 일본 수군에게는 역조(逆潮)가 되었다. 공격하는 일본 수군에게 대단히 불리한 상황이 조성되었고, 조선 수군의 순조를 이용한 당파로 인해 전혀 반격할 수 없었으며, 또한 군선이 많은 것이 오히려 독이 되어 군선끼리 서로 부딪히기 시작하여 혼란의 상황이 조성되었다. 이러한 혼란 속에서 도도 다카토라는 부상을 당했으며 일본수군의 공세는 수세로 바뀌게 되어, 결국 130여 척의 대함대를 10여 척이 추격하는 형세가 되었다. 일본 수군은 유시(酉時 오후 5시~7시) 무렵, 물살이 느려지고 바람이 일본 수군 쪽으로 부는 것을 이용하여 퇴각하는 것으로 전투는 조선 수군의 승리로 막을 내렸다.

④ 결과/교훈

○ 전투는 유시(酉時 오후5시~7시)무렵에 끝났으며 전투에 참여한 일본 수군의 **전선 130여 척 중 30여 척이 격침**(전사자 약 3,000여명) 된 반면 조선 수군의 함선 피해는 없는 완벽한 승리였다.

○ 명량해전 **승리의 요인**은 전투의 3요소를 한 치의 오차도 없이 균형있게 적용한 결과였다. 즉, ① 숫적 열세에서 오는 화력의 열세는 일자진(一字陣)으로 ② 좁은 수로를 결전의 장소로 선택함으로써 일본군 대함대의 전투력 발휘를 제한시켰으며 ③ 물결이 바뀌는 시간까지 버티며 악전고투한 끝에 유리한 상황에서 적을 공격하여 대승을 거둘 수 있었다.

○ **명량해전의 결과** 해상의 주도권은 다시 조선 수군이 장악하게 되었고, 더 중요한 것은 칠천량의 패배로 뿔뿔히 흩어진 조선 수군이 다시 뭉치는 계기가 되었으며 칠천량 패전 이전의 상태로 사기가 높아졌다는 것이다.

○ 이러한 유형·무형의 전투력 향상은 이후에 겪게 될 마지막 해전인 노량에서 조선수군의 투혼을 유감없이 발휘하며 7년에 걸친 왜란을 종결짓게 하는 초석이 되었다.

○ 명량해전이 끝나고 그날의 난중일기에 '천행(天幸)'이라고 기록하였는데 이것은 그의 겸양의 성품이 나타나는 것을 느낄 수 있는 대목이다. 그날의 승전을 견인한 것은 과학의 원리를 바탕으로 한 치밀한 준비가 있었기 때문이다. 그리고 이를 기초로 술(術)적인 요소를 구사하는 뛰어난 전투지휘 능력과 어떠한 역경도 극복하는 불굴의 정신력을 소유하였기에 가능한 것이었다.

► **적은 수의 함선을 대규모로 보이게 하기 위해 어선단을 함대 뒤에 배치한 점과 사기가 저하된 장병을 독려하기 위해 직접 최선두에 위치하여 전투를 지휘한 점 등을 볼 때 장군의 술(術)적인 능력과 성품을 짐작할 수 있다.**

* 명량해전을 전후한 시기가 이순신 장군에게는 인간적인 면에서 가혹한 불행의 연속이었다. 백의종군 길에서 어머니의 죽음(84세)을 접하였고 명량해전 후에는 고향 땅에서 셋째 아들 면이 왜군과 싸우다 전사한 것이다. 너무나 인간적인 이순신 장군에게 있어서 극복하기 힘든 시절이었을 것으로 생각된다.
* 이순신의 탁월한 전투지휘와 불굴의 정신으로 명량해전을 불리한 여건 속에서도 대승으로 끝내게 되자 조정에서 대신들은 선조에게 이순신 장군의 품계를 올려줄 것을 건의하였다. 그러나 선조는 "장수가 왜적을 물리치며

싸우는 것은 당연한 일 아닌가? 그럴 필요까지는 없다."라며 포상에서도 인색한 모습을 나타냈다고 한다. 선조의 무능과 이순신에 대한 그의 편협한 인품이 나타난 대목이다.

"승자에게는 전투시간이 짧을수록 좋고, 패자에게는 길수록 좋다."

- 클라우제비츠 -

2. 전투력(戰鬪力)

전투력은 직접적인 힘의 원천이다. 전투력의 본질은 **집산동정(集散動靜)**이라는 4가지의 원리를 갖고 있다. **집산(集散)의 원리**는 합치면 강해지고 분산되면 약해진다는 것이다. **동정(動靜)의 원리**는 움직이면 강해지고 정지하면 약해진다는 것이다. 따라서 전투력은 집중과 신속한 운용으로 그 힘을 크게 해야 하며, 방어 시에도 공세적인 전투행동으로 이의 원리가 구현되도록 전투를 수행하여 주도권을 장악해야 하는 것이다.

가. 개 념

전투는 전술제대인 군단급 이하제대에서 자유의지를 가지고 있는 쌍방이 적 전투력 격멸을 목표로 하여 충돌하는 행위이다. 전투의 3요소 중에서 시간과 공간은 누구에게나 공평한 요소로 볼 수 있지만 전투현장에서는 활용하는 인간의 능력에 따라 그 결과는 큰 차이로 나타나게 됨을 전례를 통해 이해했으리라 본다. 운용하는 능력에 따라 불리한 요소는 극복될 수 있고 유리한 요소는 더욱 유리하게 만들어 지는 것이다. 전투력도 운용하는 인적요소에 의해 그 힘의 크기가 지형과 시간에서 보다 더욱 큰 차이로 나타난다. 전투력은 힘의 원리라는 과학이 지배하는 영역이며 이 원리를 기초로 한 운용의 능력은 큰 차이가 존재하기 때문이다.

이런 의미로 볼 때 전투의 3요소에서 최종적인 역할을 담당하는 것은 전투력이라 할 수 있다. 그러므로 지휘관은 전투력에 대한 깊은 이해와 통찰력으로 전투의 주요국면에서 주도권을 장악할 수 있는 강한 전투력을 과학의 원리를 기반으로 하여 생산해 내는 능력을 갖추어야 한다.

전투에 사용하는 직접적이고 물리적인 힘을 전투력이라 하며, 이는 전투의 3요소 중 가장 중요한 요소로 평가하는데, 전투력에는 유형적인 힘[7]과 무형적인 힘[8]이 존재한다. 유형 전투력은 양적인 요소와 질적인 요소로 구분할 수 있는데

7) 병력이나 무기, 장비 등 수량화 할 수 있으며 직접 물리적 힘을 발휘하는 것을 말한다.
8) 무형적인 힘은 유형적인 힘을 상승시키는 역할을 하기도 한다.

양적인 요소가 단순한 수량 등을 나타내는 것인 반면, 질적인 요소는 장비 등의 전투 효율성을 고려한 전투력 지수로서 계량화하여 표현한다. 유형 전투력은 살상력, 파괴력, 기동력 등의 물리적 힘으로 작용하게 되며 전투력의 기초를 이룬다.

무형 전투력은 부대를 구성하는 개인 및 단체의 정신력과 사기 및 군기 등이 있으며 여기에는 지휘관의 리더십과 전술의 운용능력도 포함된다. 이 무형전투력은 그 위력을 일정한 수치로 표현하기도 제한되며 실험적 방법으로 증명하기도 어렵다. 그러나 실전에서의 위력이 그 중요성을 증명한다.[9)]

무형적 요소는 유형적 요소와 불가분의 관계라 할 수 있으며 승패를 결정짓는 근본요소라 할 수 있다. 하지만 사람[10)]과 상황에 따라 크게 변하기도 한다. 즉, 잘되면 상승적인 위력을 발휘하게 하고 잘못되면 오히려 전력을 저하시키는 요인이 되기도 한다. 고대로부터 한 번 무너진 사기의 저하는 회복하기가 쉽지 않다고 전사는 전하고 있다. 그러므로 현재 및 장차전에 있어 무형전력인 부대원의 사기와 군기, 전투의지, 정신력, 지휘관의 리더십, 전술운용 능력 등이 더욱 중요시 될 것이다.

피아의 전투력을 비교할 때 일반적으로 유형전투력의 양적(量的)인 요소와 질적(質的)인 요소를 고려하여 전투력을 평가한다.

1) 전투력의 양(量)

부대의 수(數), 병력의 많고 적음, 장비와 물자의 수량 등에서 우세한가의 여부는 여러 전사에서 나타나 있듯이 전투의 승패를 결정짓는 주요 요인으로 작용하고 있다. 이러한 전투력의 수량적 우세는 어느 정도가 적정하다고 일률적으로 정하기는 곤란하다. 대부분의 경우 수량이 우세한 부대가 대체적으로 승리한 전례가 많지만 반드시 그렇지만은 않았다. 그러한 예를 그 유명한 삼국지에 나오는 관도대전과 당 태종의 공격을 물리친 고구려의 명장 양만춘 장군의 안시성 전투 등에서 찾아 볼 수 있다.

---

9) 월남전에서 장비와 물자 등은 월남군과 비교할 수 없었던 월맹군은 사상무장과 전투의지 등의 무형전력이 상대적으로 우세하여 승리할 수 있었다.

10) 지휘관의 능력에 따라 부대의 사기가 좌우되기도 하며 전투의지를 고양 또는 저하시키기도 한다.

전례 : 하북의 패권을 놓고 벌인 원소와 조조의 관도대전

① 상 황

○ 현재의 중국은 양자강을 중심으로 남부와 북부로 나누어져 발달되어 있지만 후한 말기까지는 남부는 미개발지로 불모지였고 북부에 인구가 밀집되어 있었으며 농업활동도 집중되어 있었다. 따라서 이 지역을 차지하는 세력이 중원을 통일할 힘을 얻게 되는 유리한 점이 있는 지역이었다.

○ 조조는 이즈음 여포와 원술을 격파하고 양자강 이북지역의 일부(황하의 아래부터 양자강 북부지역)를 차지하고 있었으나 가장 큰 위협은 황하유역의 4주(청주, 기주, 유주, 병주)를 차지하고 있는 원소의 세력이었다. 따라서 중원에 대한 패권을 둘러싼 두 야심가인 조조와 원소의 대결은 피할 수 없는 상황이 되고 만 것이다.

○ **원소군**

총 11만 명(보병 10만, 기병 1만) 보급상황은 양호하였고, 관도대전 이전의 계속되는 싸움에서 승리한 뒤라 자신감이 상승 중이었다.

○ **조조군**

총 3만 명으로 원소군에 비해 열세였으며 근거지인 허도가 주변세력에 의해 계속 위협받는 상황이라 집중이 어려웠고 관도대전 이전의 계속되던 싸움에서 이기긴 했으나 힘겨운 승리로 전력의 손실 등이 많았으며 보급에 애로사항이 많은 상태였다.

► 당시는 보급문제가 대단히 중요하였는데 수로를 통한 보급이 가장 쉬운 조달방법이었다. 조조는 육로를 이용할 수밖에 없어 힘든 반면 원소 는 황하 이남을 장악한 상황이었기 때문에 보급수송에서 유리한 상황이었다. 결과적으로 **병력과 보급 등에 있어 조조가 불리한 싸움으로 보이는 상황이었다.**

② 작전경과

○ 처음의 싸움은 황하의 이남에 근접해 있는 백마에서 있었다. 병력에서

우세한 원소는 조조군은 포위하여 일거에 격멸하려 했으나 조조의 조직적인 유인작전 등으로 기병대 등이 몰살되는 피해를 입고 사기가 저하되었다. 이후 조조는 관도로 이동하여 결전을 준비하였고 마음이 급한 원소는 대군을 이끌고 관도로 진군하게 된다.

○ 치열한 공방전을 벌이는 과정에서 시간이 지남에 따라 병력과 보급에서 열세인 조조는 시름이 깊어 가고 있었다.

○ 이때 원소의 모사인 허유가 투항하여 원소의 보급창고가 위치한 오소를 치게 하여 숨통을 끊는 계책을 제시하였고 이를 실행하여 성공시키게 된다. 반면 원소는 기습을 받아 보급창고가 초토화 되었고 설상가상으로 유능한 장수들이 조조에게 투항하게 되자 진영이 크게 동요하기 시작하였다.

○ 조조는 이때를 놓치지 않고 총공세를 감행하여 대승을 거두게 되며. 원소는 8만 여명의 병력을 잃고 도주하게 됨으로써 조조가 중원의 패권에 다가서게 되었다.

③ 결과/교훈

○ 관도대전으로 대부분의 토지와 백성이 조조에게 돌아감으로써 이후의 판세를 결정짓는 분수령이 되었다. 즉, 조조는 경제력을 확보하게 되어 중원의 패권을 장악하게 된 계기가 되었다.

○ 원소는 절대적인 병력과 보급의 월등한 우위에도 불구하고 방심과 지도력의 부족으로 대패한 것이다.

○ 병력의 우세도 중요하지만 이에 못지않게 이를 다스리고 활용하는 지휘관의 능력(리더십 등이 부재하면 그 우위가 의미가 없게 되는 것임을 알 필요가 있다.

2) 전투력의 질(質)

전투의 효율성[11]과 관계가 깊은 것이 전투력의 질적인 부분이다. 전투력의 질은 양적인 요소에 전투력 지수를 대입하여 계량화 할 수 있다. 예를 들어 장비의 노후화와 최신화 정도를 고려한 전투력 지수를 차등을 두어 계량화 할 수 있다. 또한 전투력의 질에는 전투원에 훈련수준, 전투경험, 사기, 군기, 단결력, 부하로부터 받는 지휘관에 대한 신뢰도 등이 중요한 요인이 된다. 전투경험이 충분하고 사기가 충천하며 군기가 양호한 부대는 그렇지 않은 부대에 비해 전투력의 질이 월등히 높을 수밖에 없는 것이며, 여기에 부대원의 신뢰와 존경이 두터운 지휘관이 전투를 지휘한다면 그 부대의 전투력은 더욱 극대화 되는 것이다.

임진왜란 당시 이순신 장군이 명량해전을 승리로 이끈 경우를 보면 전투력의 질 적인 측면(노련한 수군과 우세한 화포)이 얼마나 중요한가를 알 수 있다.

3) 전투력 운용기술

'전술은 과학(科學, Science)과 술(Art, 術)의 영역이다.' 고 했는데, 이 술은 전투력을 운용하는 기술이라고 할 수 있다. 물론 전투력과 더불어 시간과 공간을 활용하는 능력도 술적 차원의 기술이다. 피아가 양과 질적인 면에서 비슷한 전투력을 갖고 있는 상태에서 전투행위를 한다면 승패는 술적인 차원에서 결정된다고 볼 수 있다.

여기에서는 지휘관의 창의성과 섬광처럼 빛나는 아이디어 그리고 시기를 포착한 결단력 있고 과감한 부대의 운용 등이 이루어져야 한다. 특히, 상대의 취약점을 통찰하는 능력과 그 허점을 놓치지 않는 본능적 반응 등의 모든 요소가 포함된다.

나. 전투력의 본질

한옥을 보면 기둥과 보에 의해서 못 하나 쓰지 않고도 그 거대한 집을 조화롭게 유지하는 것을 보게 된다. 이것은 힘을 분산시키거나 집중하는 방법을 이용하여 균형을 유지한 원리로 볼 수 있다. 기둥과 보를 이용하여 어느 한 부분이 무너지지 않게 힘을 분산시키면서, 힘이 집중되는 지점에는 보다 튼튼한 기둥 또는

11) 효율성이란 작전부대가 부여된 임무를 수행할 때 효과성(원하는 결과의 달성)과 경제성(투자 대 산출비)을 동시에 충족시키는 것을 말하는 것이다. (주로 군수적인 측면에서 사용되는 용어임)

여러 개의 기둥 등을 이용하여 집중되는 힘을 막아내어 균형을 유지시키는 것이다. 이처럼 기둥과 보는 서로 받쳐주고 이어주는 등의 역학작용으로 한옥을 온전하게 유지시킨다.

그러나 그 온전함도 하나의 기둥을 제거하게 되면 곧바로 무너지는 현상이 나타날 것이다. 힘의 집중과 분산은 이처럼 균형을 유지시키기도 하지만 어느 한 부분을 강하게 하면 쉽게 허물 수도 있는 것이다.

전투도 이와 마찬가지로 시간, 공간 그리고 전투력이라는 3요소가 상호 작용하면서 집중과 분산이 이루어지게 된다. 능숙하게 전술을 구사하는 지휘관은 이를 적절히 활용하여 적의 균형을 깨뜨려 결정적인 호기를 창출하기도 한다. 반면, 전투의 3요소를 균형 있게 유지하여 항상 주도권을 장악하여 전장을 지배하게 된다.

이러한 과정에서 전투력만이 갖고 있는 고유의 성질을 슬기롭게 이용하면 전투력의 효과가 크게 나타나기도 하는데 이것을 전투력의 본질이라고 한다.

전투력의 본질은 집산동정(集散動靜)이라는 4가지의 원리로 이해할 수 있다.

1) 집산(集散)의 원리

집중에 대해서 손자병법의 허실(虛實)편에 "형인이아무형(形人而我無形) 즉아전이적분(則我專而敵分) 아전위일적분위십(我專爲一敵分爲十) 시이십공기일야(是而十攻其一也)' 적은 드러나게 하고 나는 드러내지 않으면 아군은 집결되고 적군은 분산된다. 아군은 집결되어 하나가 되고 적군은 열로 나누어지게 된다. 그러므로 이는 열로써 그 하나를 치는 것이다."라는 말로 집중의 원리를 설명하고 있다. 전투력이 합해져서 상대적으로 우세하면 이길 수 있고 열세하면 패한다는 **우승열패(優勝劣敗)**의 필연적인 이치를 설명한 말이다.

• **「集」 전투력은 집중하면 강해진다.**

한 손으로 해머를 내리치는 것보다는 두 손의 힘을 이용하여 내리치면 그 힘은 더 강하게 나타난다. 이처럼 힘은 합쳐질 때 강해진다는 것이 「集」의 원리이다.

• **「散」 전투력은 분산하면 약해진다.**

한 손으로 한 개의 야구공을 쥐는 것보다 두 개의 공을 쥐게 되면 두 개의 공으로 힘이 분산되어 쥐는 힘은 상대적으로 약해진다. 이처럼 힘이 분산되면 약해진다는 것이 「散」의 원리이다.

• **집중(集中) 〉 분산(分散)**의 등식이 성립된다.

이와 같이 힘의 속성상 모여질 때와 흩어질 때에 강약의 차이가 존재하게 되는데 전투력도 이와 마찬가지의 원리인 것이다. 따라서 전투력은 분산되면 약해지고 집중하면 강해진다는 하나의 전투원리가 나오게 되는 것이다.

그러나 현실적으로 모든 시간과 장소에서 적보다 우위의 전투력을 집중한다는 것은 대단히 제한될 것이다. 그러므로 집중시킬 약한 부분을 찾아야 한다. 약한 부분은 적을 타격하기가 지형상 유리한 곳, 시간상 유리한 때, 병력이 약하게 배치되어 우승열패의 원리가 적용되기 쉬운 부분 등이다. 적의 약한 부분에 대하여 강하게 힘을 집중하게 되면 그 효과는 더욱 크게 나타난다.

따라서 가용 전투력을 운용함에 있어서는 시간과 공간이라는 요소와 전투력을 적절하게 결합하는 것이 전투력의 상승작용으로 이어지게 되며 주도권을 확보할 수 있는 것이다. 전투의 승패는 우승열패의 원리대로 이루어지는데 이는 단순한 수의 우세뿐 아니라 시간과 공간을 적절히 결합시켜 힘을 집중시키는 술적인 차원이 중요하다고 할 수 있다.

이상과 같은 내용을 종합해 보면 집중은 다음과 같이 이루어져야 한다.

첫째, 집중은 적의 약한 부분에 대하여 이루어져야 한다.

다양한 첩보수집 수단을 이용하여 적의 약한 지점을 파악해야 하며 약한 지점을 확인하여 집중하게 되면 보다 손쉽게 적보다 상대적인 전투력의 우위를 달성할 수 있는 것이다. 적의 약점이 발견되지 않을 때는 적 전투력을 적절한 전술적인 행동으로 분산시켜 적의 약점을 조성하는 노력이 필요하다. 이렇게 하여 적의 약점이 조성되면 아군의 상대적으로 우세한 전투력을 신속히 집중시키는 것이 필요하다.

그러나 항상 주의할 점은 적이 의도적으로 약점을 조성하여 유인할 경우도 발생한다는 것이다.

둘째, 집중은 분산을 전제로 하여야 한다.

전술적인 상황에서 집중의 단점은 적의 집중공격을 받게 되면 대규모 피해로 연결된다는 것이다. 특히, 현대와 같이 정밀성과 파괴력이 발달된 무기체계의 경우에는 그 피해가 더 극심할 것이다. 핵전쟁의 위험이 따르는 상황이라면 전술적 차원의 소산 활동은 더욱 필요로 하게 된다.

따라서 위험에 대비한 대책을 강구하지 않고 집중을 중시하다 보면 적의 대량 살상무기의 표적이 될 수 있으며 심대한 피해가 따르게 된다. 은폐와 엄폐를 이용한 분산으로 적을 분산시키고 분산된 적에 집중하여 목표를 달성하고 다시 분산하는 전술행동이 필요하다.

셋째, 집중하고자 하는 이유와 목적이 명확해야 한다.

지휘관은 집중의 시기, 지역, 방향에 대한 확고한 신념을 견지해야 한다. 신념은 이유와 목적이 명확할 때 확고부동한 것이 되는 것이다. 따라서, 지휘관은 정확한 판단을 바탕으로 확고부동한 결심을 하고 강한 실행력으로 전투력을 집중하여야 하는 것이다.

2) 동정(動靜)의 원리

힘은 집중과 분산에 의해서도 강해지고 상대적으로 약해지기고 하지만 움직임에 따라서도 그 강약의 차이가 발생한다.

- **「動」 전투력은 움직이면 강해진다.**

전투력은 움직이면 능동적으로 작용한다는 것이며 힘도 강해진다는 것이다. 즉 힘의 크기는 움직임에 따라 변화가 있다는 것이며 이것은 물리학의 F = ma(힘 = 질량 × 가속도)라는 공식으로도 설명될 수 있다. 이 공식에 따르면 속도(動)는 힘의 크기에 영향을 미친다는 것이다.

즉 움직이는 것 「動」은 전투력을 강하게 하는 것이다.

- **「靜」 전투력은 정지하면 약해진다.**

정지하면 수동적으로 작용하며 정지하면 그 힘은 소멸되는 원리이다. 약하게 움직인 만큼 힘은 약해지며 결국은 소멸하게 된다.

- **기동(機動) 〉 정지(靜止)**의 등식이 성립된다.

즉, 전투력의 효과는 정지할 때 보다는 움직일 때 커진다는 것이다. 그리고 속도에 비례한다. 따라서 정확하게 판단하여 머뭇거리지 말고 신속하게 타격하는 것이 강한 전투력을 발휘하는 것이다.

3) 「집(集) × 동(動)」 과 「산(散) × 정(靜)」 의 원리.

● **「集」×「動」의 작전원리**는 전투력의 본질적인 성질 중에서 가장 능동적이고 강한 원리를 나타낸 것이다. 우리가 흔히 공격이 주도권을 확보하고 결정적인 성과를 얻을 수 있는 최선의 방책이라는 이유도 이 원리에서 나오게 된 것이다. 즉, 공격의 동적인 측면을 중시한 것이며 움직이면서 힘을 집중하여 타격을 가하면 훨씬 더 강하게 된다는 것이다. 예를 들어 제자리에서 축구공을 차는 것보다는 4~5m를 달려오면서 차게 되면 그 위력은 더 크게 나타나는 것과 같다.

그러나 공격만을 동적인 개념으로 인식하고 방어는 정적인 개념의 작전이라는 이분법적인 생각을 갖는다면 그것은 크게 잘못된 개념임을 분명하게 말하고자 한다.

방어에서도 적극적이고 공세적인 행동을 통한 동적인 전투행위를 한다면 동일하게 힘의 원리가 적용되는 것이다. 즉, 방어시에도 능동적이고 적극적인 동적인 공세행동을 통하여 전장의 주도권을 장악할 수 있는 것이다.

방어에서 언급하겠지만 방어의 궁극적인 목적도 공세를 위한 것임을 잊지 말아야 한다.

● 반대로 **「散」×「靜」의 작전원리**는 의도하는 작전목적을 달성할 수는 있을지라도 전투를 종결시킬 수 없는 전투력 운용 방식이다. 전쟁에서 승리하기 위하여 적 전투력을 격멸하고자 할 때에는 결정적인 성과를 거둘 수 있는 힘의 행사가 필요한데 이러한 조합은 바람직하지 않은 것이다.

4) 「集 · 動」 〉「靜 · 散」의 등식이 성립한다.

위에서 알아본 바와 같이 집중과 움직임은 분산과 정지함 보다 강하다고 볼 수 있는 것이며 **「集 · 動」 〉「靜 · 散」**이라는 등식이 성립된다. 그러나 이 4가지는 양면성을 항상 내포하고 있다. 전투력이 움직이면 적의 화력표적에서 벗어날 수 있으며 은폐와 엄폐에도 유리하며 적보다 유리한 위치를 먼저 선점하기도 하는 이점이 있다. 그러나 움직임이 많다는 것은 적의 관측으로부터 쉽게 노출되는 단점과 움직임에 따른 마찰의 영향으로 피로도가 증가하기도 하며 집중되어 있는 표적은 대량피해를 초래하기도 한다.

전투력이 정지하면 적의 고정표적이 되고 유리한 위치를 적보다 미리 확보하지 못하는 불리점이 있다. 그러나 차지하고 있는 지역이나 지점에서 보다 충분한 시간을 갖고 지형과 지물을 이용한 전투준비가 가능하고 충분한 휴식 등으로 전투 피로도를 감소시킬 수 있는 유리점도 갖고 있다.

전투력이 강하다는 것은 어디까지나 승리를 위한 기초적인 승리의 조건이다. 그러므로 전투력이 갖고 있는 본질을 잘 이해하고 이를 교묘하게 활용하는 것은 보다 차원높은 승리의 조건이 된다. 오래 전부터 강대한 전투력을 보유하면서도 이 원리를 잘못 적용하여 참패한 전례는 수 없이 많았다는 사실을 명심해야 한다.

수나라와 당나라의 대규모 병력을 동원한 거듭된 침략에도 고구려의 을지문덕, 연개소문은 적을 피로하게 하는 전술을 구사하면서 병력을 집중하여 효과적으로 격퇴한 경우가 여기에 해당되는 것이다.

따라서 전투력의 본질인 이 4가지를 전투상황에 따라 어떻게 조합하여 활용하는가 하는 문제가 전투력을 강하게도 또는 약하게도 나타나게 하는 것이다. 또한, 이것이야말로 전승(戰勝)을 관통하는 핵심 역할을 한다는 사실을 명심해야 할 것이다. 즉, 전투력은 전투의 3요소인 공간과 시간과는 달리 하나의 살아있는 생명체처럼 작용하는 중요한 요소이며 전투지휘관(자)의 술적인 차원을 가장 많이 적용할 수 있는 요소라 할 수 있는 것이다.

결론적으로 전투력은 상기의 4가지 성질의 적절한 활용과 조합에 의해서 그 특색을 발휘하는 것이다. 따라서 아무리 우수한 전투력을 보유하고 있다고 하더라도 이를 분산 시키거나 혹은 정지 상태에 두면 그 전투력은 저하된다.

반대로 이를 집중시키고 이동시키면 전투력은 최대의 효과를 발휘할 수 있게 된다. 즉, 전투력 본래의 힘을 더 강하게 하기 위해서는 집중과 움직임이 필요한 것이고, 그 반대로 하게 되면 약화되다가 종국에는 소멸되는 것이다.

전투력은 그 타고난 속성상 뭉쳐놓고 뛰게 만들면 그 힘이 상승하는 효과가 있는 살아있는 생명체와 같음을 인식하기 바란다.

다. 전투력의 발휘 원리

전투력을 제대로 발휘하기 위해서는 앞서 설명한 전투력의 본질인 집산동정(集

散動靜)의 원리를 이해하여 가용한 전투력에 적절히 조합하고 응용하는 능력이 대단히 중요하다.

여기에 추가하여 기후와 기상이라는 시간적인 요소와 공간적인 요소인 지형과 지물을 유리하게 활용할 줄 아는 지휘관의 높은 안목은 전승의 기회를 더욱 선명하게 하는 결과로 나타날 것이다.

즉 전투력 발휘는 유·무형의 전투력을 기본바탕으로 하여 전투력의 본질인 집산동행(集散動靜)을 전투상황에 부합되게 적절한 조합을 하는 것이 필요하며, 시간 및 공간을 적절하게 이용할 때 전투력 상승의 효과는 달성된다는 것이다.

전투력은 전투의 3요소인 시간과 공간 등을 함께 관찰해 보면 다음과 같이 그 원리를 나타낸다.

1) 상대성

전투는 쌍방간의 상대를 두고 하는 싸움이다. 그렇기 때문에 우리는 각종 군사교육에서 적전술 교육을 가장 먼저 교육하고 있는 것이다. 그리고 이것은 목적의식을 갖게 하는 것이며 분명하고 구체적인 실체를 대상으로 하는 실전감을 느끼게 하기도 한다. 우리는 존재하는 모든 시간과 공간 그리고 대적하고 있는 적보다 항상 우세한 전투력을 보유할 수는 없다. 따라서 상대적인 전투력의 우세를 달성하는 술을 구사하는 능력을 보유해야 한다. 역사상 유능한 전투지휘관(자)는 항상 상대적인 우세를 통하여 전승이라는 영광을 쟁취하였다. 절대적인 우세를 달성한다는 것은 사실상 거의 어려운 일이다.

전투현장에서는 항상 상대가 있으며 상대성이 존재한다. 이순신 장군은 명량해전에서 13척의 전선으로 일본의 133척의 배를 상대로 승리를 거두었다. 이는 전선과 병력의 전투력 열세에도 불구하고, 공간적 요소인 지형(조류)과 시간을 이용하고 좁은 해협을 선택하여 전투력의 상대적 우세를 도모한 결과라는 것을 앞에서 소개한 전례에서 충분히 이해했으리라 믿는다.

2) 상승성

전투력은 앞서 설명한 바와 같이 생명체라 하였으며 본질적으로 타고난 독특한 특성을 갖고 있는데 그것은 집산동정(集散動靜)이라는 4가지의 독특한 성질이라고 하였다. 그리고 이것을 적절히 선택하여 조합하고 시간과 공간이라는 요소와 적절하게 결합시킬 때 그 특성은 상승작용으로 나타난다고 하였다.

이러한 상승효과는 전투력의 기본적인 특징 중의 하나이며 지휘관의 전장에 대한 통찰력과 전투의 3요소에 대한 이해정도에 따라 큰 차이로 나타나게 되는 것이다.

3) 한계성

움직이는 물체는 마찰과 저항을 받게 되면 어느 순간에 멈추게 될 수 밖에 없는 현상이 나타난다. 축구공을 운동장에서 차게 되면 땅에 접촉한 후 어느 정도의 거리는 굴러서 간다. 그러나 일정한 시간이 지나면 축구공은 더 이상 구르지 못하고 멈추게 된다. 그 이유는 축구공이 지면을 구르면서 마찰을 받게 되기 때문이다. 이러한 현상은 장애물이 군데군데 있는 경우라면 더 빨리 나타난다. 그것은 저항을 더 크게 받기 때문이다.

이처럼 속도(힘)가 약해지면서 마침내 정지하거나 어느 순간에는 파괴되게 마련인 현상을 우리는 탄성한계[12)]라 한다. 이러한 원리는 전투의 주체인 인간도 예외적일 수 없다. 또한 아무리 강력한 전투의지를 갖고 고강도의 격렬한 훈련을 받은 부대라 할 지라도 기동에 의한 전투력의 소모에는 한계가 있을 것이다. 아무리 강력하게 구축한 방어진지라도 어떠한 충격이 지속되게 되면 지탱하는 능력에는 한계가 있을 수 밖에 없는 것이다. 전투현장은 그 어느 지역보다도 강한 마찰과 저항이 존재하므로 전투력도 이러한 영향으로 계속하여 그 힘을 유지하기는 어렵게 된다. 결국에는 축구공이 운동장에서 멈추듯이 전투력도 저하되며 심한 경우에는 소멸되기도 할 것이다.

이와 같이 전투력이 시간이 흐름에 따라 주변의 마찰 등의 요인에 의해 소모될 수 밖에 없는 것을 전투력의 한계성이라 한다. 전투력은 초기에는 강하게 나타나지만 시간이 지나면서 점차 약해지다가 마침내는 그 힘을 잃게 되는데 이

---

12) 외부의 힘에 의해 변형된 물체가 그 힘을 없애면 본래의 형태로 되돌아가는 힘의 범위를 말하며 탄성한도라고도 한다. 외부의 힘을 받아 생긴 변형이 탄성한계를 넘어서면 외부의 힘을 제거해도 완전히 본래 상태로 되돌아가지 않고 변형된 상태로 남게 되며 이를 소성변형이라고 한다.

지점을 작전한계점[13]이라고 한다. 따라서 전투력의 한계성을 명확히 인식해야 하며 이를 감각적으로 알아내는 본능적인 감각이 필요하다. 지휘관(자)은 공격간 전투력이 한계점에 도달하기 이전에 목표를 달성하여야 한다. 불가시에는 전투를 단계화하여 시행하면서 적절한 대책을 강구하여야 한다. 즉, 예비대를 투입하여 새로운 전투력으로 계속 공격하게 하는 등의 효과적인 전투수행 방법을 강구해야 하는 것인데 이것을 작전단계화[14]라고 한다. 방어시에는 주도면밀한 전장관찰을 통하여 공격하는 적 전투력의 한계점을 정확히 판단하는 능력을 갖추어 호기를 놓치지 않고 공세적인 전투로 전세를 역전시킬 수 있어야 한다. 그것이 지휘관(자)의 전투지휘 능력인 것이다.

전투에서는 항상 우승열패가 불변의 원리이지만 모든 전투에서 적보다 우세한 전투력을 보유할 수는 없다. 따라서 전투력 운용기술 차원에서 시간과 공간상의 결정적인 지점을 선택하여 상대적 전투력의 우세를 달성하는 것이 필요하다. 이러한 상대적 전투력의 우세는 결국 전투력의 양적 우세를 의미한다.

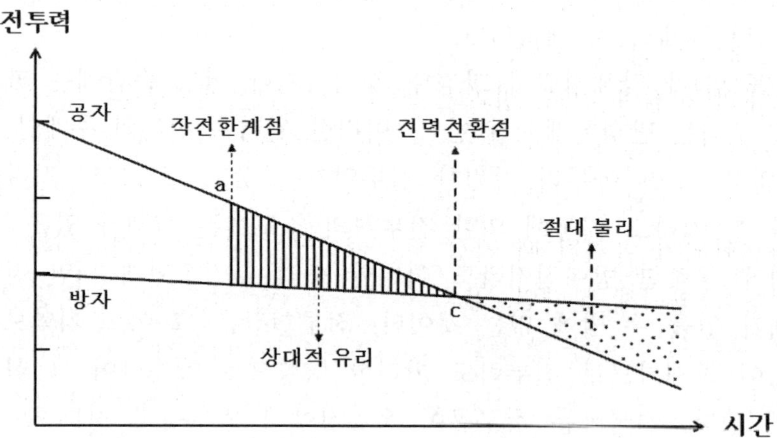

* 출 처 : 군사이론 연구(p429, 교육사령부, 1989)

13) 작전한계점이란 작전부대가 더 이상 현재의 작전임무를 수행하기 제한되는 시점 또는 지점을 의미한다. 이것은 공자와 방자 모두에게 적용되는 개념이다. 공자는 더 이상의 공격행동을 진행할 수 없을 때이며, 방자는 더 이상의 공세행동이나 방어를 지속할 능력이 없을 때를 '작전한계점에 도달했다.'고 한다.

14) '작전을 단계화한다.'라는 의미는 부대의 능력이나 수행해야 하는 작전의 성격을 고려하여 단계화 시키는 것을 말한다. 공격시 단계화는 통상 통제선을 부여하여 통제하고, 지연방어시에는 지연선 을 설정하는 경우 등이다. 그러나 불필요한 단계화는 작전을 복잡하게 하고 효율성을 감소시킬 수 있다.

4) 절대성

절대성은 전투력 발휘에 관계되는 모든 요소가 피아간에 거의 대등하게 작용하는 경우, 승패는 유형적 전투력의 절대치에 비례하게 된다. 앞서 언급한 바와 같이 전투력은 유형과 무형의 각 요소별 상승효과로 나타나지만 무형적 요소, 다시 말해서 부대의 정신력 등을 가지고서 유형적 요소인 부대의 물리적 전투력 등의 부족을 보완하는 데는 명백히 한계가 있다.

즉 물리적 전투력이 어느 한도 이상으로 격차가 있을 때에는 정신력이나 술을 가지고도 이 부족한 부분을 보완하는 것은 한계가 있다는 것이다. 여기에 유형적 전투력의 절대성의 원리가 존재하는 것이다.

5) 통합성

전투력의 통합성은 앞에서 말한 바와 같이 전투력의 본질상 특성을 고려하여 말하는 것이다. 전투력은 특성상 합해질 때 더 강하게 나타난다고 하였다. 통합은 다양한 형태로 이룰 수 있다.

부대와 부대의 적절한 편조, 병과와 병과가 결합한 제병협동, 각 군의 합동, 우방국과의 연합 등을 통해 나타난다. 현대의 과학기술은 전쟁을 과거 어느 때 보다도 더 입체적 공간으로 변화시켰다. 따라서 전투력은 지상, 해상과 공중의 3개 방향으로 입체화되어 발휘될 때 가장 강력할 뿐만 아니라 보다 효과적이다.

이러한 현상을 고려해 본다면, 공중우세를 상실한 상황에서 어떠한 지상 및 해상의 기동도 행동의 자유를 확보할 수 없는 것이며, 마찬가지로 해상우세를 상실한 전쟁은 해상교통로 봉쇄로 인해 전쟁의 지속성을 유지할 수 없을 것이다. 또한 지상작전 시에도 전투력을 통합적으로 발휘함으로써 전종심동시작전이 가능하게 될 것이다.

이런 관점으로 보았을 때 모든 병과와 지상군, 해군, 공군의 전력을 상호 보완적이고 유기적이며 균형감있게 조직했을 때 병과와 각 군 부대의 강점은 최대화되며 약점은 최소화되어 전투력의 상승효과가 나타날 수 있다.

6) 방향성

지상전투력은 개개의 무기 및 장비와 부대를 합리적으로 조직화하여 작전목표에 지향함으로써 방향성이 정해진다. 일단 방향성이 정해지면 다른 방향에 대한 전투력 발휘에는 제한을 받을 수밖에 없게 되며 또한 상황의 변동에 의해 그 방향성을 전환하기 위해서는 시간과 노력을 필요로 한다. 전투력의 운용방향과 그 작용점과의 관계에서 다음과 같은 성질을 발견할 수 있다.

가) 운용방향

힘은 어떤 물체에 대하여 직각으로 가해질 때 물리적으로 가장 강하게 작용한다. 반대로 대각선 방향으로 가해질 때는 힘이 분산되고 약해지는 성질이 있다. 따라서 전투력은 적에 대해서 직각으로 작용하도록 운용해야 한다.

나) 지향지점

작전을 수행함에 있어서 적의 상대적인 전투력이 우세하거나 또는 피아간의 전투력이 대등한 지점에 전투력을 지향해서는 성공을 기대할 수가 없다. 따라서 적의 전투력이 약한 지점, 적이 전투력 운용상 전투력을 집중하고 기동을 하기에는 불가능한 지점, 집중과 기동을 한다 해도 시간과 노력이 과다하게 소요되어 아군이 전투력을 집중하여 기동하였을 때 절대적으로 불리한 지점 등에 전투력을 지향하는 것이 중요하다. 이러한 지역으로는 적의 전투력이 상대적으로 부족하게 배치된 배후, 측면이나 측익 등을 고려할 수 있다.

이 원리에서 기습은 적이 대응하지 못하거나 대응하기에는 시간상 또는 공간상 늦을 수밖에 없는 지점으로 전투력을 지향해야 한다는 원리가 나오게 된다. 이상과 같은 전투력의 상승성, 한계성, 상대성, 절대성, 통합성, 방향성을 적절하게 고려하여 술을 발휘하는 것이 필요하다.

라. 전투력의 한계

1) 작전한계점과 전력전환점

전투의 특성 중의 하나가 마찰의 영역이라고 하였다. 이러한 마찰에 의하여 시간이 지남에 따라 전투력은 저하되는 현상을 나타내게 된다. 전장마찰에는 기동

마찰과 화력마찰 이외에 기상조건, 지형의 기복, 원근이나 험준한 상태 등에 따라 다음과 같은 마찰이 발생한다.[15)]

가) 기동마찰

적을 공격하기 위하여 기동하는 부대가 겪게 되는 적의 사격, 장애물, 공중공격 등을 말한다. '기동마찰을 어느 정도로 최소화 할 수 있느냐?' 하는 것이 목적하는 시간과 장소에서 전투력을 발휘할 수 있는 최대의 관건이 된다. 이를 위한 대책으로 위장, 방호, 소산 등으로 전투력을 보존하고, 지형지물을 이용한 은폐 및 엄폐로 적의 관측과 사격효과를 최대한 감소시킬 수 있도록 해야 한다.

나) 화력마찰

적의 각종 화포에 의한 마찰을 말한다. 적 1개 사단이 아 1개 연대의 방어정면을 공격할 경우 적의 가용 화력은 공격하는 적 사단의 편제화력에 추가하여 상급제대인 적 군단화력까지 고려하여야 한다. 여기에 적의 공중공격 등을 고려하면 화력마찰은 더욱 증대되게 될 것이다. 따라서 대화력전이나 선제타격 등으로 적의 화력을 무력화시켜 전투력을 보존하여야 한다.

다) 저항마찰

주로 공격측이 부대이동이나 기동시에 받게 되는 마찰을 말한다. 군장과 탄약의 무게, 지형과 기상, 지뢰지대 극복, 사격과 기동으로 인한 체력소모, 식량보급의 단절, 심리적 압박감 등 육체적, 정신적 고통의 영역이 이에 속한다.

저항마찰이 단기간 내에 해소되지 못하면 부대의 기동이 지연되거나 방해를 받게 되어 전투력은 점차 저하되어 패배의 원인이 되기도 한다. 통상 경험이 부족하거나 성급한 지휘관은 당장의 임무에 급급하여 저항마찰 정도는 무시하기 쉽다. 나폴레옹의 모스크바 원정 실패도 저항마찰의 영향으로 보는 견해가 크다.

아무리 우세한 전투력도 시간의 경과와 운동에 따른 마찰의 영향을 받게 되면 점차 소모되어 마침내는 그 한계점에 이르게 된다. 전투력의 소모현상은 다음과 같은 특징을 갖게 된다.[16)]

15) 육군교육사령부, 앞의 책, pp345 ~ 346.

• 공자는 방자보다 소모의 정도가 빠르다.

공자는 방자에 비해 행동의 범위가 넓고(전선의 분산과 확대, 육체적 피로 등) 노출된 상태로 전진하여 피해가 가중되며, 불리한 지형을 극복함에 따라 전투력의 소모가 크고 빠르다. 특히 피아간의 전투력이 대등할 때 적의 저항도 그만큼 커지므로 전투력의 소모도 증대될 수밖에 없다. 따라서 최초의 전투력이 균형을 이루고 있을 때는 소모의 정도가 향방을 결정한다.

• 전투력 발휘는 초기에 가장 높다.

초기에는 높게 나타나는 전투력도 시간이 지남에 따라 여러 가지 마찰요인이 계속 증가하면 점차 감소된다. 그리고 적의 타격을 받게 되면 결정적으로 급격히 약화된다. 따라서 마찰요인을 최소화하는 것이 전투력 발휘의 요체이다.

• 기동속도가 빠를수록 전투력의 소모는 적고 느릴수록 커진다.

전투력을 보존하기 위해서는 가속도를 유지하는 것이 중요하다. 앞서 말했듯이 시간이 지남에 따라 다양한 상황은 계속 전개되는 것이며 이것은 마찰의 증가를 말하는 것이고 이러한 현상이 계속되면 전투력은 저하된다. 따라서 빠른 속도로 전투력의 소모를 최소화하여야 한다.

이상에서 열거한 특징에 따라 전투력은 점차 감소하다가 전선의 확대, 병참선의 신장, 병력과 물자의 결핍에 빠져 마침내 공세능력의 한계에 도달하게 되는데 이러한 상태를 작전한계점이라 한다. 지휘관이 작전한계점에 다다른 자신의 부대 상태를 인식하지 못하고 계속 공격을 강행하다 보면 오히려 피아의 전투력이 역전되는 현상이 나타나게 되는데 이 시점을 전력전환점이라 한다.

전력전환점은 피아간의 전반적인 작전상황 및 전투력의 변동이 초래되어 상대적 전투력의 비율이 역전되는 시간적, 공간적인 한 점 또는 작전행동의 전환을 필요로 하는 상태의 점을 말한다.[17)]

전력전환점은 일반적으로 공방의 행동을 변경하는 결과가 초래되기 때문에, 적시적절한 전력전환점의 판단과 이에 대한 대비책을 강구하는 것은 대단히 중요하며 전력전환점의 오판은 작전실패의 원인이 될 수 있다. 그러나 명확하게 이 시점을 인식한다는 것은 대단히 어렵다. 전투의 현장이 불확실성이라는 특성으로

16) 육군교육사령부, 앞의 책, pp428 ~ 429.
17) 육군대학, 「전리입문」, p96, 1998.

인하여 정보의 제한 등과 잘못된 정보를 언제나 접하고 있으며 이러한 현실적인 바탕에서 적시에 냉철한 판단을 한다는 것은 지휘관의 부단한 노력과 전장을 명찰하는 능력 없이는 불가능한 것이다.

2) 전력전환점의 성립요인

가) 마찰에 의한 전투력 손실

공자의 전투력은 방자에 비해 일반적으로 빨리 저하되어 시간의 경과에 따라 방자와 대등하게 되거나 그 이하로 저하된다.

- 공격력의 축차적 감소는 최초 양자간의 전투력 비율에 큰 차이가 없을 경우에 발생할 가능성이 높다.
- 공자의 전투력 소모는 방자에 비해 크다.
- 공자의 전투력 손실에는 작전지역 확대, 병참선 신장, 부대의 사기저하, 불리한 전투상황, 지형과 기상 등의 영향이 포함된다.

나) 신장된 병참선

공자는 후방병참선이 신장됨에 따라 병참선 유지를 위한 자연감소 뿐만 아니라 전방부대의 전투력을 유지하고 증강시키기가 더욱 곤란하게 되어 전투력의 저하를 초래하게 된다. 반면에 방자는 후방병참선이 단축되어 전투력 증강이 용이하게 되고 상대적으로 전투력은 증대된다. 한국전쟁시 북한군의 낙동강선까지의 과도한 병참선 신장은 인천상륙작전의 빌미를 제공했다.

다) 전투력 우세의 변화

방자가 전투력을 증강하여 적보다 우세하게 된다. 전투력 증강은 증원, 유리한 작전지속지원 상황 등의 영향으로 가능하다.

라) 전장의 확대

작전이 경과됨에 따라 전장이 확대되고 방자의 고착, 견제 등의 작전활동으로 인하여 공자의 전투력이 분산되게 된다. 따라서 공자의 전투력은 방자에 비해 열세하게 된다.

전례 : 제2차 세계대전 독일의 대소련 작전 (1942년 6월 28일 11월 18일)

① 히틀러의 작전구상과 독일군의 공격

○ 전쟁을 시작한지 2년째에 접어들자 히틀러는 하계작전을 계획함에 있어서 주작전 정면을 남부전선으로 결정하고, 스탈린그라드 및 코카서스 지방에 대한 공세를 통해 석유와 식량을 장악하고, 소련을 피폐화시키는 한편, 자신들의 전투력을 증강시켜 나간다는 구상을 했다. 공격을 담당한 남부 집단군(공세간에 A, B 2개 집단군으로 분할)은 동맹국군을 포함하여 88개 사단을 보유하고 있었고, 가을까지 약간의 증강이 예정되어 있었다.

○ 1942년 6월 28일 독일군은 공격을 개시하였고, 같은 해 5월 하리코프 전역에서의 선전에도 불구하고 패했던 소련군은 곧 압도되어 후퇴를 시작했다. 히틀러는 비교적 질서정연하게 후퇴하는 소련군을 이미 격멸시킨 것으로 오판하고 스탈린그라드와 코카서스에 대한 동시공격을 시도했다.

○ 재편성을 실시한 독일군은 각각 동쪽과 남쪽으로 전진을 재개함에 따라 증대되는 북부지역에 대한 엄호를 위해 많은 병력이 필요했다. 스탈린그라드로 향하는 B집단군 병력은 당초 제6군뿐이었고, 이것도 돈강을 도하하여 최초공격 가능한 병력은 불과 8개 사단뿐이었다. 그러나 독일 각 부대의 노력으로 인해 9월초에는 스탈린그라드 방면에서 그 외곽지대를 점령하는 한편 코카서스 산맥의 주요고지 부근까지 진출했다.

그럼에도 불구하고 공격 개시전에 800km였던 전선은 2,600km로 증가했고, 병참선은 500~800km가 신장되어 독일본토(베를린)로부터는 3,000km에 달했다. 또한 철도는 거의 단선으로 운행횟수도 적고 믿었던 자동차 수송도 연료제약으로 인해 파괴된 유전지대를 동물을 이용해 통과하는 상황이 전개됐다.

그리하여 전선은 교착상태에 빠지게 되었고 격렬한 시가전을 반복한 스탈린그라드 정면의 독일군 전투력은 9월 20일경 제 1선 중대는 병력 60명 이상을 상실했으며 기갑사단의 전차수는 60~80대로 감소되었다.

► **독일군은 작전지속지원의 곤란과 계속되는 전투력 저하로 작전한계점에 도달하게 되었다.**

② 소련군의 반격

○ 한편 모스크바 병참기지에 가까운 소련군은 기도비닉을 유지하면서 대규모 반격을 준비했다. 11월 19일 독일군의 전투력이 약화된 지역을 일제히 공격, 11월 23일 스탈린그라드의 독일군을 완전히 포위했다.

► **독일군은 작전한계점을 극복하지 못했고 드디어 전력비의 역전이 시작되는 전력전환점에 다다르게 되자, 소련군은 이 시점을 놓치지 않고 총공세를 감행하였다.**

③ 결과/교훈

○ 히틀러의 지시 때문에 탈출이 불가능했던 독일군 제 6군은 1943년 2월 2일 궤멸되고 이후 독·소전에서의 독일군의 우위는 소멸되었다. 이 스탈린그라드 전역은 전력전환점을 이룬 전례로써 특히 유명하다.

3) 전력전환점의 극복

앞서 언급한 바와 같이 공자는 최초 우세한 전투력으로 공자의 유리점인 행동의 자유를 앞세워 공격을 개시하지만 시간이 지남에 따라 쌍방 간의 전투에 의한 마찰, 병참선의 신장에 따른 작전지속능력의 저하 등 요인에 의하여 더 이상 공격할 능력을 상실하고 마침내 작전한계점에 도달하게 되어 적절한 조치를 하지 않을 경우 주도권을 방자에게 넘겨주게 된다.

따라서 공자는 작전한계점에 이르기 전에 계속 공격기세를 유지하여 전투를 종결시키는 것이 중요하며, 방자는 적의 공격기세를 무력화시키는 방법을 강구하여 전투한계점에 도달하게 하여야 한다. 전력전환점을 극복하기 위해서는 다음과 같은 방법을 사용한다.[18)]

18) 육군교육사령부, 앞의 책, p432.

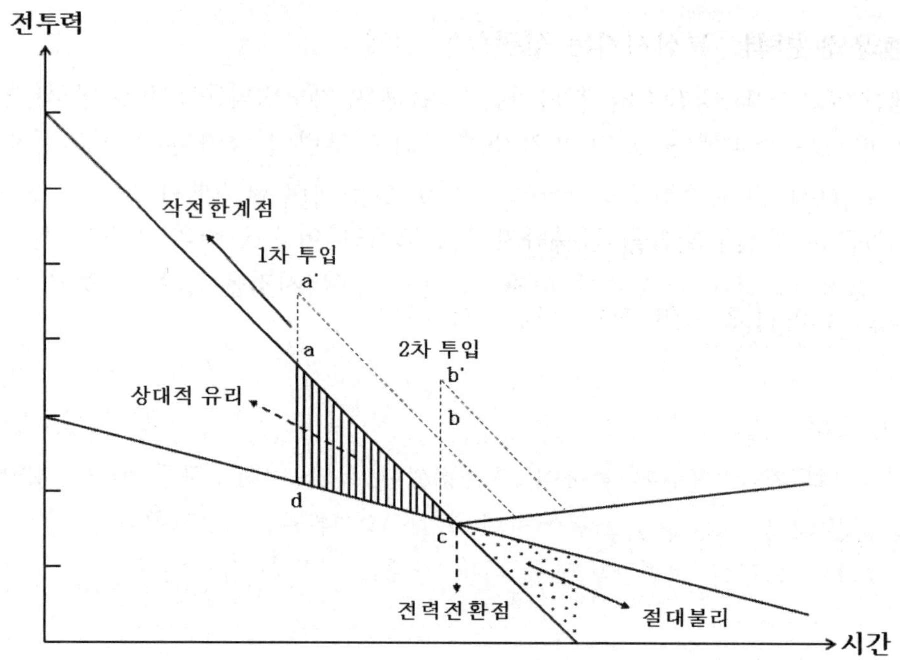

* 출 처 : 군사이론 연구(p432, 교육사령부, 1989)

가) 예비대 투입

공자의 경우 최초 공격계획수립 시부터 작전을 단계화하기로 하여 예비대를 투입 전투력을 증강시킨다는 것은 가장 보편적인 방법 중의 하나이다. 이것은 주공부대가 일정한 목표를 확보하면 전투력 저하 등으로 주공의 역할에 지장이 있을 것을 감안하여 예비대를 투입하여 결정적인 목표를 확보하게 하는 경우이다. 또는 조공의 주공화로 결정적 지점에서의 우세 달성 등이다.

전투력을 증강하여 공격기세를 유지하기 위해서는 그 시기를 잘 선택하는 것이 중요하다. 그림에서 보듯이 ad선은 공자가 상대적으로 유리하지만 공격을 계속할 만큼 전투력이 충분하지 않은 작전한계점이다. 공격기세를 계속 유지하기 위해서는 a′d 선에서 1차적으로 병력을 투입하여 작전한계점을 극복해야 한다.

공격을 계속하다가 일정한 시간이 경과하면 마찰에 의해 다시 공세 종말점인 cb에 도달하게 되는데 이때 공자는 재차 병력을 증강하여 절대적 우세 cb′를 달성해야 공격을 계속할 수 있게 되는 것이다.

나) 적의 전투력을 분산시키는 작전활동 전개

공자의 경우 전방에 집중된 적의 전투력을 분산시키고 적의 원활한 작전지속지원능력을 제한시키기 위해 후방지역에 위치한 적의 지휘소나 작전지속지원시설 등을 기습공격하게 하여 적을 혼란스럽게 하고 전투의지를 분쇄하기 위한 공격계획 등을 수립하여 시행하는 것도 하나의 방법이 될 수 있다.

다) 창의적 방법에 의한 적의 전투의지 파쇄

전투력이 팽팽하게 균형을 유지하고 있거나 전투력의 소모가 극심하여 계속적인 공격기세 유지가 어려울 때 창의적인 방법에 의해 전세를 역전시키는 방법을 구상하여야 한다.

라) 계속적인 공격기세 유지

전투의 특성에서 언급되었듯이 전투의 특징은 육체적 정신적 고통의 영역이라고 하였다. 특히 전력전환점에서는 쌍방간 육체적 고통뿐 아니라 정신적 고통도 가중되어 자포자기 하기 쉽다. 전투에서 패배한 부대의 병력이나 무기 및 장비의 70% 이상이 온전하게 남아 있는 경우가 많다는 전례는 물질적 파괴보다는 정신적 좌절감이 오히려 패배를 스스로 인정하게 만든다.

마) 공격기세의 좌절

방자의 입장에서 적의 공격기세를 좌절시키는 것도 전투전환점을 극복하는 한 가지 방법이다. 유형전투력 약화는 화력계획을 수립하여 적을 살상지대로 유인하여 섬멸하고 공격 기동로상에 국지경계부대를 운용한 매복 등의 작전으로 적의 공격의지를 저하시키는 것 등이다. 적 지휘관의 판단을 혼란스럽게 하기 위한 양공과 양동을 적절하게 구사하는 것도 심리적 압박을 가하는 하나의 방법이며 무형전투력을 약화시킴으로써 적의 공격기세를 좌절시키는 것이다.

4) 작전한계점과 전력전환점의 관계

가) 작전한계점

작전한계점은 공격시에만 적용되는 개념이 아닌 공자와 방자 모두에 적용되는 개념으로써 공격시 작전한계점이란 공자의 상대적 전투력이 방자의 전투력을 더 이상 압도하지 못하는 시간과 장소상의 한 점이다. 이것은 전력전환점 이전에 공자가 마찰에 의해 전투력이 저하된 상태를 말하며 이러한 원인은 앞서 언급했듯이 공격이 계속됨에 따른 전장의 확대와 이를 지원하기 위한 병참선의 신장으로 인한 적절한 재보급의 제한 등에서 오는 장비 및 물자의 부족 등과 육체적 · 심리적 피로의 누적 등이 결합됨에 따른 공격능력의 한계에 도달하는 점을 말하는 것이다.

이 상태에서는(작전한계점) 공자가 적으로부터 역습을 당할 우려가 증대하고 공격을 계속할 경우에도 패배의 위험도 감수해야 하는 지휘관으로서는 판단의 신중함과 어려움이 복합적으로 잠재되어 있는 점이다.

방어시 작전한계점은 방자가 더 이상 공세로 전환할 수 있는 능력을 갖지 못했을 때 또는 방어를 성공적으로 할 수 없을 때 작전한계점에 도달하게 된다. 따라서 방자는 자신의 작전한계점에 도달하기 이전에 적절한 증원을 통하여 전투력비를 역전시키거나 불가능시에는 지연방어 등으로 전환하여 전투력을 보존하고 차후 작전에 대비하여야 한다. 이때는 반드시 상급부대의 임무와 의도, 작전목적 그리고 부여된 임무를 고려하여 후퇴할 것인가 등을 고려하여야 한다.

나) 전력전환점과 작전한계점의 관계

공자는 일반적으로 작전한계점을 전력전환점 이전에 결정하여 상대적 전투력의 우위를 확보할 수 있는 상태에서 차후 작전을 시도하려고 한다. 방자는 일반적으로 자신의 작전한계점 도달 이전에 전투력비를 역전시키고자 하는 한편, 공자의 작전한계점을 전력전환점 이후에 결정되도록 하여 방자의 상대적 전투력이 우세한 시기에 호기를 포착, 공세로 전환하고자 한다. 여기서 전력전환점을 기준으로 한 공방 양자 간의 작전전환에 대한 중요한 결심이 이루어진다. 따라서 공자는 전력전환점을 연장시키기 위해, 방자는 조기에 전투력비를 역전시키기 위해 자신의 전투력을 증강시키면서 적의 전투력을 감소시키는 노력을 하게 되며 이에 따라 발생되는 작전의 한계점을 판단하고 적절한 작전전환을 모색하게 되는 것이다.

따라서 모든 제대에서의 공격은 작전한계점에 도달하기 전에 목표를 확보하거나 지휘관이 작전의 템포(Tempo)[19]를 조절하고 적절한 증원이나 재보급, 부대교대 등을 통하여 전력전환점을 연장시켜 나가야 할 것이다.

방자도 전반적으로 전투력이 감소하게 되나 공자에 비해서 훨씬 경미하게 발생되며 작전 진전에 따라 병참선 단축, 전투정면 축소, 지형의 이점을 이용한 전투력 보존, 증원의 용이성 등을 고려해 볼 때 어느 특정 시점에서는 상대적으로 전투력 우위를 달성하게 될 것이다. 이와 같은 방자의 전투력은 적절한 증원이 이루어졌을 때 상대적 전투력의 역전 시기는 보다 빨리 나타나게 될 것이다.

따라서 방자는 공자의 전투력을 급격히 소모시키거나 자신의 전투력을 적절히 증원시킴으로써 공자로 하여금 조기에 작전한계점에 도달하게 하며 그 결과 공자가 더 이상 자신을 방호할 수 없을 때 적극적으로 공세이전 하여 결정적으로 타격해야 한다.

3. 시간(時間)

가. 시간의 개념

전술에서의 시간은 시각(時刻)[20]의 연속적인 개념인 것으로 주야(晝夜)·계절(季節)·기후(氣候)·기상(氣象)과 같은 자연현상으로서의 시간, 그리고 전투승리의 갈림길이 되는 전기(戰機)로서의 시간을 모두 포함한다.

지구는 1년에 태양을 중심으로 한 바퀴 도는 공전을 하며 이와 같은 지구의 공전현상은 계절의 변화를 가져온다. 또한 스스로 자전을 하면서 주간과 야간이라는 현상을 보인다. 이처럼 태양의 주위를 공전하고 스스로 움직이는 지구 운동의 규칙성은 시간을 측정하는 기본이 된다.

자연적인 개념의 시간은 작전의 성격을 구분 짓는 기준이 되기도 하는데 계절

---

19) 적에 대한 상대적인 작전의 속도이자 리듬을 말한다. 전투 상황과 적의 탐지 및 대응 능력 평가에 따라 작전을 조정하는 능력으로 주도권 장악의 필수적인 요소이다. 템포는 상대성, 적시성, 지속성을 구비하여야 한다. 즉, 적에 대한 절대적인 우세의 속도보다는 전장상황에서 적보다 상대적인 속도의 우세를 달성하고, 속도가 요구되는 결정적인 시기와 장소에서 지속적인 속도의 우세가 보장되어야 한다.

20) 사전적 의미에서의 시각은 '시간의 어느 한 시점'이고, 시간은 '어떤 시각에서 어떤 시각까지를 말한다.' 군사용어에서는 주로 시간으로 통일하여 쓰고 있는 실정이다. 그 예로 '공격개시시각'이 아닌 '공격개시시간'으로 통일하여 쓰고 있다.

적인 측면에서는 동계작전과 하계작전, 일별로는 주간작전과 야간작전 등과 같은 경우이며 여기에는 기상과 기후가 중요한 요소로 각각 포함된다. 따라서 작전의 성격이 일정한 시간에 따라 변화하게 되는데 이에 따른 적절한 대응책이 요구되는 것이다. 또한 이 시간은 피아간에 모두 균등하게 되어 있지만 특정 상황에서 대응하는 속도는 비슷한 상황일지라도 각기 상이하게 나타날 수도 있다. 부여된 작전을 수행하는 지휘관은 이 시간을 유리하게 사용하지 않으면 적으로부터 심대한 피해를 감수해야 한다.

전투의 3요소 중 시간의 중요성에 대하여 손자병법의 가장 첫 번째인 계편(計篇)은 "전쟁은 나라의 중대한 일이기 때문에 깊이 살펴야 한다. 그러므로 전쟁을 시작하기 전에 5가지 요건을 헤아려서 승산이 있을 때 전쟁을 결정해야 한다."라며 시작하고 있다. 그 첫머리에 5가지의 중요성을 언급하며 이것을 신중하게 비교해야 한다고 하고 있는데 5가지는 "일왈도(一曰道), 이왈천(二曰天), 삼왈지(三曰地), 사왈장(四曰將), 오왈법(五曰法)"이다. 그 중 시간에 해당하는 말은 2번째에 등장한 二曰天의 天이며 이것은 "천자, 음양, 한서, 시제야 (天者, 陰陽, 寒暑, 時制也)"라 하였다. 즉, '시간이라는 것은 밤과 낮(맑고 흐림), 추위와 더위, 사계절의 변화'를 말하는 것이라고 한 것이다.

지형편(地形篇)에서는 "지천지지(地天知地), 승내가전(勝乃可全)"이라 하여 '천시와 지리를 알면 승리함에 있어 가히 온전해 질 수 있다'고 함으로써 시간의 중요성을 강조하였다.

천시(天時)는 전기로서의 시간까지 포함하는 것으로 전투의 3요소인 전투력과 적절하게 결합하게 되면 주도권을 장악할 수 있는 결정적인 계기가 되는 것은 물론이고 전투력의 효율성을 극대화시킬 수 있는 전투의 중요한 요소인 것이다.

이처럼 시간의 중요성이 전세에 미치는 영향을 간파한 손자는 전쟁을 하는 데 있어서 기상과 전기까지를 포함하는 시간에 대해서 그 가치를 매우 중요시했음을 알 수 있다.

시간의 흐름에 따라 전술상황은 수시로 변화하게 되는데 그것은 유리함과 불리함의 계속적인 반복이다. 변화하는 전술상황에서 유리함과 불리함을 정확히 파악하여 그 순간을 상실하지 않고 부대를 과감하게 운용하는 대담성이 필요한 것이다.

즉, 유리함의 순간적인 기회인 전기를 포착하는 능력이 주도권을 장악하는 요체이며 전승의 중요한 요체인 것이다.

나. 시간의 특성

전투에 임하는 부대는 어떠한 일이 있어도 지정된 시간을 엄수해야 한다는 것은 군대의 오래된 불문율이다. 군대가 지정된 시간과 장소에서 제시된 과업을 수행치 못할 경우 전체의 부대작전을 망칠 수 있고 해당부대는 생존의 기로에 놓일 수도 있는 것이다. 시간은 다음과 같은 특성을 가지고 있다.

1) 적시성

군대는 적시적이어야 한다. 계획시간, 요망시기, 결정적인 시기, 호기 간파, 전기(Timing Point) 등의 용어들은 부대가 전술행동을 수행함에 있어서 적시적으로 반응해야 한다는 것을 전제로 한다.

퓰러(Fuller)는 시간의 중요성에 대해 "시간을 낭비하지 말라. 전쟁에서의 시간은 인간의 생명보다 더 귀중하다. 모든 명령은 가능한 한 간략하게 하고 형식을 찾지 말라. 계획 때문에 낭비되는 매 5분은 1km 혹은 2km의 결정적인 거리를 뜻한다. 정확하게 때에 맞는 기동이 결정적인 승리의 어머니가 된다. 전사에서 여러 번 입증된 것처럼 확실한 시기와 지점에서의 소수 병력은 동일 장소에 24시간 후의 10배 병력보다 더 강력한 전쟁의 수단이 되는 경우가 허다하였다." 라는 말로 시간의 적시성이 중요함을 말하였다.

적시성의 유지는 전투행동에서 매우 중요하며 시간의 선택 그 자체가 전투의 성공을 좌우하게 되며, 일단 선택되어 결정된 시간은 어떠한 장애와 곤란을 극복하고서라도 철두철미하게 지켜져야 상하제대가 일치된 전투행동을 가능하게 해주는 것이다.

적시성은 정보의 획득을 위한 적의 행동을 감시하고 관측하는 활동에서부터 전투를 종결할 때까지 반드시 유지되어야 한다. 정확하게 관측을 했지만 시기를 상실한 보고는 의미를 상실하게 된다. 특히 전투 실시간에 상황판단, 결심, 명령하달 및 조치에 이르기까지의 모든 절차에서의 적시성 유지가 전투성과에 미치는 영향은 지대한 것이다. 시간은 운동하고 변화하는 일종의 반복과정으로서 작전수행 시 대응속도의 적시성은 전투승패를 좌우하는 결정적 요인이 되는 것이다.

1950년 6월 28일 새벽 2시 30분에 단행된 한강 인도교 조기폭파는 명령의 시기와 실시의 적시성을 완전히 무시한 결과였다. 한국전 초기 미 제 34연대가 7월 6일 단 1시간의 전투 끝에 무려 20km를 철수함으로써 방어선이 붕괴되었다. 그 결과 적은 천안을 조기에 점령할 수 있었다. 이에 사단장은 그 다음날인 7일에 제 34연대장을 경질하였는데 이것은 부대행동의 적시성 유지를 완전히 무시한 결과로 지적되고 있다.

전례 : 한국전쟁 시 한강 인도교 조기 폭파

① 6월 28일 01:00 북한군 전차 미아리 방어선 돌파

○ 북한군 전차가 아군의 방어선을 돌파하고 돈암동에 진출하였고 01:30분경에는 서울 시내로 진입하게 되었다.

○ 이에 따라 한국군 부대는 노량진, 김포반도, 광주일대로 한강을 도하하여 철수하는 상황이 되었다.

② 6월 28일 02:30 총 참모장 지시로 한강교 폭파

○ 한강교 폭파로 입은 피해로는, 약 500~800여명의 사상자와 차량 50여대가 손실되었으며 그로부터 1시간 30분 뒤인 04:00에 광진교도 폭파되었다.

○ 한국군 총병력의 46%인 44,000여 명의 병력이 분산되어 행방이 묘연해졌고 전투부대와 전투지원부대의 중장비와 공용화기는 대부분 한강이북 지역에 유기하게 되었으며 한국군 5개 사단과 지원부대 퇴로가 차단되었다.

③ 결과/교훈

○ 한국군 부대의 철수완료 시각을 고려하지 않은 한강교 폭파로 그 당시 철교를 건너던 무고한 서울시민은 물론 전력의 대부분을 상실하여 재편성에 막대한 지장을 초래하게 되었다.

전례 : 한국전쟁 시 미 제24사단장의 34연대장 경질

① 7월 5일 미 제24사단 34연대는 주방어부대로 평택~안성선에 방어 진지 점령

○ 연대는 1대대를 평택, 3대대를 안성에 배치하여 방어를 준비 중이었으며, 7월 6일 북한군 제4사단과 제105전차사단 선두부대가 방어진지로 접근하였다.

○ 적이 1대대 측방을 공격하자 대대는 혼란에 빠져 와해되었으며

○ 전투실시 1시간 만에 천안으로 철수명령이 하달되었고 이어서 3대대도 천안으로 철수하게 되었다. 이로써 제34연대는 전투개시 1시간 만에 붕괴된 것이다. 7월 7일 사단장은 제3대대를 북쪽으로 전진시켜 적과 접촉을 유지하라는 명령을 내렸다. 그러나 북한군 매복조의 기습을 받고 혼란에 빠져 천안으로 철수하게 되었다.

○ 사단장은 제34연대의 전투에 실망을 하고 연대장을 교체하게 되었다. 연대가 7월 6일 단 하루의 전투 끝에 평택-천안간 20km를 일사천리로 철수함으로써 적이 조기에 천안을 점령하게 되었다는 책임을 물은 조치였다.

② 결과/교훈

○ 그러나 북한군의 천안 공격에서 신임 연대장은 전사하고 연대는 장비를 유기한 채 철수하게 되었다. 즉, 전투 중에 연대장을 교체한 결정이 전투의 결과를 놓고 보았을 때 과오로 평가될 수 있는 부분이다.

2) 상대성

특정한 시간을 정하여 적을 공격할 때 공자의 입장에서는 적이 효과적으로 방어하기 곤란한 시간을 선택하여 전투력을 집중하는 것이 유리하다. 이것은 하루 중의 어느 특정 시간이 되기도 하지만, 혹한, 혹서 등과 같이 활동에 제한을 주는 계절이 되기도 한다.

자연계에 존재하는 모든 물질이 상대성이 있듯이 전투력을 구성하는 시간도 공자 또는 방자 모두에게 상대적으로 유·불리점을 가지고 존재한다. 그렇기 때

문에 상대적으로 유리한 시기와 시간을 선택하여 이용하는 것이 필요한 것이다.

상대적으로 유리한 시기를 선택하기 위해서는 기상에 대한 이해와 세심한 관찰로부터 얻은 결과 등이 유용하기도 하다. 또한 대상국가의 정치 · 경제 · 문화 · 종교적인 특징까지도 이해가 필요하다.

전례 : 한국전쟁 시 북한군의 남침 시기 및 시간

① 계속적인 평화공세로 경계태세 이완 유도

○ 북한은 1949년 6월 29일 조국통일 민주주의 전선(조평통)을 결성하고 그 해 6월 30일 그들의 방식에 의한 평화적 통일 방안을 제시하였다.

○ 그 후 1950년 3월에는 스톡홀름 평화대회에 참가해 원자무기 사용금지와 군비축소 주장에 찬성하면서 위원회를 조직하고, 북한 전역에서 서명운동을 전개하였다.

○ 1950년 6월 19일에는 "민족지도자 조만식과 거물 남파간첩을 교환하자"는 제의를 하였다.

○ 또한, "남한의 국회가 동의한다면, 국회에 의한 통일 방법을 협의할 용의가 있다"는 선전을 전개기도 하였다.

► 상대적으로 유리한 시기와 시간을 선택하기 위한 북한의 노력으로 볼 수 있다.

② 개전 당시 후방지역 공비소탕 작전 등으로 인한 전방지역 방어병력 부족

○ 개전 당시 한국군의 38선 방어부대는 서측으로부터 황해도 옹진지구에 독립 17연대, 개성 및 문산 일대에 제1사단, 의정부 전방에 제 7사단, 춘천 일대에 제 6사단, 강릉 일대에 제 8사단을 배치, 총 4개 사단과 1개 독립연대로 전방지역을 방어하고 있었으며, 서울에는 수도사단, 제 2사단을 대전에, 제 3사단을 대구에, 제5사단을 광주에 배치하여 주로 후방지역의 공비소탕 작전에 운용하고 있었다. 그러나 전쟁 당일 기준으로 보면 전방에 배치된 4개 사단과 1개 독립연대의 병력 중에서도 일부는 후방의 공비소탕 작전 임무를 수행하고 있었기 때문에 전쟁이 발발한 6월

25일 전방진지에 배치된 부대는 극히 일부에 불과하였다.

○ 설상가상으로 6월 24일 00시부로 비상경계령이 해제되자, 그 동안 비상으로 실시하지 못한 휴가 및 외박을 실시함에 따라 전선에 배치된 병력은 보직 병력의 1/2 ~ 2/3 수준인 경우가 대부분이었다.

○ 이에 비해 북한군은 전차 등을 배속 받은 총 9개 사단과 기타 부대로 증강 되어 있는 상태였다.

③ 전쟁발발 이전의 육군 상황

○ 전쟁발발 불과 15일전인 6월 10일에는 건군 이후 최대 규모의 군 수뇌부 인사를 단행하는 과오를 범하였다.(5개 사단장 등)

○ 전쟁발발 하루 전에는 장교 구락부 준공식 파티를 하였으며 22시가 넘어 종료되었다. 그러나 일부 장교들은 시내업소를 이용하여 2차, 3차의 회식을 추가로 하였는데 이러한 영향으로 채병덕 총참모장(02시경 귀가)을 비롯한 주요 수뇌부가 심신이 피곤한 상태였다.

④ 결과/교훈

○ 대기태세를 유지한 춘천지역의 제6사단을 제외한 대부분의 부대가 제대로 된 전투력 발휘를 못했으며, 그 결과 3일 만에 수도 서울이 함락되고 말았다.

○ 북한군은 시간의 상대성 면에서 유리한 시기와 시간을 선택하여 공격함으로써 그 후 약 3개월간 공격의 주도권을 장악할 수 있었다.

전례 : 제4차 중동전(6일 전쟁) 시 이스라엘의 공격개시시간

① 전쟁기간 및 교전국

○ 기 간 : 1967. 6. 5 ~ 10

○ 교전국 : 아랍측(이집트, 요르단, 시리아, 이라크, 레바논), 이스라엘

② 상 황

○ 통일 아랍공화국

- 이집트의 나세르는 1958년 1월 21일 압도적 다수의 지지 속에 시리아와 통일 아랍공화국을 만들고 초대 대통령이 됨. 이후 시리아를 마치 이집트의 속국처럼 대하자 통일 아랍공화국 가입을 고려하던 요르단과 이라크가 이를 취소하는 상황이 되었다.
- 시리아에서도 1961년 9월 쿠데타로 정권을 장악한 군부가 이러한 불만 등으로 1963년 통일 아랍공화국에서 탈퇴하게 된다.
- 이로써 이집트의 위상 추락은 물론이고 나세르의 정치적 권위에 위협요인으로 작용되었고 설상가상으로 경제개발 정책도 실패로 돌아간다.

○ 이스라엘

- 1962년대에 이르러 신세대의 구지배 계층에 대한 도전이 급증하였고,. 이러한 경향을 신세대의 영도자로 추앙 받는 벤구리온이 직접지원하게 되자 내부분열의 중요한 잠재적 요인으로 형성되고 있었다.
- 특히 이스라엘 내의 대아랍 및 소련과의 관계에 있어 벤구리온이나 모세 다얀을 중심으로 한 강경파와 메이어와 에반을 중심으로 한 온건파의 대립으로 사회내부의 분열이 심화되고 있었다.

► **이집트의 나세르와 이스라엘 모두 국가적 결속차원의 전쟁 필요성이 있는 상태였다.**

③ 전쟁경과

○ 나세르는 1964년 1월 카이로에서 개최된 아랍 수뇌회의에서 요르단강의 수원을 내륙으로 돌려 이스라엘에 경제적 압력을 가하자고 주장한다.

○ 아랍과 이스라엘간의 분쟁이 계속되는 가운데 아랍 게릴라들은 1964년에 소위 파타(Fatah : Harakat-Tahir Falastin)[21] 조직이 형성되면서 이 지역의 위기를 고조시키고 있었다.

○ 결정적인 사건은 1967년 4월 초 갈릴리호 부근에서 경작 중이던 이스라엘 농부에 대해 시리아가 포격을 가했고, 이스라엘은 공군기를 이용하여

제압하고자 하였는데 이것이 4월 7일 대규모 공중전으로 이어졌고 시리아의 MIG기 6대가 격추되었다.

○ 여기에 소련의 중동정책에 따라 시리아의 바트당 정권을 지원하고 있었는데 이집트로 하여금 이에 개입할 것을 촉구하게 된다.

○ 마침내 이런 불안한 상황이 계속되던 중 이스라엘의 국방상 다얀은 선제공격을 계획하게 된다. 다얀이 제시한 전쟁이유는 "나세르가 티란(Tiran) 해협을 봉쇄하게 될 것이며, 이를 개방하기 위해서는 전쟁이 불가피하며 이집트가 초기에는 우세할 것이므로 선제기습공격을 해야 한다"고 주장하였다.

○ 6월 5일 07:45에 이스라엘의 선제기습공격을 감행하는데, 이때 **시간선정** 이유는 다음과 같았다.

- 적의 공중감시 및 공중대기 비행이 적고, 이집트 공군기 조종사들이 가장 많이 대기 위치를 떠나며, 주요 지휘관 및 정부 인사들의 출근 시간으로 즉각적인 조치가 제한됨을 이용하는 것이 유리하다.
- 최대한의 기습효과를 달성하기 위하여 11개의 목표상에 동일 시간대에 공격하기 위해 편대간의 출격시간을 조정하여 적을 기만하여야 한다. 등 이었다. 즉, 적이 가장 취약한 시간을 선정한 것이다.

④ 결과/교훈

○ 6일 전쟁은 극히 짧은 기간에 끝났지만 결과의 중대성은 높이 평가되고 있다.

○ 10여 년간 소련 등의 공산권으로부터 군사적 지원을 받아온 아랍국 44만의 군사력은 치명상을 입게 되었으며,

○ 전투에 참가한 아랍국의 병력손실은 이스라엘 대비 약 전사(28배/19,600여명), 부상(12배/30,760여명), 포로(411배/6,584여명)의 피해를 보았으며, 장비 피해는 항공기(17배/451대), 전차(12배/990대), 함정(3척) 등이 심각한 피해를 입게 되었다.

○ 이스라엘은 수많은 장비 등을 노획함으로써 전력증강의 일대 계기가 되었으며,

○ 아랍국의 결집 및 '삼부정책'[22] 합의를 위한 계기가 되기도 하였다.

3) 한계성

시간은 멈추지 않고 흐르는 연속의 개념이지만 전투현장에서의 시간은 그와는 다른 개념으로 이해해야 한다. 승패를 결정할 적시적절한 상황을 포착하여 주저 없이 전투행동으로 실행하는 노력이 필요하다. 그렇기 때문에 적시적절한 시점은 연속의 개념이 아닌 잠깐의 찰나에서부터 몇 초 또는 몇 분에 불과한 상황이 비일비재하게 나타날 것이다. 전투에서의 이와 같은 유한의 시간을 한계성이라 할 수 있다.

따라서 그 시기를 포착하는 상황에 대한 예리한 판단력이 요구되는 것이다. 만약 상황의 호기를 상실한다면 그러한 호기가 다시는 오기 어렵다. 전술상황에서의 호기란 나의 의지로 상황을 호기로 조성하는 경우도 있지만 적의 잘못된 판단에 따른 과오에서 많이 발생하기 때문이다. 시간이 지남에 따라 적도 자신이 범한 과오를 알고 대비하려 할 것이기 때문에 한번 상실한 기회를 다시 기대하기 어렵다는 것은 시간의 유한함을 알게 해주는 것이다.

자연계의 모든 현상도 "봄이 오면 꽃이 피고, 가을이 되면 낙엽이 진다."라는 말과 같이 모든 만물은 시간의 질서를 지키고 있으며, 이 질서를 어길 수 없는 스스로의 한계성이 있음을 알 수 있다. 하나의 생명이 태어나면 전성기를 거쳐서 언젠가는 노쇠하여 사라지게 마련이다. 따라서 일을 하고 보람을 남길 시기가 언제나 유한하게 있는 것이 아니다.

전투력도 적시에 그 힘을 발휘하여 결과를 얻지 못하면 지속적으로 추가적인 전투력을 투입하지 않는 한 여러 요인의 작용으로 그 힘이 점차 약해지면서 소멸되고 마는 것이다. 따라서 적시에 힘을 발휘하는 것이 필요하며 그 시기를 놓치면 힘이 소멸되고 마는 것이 시간의 한계성이다.

유한하고 한계성을 갖고 있는 시간의 한계성을 극복하고자 하는 방법이 필요하게 되는데 다음을 참고해 주기 바란다.

---

21) 주로 팔레스타인의 젊은 대학생 및 고교생으로 조직되어 군사훈련을 받으면서 동시에 카이로 대학, 바그다드 대학 및 베이루트의 아메리칸 대학 등에서 아랍민족주의의 신성함과 유태의 취약성과 악랄성을 교육받았다. 주목적은 이스라엘에 침투하여 그들의 생명과 재산을 파괴하고 보복을 유도하여 전쟁을 이끌어 내는 것이었다.

22) 전쟁직후인 1967년 8월 20일 수단의 하트룸에서 개최된 아랍정상회담에서 아랍연합에 의한 이스라엘의 견제를 결의하였고 이것이 구체화된 것이 "이스라엘과는 협상하지 아니하고, 이스라엘을 인정하지도 않으며, 이스라엘과는 평화를 구하지도 않는다."는 것이 삼부정책임.

가) 시간의 단축

시간의 단축은 결과적으로 속도의 증가를 의미한다. 전투현장은 보다 빨리 결심하고 보다 빨리 실행할 때 승리의 가능성도 증대되는 것이다. 과학기술의 발달로 인하여 군사분야의 지휘통제를 위한 운영시스템도 많은 발달을 하였다. 과거에 비해 보다 신속하고 입체적으로 상황을 생중계하듯 전파하는 것이 가능해졌고 이에 따라 판단과 결심의 시간을 단축할 수 있는 여건이 가능해졌다. 하지만 그 기능을 제대로 이해하지 못하면 과거와 다를 바 없을 것이다. 그러므로 입체적이고 효율적으로 전장을 파악하여 정확한 판단과 결심이 가능하도록 지휘통제 기구를 구성하는 모든 요원에 대한 지속적인 교육과 훈련이 이루어져야 한다. 따라서 이러한 발달된 무기체계에 대한 활용법과 전술적 운용능력을 배양하는 것이 시간단축의 한 가지 방안이 된다는 것을 인식하여야 한다. 과학기술의 발전에 따른 각종 무기체계의 발달된 기능은 전술교리의 발전과 보조를 맞추어야 그 가치가 더 증대된다. 변화하는 미래의 전장환경에 따라 지속적으로 전술교리를 발전시키는 것은 첨단장비의 효율성을 극대화시키는 것이며 시간단축의 하나의 방법인 것이다. 또한 적에 대한 연구를 정밀하게 하는 것도 시간을 단축하는 방법이다. 전투는 상대를 대상으로 하여 이루어진다. 동물을 사냥할 때도 대상 동물의 습성을 연구하여 활동이 예상되는 지역에 습성을 활용한 덫을 설치하는 것이 효과적인 사냥법인 것이다. 적과의 전투에서 승리하기 위해서는 적에 대한 연구를 항상 하여야 한다. 지휘관(자)은 상대할 적에 대한 명확한 습성을 파악해야 하는데 그것이 바로 적의 전술과 교리이기 때문이다. 다양한 상황에서 적이 선택하여 적용할 전술을 간파하는 것은 보다 빠른 대응을 보장할 것이다. 전술상황에서 시간 단축을 위한 다양한 방안을 모색하고 적의 전술교리를 연구하여야 한다. 따라서 각종 상황을 고려한 전술예규 등을 작성하여 이를 수행하는 연습을 평소에 습관이 되도록 실시하는 것은 시간단축을 위해 중요한 것이다.

시간의 단축을 위해서는 다음과 같은 내용을 참고하기 바란다.

- **지휘관(자)의 의도대로 부하를 움직이게 하여야 한다.**

지휘관(자)이 원하는 최종상태를 전 부대원이 명확하게 이해하는 것은 각종 우발상황에서 긴요하게 작용한다. 만약에 무전기 등 모든 통신장비가 통화불능 상황이 된다면 어떻게 하겠는가? 이때는 앞서 말한 바와 같이 지휘관(자)이 요망하는 전투가 종료되었을 때의 최종상태가 방향을 유도하는 나침반 역할을 할 것이다. 따라서 지휘관(자)은 예하 지휘관(자)이 이러한 우발상황에 대비하여 올바른 판단과 조치를 할 수 있도록 각종 계획을 수립하고 전투를 준비할 때 자신의 의도를 명확히 숙지시키고 원하는 최종상태의 결과를 인식시키는 것이 중요하다.

상하의 모든 제대가 노력의 방향을 일치시키는 것이 효과적으로 임무를 달성하며 시간을 단축하는 것이다.

- **준비명령으로 미리 대비하게 하여야 한다.**

준비명령은 차후 명령이나 행동에 대하여 사전에 예고하는 명령을 말한다. 준비명령을 적절하게 이용한다면 시간과 소요되는 노력까지도 절약할 수 있다. 특히 예하부대의 입장에서는 준비에 필요한 충분한 시간을 확보한다는 이점이 있다.

새로운 명령을 상급부대로부터 수령받게 되면 이것을 충분히 이해한 다음 예하부대별로 준비할 사항을 염출해야 한다. 준비할 사항은 공통적으로 준비할 사항과 특정부대별로 준비할 사항으로 구분할 수 있을 것이다. 차후에 진행될 작전에 대비하여 준비사항을 간명하고 구체적으로 하달한다면 작전반응시간을 단축하는데 많은 도움이 될 것이다. 그러나 이 과정에서 예하부대별 과업부여 등에 대하여 너무 많은 시간을 허비하여 예하부대가 준비할 시간이 충분히 확보되지 않는다면 준비명령을 하달하여도 그 효과는 반감되게 된다.

준비명령의 핵심은 예하부대가 충분한 시간을 갖고 준비함으로써 작전반응시간을 단축하는데 있는 것이다.

- **철저한 예행연습으로 각종 우발상황에 대비해야 한다.**

충분한 예행연습은 모든 작전에서의 순조로운 진행에 많은 영향을 미친다. 그리고 이것은 우리부대가 해야 할 일을 알게 해주며 그 속에서 개인이 해야 할 역할을 인식시켜 책임감과 사명감을 갖게 함은 물론 개인의 중요성까지 느끼게 해 준다. 따라서 직면하는 각종 상황을 극복하려는 동기를 부여하기도 하며 그 과정에서 성취감과 존재감을 알게 해 준다.

예행연습은 모든 인원이 참가해야 하며 이 과정에서는 각종 우발상황을 다양하게 묘사하고 상상하게 해야 한다. 전투가 개시된 후 가장 많이 시간이 지체되고 당황스럽게 되는 경우는 전혀 예상하지 못했던 상황에 직면했을 때가 될 것이다. 이러한 상황을 신속하게 극복하는 것이 시간을 단축하는 것이며 이것은 철저한 예행연습을 통하여 예상하고 대비해야 한다.

- **신속한 결심을 할 수 있도록 자신을 훈련하여야 한다.**

大 몰트케[23]는 "전장에서의 성공적 행위는 때로는 미리 계획된 것이 아니다. 그것은 군사적 직관에 의해 전쟁터에서 응기응변적으로 이루어진다. 문제는 불확실성이 난무하는 전장 환경에서 상황을 명확히 직시하고, 정확한 분석, 냉정한 판단을 한 후에 지체없이 결심을 하여 과단성 있는 실천에 있는 것이다." 라는 말로 지휘관의 빠른 결심을 강조했는데 중요한 것은 '**정확한 빠른 결심**'이다. 아무리 빠른 결심을 하여 실행에 옮겨도 오판에 따른 결과였다면 그것은 패배의 요인이 되고 '지휘관의 오판에 따른 결과'로 남기 때문이다. 대부분의 전투상황은 자신이 수립한 작전계획을 포함하여 아군에 관한 것일 뿐, 그 어느 것도 명확하게 알기는 어려운 것이다. 이때 지휘관이 갖는 직관력은 어둠을 밝히는 등불이 되는 것이다.

호기를 포착하여 정확하게 결심하는 능력은 승리의 첩경이 되는 것이다.

나) 시간의 지속

시간의 지속은 현상의 지속을 의미하는 것으로 전투지속시간을 뜻한다. 전투지속시간은 일반적으로 전투지속시간의 장단에 의하여 평가된다. 공자의 노력소모는 전투지속시간에 비례하여 증대하고, 방자의 노력소모는 전투지속시간에 비례하여 감소한다.

즉 일정한 진지에서 공방전이 전개될 때 공자는 목표를 탈취할 때 까지 계속적으로 포위나 우회기동, 돌파 등을 기도하며 사격과 기동으로 물질적, 정신적 소모를 강요당하는데 비하여 방자는 현진지가 방어되고 있는 한 공자보다는 상대적으로 적은 기동 및 손쉬운 화력운용과 정신노력에 의존함으로써 공자의 소

---

23) 덴마크의 귀족 출신으로서 1822년 프로이센군(軍)에 들어가, 1858년에 참모총장이 되었다. 근대적 참모제도의 창시자이며 대(大)몰트케로 불린다. 전략의 천재로서 프로이센군을 정비하고(1863) 덴마크(1864) · 오스트리아(1866) · 프랑스(1870~71) 등과의 전쟁에서 승리하였다. 그는 참모본부를 단순한 군사기술기관에서 탈피시켜 군대의 중추가 되도록 하였다. 대몰트케로 불리는 이유는 그의 조카도 후에 참모총장이 되며 조카와의 구별을 하기 위해서다.

모는 현저하고, 방자의 소모는 상대적으로 적어져서, 전력 소모 면에서 볼 때 전투지속시간은 길면 길수록 공자에겐 불리하고 방자에겐 유리하게 된다.

지연작전의 경우는 공자와 방자 공히 사격과 기동의 연속으로 전투가 일관된다는 점에서 전투지속시간이 미치는 영향은 상호 대등하다고 볼 수 있으나, 방자의 경우는 될 수 있는 대로 빨리 전투지속시간을 단축하여 전투력 소모를 감소시키고자 함이 당연할 것이다.

전투지속시간을 결정하는 요소로는 전투부대의 전투의지, 전투력의 절대량, 특수무기 및 방책, 상황 및 지형, 진지의 이점 등이 주로 작용한다. 1개 연대의 전투지속시간은 1개 사단의 전투지속 시간만큼 길지 못하며, 2~3배의 적에 대한 저항은 더 약한 적이나 비슷한 수준의 적과의 교전만큼 오래 지속되지 못한다. 수치적 물량적 문제는 그렇다 하더라도 싸우고자 하는 의지나 결의가 빈약하거나 약한 부대는 계량적 역량에 관계없이 빠른 시간 내에 붕괴되거나 전투를 포기하게 되며 상대측이 결정적 수단을 사용하여 결정적 패배를 안겨줄 공산이 증대될수록 전투의 종말은 더욱 비극적이다. 전투지속시간은 경제적 요소와 적 부대를 고착견제하는 요소에 주로 영향을 미친다.

첫째, 경제적 요소는 시간의 길고 짧음이 피아에 미치는 영향으로 방자의 공자보다 덜한 손실, 공자 측 피해의 누증, 피아가 원하지 않는 전력소모의 강요 등이 주 고려 사항이 된다.

둘째, 적부대의 고착견제 요소는 적을 고착, 견제함으로써 적의 행동자유를 제한하여 시간을 허비하게 하는 것이 중요하다.

요컨대 지휘관이 전투시간을 얼마로 잡느냐, 적이 얼마만큼 견딜 수 있는가?, 그것을 아군에게 유리하게 단축시키고자 하면 어떻게 해야 할 것인가? 하는 문제가 중요하다. 당면 전투에서 예정 전투시간을 정확하게 판단하는 것은 어려운 일이나 비교적 근사치의 해답을 얻을 수 있으면 다음 단계의 모든 전투에서 예비적 조치를 적절히 함으로써 승리의 진목을 더욱 확대시킬 수 있을 것이다. 아무도 그 몸서리나는 전투를 지속하기를 바라는 사람은 없는 것이다.

그러나 지휘관은 적이 고착 당했을 때, 적이 저지 되었을 때, 적이 궁지에 몰렸을 때는 아군의 방어시간을 더욱 연장시켜야 하며, 아군이 그렇게 당했을 때는 그러한 궁지에서 빠른 시간 내에 벗어나야 할 것이다.

4) 주야(晝夜)

주야라 함은 시간의 진행에 따라 발생하는 명과 암의 교대현상을 말한다. 특히 야간은 시계의 제한에 따라 주간과는 전혀 다른 상황을 부여한다. 오늘날 과학기술의 발전에 따라 야간의 주간화가 가능하게 되고 야간의 주간적 이용 경향이 확산되고 있으나 全전장과 全전투기간을 주간화 한다는 것은 사실상 곤란하기 때문에 야간을 이용하는 전투는 아직도 중요한 의미를 지니고 있다. 따라서 여기에서는 주로 야간상황에 대해서만 중점적으로 기술하기로 하겠다.

가) 야음의 영향

야간에는 어둠으로 인해 시계의 범위가 축소되고 이로 인해 방향유지가 어렵고 착오가 자주 발생하게 된다. 또한 행동의 범위가 제한되고 인접의 상황도 알기 어려우며 심리적 불안감이 고조되기 쉽다. 특히 야간에는 시계의 범위는 축소되는 대신, 청각의 범위는 넓어진다는 특성 때문에 예상치 않은 총포탄의 소리, 부지불식간에 튀어나오는 인접 전우의 탄성이나 신음소리가 때와 장소에 따라서는 실존하는 위험 이상으로 받아들이게 되어 부대를 공포의 도가니로 몰아넣기도 한다.

야간의 가장 큰 특징은 어둠이라는 것이며 어둠은 모든 걸 불명확하게 한다. 전장의 공포심은 이 불명확으로 인하여 더욱 크게 나타난다. 전선에서의 낙오, '우리부대가 고립된 것 아닌가?하는 막연한 두려움은 서로 밀착하고 의지하려고 하는 경향이 커지게 된다. 이로 인해 부대의 밀집 현상이 두드러지며 지휘관에 대한 의존 경향도 커지게 된다. 따라서 지휘관의 신뢰를 주는 말한마디가 중요하게 작용하기도 한다.

나) 공격시의 심리

야간에는 방자보다 공자의 심리적 안정성이 크다. 공자는 행동의 자유가 보장될 뿐 아니라 자기가 취하는 행동을 지각하고 있기 때문에 방자에 비해 심리적으로 우월한 위치에 있게 된다. 전사 상의 여러 전투에서 야간공격을 받은 부대가 공포심에 의해 스스로 진지를 포기했거나 백병전 시 방자가 심리적 쇼크를 일으켜 채 싸워보지도 못하고 순간적으로 무너지는 것은 바로 심리적 열세 때문이라고 보아야 한다.

공자는 전투시기, 전투장소, 전투부대 등 방자에 비해 선택의 폭이 넓기 때문에 주도권을 확보하기 쉽다. 특히 야음을 이용하여 기만과 기습, 집중이 용이하여 정신적 여유가 있고 사기가 높다. 일반적으로 인간은 정지되어 있을 때 보다는 활동하고 있을 때 공포심이 감소된다고 한다. 이러한 원리는 야간에도 적용된다. 따라서 공자는 방자보다 공포심이 적고 일시적이다. 공격시 단계별로 나타나는 심리적 특징은 다음과 같은데 공통점은 움직임이 많을수록 공포는 감소된다는 것이다.

- 예비대 요원은 공격제대의 요원보다 공포심을 더 느낀다.
- 공격 간 보다는 공격준비 또는 공격직전에 공포를 더 느낀다.
- 공포는 적 화기의 유효사거리에 진입했을 때 극도에 달하여 돌격개시와 함께 감소된다.

다) 방어시의 심리

방어행동은 공격행동보다 정적인 특성을 갖게 되므로 자연히 전투원의 정신력도 정적인 상태로 변한다. 따라서 상상은 자유분방한데 행동은 위축되어 소극적이고 비관에 빠지기 쉽다. 야간방어 시 기도비닉을 위해 요구되는 정숙은 방자의 고립감을 더해주고 야음으로 인해 적의 행동을 알지 못하는데서 생기는 극도의 공포심은 전투지휘를 곤란케 한다.

방자는 통상 공자의 의도 파악이 어렵고, 기도가 파악되어도 야간으로 인해 행동의 자유를 제한받게 되어서 즉각적인 대응방책 수립이 어렵다. 즉, 야간 관측의 곤란, 산발적인 총성 및 포성, 측후방 기습에 대한 공포, 적 공격방향의 추측 곤란 등으로 사기가 저하되어 행동상의 혼란이 야기되고 이러한 공포상황에서 벗어나기 위한 의심작용으로 분산하기 쉽다. 그러나 지형의 숙지, 사전준비에 대한 자신감, 방어의 이점에 따른 안정감은 방자만이 갖는 특성이기도 하다.

이상과 같은 심리적 특성으로 인해 야간전투는 가능한 한 아측의 심리적 약점은 극복하면서 상대방의 심리적 취약점을 최대한 이용하는 것이 바람직한데 이런 측면에서 기만에 의한 기습이 가장 효과적이라고 보아야 할 것이다.

라) 고려사항

야간전투시에는 다음과 같은 사항이 고려되어야 한다.

○ 전투력 운용단위는 가능한 한 축소하여 엄격한 통제하에 실시되어야 한다.
○ 야간의 특성을 최대한 이용한 기습, 침투, 기만, 심리전을 실시하여야 하며 그만큼 경계에 최대의 관심을 기울여야 한다.
○ 준비에 많은 시간이 소요되기 때문에 예하부대에 충분한 시간을 부여하여야 한다.
○ 전투수단 사용 시에는 다음과 같은 사항이 고려되어야 한다.

- 기갑은 기도비닉을 위해 공격시의 최초 투입은 제한되어야 한다.
- 포병은 전장조명 및 직접사격 할당량을 최대한 증가시켜야 한다.
- 항공은 전장조명 및 포병사거리 초과표적의 제압에 주력해야 한다.
- 공정 및 공중기동은 기습달성의 효과를 최대화 하는데 효과적이다.
- 야간 감시 장비는 야음의 장애를 극복하는데 가장 좋은 장비다.

마) 야간전투의 중요성

야간은 1일 전투가용시간의 1/3을 차지할 만큼 그 시간적 비중이 크고, 현대전의 특징인 단기속결전을 수행하기 위해서는 주야 연속으로 전투를 수행해서 조기에 목표를 달성해야 되기 때문에 야간전투의 중요성이 더욱 커지고 있다. 특히 과학기술의 발달에 따라 야간 조명기구와 야시장비에 의해 야간의 제한을 극복할 수 있는 능력이 향상되었다. 이로써 주간전투시 공자의 기습기회 제한, 기만 및 심리전 효과감소와 같은 단점을 야간전투로 보완할 수 있게 되었다.

전술환경적인 측면에서도 주간전투시 방자의 신속 정확한 화력목표가 되는 것을 회피함으로써 손실을 최소화할 수 있으며, 방어진지 보강속도에 있어서도 야간에는 지연될 수밖에 없어서 공격이 유리하게 되었다.

바) 야간전투의 인식

먼저 각국의 야간전투에 대한 인식을 확인해 보도록 하자.

- 미국은 야간전투의 필요성을 충분히 인식하고 있으며 장차 야간전투의 기회가 점차 증대될 것으로 판단하고, 야간전투의 이점은 전적으로 공자가 보유한다는 전제아래 최신 과학무기에 의해 최대한 야간의 제한을 극복함으로써 야간전투를 기갑 및 기계화 부대와 헬기 등 제병협동작전 수준까지 향상시키려고 노력하고 있다.
- 러시아도 주·야간에 걸쳐 끊임없는 훈련을 실시하고, 야간 전투장비 개발에 역량을 총집중하여 주·야간 전투의 차이점 해소에 노력하고 있으나 야간전투는 아직까지 주간작전을 완료하기 위한 보조 작전으로 인식하고 있으며 주로 소규모 전투시에 적용하고 있다.
- 북한군은 주·야간 전투를 동일한 수준으로 강조하고 있으며 필요시 야간기습 공격으로 전쟁을 개시, 주·야 연속에 의한 속도전으로 전투성과를 확대하는데 중점을 두고 있다. 이를 위해 야간훈련을 강조하고 있으며 야시장비의 개발에 박차를 가하고 있다.

이와 같이 세계적인 추세는 점차 야간전투에 비중을 두고 있으며 야간전투에 의해 전투효과를 극대화 하려는 경향을 보이고 있다. 특히 한반도의 실정은 피·아간에 전쟁지도지침을 "속전속결"에 두고 있고, 현실적으로 전투부대 지휘관(자)은 적극적인 기도와 신속한 결단력에 의해 전투를 종결지으려하기 때문에 주·야간 구별이 없는 지속적인 전투가 수행되리라고 예상된다.

최초부터 성공을 기도하는 전략계획 및 작전술 지침은 명확하게 계산된 전장에서 적의 주력을 격멸하는데 온갖 노력을 집중할 것이다. 따라서 전투지역의 모든 전술부대는 승기포착을 위한 부단한 노력, 전투수단의 효율적인 구사, 숨 돌릴 사이 없이 끝장을 내고 말겠다는 집착성의 발휘로 전투는 주·야간 구별 없이 계속될 것이고 전장은 무자비한 격렬성과 참혹성으로 나타날 것이다.

그럼에도 불구하고 야간을 완전히 극복하기 어렵다는 제약사항 때문에 야간의 특성은 상존할 것으로 보여 전투 시 이에 대한 최대한의 이해와 관심이 필요하게 될 것으로 보인다.

전 례 : 소총중대 야간방어 (강원 인제 향로봉 북서 6km 1,031고지)

① **작전개요** : 1951. 8. 22 ~ 24 / 8사단 10연대 10중대, 북한군 2사단 19연대 예하부대

② **상 황**

○ 1951. 8월 중순, 아 8사단은 1,031고지 일대를 탈환 확보하고 있었다.

○ 그러나 당시 아군은 주간에는 목표를 탈취했다가도 야간전투기술의 미숙으로 야간에는 다시 피탈되는 예가 흔히 있었다.

③ **작전경과**

○ 24일 1,031 고지의 우전방 방어를 담당하게 된 10중대의 이범준 대위는 어떻게 하면 적의 야간공격을 격퇴하고 진지를 확보할 수 있을까 하고 그 방책에 부심하고 있었다.

○ 당시 아군의 야간방어 전술은 공격해 오는 적에 대하여 호에서 사격과 수류탄 투척으로 적 격퇴를 시도하는 것이었으나 일단 적이 후방으로 침투하여 다발총을 갈겨대면 여지없이 무너지는 것이었다.

○ 24일 오후 중대장은 소대장들을 집합시켜 작전을 숙의한 결과 적은 아군이 사격을 시작하면 그 간격을 발견하였다가 후방 요란조를 침투시켜 전후방 동시에 돌격함으로써 아군 병사들을 당황케 한다는 사실에 착안하였다. 그리하여 적이 공격해 올 때 일체 사격을 금지하였다가 적이 지근거리에 접근하면 과감하게 수류탄을 투척하며 호에서 뛰쳐나가 사격과 총검술로 적을 격퇴하기로 하였다.

○ 24일 밤 야음이 짙어지자 적은 또다시 다발총을 난사하면서 고지로 접근해왔다. 적은 그들이 사격을 가하면 국군 쪽에서도 총성이 나는 방향으로 응사해 왔었으나 이번에는 지근거리에 접근할 때가지 일체 사격이 없자 의아해 하면서도 자신만만하게 접근해 왔다.

○ 이윽고 적이 약 15m 전방까지 접근하자 중대장의 신호에 따라 대원들은 일제히 수류탄을 투척하며 호에서 뛰쳐나가 적을 무찔렀다. 적은 고지의

경사를 기어서 올라오느라고 힘이 빠진데다 갑자기 수류탄 공격을 가하며 총검으로 충격을 가하자 혼비백산하여 많은 시체를 남기고 분산 도주하였다. 이후 10중대의 중대원들은 야간전투에 대한 자신감을 갖게 되었다.

④ 결과/교훈

○ 10중대는 적이 지근거리에 접근할 때까지 사격을 통제하다가 기습적으로 수류탄을 투척함으로써 적에게 많은 피해를 줄 수 있었다.

○ 지금까지 수행해온 전술의 미흡점을 발견하고, 과감하게 호에서 뛰쳐 나와 과감한 공격을 실시함으로써 적을 격퇴할 수 있었다.

다. 전기(戰機)

1) 의 의

전기란 적에게 결정적 타격을 가하여 전승을 획득할 수 있는 기회를 말하며, 이 기회를 포착하여 성공시켰을 경우에는 전장에서 적에 비해 상대적 우위를 기대할 수 있다. 즉, 전투상황에 있어서 전투력의 균형을 결정적으로 아군에게 유리하게 전환시킴으로써 상대적 전투력 우위를 달성하여 적을 격멸하기 위해 전투력을 집중할 절호의 기회를 말한다.

그러나 이 기회는 모든 사람의 눈으로 볼 수 있는 객관적 대상이 아니다. 오직 전투에 대한 예민한 감각을 소유한 사람만이 직관을 바탕으로 하여 느낄 수 있고 감각적으로 알 수 있다고 하는 것이 타당할 것이다. 그렇기 때문에 이러한 호기가 '언제 왔었는지' 도 알기 어려운 것이고 '언제 올 것인가'를 아는 것은 더욱 어려운 일일 것이다. 대부분의 경우에 있어서 온 것조차도 인식하지 못한 채 흘려보내는 경우가 허다한 것이다. 적시적인 기회를 포착하는 기술이야말로 열세한 전투력을 상대적으로 우세하게 만드는 지름길이 될 수 있는 것이다.

전장은 피아간에 승리를 목표로 한 인간의 의지가 교차하는 결전의 장이며 힘의 우위가 지배하는 공간이다. 따라서 모든 상상을 동원한 다양한 상황이 연출되는 예측불허의 공간이며 이곳에서는 불확실성, 우연과 마찰 그리고 육체적 고통은 물론이고 심리적인 불안과 공포 등이 혼재하고 있다.

전장의 불확실성 속에서 결정적인 승리의 기회는 자주 있지도 않고 설사 있다 하더라도 그것은 순식간에 사라질 수도 있다는 것을 시간의 특성에서 한계성이라고 설명한 바 있다. 따라서 그 순간을 교묘하게 포착하는 능력이 있어야 한다.

식별하기 어려운 이 기회를 어떻게 잡느냐 하는 것은 전투지휘관(자)의 능력 여하에 따라 결정될 것이다. 일단 기회를 포착하면 정글에서 맹수가 먹잇감을 일격에 절명시키듯이 포착한 기회를 상실하지 않는 노력이 필요하다. 즉, 전투력을 가장 효과적으로 적시에 집중하는 전투지휘가 이루어져야 한다. 전기를 포착하게 되면 비록 적에 비해 열세한 전투력이라 하더라도 우세한 적을 격파할 수 있는 기회가 될 수 있는 것이므로 이 기회를 반드시 잡아야 한다. 그것은 가장 고귀한 생존의 문제와 직결되는 중대한 문제이다.

2) 전기(戰機)의 포착

전기는 항상 유동적이며 소멸되는 한계성을 나타내는 것이기 때문에 포착하기가 대단히 어렵고 포착하여도 시기를 상실할 우려도 높은 것이다. 하지만 일단 포착하여 적에게 일격을 가하게 되면 그 효과는 전세를 역전시킬 정도로 지대한 것이다. 그렇다면 전기를 어떻게 포착하느냐? 는 대단히 중요한 문제이다. 전기는 우연히 올 수도 있으나 적극적인 전투행동을 통하여 창출될 수도 있다. 즉, 노력하는 자에게 기회가 온다는 것과 같은 이치로 이해하여야 한다.

이렇게 하여 창출된 전기는 한순간에 지나쳐 버릴 수도 있고 오랫동안 머무는 상황도 있을 것이다. 그러나, 시간의 한계성이라는 것은 모든 것은 유한하다고 하였다. 전기가 머무는 시간도 영원할 수는 없다. 따라서 전기는 포착과 동시에 맹수가 먹잇감의 목을 물면 숨통이 끊어질 때까지 놓지 않듯이 집중과 집요함을 보여야 한다.

일반적으로 승리를 보장하는 절호의 기회는 최악의 상황에서 최대의 노력을 다 했을 때 비로소 나타나는 것이며, 최선의 노력을 다했을 때만이 이것을 포착할 수 있다. '최선을 다해 노력해야만 변화가 생기는 것이고, 변화가 생겨야 비로소 길이 열린다.'는 뜻을 갖고 있는 '궁즉통(窮卽通), 궁하면 통한다.' 의 속담과도 일치되는 경우이다.

• **노력을 통한 전기 창출 방법**

공격시에는 공격할 지점과 방법을 선택하는 이점이 있으므로 이를 최대한 이용하는 것이 필요하다. 즉, 다양한 수단, 방법 그리고 공격지점을 선정하여 적으로 하여금 전투력을 분산시킬 수 밖에 없는 상황을 조성하여 결정적인 지점을 공격하여 적의 균형을 와해시킨다. 또는 적의 약점을 집중 공격하여 그 약점이 확대되도록 하여 아군에 유리한 상황이 되도록 하는 것이다.

방어시에는 유리한 지형을 선점하여 적의 전투력 발휘를 곤란하게 하여 적의 약점을 극대화 시키는 방법 등을 강구하여야 한다.

• **적의 과오를 이용한 전기 창출 방법**

공격시에는 지형 및 기상을 분석하여 적이 취약한 시기와 지점을 선정하여 특공조를 이용한 방법 등으로 과감한 공격을 실시하는 것이 필요하다.

방어시에는 적의 전투력을 정밀하게 파악하여 공세이전의 시기를 포착하여야 하며, 공격하는 적이 주방어 지역을 오판하여 주요 전투력 운용에 과오가 발생한 것이 판단되면 이 기회를 놓치지 않고 공세적인 전투행동을 하여야 한다. 특히 지휘관의 잘못된 판단으로 나타나는 과오는 놓치지 말고 적극 이용하여야 한다. 예를 든다면 공격과 방어시 전술적 상황을 고려하지 않은 부대밀집 현상 등은 좋은 표적인 것이다.

단장의 능선은 북한군 제 13사단이 방어하고 있었으나 전투력이 약화되어 중국군 1개 사단과 문동리 일대에서 교체를 준비 중이었다. 미 72전차대대는 38연대 L보병중대와 공병소대 등으로 특수임무부대를 구성하여 문동리로 전진을 개시하였다. 문동리를 넘어서자마자 교체를 준비 중인 어수선하고 밀집된 적 병력을 발견하고 막대한 피해를 입혔으며 851고지 서측으로 이르는 적의 보급 및 주요도로를 차단하였다.

–출처:6.25 전쟁시 기갑부대 운용–

한국전쟁 시 인천상륙작전의 경우에도 북한군의 전투력이 한계점에 도달하기 시작한 시점에 이루어진 작전으로 전기를 정확하게 포착하여 실시한 성공적인 전례이다. 유엔군은 북한군의 작전한계점에 도달하는 시점을 전기로 보았으며,

여기에 인천의 조수간만의 차이 등을 고려하여 상륙지로 선정하여 세기의 상륙작전을 성공시킨 경우이다. 만약, 적의 공격능력이 충분한 상태에서 상륙작전을 감행한다면 적은 상륙부대는 최소의 병력으로 견제를 하면서, 낙동강 방어선을 돌파하고 부산을 점령한 후 상륙한 연합군의 배후를 공격할 수 있을 것이다.

그러나 전력한계점에 도달한 북한군은 낙동강 방어선도 돌파하기 어려운 전투력을 유지하고 있었으며 이것을 유엔군은 정확하게 포착하여 전기로 판단한 것이다.

이것은 후에 밝혀진 전쟁 사료에서도 확인된 결과이다. 그 당시 적의 전투력은 유엔군에 비해 현저히 저하되는 시점인 것으로 밝혀졌다. 연합군은 9월 중순의 북한군 병력을 98,500여명으로 판단하고 있었는데 후에 사료에서 밝혀진 바에 따르면 70,000여명 이었다. 반면 유엔군은 157,000여명으로 오히려 2:1규모로 방어하는 유엔군이 전투력이 우세한 상황이었으며 공세이전 할 여건이 마련된 상황이었던 것이다. 결과적으로 적의 전투력이 상대적으로 약화된 상태, 그리고 적의 병참선이 과도하게 신장 되었을 때 감행된 1950년 9월 15일의 인천상륙작전은 가장 정확하게 전기를 포착하여 일격을 가한 작전이었다.

전기의 포착 못지않게 중요한 것은 적으로 하여금 전기포착을 그르치게 하는 것이다. 적이 전기포착에서 과오를 범하면 반대로 아군의 전기포착은 한결 용이해 지며, 그때 결정적인 시기를 노릴 수 있기 때문이다. 한국전쟁 초기전투에서 북한군이 서울 점령 후 적극적인 추격 없이 3일간의 시간을 서울에서 허비한 것 등은 지휘관의 판단력 결여에서 나타난 전기 상실의 좋은 예이다.

전례 : 북한군의 서울 점령 후 전기 상실

① 6월 28일 정오경 북한군 서울 점령

○ 북한군이 남침을 한 날은 마침 불어온 태풍 '앨시'의 영향으로 가랑비가 38도선을 적시고 있었다. 북한군은 강력한 전차를 선두로 하여 태풍처럼 빠른 속도로 한국군의 미아리 방어선을 돌파하고 서울을 3일 만에 점령하였다.

② 6월 28일 16:00경에는 산발적인 한국군의 저항을 완전 제압

○ 제 4사단(사단장 소장 이권무)은 새벽 05:30에 동북쪽에서 공격 개시하여 서울의 북쪽 변두리 쪽을 점령하였고, 이후 여의도 대안을 점령하여 장차 영등포쪽으로 도하하고자 하였다.

○ 제 3사단(사단장 소장 이영호)은 서울 남쪽으로 우회하여 16:00 무렵 서울 이촌동 부근을 점령하였다.

○ 제 105전차여단은 05:30부터 서울 북동 및 동쪽에서 진입하여 주로 방송국, 발전소, 우체국, 전신국 등 행정기관 등을 점령하였다.

③ 6월 28일 제 1군단(군단장 중장 김웅)은 제 105전차여단과 주요기관 장악

○ 북한군은 한강 북쪽의 도하점을 폐쇄하는 한편 시내의 주요지점과 기관을 점령하고 유린하기 시작하였다.

○ 그러나 북한군 사단장들은 서울에서 퇴각하는 한국군을 적극적으로 추격하거나 한강 도선장을 점령하지 않은 채, 결단을 내리지 못하고 모호하게 행동하는 전술적으로 이해가 안 되는 지휘를 하고 있었다.

○ 북한군은 28일 낮은 전승의 분위기에서 그대로 흘려 보내고 3일을 허비함으로써 결정적인 전기를 상실하게 되었다.

④ 결과/교훈

○ 3일의 시간을 이용하여 국군은 재편성 후 한강선 방어를 준비를 하였다. 만약 그때 지체 없는 공격기세로 예봉을 부산으로 향했으면 어찌되었을까?

○ 도하를 저지할 수 있는 여건과 시간을 확보하는 계기가 되었으며 낙동강선까지 지연전을 가능하게 해준 결과가 되었다.

라. 기상(氣象)

1) 기상요소

기상이란 대기 중에서 일어나는 물리적인 현상을 통틀어 이르는 말로 '바람, 구름, 비, 눈, 더위, 추위' 등을 이르는 말이다.

날씨는 그날그날의 비, 구름, 바람, 기온 따위가 나타나는 기상 상태를 말한다. 기상과 함께 기후라는 말도 많이 쓰이는데 이것은 특정 지역에서 오랜 기간 동안에 걸쳐 뚜렷하게 나타나는 평균적인 기상 상태를 일컫는 말이다.

군사작전에 영향을 미치는 주요 기상요소는 다음과 같다.

○ 강 우

강우는 비, 눈, 우박, 진눈깨비 등을 총칭하는 것으로써 하절기의 많은 비는 도섭이 가능했던 하천을 장애물로 변화시킬 수 있으며, 통행이 가능했던 도로가 통행불가능하게 되고 개활지를 늪지대로 변화시켜 기동을 제한한다. 계절적 폭우는 도하가 가능했던 하천을 도하가 불가능하게 하며 눈이나 진눈깨비는 차량의 도로이동이나 도보부대의 산악통과를 곤란하게 한다.

○ 기온(혹한, 혹서)

계속되는 혹한에서는 기동이 곤란하던 하천 또는 수답지대를 결빙시키므로 양호한 접근로가 될 수 있다. 반면 도로상에 빙판을 조성하여 차량 이동을 제한한다. 또한 각개 전투요원들의 활동에 제한을 주고 장비의 주요 부품을 동파시킬 수 있다.

혹서시에는 전투요원들의 활동에 제한을 주고 각종 질병의 발생률을 높이며, 지속성 화학작용제의 효과를 감소시키고 화생방 상황에서는 보호의 착용 등에 제한을 주어 방호활동을 어렵게 만든다.

○ 안 개

주야간 안개는 시계를 극히 제한하므로 관측과 사계뿐만 아니라 항공사진 촬영, 항공정찰, 포병관측, 근접항공지원에 영향을 미치게 된다. 따라서 공자는 기습달성이 용이하고 방자에게는 추가적인 경계 대책이 요구된다.

○ 강 설

강설은 그 정도에 따라 기계화 부대와 각종 기동장비의 이동에 영향을 미친다. 강우시와 유사하게 정찰활동, 화력지원에 제한사항을 주며 전투원의 행동을 위축시킨다.

○ 바 람

바람은 타 기상 요소와 합쳐질 때 작전에 영향을 미치게 된다. 만일 작전지역이 황무지나 사막지역일 경우 심한 바람은 먼지와 모래를 동반하므로 관측과 사계를 제한하고 항공정찰이나 포병관측에 영향을 미치게 되며, 각종 화기의 탄도에 영향을 주기 때문에 사격효과를 감소시킨다.

○ 습 도

습도는 대기중에 포함된 수증기의 양을 말하는데 습도는 화기의 탄도에 간접적인 영향을 미치며 높은 습도는 지속성 화학작용제의 효과를 증대시키고 장비의 부식을 가져온다.

○ 구 름

구름은 근거리 육안 관측에는 영향을 주지 않으나 항공정찰이나 항공사진 촬영, 포병관측 및 근접항공지원에는 지대한 영향을 미친다.

기상은 피아에게 있어서 동일한 자연현상이지만 이용하는 능력에 따라 전세를 유리하게도 하고 파국으로 몰아가기도 한다. 예로부터 유능한 장수는 자연현상에 각별한 관심을 갖고 이에 대한 법칙성을 찾아내기 위해 많은 노력을 기울인 특징이 있다.

앞에서 제시한 명량해전의 전례에서도 이순신 장군은 명량해협의 조류의 방향이 만조시가 되면 일시적으로 정반대로 방향이 바뀐다는 사실을 알고 해전에 임하였다. 때문에 최초 개전은 불리한 조류의 영향으로 어려움을 겪었으나 일정한 시간에 도달하게 되자 조류의 방향은 반대로 바뀌어 유리한 위치에서 적을 공격할 수 있었던 것이다.

이처럼 명장이라 불리는 사람들은 기상 상태의 파악에 부심해왔으며 기상에서 법칙성을 찾아내어 아군에 유리하도록 작전을 계획하였다. 자연 조건으로 아군의 장점을 살리고 적의 단점을 극대화하도록 한 것이다. 기상조건은 그저 감수하기만 할 대상이 아니라 적극적으로 이용할 대상으로 본 것이다. 이러한 예는 전례에서 많이 찾아볼 수 있다.

야전부대에서는 주요일과를 보고할 때 가장 먼저 예상되는 기상현황과 그에 따른 제한사항과 대책을 포함한다. 그것은 대부분의 시간을 주로 야전에서 활동하는 군의 특성상 전투력 보존을 위해 기본적으로 확인하고 조치할 사항이기 때문이다.

그리고 이것은 전투상황에서는 더욱 중요한 요소가 된다. 기상에 따라 주요 작전이 취소되고 연기되는 일은 자주 접하는 일중의 하나이다. 최첨단 장비의 경우에도 기상이 뒷받침되지 못하면 정상적인 운용이 어려운 상황이 발생하기도 한다.

현재도 일상적인 소식중의 하나가 기상이 좋지 않아 항공기가 결항하여 많은 피해와 손실을 가져 왔다는 내용을 태풍 등이 오는 시기에는 자주 접한다. 이처럼 기상은 우리의 일상생활과도 밀접하게 관련이 있으며 최첨단 장비도 그 영향을 많이 받고 있다는 것이다. 기상의 영향으로 큰 피해를 면한 사례도 발견된다.

제2차 세계대전을 종결짓기 위하여 미국은 원자폭탄을 일본의 두 개 도시에 투하하게 된다. 그런데 그날 날씨의 영향으로 다른 도시에 투하되는 일이 발생하였다. 바로 나가사키가 그 비극의 도시이다. 최초의 계획은 고쿠라(현재의 기타큐슈시)에 투하할 계획이었으나 당일 짙은 구름으로 폭격이 어렵게 되자 예비도시로 선정한 나가사키로 목표를 변경하게 되었다는 것이다. 기상의 영향으로 한 도시는 비극을 면하고 또 다른 도시는 큰 피해를 본 것이다. 이처럼 첨단무기체계도 기상에서는 예외일 수 없다.

1945년 8월 6일 8시 15분 히로시마 상공의 600미터 지점에서 원자폭탄이 폭발하였다. 그 결과 이를 직접 쳐다본 사람은 눈이 멀게 되고, 이때 발생한 3~4천도의 폭열은 근처의 모든 형체있는 물체를 소멸시켜 버렸다. 그로부터 사흘 후에 나가사키에 2번째로 투하되는데 역시 많은 피해를 입히게 된다. 그 당시 나가사키 인구는 27만 명이었는데 그 중에서 사망 2만4천 여명, 부상 4만1천 여명, 행방불명 2천여 명, 기타 피해자 17만7천 여명과 도시 대부분의 건물이 파괴되는 비극이었다.

기상은 모든 군사작전의 기본적인 환경을 조성하는데 이는 극복할 대상이지 무시하거나 가볍게 취급할 대상이 절대로 아니라는 것을 명심해야 한다.

재정 러시아는 당시로서는 세계최강의 군대라고 하는 나폴레옹군과 독일군의 대규모 공격을 무난히 물리친 역사를 가지고 있는데 이것은 오로지 러시아의 영원한 친구라고 부르는 겨울의 혹한과 여름의 진흙땅과 같은 기상여건 때문이었다.

반대로 공격부대는 이러한 기상을 예측하는데 소홀히 했거나 준비의 부족 그리고 기상을 극복할 대책에 대한 지혜가 부족했거나 가볍게 본 결과로 해석하여야 할 것이다.

아무리 우세한 전투력을 보유하고 있다 하더라도 자연현상과 군사작전의 상관관계를 이해하지 못하면 효율적으로 전투력을 운용할 수 없다. 즉 자연이 주는 무서운 재앙을 피할 수 없는 것이다. 그러나 열세한 병력으로도 기상과 기후조건을 효과적으로 활용하면 전투력의 효율지수는 높아진다.

전례 : 독 · 소 전쟁 시 혹한으로 인한 독일군 패전 (1942. 7. 17 ~ 1943. 2. 2)

① 제2차 세계대전을 앞두고 독일과 소비에트연방(소련)은 1939년 8월 23일 모스크바에서 '독 · 소 불가침조약을' 체결한다.

○ 그러나 1941년 6월 22일 히틀러가 이를 어기고 소련을 침공하여 독소전쟁이 발발하게 되었다.

* 소련의 스탈린그라드는 볼가강 하류에 위치한 도시로, 스탈린이 집권한 뒤 1925년 '차리친(Tsaritsyn)'에서 '스탈린그라드(Stalingrad)'로 개명한 것이다.

○ 히틀러는 유전지대를 연결하는 주요 석유 공급로 라는 이점 때문에 스탈린그라드를 차지함으로써 전략적 요충지를 확보하고자 하였다.

② 1942년 7월 17일부터 시작된 '스탈린그라드 전투'에서 독일군의 제6군 사령

관이었던 프리드리히 파울루스(Friedrich Wilhelm Ernst Paulus, 1890~1957)는 33만 병력을 투입, 600대의 폭격기로 공격하여 초반 유리하게 전세를 유지하고 있었다.

○ 독일군의 전차부대는 소련군의 기관총부대에 비해 시가전에서 취약하였고, 전투가 장기전에 돌입하자 소련 특유의 혹한의 날씨, 군복과 식량 등의 고갈로 전투력이 점차 고갈되기 시작하였다.

○ 그해 11월부터 소련군의 반격이 이어졌고, 결국 독일군의 무기 보급로까지 차단되면서 22개 사단이 스탈린그라드에서 포위당하게 된다.

○ 결국 파울루스가 항복하면서 스탈린그라드전투는 소련군의 승전으로 마무리 되었다.

③ 결과/교훈

○ 독일군 : 22만여 명의 전사자와 9만 1,000여 명의 포로가 발생하는 심각한 피해를 당하게 되었다.

* 동맹군(이탈리아군 · 루마니아군 · 헝가리군)도 30만 명 이상의 피해를 입게 된다.

소련군 : 47만 8000여 명이 전사하고 65만여 명의 부상자가 발생하였다.

○ 전쟁 역사상 가장 많은 사상자와 포로, 민간인 피해를 유발한 전투로 기록되었으며, 스탈린그라드전투로 심각한 전력 손실을 입은 독일군은 이후 제2차 세계대전에서 패전하는 하나의 요인으로 되었다.

전례 : 미드웨이 해전시 안개로 인해 일본군 패전 (1942. 6. 5 ~ 7)

○ 태평양전쟁 초기인 하와이 북서쪽 미드웨이 앞바다에서 있었던 미일 양군 사이의 해전으로 미드웨이 섬 지역은 지정학적 특성상 안개가 자주 발생하는 지역이다.

○ 일본군은 야마모토 해군대장이 지휘하는 전함 11척, 항공모함 8척, 순양함 18척 등 연합함대 주력과 나구모 중장 지휘하의 기동부대를 합친 350척의 대병력을 동원하여 미드웨이 섬의 미군 기지를 공격하고자 하였다.

○ 공격 도중 안개로 인해 처음에는 함대의 기동에 유리했으나 안개가 개이자 후속하던 항모가 보이지 않게 되었다. 이는 사흘간이나 식별이 안되었다.
○ 할 수 없이 미군의 도청 위험을 무릅쓰고 무전으로 호출하던 중 미군에게 위치가 노출되었으며 미군은 이를 놓치지 않았다. 위치를 확인한 미 함재기의 공격으로 항모 등이 침몰하는 결과를 맞이하게 되었다.

○ **결과/교훈**

일본군은 주력 항공모함 4척과 병력 3,500명, 항공기 300대를 상실하였으며, 태평양전쟁 개전 이래 태평양·인도양에서 우위를 지켜 온 일본의 해군 기동부대는 이 해전의 패배 이후 주도권을 미군측에 내주게 되어 전쟁 수행상 중대한 전환점이 되었다.

전례 : 제갈공명, 적벽대전에서 바람을 이용하여 위군(조조) 격파 (208년 12월)

① 중국 후한(後漢) 말기에 조조(曹操)가 손권(孫權)과 유비(劉備)의 연합군과 싸웠던 전투이다. 원소(袁紹)를 무찌르고 화북(華北)을 평정한 조조는 형주목(荊州牧)을 지키고 있는 유표(劉表)를 공격하여 형주땅을 차지하기 위해 대군을 이끌고 남하하기 시작하였다. 유표의 급사로 손쉽게 형주를 차지하고 강릉으로 달아나는 유비를 추격하며 장강을 따라 동쪽으로 이동 중에 장강의 적벽에서 연합군과 대치하게 되었다.
② 장강의 적벽에서 남진하는 조조의 대군(15만 ~ 25만)과 오(손권)와 촉(유비)의 연합군(5만 ~ 7만)은 맞서게 되었다.
* 화공(火攻)으로 전투 시 위군(조조)은 북서풍에 유리하고, 연합군은 동남풍에 유리한 지형적 위치였으며 때는 겨울이라 북서풍이 발달되어 있는 계절이었다. 그러나 공명은 동짓날을 전후하여 동남풍이 분다는 것을 일기 관측과 주변의 어부들의 경험을 듣고 알고 있었다.
③ 공명은 주유에게 동남풍을 불게 할 수 있으므로 이때를 이용하여 위군을 연합하여 공격하자고 제안하였다. 이에 따라 오나라의 주유는 거짓 항복을

통해 조조군의 배를 묶어(連環計) 화공에 유리한 상황을 조성하는데 성공하게 되었다.

조조가 연환계에 넘어간 것은 오랜 항해 등으로 병졸들의 배 멀미 등이 심한 탓에 배를 연결하는 것에 동의한 결과였다. 즉, 흔들림이 덜해 상대적으로 유리한 것으로 판단했고 겨울철이라 북서풍이 불고 있으므로 연합군의 화공 위협은 없을 것이라고 생각한 오판의 결과였다.

④ 마침내 오나라 장수 황개가 거짓 항복을 하는 것처럼 꾸미고 염초 등을 가득 실은 배를 이용하여 조조군을 화공으로 공격하여 대패하게 되었다.

* 정사는 〈무제기〉에서 매우 간략하게 이 전투를 기록하고 있음.

"조공은 적벽에 도착해 유비와 싸웠지만 형세가 불리했다. 이때 역병이 유행해 관리와 병사가 많이 죽었다. 그래서 조조는 군대를 되돌리고, 유비는 형주와 강남의 여러군을 차지하게 되었다."(公至赤壁, 與備戰, 不利. 於是大疫, 吏士多死者, 乃引軍還. 備遂有荊州, 江南諸郡)

⑤ 결과/교훈

기상에 대한 면밀한 대비와 예측이 부족한 조조는 대패하는 결과를 맞이하였다. 따라서 원정을 계속하는 것이 곤란하게 된 조조는 형주를 떠나 허창으로 귀환하게 된다. 연합군은 남군까지 진격해 조조군과 싸웠고 마침내 주유는 남군을 손에 넣었으며, 손권은 주유를 남군태수로 임명하였다. 한편, 유비는 남쪽으로 진격하여 무릉, 장사, 계양, 영릉 4군 태수의 항복을 받아 형주 서부에 세력을 굳혀 천하는 3분의 형세가 확정되는 계기가 되었다.

* 공명은 조조의 퇴로로 예상되는 화용도에 관우를 보냈고 여기에서 예상대로 조조가 쫓겨 오게 된다. 관우의 마음먹기에 따라 손쉽게 조조를 죽일 수 있었으나 관우는 살려서 보냈다. 이러한 것도 공명은 예상하여 처음에는 관우를 보내지 않으려 했으나 관우가 계속 고집하고, 제갈량도 좀 더 생각해 보았을 때, 어차피 관우라는 인물은 한 번 입은 은혜는 꼭 갚는 인물인데 지금 은혜를 갚게 하는 것도 좋겠다고 생각하였던 것이다.

또한 공명이 천문을 보고 조조가 여기서 죽지 않을 운명임을 알았기 때문에 화용도에 관우를 보냈다고 삼국지연의에 나와 있다. 전투과정과 화용도에서의 관우의 의리 등이 나오는 장면은 갖가지 술책과 인간의 순수성 등이 어우러진 삼국지연의 백미라고 평가받고 있다.

2) 기상요소가 전술활동에 미치는 영향

기상은 관측, 병력활동, 장비의 성능, 사격효과, 항공지원, 핵 및 화생제 사용, 통신 및 전자전, 전술적 엄호 및 기만, 교통통제, 군수지원, 민사작전 등 여러 형태의 군사작전에 중요한 영향을 미치며 지형요소와 함께 군사계획 수립과 전투의 승패에 미치는 영향이 크다.

기상조건에 따른 주요 영향요소와 대표적인 전례에 대하여 참고하기 바란다.

기상조건	영향요소	전례
강 우	·기동 및 행동장애(전투중기/지연)	·워터루 전투·임팔작전
혹 한	·활동제한, 병력위축, 비전투 손실 증가	·독소전쟁
혹 서	·일사병, 급수곤란, 식품의 건조 및 부패	·북아프리카 전투
안 개	·관측 제한, 사격효과 감소	·미드웨이 해전
강 설	·기동 및 행동장애	·모스크바 원정
바 람	·핵 및 화생제, 연막효과, 공중기동 제한	·적벽대전

* 출처 : 군사이론 연구(p396, 육군 교육사, 1989)

기상 및 시도조건은 피아에 많은 영향을 미친다. 따라서 지휘관들은 전투를 효과적으로 수행하기 위하여 작전지역이 변경되고 날짜가 경과함에 따라 지속적으로 기상첩보를 획득해야 한다. 작전지역 분석시 기상은 지형과 더불어 중요한 고려요소이며 기상의 조건은 방책선정에서도 영향을 미친다. 기상요소 중 특히 현저하게 전투에 영향을 미치는 요소에는 광명제원, 강우와 강설, 기온, 안개, 바람 등이 있다.

광명제원은 전투의 개시와 종료 등에 영향을 미치며 해상박명은 군사적으로 중요한 고려요소가 된다. 강우와 강설은 심할 경우 기동을 저해하여 전투를 중지시키거나 지연시키고, 한랭한 기온과 혹서는 병력의 활동을 위축 또는 이완시킨다. 특히 한랭은 병력활동의 제한과 비전투 손실을 증가시키고 각종 화포 및 장비의 성능을 감소시킨다.

혹서기의 부대작전은 일사병을 속출시키고, 추가적 급수대책 및 식품의 조기건조, 부패를 야기시킨다. 안개는 관측의 제한과 사격효과의 감퇴를 야기시키며, 바람은 핵 및 화생제, 연막탄 사용, 탄도, 공중기동 등에 영향을 미친다. 특히, 산악에서의 산골바람과 계절풍은 전투에 많은 영향을 미친다.

이러한 기상 및 기후조건은 군사전략 및 작전술의 수준에서는 전쟁의 개시시기 및 장소 선택시 고려요소가 되기도 하고, 전술적 수준에서는 전투의 계획 및 실시에 주된 고려요소가 된다.

모든 쇠붙이(총기류, 야전삽, 차량 등)에 손을 대면 철썩 달라붙어 잘 떨어지지가 않았다. 총포류 중에는 CAR 소총이 추위에 가장 약하여 연단발이 잘 안되고 발사불능일 때가 많았다. M1소총과 기관총은 CAR 소총에 비해 추위에 강했으나 총기름이 얼어붙어 작동이 안 될 때가 많았다.

박격포는 사격시 얼어붙은 땅과의 충격으로 포판이 깨어지고 105mm와 155mm 곡사포는 정상 조건보다 사격속도가 느렸는데 이는 작동부분이 원위치로 돌아가는데 시간이 많이 걸렸기 때문이다. 또한 추위로 공기의 밀도가 크기 때문에 포의 사거리가 짧아지고 불발탄이 많이 발생하였다.

차량과 전차는 2시간마다 15분씩 시동을 걸어주어 동파를 방지해야 했다.

부상자는 잠깐만 눈 위에 두어도 동사하기 때문에 즉각 후송되어야 했으나 후송이 늦어져 동사자가 발생했다.

땅이 35cm 얼었기 때문에 미군의 휴대용 야전삽은 부러지기 일쑤여서 호를 팔 때는 TNT를 많이 사용했으며, 전투가 전개될 때에는 꽁꽁 얼어붙은 피아의 시체를 쌓아놓고 이를 방벽으로 삼기도 했다.

– 출처 : 전장감감 –

기상이 주는 영향은 이처럼 주요 전투장비의 작동은 물론 인체에도 막대한 영향을 주게 된다. 기상의 영향을 고려한 장비의 운용과 관리 등은 평시부터 대책을 강구하는 것이 필요하다.

4. 공간(空簡)

가. 공간의 개념

1) 전투와 공간

공간이란 “어떤 물질이나 물체가 존재할 수 있거나 어떤 일이 일어날 수 있는 영역을 말한다. 전술적인 차원에서의 공간(空間, Space)이란 군사적으로는 시간, 전투력과 더불어 전투의 3요소를 구성하며 시간 요소와 함께 전투의 객관적 환경을 형성하는 기본요건이다. 이러한 공간은 형질, 거리, 방향의 성질을 갖고 있으며, 점에서 선으로, 선에서 면으로, 면에서 입체 그리고 사이버 공간 등으로 확장되고 있다. 이런 의미에서 공간은 전투영역으로 보면 지상, 해상, 공중과 가상의 영역인 사이버 공간까지 확장된다. 전투에서 말하는 공간의 개념은 무기체계의 발전 그리고 산업기술의 발전과 함께 정립되어 왔다. 고대의 전쟁은 육상에서의 일정한 선을 중심으로 한 지상전투 위주로 이루어졌으며 선박의 기술에 따라 바다의 이용이 활발해지면서 육지와 해상까지로 전투공간의 개념이 확장되었다. 항공기의 발달이 이루어지자 그 영역은 하늘에까지 이르게 되었다. 이처럼 무기의 발달은 공간의 개념을 입체로 확장시켰으며 그 발전은 지금도 계속 진행 중에 있다. 대표적인 형태가 사이버전이라고 볼 수 있는데 이로 인해 전쟁과 전투의 공간에 가상의 공간이 추가된 셈이다. 이처럼 전쟁 뿐 아니라 전술에 있어서의 공간도 계속 확장되고 있다.

따라서 지휘관(자)은 점, 선, 면, 입체 및 사이버 공간 등의 특성까지도 심도 있게 연구하여 이에 대한 이해의 폭을 넓혀 다가오는 전투환경에 적응할 준비가 필요한 것이다. 이처럼 공간은 전술의 관점으로 볼 때, 지형은 물론이고 가상적인 영역까지도 포함하는 대단히 큰 개념으로 볼 수 있다.

그러나 여기에서는 앞에서 열거한 모든 영역을 모두 포함하여 다루기에는 제한되는 점이 있어서 한정된 범위에서 기술하기로 하겠다. 따라서 여기에서는 지상전투 상황에서 중요하게 고려할 요소인 지형과 지물로 한정하기로 하겠으며 이를 지형(Terrain)이라는 용어로 기술하기로 하겠다.

지형이란 땅의 형편, 곧 토지의 높낮이, 산천의 상태 등 지표면의 자연적 상태인 지구 표면의 고저기복(高低起伏)에 대한 상태를 말한다. 그리고 여기에서 자연적으로 형성된 수목, 배수, 토양, 경사 또는 요철 같은 자연적으로 형성된 지물을 자연지물이라고 말하며, 인공적으로 형성한 도로, 교량, 댐, 항만, 비행장, 건물, 도시지역 같은 상태를 인공지물이라고 한다. 군사적으로 말할 때의 지형이란 위에서 말한 지형 그 자체는 물론이고 자연지물과 인공지물까지도 포함하여 말하는 것이다.

전투공간은 지형과 지물에 의해 형성되어 있는 지리적 공간을 말하며 전투력 운용을 통제하기 위한 정면과 종심이 전투지경선에 의해 구분되어 진다. 즉 전투공간이란 어느 부대가 전투를 하기 위해 부여받은 특정한 공간을 말하며 여기에서 전투력을 발휘한 효과가 나타나게 되는 것이다. 지형은 고정적이고 영속적인 존재이며 지표면의 복잡하고 다양한 특성은 지역에 따라 특색 있는 전투공간을 형성하고 있으며 전투수행기능[24] 발휘에 많은 영향을 미치게 된다. 정보기능에서는 관측을 위한 시계, 지휘통제에서는 상하제대와 인접부대와의 통신 소통, 기동에서는 토질 상태에 따라 기동가능여부와 속도발휘의 용이성, 화력에서는 사계와 탄도, 방호에서는 은폐와 엄폐의 효과 그리고 원활한 작전지속지원 등에 유리하게도 작용하고 불리하게도 작용한다.

2) 지형과 작전형태와의 관계

지상군 부대의 전투력은 특히 지형의 직접적인 영향을 받기 마련이다. 지상군은 그 어느 때라도 지상이라는 공간에서 발휘되는 전투력의 특성상 지형과 밀접한 관련을 갖고 행동하게 되며 반응하게 된다. 지형에 따라서 고유의 전투력이 강약으로 나타나기도 하며, 전투력 발휘방향이 지형의 영향에 따라 결정되기도 하고, 전투력 발휘요령 등이 지형에 좌우되기도 하는 것이다.

따라서 지형을 고려한 축성, 인공적인 장애물 지대 구축 등은 지형을 아군에게 유리하게 활용하는 것이고 이렇게 함으로써 전투력을 향상시킬 수도 있지만, 지형요소가 작전활동에 불리하게 작용하거나 제대로 운용하지 못한다면 전투력은 약화되기도 한다. 또한 전투부대의 특성에 따라 지형의 가치는 다르게 나타난다.

24) 정보, 지휘통제, 기동, 화력, 방호, 작전지속지원, 네트워크 환경의 총 7대 기능으로 이루어져 있다.

울창한 삼림과 지형의 기복 등은 보병부대에게는 은폐와 엄폐를 제공하고 기동에도 제한점이 없으며 상황에 따라서는 은밀히 침투시에 더욱 유리하게 작용되는 지형이다. 반면 기계화부대는 기동에 제한이 있게 되어 전투력 발휘가 곤란한 상황으로 작용하기도 하는 것이다.

이러한 지형은 고정적인 특성은 있으나 불변의 상태가 아니라 시간이 경과하면서 변화하기도 한다. 즉 부대가 기동하는 매순간 마다 변화되는 기상 등과 결합하여 다양한 효과를 보이기도 하는 것이다. 따라서 지형은 움직이지는 않지만 계속 변화하고 있다고 인식하고 이를 활용하여 전투력 운용에 유리하게 이용하여야 한다. 그러므로 부대의 특성 및 작전목적에 따라 이에 적합한 중요지형지물을 선정하고 전투력 발휘에 적합하도록 지형을 활용하는 것이 중요하다.

가) 공격과 지형의 관계

적절한 지형의 이용은 사격의 효과를 증대시킬 수 있으며, 공격시 발생하는 손실을 지형의 은폐와 엄폐효과를 이용하여 감소시킬 수도 있다. 또한 작전지역을 감제하는 고지를 확보하게 되면 관측의 효과를 증대시키기도 하며, 지원화력을 용이하게 유도할 수 있는 유리점을 증대시킬 수 있다. 또한 적진지를 향한 양호한 종격실의 능선으로 이루어진 지형을 이용한다면 공격부대를 배치하는데 유리하며 목표에 비교적 용이하게 이르게 되고, 이를 침투부대가 이용한다면 은폐 엄폐의 유리점으로 생존성을 보장받기 용이하며, 목표로 접근하는 유리점을 제공받는 이점이 있다.

나) 방어와 지형의 관계

지형의 특징은 방어의 형태인 지역방어나 기동방어를 결정짓는 고려 요소 중의 하나가 된다. 방어력 발휘에 유리하고 적이 공격시 기동속도를 제한시키기 유리한 지형이 있고 천연적인 장애물이 산재되어 방어력 발휘에 유리한 이점이 있는 지형은 지역방어에 유리한 방어 조건이 될 것이다. 반면, 지형이 방어부대의 기동에 유리하고 적을 유인하여 격멸하기 용이하다면 기동방어에 유리한 방어 조건이 될 것이다. 이처럼 지형의 특성은 작전의 형태를 결정짓는 중요한 요소로 활용된다.

다) 적 활동과 지형의 관계

전투는 상대성을 갖고 있다. 따라서 아군이 존재하는 지형에는 상대인 적도 함께 존재하고 있다. 따라서 동일한 지형의 근거리 또는 원거리 어디인가에 적은 활동하고 있을 것이다. 이런 점을 고려하여 아군의 작전지역을 정확하게 분석하면 적의 활동을 예측하는 중요근거로 활용할 수 있다. 예를 들면, 충분한 공간과 은폐 및 엄폐에 유리하고 주변에 식수원이 양호하게 발달되어 있다면 적의 집결지 및 작전지속지원 시설이 위치할 가능성이 높다. 또한 종심상에 기동로가 발달되어 있으면 적 기계화부대의 활동 등에 필요한 조건이 되므로 증원전력이 이용할 수 있다. 이처럼 지형의 특징을 분석해 보면 예상되는 적의 행동을 미리 예측해 볼 수 있는 것이다.

지형은 이와 같이 모든 작전과 전투수행기능에 영향을 미치며 이용에 따라 전투를 유리하게 전개시키기도 하지만 불리한 상황에 놓이게 하기도 한다. 특히 동일한 지형일지라도 작전형태에 따라 각기 다른 영향으로 나타나게 된다. 따라서 중요한 것은 지형을 전투력 발휘에 유리하게 활용하려고 노력하는 자세이다.

삼국지에 등장하는 그 유명한 읍참마속(揖斬馬謖)[25]이라는 고사도 마속이 지형의 이점에 대한 오판을 하였기 때문이다. 일찍이 클라우제비츠도 "지형적 요소의 영향을 받지 않는 전투란 생각할 수 없다." 고 한바 있다. 즉, 전투는 공간에서 시작되어 공간에서 끝나는 것으로 공간요소인 지형의 중요성을 강조한 말로 이해할 수 있을 것이다.

25) '눈물을 흘리며 마속을 베다.' 가정 전투에서 패한 마속을 참형에 처하면서 제갈량이 눈물을 흘렸다고 한데서 유래한 고사이다.

전례 : 삼국지의 가정전투(街亭戰鬪)

① 전쟁기간 및 교전국

○ 기　간 : 228년

○ 교전국 : 촉(蜀, 2만 5000명), 위나라

② 당시의 상황

○ 기원후 227년 당시 중국 대륙은 위, 촉, 오로 분열되어 있었다. 촉은 서남쪽에, 북쪽에는 위가 위치해 있었고 제갈량은 북쪽에 위치한 위를 공격하고자 하는 계획을 갖고 있었으며 227년에 출정을 결심하고 그 유명한 출사표(出師表)를 올리게 되었다.

○ 가정전투는 출사표[26)]를 올린 제갈량이 228년에 제1차 북벌 중에 일어난 촉과 위와의 전투를 말하며 공명은 사마의가 가정으로 진군 할 것을 예상하고 마속과 왕평을 보내 가정을 지키도록 하였다.

③ 전투상황

○ 제갈량은 이 전투에서 마속에게 선봉을 맡기고 가정에서 위나라의 장합과 더불어 싸우게 하였으며 반드시 산 아래에서 적을 맞이하라는 지시를 하였다.

○ 그러나 마속은 제갈량의 지시를 어기고 산꼭대기에서 산 아래로 공격하는 것이 적을 격멸하기에 유리하다고 판단하여 산의 정상부근에서 진을 치게 됨. 이때 부장인 왕평은 산 아래에 진을 쳐야 한다고 하였으나 이마저도 듣지 않음.

왕평이 말하기를 "승상께서는 산 아래의 길에 진을 치라고 하셨소. 그래야 적의 진로를 직접 가로막기에 유리하여 이길 수 있다고 생각하셨기 때문일 것으로 생각하오. 만약 진을 산 위에 치게 되면 적이 산을 애워쌓게 되었을 때는 어떻게 할 것이오?" 라고 하자 마속은 비웃듯이 웃으며 "현지의 지형을 직접 보지 않았으니 승상께서는 잘 모르셨기 때문에 그런 지시를 하신 것으로 생각하오." 라며 제갈량의 지시는 물론이고 왕평의 건의도 무시하며 다시 말하기를 "병법에 이르기를 높은 곳을 점령하고 아래를 공격하게 되면 그 기세가 마치 파죽이나 다름이 없다고 하였소. 이 곳으로 통할 수 있는 길은 오직 한 곳이고 나머지는 절벽이니 여기가 바로 그 파죽의 지세인 것이오. 그렇기 때문에 우리가 산 위에 진을 치고 그 곳만 경계하다가 적을 공격하게 되면 크게 이기게 되는 것이오." 라고 하며 계속하여 산 정상 부근에 진을 치겠다는 고집을 꺾지 않게 됨.

○ 위의 장수 장합은 촉한의 장수 마속이 산 정상 부근에 진을 쳤다는 것을 알게 되자 산을 포위한 채 공격하지 않고 지구전으로 맞섬. 전투가 장기전으로 흐르게 되자 마속의 부대는 식수와 식량이 바닥을 보이기 시작하였으나 위 군에 포위된 상태였으므로 지원은 받지 못하는 상태가 되어 사기는 저하되고 전투력은 약화됨.

○ 드디어 공격이 적시적절하다고 판단한 장합은 마속군을 공격하게 되었고 마속의 군대는 크게 패배함.

④ 결과/교훈

○ 마속은 지형을 평가한 결과 적을 공격하기에는 산 정상이 유리하다고 판단하였으나, 적이 산 아래에서 포위하였을 경우를 생각하지 않아 보급의 제한 등으로 크게 패배하게 되었다.

○ 가정을 잃게 되자 제갈량은 전진이 어렵게 되어 후퇴를 하게 되었고, 이 결과로 제갈량의 1차 북벌은 실패로 돌아가게 되었다.

○ 자신의 지시를 어기고 산 정상에 진을 친 마속의 목을 베게 됨에 따라 읍참마속의 고사가 생기게 된 배경이 되기도 하였다. 제갈량은 많은 장수들이 마속에 대한 용서를 구했으나 개인의 재능이나 친분보다 군율을 먼저 생각했으므로 마속의 참수를 시행하게 되었다.

* 읍참마속은 군율의 엄격함을 강조할 때 주로 쓰이고 있으나 그 이면에는 마속의 지형 평가의 실수에 대한 배경이 있는 고사성어이다.

26) 227년에 제갈량이 유비의 아들이자 후계자인 유선에게 위나라를 정벌하겠다는 북벌계획을 밝히게 되는데 이때 작성한 것이 그 유명한 '출사표'이다.

나. 전투공간

손자는 지형의 중요성에 대하여 구변편(九變篇)에서 "장통어구변지리자(將通於九變之利者) 지용병의(知用兵矣) 장불통어구변지리자(將不通於九變之利者) 수지지형(雖知地形) 불능득지리의(不能得地之利矣), 장수가 구변의 이로움에 통달하지 못한다면 비록 지형을 알지라고 지형의 이점을 얻지 못할 것이다.") 라고 말하였다.

즉 지형을 제대로 분석하지 못하면 지형이 주는 이점을 활용할 수 없다는 것을 말하고 있다. 전투공간이란 전투수행에 필요한 전투지대를 말하는 것으로서 일반적으로 전투정면과 종심 등 전투지역내에 존재하는 각종 지형지물에 의해 구성된 지상에서의 공간적 특징과 그 상공을 총칭하는 말이다. 즉 전투공간은 크게 지상공간과 공중공간으로 구분되며 그 공간을 구분하는 것을 전장편성이라고 한다.

우리나라의 지상공간은 지형지물의 형성 및 배치상태에 따라 소구획성 지형과 대구획성 지형으로 구분한다. 이에 대해서는 다음에서 언급하기로 한다.

공중공간은 지상공간의 상공을 말하는데 공역통제와 같은 공지합동 전투에 필요한 요소이지만 여기서는 지상공간에 대해서만 기술하기로 한다.

1) 지형이 미치는 영향

전투공간은 부대의 기동에 직접적인 영향을 주는 요소들이 산재되어 있다. 우리는 흔히 전장이라는 용어를 많이 사용하는데 전장이란 전투행위가 전개되고 있는 장소를 말한다. 그리고 전장편성이라고 말하는 것은 전술상황에서 작전의 효율적인 수행을 위하여 전장을 구분하고 전투력을 할당하는 것을 말한다. 즉 전투시 책임과 권한을 부여하기 위하여 전장을 구분하고 그 역할에 따라 전투력을 부여하는 것이다.

가) 지형과 기동속도

전투공간에서의 지형은 그 특성에 따라 기동속도에 영향을 미친다. 곡선이 심한 지형은 기계화부대가 기동시 속도의 발휘가 제한된다. 경사가 급하고 높은 산악지형은 도보부대의 기동속도에 영향을 미친다. 이처럼 지형은 기동과 밀접한 관련이 있으며, 전투력을 할당하는데도 영향을 준다. 도하가 필요한 하천이 있으면 공병부대를 할당하여 도하에 필요한 여건을 보장해 주어 정상적인 전투력 발휘를 가능하게 하여야 한다.

나) 부대할당의 근거

전투공간에서의 지형은 그 특성에 따라 전술운용에 필요한 부대를 할당하는 근거로 역할을 한다. 즉 지형은 전술운용의 지배적 고려요소가 된다는 것이며, 지형의 특성은 부대의 소요제기에 영향을 미친다는 것이다. 예를 들어 교통망의 유무 또는 노폭 등의 상태는 기계화 부대의 소요를 결정하고, 산악의 험준도는 보병의 중요성이나 전문 산악부대의 소요를 제기하게 된다. 해안이나 하천선의 발달정도는 상륙부대나 도하부대의 규모를 결정하고 설한과 결빙이 심한 지역을 극복하기 위해서는 특수부대나 그에 필요한 장비의 소요를 제기하게 된다.

다) 전투임무 부여의 기준

전투공간에서의 지형은 그 특성에 따라 전투임무를 부여하는 기준으로 작용한다. 충분한 공간과 은폐와 엄폐의 정도, 관측과 사계의 보장 등 전투임무를 부여하는 하나의 요소로 작용한다. 공격시에는 주·조공의 접근로를 선정하는 기준적인 요소가 되고, 방어시에는 방어형태의 결정에도 많은 영향을 미친다. 주어진 전투정면에 따라 배치될 전투부대의 규모를 결정하고 종심의 장단은 예비대의 소요와 운용에 결정적 영향을 미친다. 이와 같이 전투공간은 전투력의 구조나 소요, 그리고 전투력 운용에 결정적인 영향을 미치게 되는 것이므로 지휘관은 전투공간에 대한 명확한 이해와 활용능력을 가져야 한다.

2) 지형의 이용 원칙

지형에서의 전투공간은 전투수행에 필요한 전투지대를 말한다고 앞에서 언급하였다. 전투지대는 작전지역을 통상 의미하는데 이는 지휘관에게 권한과 책임이 부여된 지역을 말한다고 하였다. 따라서 여기서부터는 용어의 통일과 전술 상황에서의 일반적인 용어를 사용한다는 차원에서 '작전지역'으로 통일하여 기술하겠다.

작전지역을 부여받게 되면 전체적인 작전지역의 특징을 파악하고 작전에 미치는 영향을 분석하여야 하는데, 이는 임무수행을 기초로 하여야 한다. 작전지역을 유용하게 이용하기 위해서는 다음과 같은 원칙을 고려하여 기동로와 필요한 지형 등을 사전에 선정하고 그에 필요한 확보 또는 통제 등의 대책을 강구하여 아군의 통제하에 두는 것이 차후작전에 반드시 필요하다.

첫째, 작전임무 달성에 유리한 중요한 지형을 확보하여야 한다.

작전임무를 종결할 수 있고 작전 진행간 결정적인 영향을 미치는 중요한 지형과 지물을 선정하여야 한다. 그 예로, 반드시 이용할 수밖에 없는 중요한 교량, 피아의 기동을 통제할 수 있는 중요한 목과 고지 등은 필히 선정하여 적보다 먼저 탈취, 확보, 통제하게 되면 임무달성에 유리하게 이용할 수 있다. 부대의 규모에 따라 이러한 지형의 선정 중점은 다소 차이를 보일 수 있다. 즉 대부대는 보다 규모가 큰 하천, 주요도시 전체 등을 선정할 수도 있다. 중요한 것은 부대의 능력으로 확보 및 통제 등이 가능하여야 한다.

둘째, 목표와 중요지형지물에 도달할 수 있는 양호한 기동로를 선정해야 한다.

부대의 성격에 따라 대상이 고려되어야 한다. 도보부대는 고지나 능선을 선정하고 임무를 고려하여 침투에 유리한 산림지대 등을 선정할 수 있다. 기계화 부대는 기동이 가능한 소로 및 도로 등과 이를 이용하여 기동시 엄호할 수 있는 능선과 고지 등을 선정한다.

셋째, 생존성 보장과 작전지속 능력을 보장할 수 있는 지형을 확보해야 한다.

작전준비에 필요한 충분한 공간, 식수원, 진입이 양호한 기동로와 이를 이용시 은폐 및 엄폐를 보장 받을 수 있는 지형을 선정하여야 한다. 대표적인 시설에는 집결지, 지휘소와 작전지속능력 보장을 위한 시설 등이 있다.

이상과 같은 원리에도 불구하고 작전지역을 이용하는데 가장 핵심적인 요소는 적의 의표를 찌를 수 있는 기발한 착상이다. 즉 적이 전혀 예상하지 못한 기동로를 사용 등이다.

3) 지형평가 요소

지형이 군사행동에 미치는 영향은 대단히 크다. 따라서 지형적 특수성은 작전의 형태를 지배하게 된다. 지형적 특수성이 군사행동에 미치는 영향은 크게 행동상의 장애, 관측과 사계, 화력효과 등에 의한 전투력의 발휘 정도로 나눌 수 있다. 다시 말하면, 지형의 일반적 가치판단기준은 관측, 사계, 은폐, 엄폐, 장애물 등 지형 평가 5개 요소에 의한 장애 및 기여의 정도에 두게 된다.

그러나 장차전 양상이 무기체계의 발달에 따라 속도전화, 대량집중화, 대화력전화, 전장의 광역화에 따라 지형이 전투수행기능에 미치는 영향도 증대되었다.

따라서 지형의 전술적 가치에 대한 평가는 변화되어 가는 전쟁양상에 따라 지형이 전투수행기능 발휘에 기여할 수 있는 정도를 분석하여 전술행동시 적용하는 것이다. 지형이 군사작전에 미치는 전술적 가치는 지형평가 5개 요소로 평가하게 된다.

가) 관측과 사계(Observation and Fild of Fire)

관측은 지대 내에서 전방과 측후방을 감시하는 등의 활동의 용이성을 말한다. 관측의 수단은 육안 또는 광학 및 전자 장비를 사용함으로써 부여된 지역을 감시하는 부대의 능력에 대한 것이다. 사계란 부여된 작전지역으로부터 효과적으로 무기 혹은 무기군에 의한 사격을 보장할 수 있는 양호한 정도를 말한다. 사격은 직접 및 간접사격 화기의 효과에 대한 지형적인 영향을 고려하게 되며 이것은 지형의 영향과 관련된다. 통상 관측과 사계라고 말할 때 이용하는 자의 입장에서 관측과 사계를 제한하는 요소를 말한다.

나) 은폐와 엄폐(Conceal and Cover)

은폐와 엄폐는 지대 내에서 보호받을 수 있는 수단이 있는가와 그 정도를 말한다. 은폐는 관측으로부터 보호되는 것이고, 엄폐는 화력의 효과로부터 방호되는 것이다.

다) 장애물(Obstacle)

장애물이란 군사적인 이동을 저지, 방해 또는 전환시키는 자연 또는 인공 지형지물을 말한다. 자연장애물에는 하천, 호수, 습지, 절벽, 급경사, 밀림, 산악, 도시 등이 있다. 인공장애물에는 지뢰지대, 교통호, 철조망, 도로차단물, 화생방 오염지역 등이 있다.

이와 같은 장애물은 화력 및 기동계획과 반드시 통합되고 협조되어 보호를 받아야 그 효과를 나타낼 수 있다. 또한 아군의 기동이나 역습에 방해가 되지 않도록 설치해야 하고 적이 장애물을 통과할 때는 많은 시간과 전투력이 소모될 수 있도록 상당한 종심을 갖게 설치해야 한다. 또한 적의 관측으로부터는 은폐되고 아군의 화력으로부터 보호되도록 계획하여야 한다.

라) 중요 지형지물(Key Terrain)

중요 지형지물이란 피아 탈취, 확보, 통제함으로써 현저한 이익을 주는 국지 또는 지역을 말한다. 중요 지형지물 선정시 고려할 사항은 부대의 임무와 규모, 작전성격에 따라 선정범위와 대상이 달라진다.

중요 지형지물 선정 대상은 방어시에는 감제고지와 장애물 보호 지형, 지휘통제 및 예비대 운용에 긴요한 지형을 선정한다. 중요 지형지물을 선정하면 반드시 통제대책을 강구하는데 방어시 통제대책에는 병력, 화력, 장벽, 저지진지, 관측소, 연막 등이 있다. 공격시에는 사전에 병력에 의해 확보되거나 화력으로 통제하는 방법 등이 사용된다.

마) 접근로(Avenue of Approach)

접근로란 일정한 규모를 가진 부대가 부여된 목표나 중요 지형지물에 비교적 용이하게 도달할 수 있는 통로를 말한다. 접근로 선정 시에는 순수하게 지형과 기상만을 고려하여 선정해야 하는데 주요 고려사항은 관측과 사계, 은폐와 엄폐, 장애물, 중요 지형지물의 이용, 적절한 기동 공간, 이동의 용이성, 기상 등을 고려해야 한다.

다. 한반도 지형의 특징

우리나라는 반도로서 북위 33도와 43도 간에 남북으로 길게 위치해 있다. 남북의 길이는 약 1,300km, 동서의 폭은 약 250km이고, 총 면적은 약 220km²로 주로 산악지대와 약간의 평야지대로 형성되어 있다. 육지의 국경선은 약 1,300km로서 두만강과 압록강으로 이루어져 있으며, 그중 러시아의 연해주와 접해있는 부분은 약 16.5km이다. 영토의 둘레는 약 10,000km이며 이중 87%가 해안이다.

1) 산업화로 인한 도시 발달

인류역사상 도시는 한 나라의 부와 권력의 상징이었으며, 전시에는 군수기지 역할을 수행하였다. 도시는 강과 도로 및 항구를 연하여 형성되었고, 상업을 활성화시켰으며, 각 지역을 통제하는 역할을 하였다. 도시는 흔히 군사적 이점이 있는 각 지역의 요새나 성곽 일대에서 발달하였다. 역사상 각 국가는 자신들의 부와 행정적인 통제 및 영향력 유지를 위해 도시를 요새화하였다. 인구의 대부분은 시골출신이었지만, 도시는 국가의 정치적, 경제적, 문화적, 군사적, 종교적, 교육적 활동의 중심지였다. 급격한 산업화로 인한 주거지의 발달은 작전적인 측면에서 볼 때 농촌은 과거와 비교시 큰 변화가 없는 반면 도시는 대단히 큰 변화를 가져왔다. 도시의 가장 큰 변화는 많은 인구의 유입에 따라 대형건물과 복잡한 도로, 지하화 시설 등이 크게 증가한 점을 들 수 있다. 과거에 비해 보다 많은 건물이 초대형화 되어 대단히 많은 사람이 거주하고 있으며 이러한 시설의 특징은 출입구의 제한과 벽에 의해 대단히 많은 공간이 세분화되어 있다는 것이다. 또한 구분된 각각의 공간도 역시 복잡하고 다양한 구조를 나타낸다. 각종 시설이 지하화 되면서 지하철은 물론이고 전기 및 상하수도 시설 등이 지하를 이용하여 설치하게 되면서 지하공간이 급격히 증가되었다. 지하공간의 특징은 의도적으로 그 공간을 이용시 발견이 어렵고 다양한 지점에 외부와 연결되는 통로가 있다는 것이다. 전기 및 수도 등이 중앙통제식으로 운용되는 관계로 단전과 단수 시에는 자체 발전시설이 있는 시설을 제외하고는 일상생활을 영위하기 곤란한 특수한 환경이 조성되었다.

대도시는 그 도시가 주는 상징성과 각종 문화재 등이 도시 곳곳에 혼재되어 있으며 국가안보에 중요한 시설과 국가경제에 막대한 영향을 미치는 산업시설 등이 산재되어 있다. 특히 인구의 밀집 등에서 오는 영향으로 전투원과 민간인의 구분이 어려운 특징을 나타낸다. 건물과 건물의 밀집은 관측에 대단한 장애를 주고 있으며 외관상 유사한 건물이 많아 방향유지에 제한을 유발하기도 한다.

도로는 다양한 방향으로 발달되어 있으나 차량 이용자의 증가로 정체되는 경우가 많으며 의도적으로 정체를 유발했을 경우 새로운 기동로를 확보하기가 어려운 점이 있다. 이러한 도시는 특성상 불순한 목적을 갖고 다중 이용시설에 대한 독가스 등을 사용하거나 전기, 가스, 통신, 급수, 유류시설에 대한 무차별 테러와 공격시에는 대혼란과 공황이 발생될 수 있다. 또한 적 특수전부대가 점거시는 건물의 내부 복잡 등으로 소탕작전에 많은 어려움이 따를 것이며 교통 등의 영향으로 신속한 진입이 어려운 점이 있을 것이다.

2) 산맥 및 산지[27]

가) 산 맥

한반도에 분포하는 산맥들은 대체로 3가지의 방향성을 보인다. 남북 방향, 서남서-동북동 방향, 남서-북동(또는 북북서-남남동) 방향이 그것이다. 남-북 방향의 산맥들로는 낭림, 마천령 및 태백산맥을 들 수 있으며 대체로 높고 험준한 산맥들이다.

서남서-동북동 방향을 취하는 산맥들은 낭림산맥에서 황해 쪽으로 빗살처럼 뻗고 있는 산맥들인 강남, 적유령, 묘향, 언진, 멸악산맥과, 동해안을 따라 길게 발달된 함경산맥이다. 이들 중 함경산맥은 융기에 의한 산지이나 다른 산맥들은 송림변동 시에 생겨난 구조선들을 따라 하곡이 파이면서 곡간산지의 형태로 생겨난 것들로 황해로 근접할수록 고도가 낮아지고 산줄기가 흩어진다.

남서-북동(또는 북북서-남남동) 방향을 취하고 있는 산맥들로는 마식령, 광주, 차령, 노령 및 소백산맥이 있다. 소백산맥은 고도가 높고 험준하지만 나머지의 산맥들은 황해 쪽으로 근접할수록 고도가 낮아지고 산줄기가 분명치 않다.

나) 산 지

우리나라는 국토면적에서 산지가 약 75%에 달한다. 산지의 분포를 보면 북쪽과 동쪽에 고도가 높은 산지가 많은 반면, 서쪽과 남쪽에는 고도가 낮은 산지가 많다. 이는 우리나라에서는 높은 편에 속하는 해발 2,000m 이상에 달하는 산지들의 분포를 보아도 잘 알 수 있다. 백두산(2,744m), 관모봉(2,541m), 북수백산(2,522m), 남포태산(2,435m), 두류산(2,309m) 등 높고 험준한 산들이 북부 지방 즉 마천령산맥과 함경산맥의 산줄기를 따라 집중 분포한다. 북부 지방에는 이러한

27) 김종욱 외, 「한국의 자연지리」, p17.

산맥 이외에도 낭림산맥의 산줄기를 따라 맹부산(2,214m), 소백산(2,184m), 낭림산(2,014m) 등의 높은 산지가 분포한다.

이에 비해 중부와 남부 지방에는 한라산(1,950m), 지리산(1,915m), 설악산(1,708m) 등이 높은 산지에 속할 뿐 해발 2,000m 이상의 산지는 없다. 그런 중에도 태백산맥과 소백산맥의 산줄기에는 해발 1,500m 이상의 높은 산지가 여러 곳에 분포한다. 태백산맥에서는 설악산, 오대산(1,539m), 태백산(1,567m) 등 그리고 소백산맥에서는 덕유산(1,614m)과 지리산이 이에 속한다. 이들 산지를 포함하여 그의 연장선상에는 해발 1,000m 이상의 산지들이 분포하여 중·남부 지방에서는 보기 드물게 분명한 산줄기를 이룬다.

고도가 높고 산줄기가 매우 분명한 산맥들인 함경산맥과 태백산맥이 한반도의 동쪽 즉 동해안에 가까이에 치우쳐 분포하고 있으며, 이 산지들은 동해안에 면한 사면이 경사가 급한 반면, 내륙 쪽 사면은 완만한 것이 특징이다. 따라서 동해안에서 바라보면 해안을 따라 마치 병풍처럼 높은 산지가 길게 늘어선 모습인 반면, 산지 너머 즉 내륙 쪽으로는 해발고도는 높지만 비고가 크지 않은 산지들이 모여 고원을 이루는 곳도 있다. 개마고원과 강원고원이 그것이다.

개마고원은 함경산맥의 북쪽에 대략 낭림산맥과 마천령산맥 사이에 펼쳐져 있다. 이곳에 인접하여 백두산에서 마천령산맥으로 이어지는 주변 일대에 발달된 고원에 대하여는 백두용암대지라 부른다. 강원고원은 지역 범위를 한정하기 어렵지만 대략 태백산맥의 서쪽 평창, 정선 등지를 말한다.

한반도의 등줄을 이루는 함경산맥과 태백산맥이 동해안 쪽으로 치우친 관계로 이들 산지를 흘러내리는 하천들의 특성 또한 같지 않다. 서쪽 사면을 흘러내리는 하천들이 동쪽 사면을 흘러내리는 하천들보다는 대체로 길이가 길고 경사도 완만하다.

서해안 가까이에 이를수록 낮은 산지 또는 구릉지가 많은 것은 북부 지방이나 중·남부 지방이나 다 마찬가지이다. 이들 산지의 모습은 전반적으로 구릉지 경관(hillylandscape)을 이룬다. 즉 비고(比高, localrelief)가 크지 않은 낮은 산지가 점점이 널려져 있으며, 그 사이에는 조각보처럼 충적평야가 펼쳐져 있는 곳들이 많다. 특히 비고가 작고, 산지의 정상부가 너른 곳은, 산도 아니고 들도 아닌, 말

그대로 '비산비야(非山非野)'의 경관을 이루기도 하는데, 그런 곳 중에는 농경지나 주거지로 개간된 곳이 많다.

서해안에 근접한 곳이라 해서 해발고도가 낮은 산지들만 분포하는 것은 아니다. 북부 지방의 구월산(954m), 멸악산(816m), 그리고 중남부의 북한산(837m), 관악산(629m), 계룡산(845m), 내장산(763m) 등 해발 500m 이상의 산지들도 비록 드물기는 하지만 서해안에서 그리 멀지 않은 내륙 지방에 분포한다. 이들 산지는 주변의 낮은 산지에 비하여 두드러지게 높이 솟아 있어, 함경산맥, 낭림산맥, 태백산맥, 소백산맥 등지에 분포하는 해발 1,000m 이상의 높은 산지들 못지않게 예로부터 사람들이 즐겨 찾는 이름난 산지들이다.

3) 하천 및 평야

가) 하 천

동고서저 지형의 영향으로 대부분의 큰 하천은 동쪽의 산지에서 시작하여 황해나 남해로 흐른다. 압록강, 한강, 금강, 낙동강 등 황해와 남해로 흐르는 하천은 길이가 길고 경사가 완만하며 유량이 많고 규모가 커서 주변에 평야가 발달하였다. 유로가 400km 이상 되는 대하천은 압록강, 두만강, 대동강, 한강, 금강, 낙동강 등 6개 하천이 있으며 길이에 비해 유역 면적이 넓은 특징으로 인해 수계가 풍부하고 하계망(河系網, drainagenet work, channel network)이 잘 발달되어 있다. 동해로 흐르는 하천은 두만강을 제외하면 길이가 짧고 경사가 급하며 유량이 적은 편이다.

나) 평 야

우리나라 평야의 대부분은 서해와 남해사면에 분포하며 대부분 큰 강의 하류에 분포하고 있고 주로 내륙지역에 위치해 있다. 대부분 서쪽과 남쪽에 발달하게 된 것은 큰 하천 대부분이 발달하여 물을 구하기 쉽고, 토양이 비옥하여 주거지 및 농경지로 이용되어 왔다. 서해사면의 청천강 유역의 안주·박천평야, 대동강 유역의 평양평야, 동진·만경강 유역의 호남평야, 영산강 유역의 나주평야 등이 있다. 이중 호남평야와 나주평야는 우리나라 최대의 곡창 지대이다 남해사면에는 낙동강 유역의 김해평야, 동해사면에는 수성천 유역의 수성평야, 성천강 유역의 함흥평야, 용흥강 유역의 용흥평야 등 소규모 평야가 있다.

라. 한반도 지형이 작전에 미치는 영향

1) 공격과 방어에 미치는 일반적인 영향

우리나라는 전체 면적의 75%가 산지로서 동고서저, 북고남저의 형세를 이룬다. 특히 횡으로 발달한 산맥과 하천은 방어에 유리한 여건을 제공하고 대부대의 기동에 제한을 준다. 종으로 발달된 산맥은 횡적이동과 상호지원에 지장을 주게 된다. 그러나 도보부대의 작전에는 양호한 환경이 된다. 험준한 산악의 협곡과 암석, 도시화로 인한 밀집된 건물의 산재 등은 정밀유도무기의 타격효과에도 영향을 미친다.

일반적으로 산악의 고지, 계곡, 동굴 등은 병력, 장비의 분산과 은폐 및 엄폐가 용이한 반면 관측과 사계의 제한으로 표적 획득이 어려워 전장의 가시화를 제한한다.

2) 기계화부대 기동

서부지역은 지형이 평탄하고 산업의 발달로 종적·횡적 도로망의 확충과 견고한 교량의 구축, 농경지 정리, 해안매립 등으로 기계화 부대의 기동에 유리하며, 특히 서울을 중심으로 한 수도권 지역은 도로가 방사형으로 발달되어 전후방 및 측방 이동이 용이한 반면 과밀집중화 현상은 불특정 위협에 대단히 취약하다. 서해안은 동해안에 비해 조수간만의 차로 대규모상륙작전은 다소 제한을 받을 것이나 소규모 상륙 및 침투는 제한을 받지 않는다. 도로망도 협곡형 도로가 많아 기계화 부대가 기동 시 생존성 강구의 대책이 요구된다.

3) 건물지역작전과 도하작전의 소요 증가

도시화에 따른 도시의 팽창과 이로 인한 고층건물은 특수조건하 작전의 소요를 증가시킬 것이다. 오늘날의 도시지역 전투는 포위전과 게릴라전 그리고 테러와 같은 다양한 형태를 취할 수 있으므로 이에 대한 전문능력을 보유한 부대의 소요가 증가할 것이다. 지하철역, 터널, 전기, 가스, 광통신 케이블, 난방, 그리고 하수도선과 같은 핵심지역에 대한 정확한 정보를 요구할 것이므로 행정관서 및 공공시설을 관리하는 기관과의 관계가 대단히 중요할 것이다. 도시지역 전투에서 가장 훌륭한 정보원은 경찰, 엔지니어, 근로자, 병원 종사자 그리고 가게 주인들이다. 물론, 이것은 이들이 아군에게 협조적인 경우이다. 그렇지 않을 경우, 적의 인간정보 우위로 인하여 아군에 막대한 피해를 입힐 수도 있다. 이에 따라 민사작전의 중요성이 더욱 확대될 것이다. 도시의 복잡한 기반구조와 통신망은 기술적인 정보를 제한한다. 일반적으로 사용하는 군사지도의 경우 도시에서 소탕작전이 필요할 경우 정보제공이 제한될 것이다.

4) 북한지역에서의 영향

북한지역은 도로와 철도가 제한되고 작전지역이 북쪽으로 확대될 경우 낭림산맥과 개마고원은 작전을 동서로 분리하며 특히 안주~흥남 이북지역에는 지형이 부채꼴로 넓어지기 때문에 부대간에 간격이 형성되기 쉬우며 높은 고지와 깊은 계곡, 동굴과 군사시설의 지하화는 표적획득이 어려울 것이며 정밀유도무기 사용 및 부대 기동과 지휘통신에도 많은 제한이 따를 것이다.

5) 험준한 산악은 적 특작부대의 은거 등에 유리

산악과 고지의 수목은 게릴라전에는 유리할 것이다. 동부 산악지역은 대부대 기동에는 제한을 주나 상륙작전과 특수전 부대 운용에는 유리할 것이다. 특히 남부지방에서도 발달되어 있는 험준한 고지군은 특수작전부대의 작전에 유리한 환경을 제공하여 장기간 은거, 침투 및 습격에 양호한 여건을 제공한다. 고지의 수목은 전시에 산불을 발생시킨다면 화염과 높은 온도, 시계의 극심한 제한으로 인하여 방어가 불가능하게 할 것이다.

이와 같은 한반도의 지형은 인위적으로 변경시킬 수가 없었기 때문에 역사적으로 한반도에서 일어났던 전쟁사를 참고적으로 살펴보면 너무나 비슷한 공통점을 발견할 수가 있다. 이러한 환경은 앞으로 무기체계가 발전되더라도 전쟁에 많은 영향을 미칠 것이다.

6) 기동에 미치는 특성

지상공간은 소구획성과 대구획성의 지형으로 구성되어 있는데 우리나라의 지형은 소구획성이면서 회랑형의 특성을 지니고 있다.

가) 소구획성

소구획성이란 일정한 지역내에 서로 다른 지형이 조밀하게 배치되어 있는 상태를 말한다. 소구획성 지형은 구릉, 산악, 하천, 경작지, 촌락 등 자연 및 인공 지형지물이 복잡하게 혼재되어 있어서 통상 기동로가 협소하고 심한 지형의 기복으로 능선 및 계곡이 발달되어 있다. 또한 기동하기에 제한되는 애로지역이 산재되어 있으며 삼림과 수림 등이 울창하다.

(1) 전술적 고려요소

보통 소구획성 지형에서는 중요지형에 소수의 병력을 배치하여 적을 견제, 고착한 다음 신속한 기동에 의해 절약된 병력을 요망되는 장소에 집중할 수 있어야 하며 기계화 부대의 접근로에는 다중배비에 의한 종심 깊은 편성을 해야 한다. 주요 견부나 애로지역 확보를 위한 독립거점의 확보가 중요하며 통상 소구획성 지형에서는 기동공간이 일정한 방향으로 제한되기 때문에 일단 적이 일직선상의 기동로에 진입한 뒤에는 적의 취약점인 측후방을 공격하여야 한다.

산악지역은 지형의 이점을 이용해 병력절약이 가능하기 때문에 예비전투력을 확보하여 필요한 지역에 전투력을 증원할 수 있어야 한다. 그러나 무엇보다 중요한 것은 지형의 분산과 독립이라는 소구획성의 특징을 고려하여 부대 상호간의 원활한 협조에 의한 통합전투력 발휘에 노력해야 한다.

결론적으로 소구획성 지형에서는 소규모 지형지물의 복잡한 횡성에 의해 부대간의 상호연계 및 지휘, 통제, 통신이 곤란해서 대규모 부대의 합동작전보다는 소규모 부대의 독립전투가 보다 효율적이라고 볼 수 있다.

(2) 이용 방법

공격시에는 목, 고지, 안부 등 중요 지형지물을 확보하는 것이 중요하다. 그러하기 위해서는 접근로 상에 위치한 중요 지형지물을 선점하고 지형평가 요소를 적용한 양호한 접근로를 선정하는 것이 필요하다. 특히, 정면공격은 극심한 피해가 예상되기 때문에 포위, 우회, 침투에 의한 기습의 효과를 노려야 한다.

방어시에는 거점위주의 종심방어를 실시하는 것이 유리하다. 예상접근로에 대한 주요견부는 확보, 견제되어야 하며 특히 애로지역에 종심 깊은 방어편성을 하는 것이 전투의 효율화를 기할 수 있는 길이다. 소구획성 지형의 특성을 최대한 이용, 공자의 병력을 최대한 분산시키도록 유도하고 종심절단 등에 의해 적을 분리시켜 공세로 이전하는 것이 필요하다.

나) 회 랑

원래 회랑이란 "적의 영토나 적 지역에 개척 또는 확보 되었거나 약점에 의해 인정된 상대국의 영토내에 존재하는 자국의 통로를 말하는 것으로서 면(경사)의 의미가 아니고 선(통로)의 의미가 강하다.

그러나 현재는 원래의 뜻에서 전의되어 "하천 또는 산악 등 자연적 지형지물에 의해 저지 또는 계곡에 기다랗게 형성된 기동로 또는 통로를 형성하고 있는 지형"으로 군사용어사전에서는 정의하고 있다. 회랑의 특성은 지형이 대부분 종심으로 길게 전개되어 있기 때문에 방향 전환이 곤란하여 횡적인 부대기동 및 전개가 제한되며, 견부 및 고지가 발달되어 있고 애로지역이 많이 분포한다.

(1) 전술적 고려요소

회랑형 지형에서는 부대가 길게 신장되기 때문에 종심을 절단하면 부대가 분리되어 혼란에 빠지고 각개격파 당하기 쉽다. 또한 주요 견부의 전술적 가치가 크기 때문에 공격과 동시에 조기에 이들을 조기확보하는 것이 필요하다.

(2) 이용방법

회랑형 지형에서는 기동로를 중심으로 좌우에 고지, 애로, 목과 같은 전술적 요지가 종심깊게 산재되어 있다. 이들은 모두 산악형 지형을 이루고 있기 때문에 지휘, 통제, 통신이 곤란하고 군수지원의 제한을 받으며 협동작전을 실시하기 어렵다.

따라서 고립되는 방어지역은 가능한 한 제대별 책임에 의한 분권화운용이 불가피하다. 특히 적의 돌파구 확장 방지를 위해 주요 견부는 확보 내지 통제되어야 하며 회랑에 의해 협소한 지역에 길게 신장된 적의 취약점을 최대한 활용하여 측방에서 절단작전을 실시함으로써 분단된 적을 각개격파 할 수 있다.

회랑의 제 특성을 감안할 때 공격측은 가능한 신속히 회랑을 통과할 수 있는 기동중심의 속도전을 전개하는 것이 중요하다. 따라서 일시에 대규모 병력을 좁은 공간에 투입하는 것보다는 제파식 집중에 의해 좁은 기동공간을 유효하게 활용하도록 노력해야 하며 기계화 부대에 의한 돌파가 효과적이나 이를 위해서는 기계화 부대의 기동에 장애가 되는 적의 견부거점은 사전에 제압 또는 통제되어야 한다. 제파식, 집중식 병력의 축차투입이 되기 쉬워 각개격파당할 우려가 많으므로 이점에 특히 유의해야 할 것이다.

방어시에는 회랑의 특성을 최대한 이용하여 다중배비에 의한 종심 방어전술을 구사해야 한다. 회랑은 보통 기동공간이 좁고, 산과 하천 등 기동장애물이 종으로 길게 뻗어 있어서 행동이 부자유스럽다. 따라서 적의 집중을 거부하고, 속도를 지연시키는데 아주 유리할 뿐 아니라 상황변화에 따른 신속한 대응행동을 취하기 어렵기 때문에 우수한 화력과 불의의 기습에 의해 길게 신장된 적의 측방을 잘라내는 촌단작전을 실시하는 것이 바람직하다.

마. 지형의 특성과 이용방법

임진왜란 당시 탄금대 전투는 초기에 있었던 최대의 전투이자 조선군의 믿었던 전력이 전멸하다시피 한 가슴아픈 전투이다. 따라서 신립(申砬)의 조선군 8,000여명이 탄금대에서 일본군에게 전멸되자 선조는 더 이상 믿을 군사력이 없게 되었고 북으로 피난을 가야 했다.

흔히 탄금대 전투를 말할 때 조령의 험준함을 포기한 것을 두고 많은 사람들이 지금도 크게 아쉬워한다. 그 당시 신립이 조령을 포기하고 평지인 탄금대에 진을 친 이유는 크게 두 가지로 요약된다. 첫째, 신립은 보병이 아닌 기병전에 능한 사람이었다. 신립은 과거 여진족과의 전투에서 기병을 이용한 근접전에서 연승한 그 당시에는 조선 제일의 장수였다. 따라서 일본군과의 전투에서도 기병을 이용한 전투가 통할 것으로 판단한 것이다. 둘째, 일본군에 비해 병력수와 훈련도가 열세였기 때문에 이를 병사들의 투지로 극복하기 위해 배수진을 친 것이었다.

그러나 탄금대는 평지인 관계로 일본군의 조총사격에는 절대적으로 유리하였으며 설상가상으로 비가 내린 관계로 기병의 전투력은 힘을 발휘하지 못하게 되었다. 진흙 속에서 기병이 기동하기에는 불리했던 것이다. 이런 관계로 조선군의 피해는 더 클 수밖에 없었고 결국은 크게 패했던 것이다. 부대의 성격에 따른 지형의 유불리점과 조총이라는 무기체계를 연계하여 고려하지 못한 점이 아쉬운 대목이다.

그러나 이러한 배수진으로 크게 승리한 전례도 있다. 해하전투(垓下戰鬪)에서 배수진을 이용하여 중국 한나라의 명장 한신은 크게 승리한다. 항우의 40만 정예군사에 비해 열세하다는 것을 잘 알고 있는 한신은 해하강을 이용하여 배수의 진을 쳤다. 초나라의 항우는 대군으로 한군을 간단히 해하 강물 속에 몰아넣겠다는 기세로 공격했으나 강을 등지고 불퇴전의 각오로 저항하는 한나라 군사에 패하고 말았던 것이다. 지형을 이용하여 군사들의 정신력을 높인 결과인 것이다.

전례 : 지형의 이점 활용 (강원 홍천)

① **작전개요** : 1950. 6. 27 ~ 28 / 6사단 19연대 특공대, 북한군 7사단 예하부대

② **상 황**

○ 1950.6.26 밤, 제6사단장은 춘천지역에서 선전하고 있는 7연대(사단 좌일선)와는 달리, 홍천 동북방에서 고전중인 2연대(사단 우일선)의 전황을 크게 우려한 나머지, 2연대를 말 고개 일대로 철수시켜 급편 방어진지를 구축하게 하는 한편, 춘천지역에 위치한 사단예비인 19연대를 홍천으로 철수하도록 명령했다.

③ **작전경과**

○ 홍천으로 이동한 19연대장은 대전차 특공대를 편성하여 말고개 일대에서 이를 응용하기로 결심했고 조달진 일병 등에게 그 임무를 부여했다.

○ 조달진 일병은 말 고개에서 특공대를 조별로 배치하기로 했다. 그리하여

371고지 하단부의 "S"형 급경사 커브변에 각 2명으로 구성된 6개 특공조를 30m 간격으로 배치했다. 10:00경, 한계리 벌관 쪽에서 접근해오고 있는 10대의 적 전차를 발견하고는 만반의 태세를 갖추고 대기했다. 얼마 후 적전차가 나타나는 순간, 먼저 2연대 57밀리 대전차포(사전에 협조)가 1번 전차를 사격하여 명중시키자, 모든 적 전차는 발악적인 사격을 가하면서 속력을 가하기 시작했다. 1번 전차가 마지막 매복조 앞을 통과하는 순간 조일병이 81밀리 박격포탄을 궤도 밑에 밀어 넣었으나 불발이었다. 바로 이때 2연대 대전차포의 2,3탄이 1번 전차에 다시 명중했다. 전차가 허둥지둥하자 당황한 승무원이 "햇지"를 열고 고개를 내미는 순간 조일병이 신속히 전차에 기어올라 수류탄과 화염병을 "햇지"안으로 집어넣었다. 요란한 폭음과 함께 전차는 멎었다.

거의 동시에 선두의 특공조가 화염병을 엔진 상판위에 투척했다. 한편 중간 특공조는 연막 수류탄을 터트려 전차의 시계를 차장했다. 시계의 차장으로 더 이상의 기동을 포기한 승무원이 모두 하차하여 371고지 쪽으로 도주를 시도했으나 이들은 모두 아 2연대의 방어 진지에서 사살되었다.

④ 결과/교훈

○ 홍천 동북 14km에 위치한 말고개의 특징은 "S"자 형으로 이루어져 있다. 조달진 일병은 이러한 지형의 이점을 적절히 이용하여 특공조를 배치하여 적 전차를 파괴할 수 있었다.

○ 이러한 투혼을 발휘하여 적 전차를 육탄으로 파괴한 제19연대는 그 이후부터 '육탄부대'라는 애칭을 갖게 된 배경이 되었다.

1) 개활지(평지)

지표면의 고저나 기복이 거의 없는 평탄한 지형을 일반적으로 평지란 말하며 그중에서도 앞이 탁 트인 지형을 개활지라고 한다. 개활지는 일반적으로 관측과 사계가 양호하고 행동하는데 특별한 장애가 없다. 이것을 공자와 방자의 측면에서 보면 다음과 같은 이점이 있다.

가) 공격 측면

개활지는 기동력 발휘가 용이하기 때문에 고도의 기동성을 갖춘 기갑 및 기계화 부대가 최대의 기동과 화력효과를 기대할 수 있는 곳이다. 따라서 개활지에서는 신속한 기동에 의해 화력효과를 극대화 할 수 있는 전격전 수행이 용이하다. 그러나 지나치게 노출되는 관계로 생존성 보장에는 취약한 면이 있으며 이에 대한 대책이 뒤따라야 한다. 기계화부대를 이용한 대부분의 전투는 이러한 개활지를 중심으로 이루어졌다. 제2차 세계대전에서 롬멜이 활약한 아프리카 전역에서의 전격전 등을 보면 이처럼 기계화부대의 기동이 활발하게 보장받는 지역에서였다.

나) 방어 측면

방자의 입장에서 보았을 때는 양면성이 존재한다. 우선 전방의 개활지는 관측과 사계의 보장으로 조기에 적의 활동을 관측하여 화력을 이용한 적절한 타격이 가능하다. 반면 지형의 이점을 이용한 방어력 발휘가 양호한 지형을 선택할 수 있는 이점은 제한된다. 방어진지 역시 특별한 장애물이 없는 만큼 은폐와 엄폐에는 불리한 특성을 지니고 있다. 시간을 확보하는 측면에서는 공자의 기동 속도가 상대적으로 빠르게 발휘될 수 있으므로 시간을 벌 수 있는 준비의 이점이 박탈당하기 쉽다.

이와 같은 평지의 특성은 일반적인 공격과 방어의 특성만을 고려해 보았을 때는 대체로 공격의 이점으로 더 많은 부분이 연결된다는 것을 알 수 있다. 따라서 방어보다는 공격이 유리한 것으로 평가하는 것이 일반적인 견해이다. 그러나 현대는 무기체계의 급격한 발달로 정밀도와 살상력이 크게 증대되었다. 이러한 점을 고려한다면 노출된 지형에서 공격하는 측은 대단히 불리하게 된다. 따라서 무기체계와 연계하여 보는 것이 타당할 것으로 보인다.

2) 산악전투

일반적으로 산악은 해발 500m 이상의 험준한 경사지형을 말한다. 그러나 전술적인 가치로 보는 것이 타당할 것이다. 즉 지형의 고저, 기복, 경사가 극심함 등이 전술적으로 미치는 영향을 분석하여 기동 및 화력지원 등에 많은 제한을 주면 산악으로 보고 그에 적합한 작전을 계획하고 준비하여야 할 것이다.

산악은 여러 가지 특징을 가지고 있는데 대표적인 것은 다음과 같다.

• **높은 고도와 급경사**

높은 고도와 급경사는 산악으로 구분하는 중요 고려요소이다. 그리고 그 정도가 심할수록 더 많은 인력과 물자를 필요로 하며, 기동의 장애도 증가한다. 고도가 높아도 경사가 완만하여 기동이 용이하고 각종 지원이 원활한 경우라면 산악으로 통상 구분하지는 않는다. 그러나 반대로 고도가 낮아도 경사 등이 심하여 각종 지원 소요가 증가되고 기동에 불리하고 화력운용 등이 곤란하다면 산악으로 고려하여 그에 적합한 작전을 해야 한다.

• **계곡과 절벽**

산악은 표고가 높고 경사가 급하므로 대부분 계곡이 깊고 절벽이 많으며 암석으로 구성된 특징이 있다. 따라서 부대기동 및 전개, 화력운용상 장애요소가 많으며 이러한 제한을 극복할 수 있는 특수 장비의 소요를 증가시키며 운용기술을 필요로 한다.

• **삼림과 초목**

산악은 보통 무성한 삼림과 초목으로 덮여 있다. 각종 암석이나 초목은 양호한 은폐와 엄폐를 제공하나 관측과 사계 및 기동을 제한한다.

• **제한된 도로망**

산악지형은 기동에 필수적인 철도 및 도로의 발달을 제한한다. 도로개발과 산불예방을 위한 소방도로 등으로 도로망의 여건은 과거에 비해 현저히 증가되었지만 기동의 장애요소는 많이 남아있다. 오랜 기간에 걸쳐 저절로 만들어진 희소한 도로는 대체로 인마의 기동만이 가능한 지역이 많다. 이와 같은 제한된 기동로로 인해 소로나 험로조차 산악 지형에서는 필히 확보해야 할 중요 지형지물이 되어야 한다.

• **극심한 기상변화**

산악의 특성은 극심한 기온차이, 빈번한 안개, 변화무쌍한 풍향과 풍속 등으로 평지와는 전혀 다른 기상변화를 보인다는 점이다. 이러한 기상의 급변은 전투력 발휘가 제한되며 작전지속지원 등의 어려움을 나타낸다.

가) 지형평가 요소 고려시 영향을 미치는 내용

(1) 관측 및 사계

돌출된 높은 지형은 관측이 용이하고 사계가 양호하나 산악이 상호 중첩된 지형, 무성한 삼림, 험준한 암석은 사각이 많아서 관측과 사계를 제한한다. 따라서 직사화기 보다는 곡사화기가 보다 효과적이다.

(2) 은폐 및 엄폐

적의 관측에 제한을 주는 것으로는 울창한 수목, 기상의 급변에 따른 빈번한 안개와 아지랑이, 높은 암석과 구릉 등이다. 또한 지형의 기복, 돌산, 동굴 등은 엄폐물과 은신처의 역할을 제공한다.

(3) 장애물

절벽, 급경사 등의 험준한 산악의 특성은 기동의 장애로 작용하는 불리점이 있다. 기동 제한사항을 극복하기 위해서는 부대의 경량화, 소규모화가 필요하며 여건 가능시 공중기동 등으로 속도를 보장하여야 한다. 반면, 방어시에는 이러한 장애요소가 적이 공격시 기동과 집중에 불리점으로 작용한다. 방어부대는 시간의 이점 등 준비에 유리하며 거점위주의 병력배치가 가능하여 소수병력으로 광정면 담당이 가능하다. 이로 인해 유휴 병력을 최소화하는 것이 가능하고 핵심지역 위주로 병력집중이 가능한 장점을 갖기도 한다. 높은 표고와 급경사 등은 방향전환 및 부대간 연계된 각종 작전에 제한을 준다. 난청지역이 많이 분포하여 지휘통제가 곤란하고 병참선이 제한되어 작전지속지원이 제한된다. 이를 극복하기 위해서는 소부대에 의한 분권화 작전이 이루어져야 하며 이를 위해 자체적인 작전지속이 가능한 여건을 보장하여야 한다. 그러나 침투부대의 은밀한 기동에 유리하여 배후의 위협이 증대된다.

(4) 중요 지형지물

산악지형에서는 주로 기동을 보장할 수 있는 지형지물을 선정하는데 주로, 도로 및 교통의 중심지, 험준한 지역내 평탄지역, 애로, 감제고지 등이다.

(5) 접근로

산악지형에서는 기동공간이 제한되므로 소로 자체가 접근로이다. 즉 모든 기동가능한 지형을 접근로로 인정하면 되는 것인데 크게 계곡접근로와 능선접근로가 있다. 계곡접근로는 통상 도로 또는 소로를 수반하기 때문에 이동이 용이하고 은폐, 엄폐가 양호하나 감제관측이 제한되며 적의 기습공격에 취약하다.

계곡접근로를 사용할 때에는 적의 기습에 대비한 군사적 정상의 확보가 중요하다. 능선접근로를 사용할 때는 능선의 길이와 형태, 인접능선과의 상대적 거리 및 높이, 부대규모 등을 고려하여야 한다.

나) 작전형태에 따라 산악지형을 유리하게 이용하는 방법

(1) 공 통

- **요충지 선점**

공방양측이 가장 관심을 기울여야 할 사항은 감제고지, 목과 같은 전술적으로 중요한 지점을 선점하는 것이며 특히 감제고지[28]는 필히 확보해야 한다. 이와 같은 전술적으로 중요한 중요지형지물은 양호한 관측과 사계를 보장하는 특징이 있다. 특히 확보시에는 최소의 희생으로 최대의 효과를 거둘 수 있는 매우 가치가 높은 지형은 반드시 선점하여 전투력 발휘를 보장하여야 한다.

- **병력배치**

병력배치는 지형의 특성에 맞춰서 실시하는 것이 중요하다. 산악지형에서의 저지대는 적으로부터 기습과 포위로부터 취약한 경우가 많기 때문에 특히 주의하여야 한다. 이것은 공자가 집결지를 선정하여 공격을 준비 중일 경우에도 적용된다. 반면 정상은 관측이 용이하고 사계가 양호하여 전장 통제가 용이하지만 상호지원이 곤란하다.

---

28) 감제고지란 지세가 높고 전망이 양호한 고지를 말하며 목은 적이 반드시 통과할 것으로 예상되는 지점을 말한다.

• **지휘통제**

부대와 부대간의 상호연락 및 지원이 원활하게 유지되어야 한다. 곤란시에는 중계소 운용 등이 필요하다.

(2) 공 격

• **기동로 확보**

기동로의 제한으로 그 가치가 극히 크기 때문에 필히 확보하는 것이 중요하다. 특히 기동로를 통제할 수 있는 고지와 능선 등도 함께 확보하여야 공격부대의 생존성이 보장된다.

• **중요지형 선점**

적의 퇴로로 사용될 적 진지 후방의 중요지형은 선점하여 도주로를 차단할 준비를 하여야 작전의 성과를 기대할 수 있다.

• **분권화 작전**

산악지형은 협조의 곤란, 지휘통제의 어려움 등이 발생하므로 소부대 단위의 분권화 작전이 필요하다. 즉 계획은 집권화하되 실시는 분권화하여야 융통성을 보장할 수 있다.

• **기습달성**

험준한 지형은 피아의 기동성 발휘를 불가능케 하거나 제한시키는 반면 방자는 지형의 험준함 등으로 경계를 소홀히 할 수 있는 단점이 있다. 따라서 공자는 방자의 이러한 허점과 지형의 험준함을 이용한 측후방을 통한 기습으로 주도권을 장악하여야 한다. 특히 장소에 대한 면밀한 정찰 등이 필요하고 기상을 고려하여 시간을 결정하여야 한다.

• **작전지속지원**

특히 분권화하여 작전을 실시하게 되면 작전지속 능력을 보장하기 위하여 탄약과 식량을 충분히 휴대하게 하여야 한다. 산악은 특성상 전투에 필요한 장비, 식량 등의 추진에 애로사항이 많이 발생하므로 이에 대한 대비책을 강구해야 한다.

(3) 방 어

● **병력배치**

험준한 산악지형은 소수의 병력으로 다수의 적 병력을 고착견제가 유리하고 지형의 유리점으로 소수병력으로 광정면 담당이 가능하므로 절약한 병력은 주요 접근로에 집중하는 것이 가능하다. 공자의 기동과 집중을 거부하여 분산된 적을 각개 격파 할 수 있도록 주요 접근로에 진지를 편성하여야 한다. 또한 적의 포위, 우회, 침투, 공중기동에 대한 대응책으로 거점 후사면 등에 대한 경계를 강화한다. 특히 상대적으로 높은 고지와 안부와 같은 지형은 확보하여 주도권을 장악할 수 있는 여건을 마련하여야 한다.

● **장애물**

종심 깊게 장애물을 설치하여 최대한 적의 기동을 방해함으로써 행동의 융통성을 박탈하고, 계곡과 같이 기동이 일정한 방향으로 적을 유인하도록 설치하여야 한다.

● **화력**

주요 교통로 및 접근로 등에 대한 화력계획을 수립하여야 하며 기동로가 제한되는 이점을 최대한 살려 적이 밀집되는 지역에 표적을 선정해야 한다.

● **작전지속지원**

보급로의 유지와 산악 극복에 필요한 각종 특수장비 등을 획득하여 작전지속능력을 보장하여야 한다.

결론적으로 산악지형은 방자의 입장에서는 기동로가 극히 제한되는 지형의 이점을 최대한 이용하여 적은 병력으로도 방어가 가능한 유리점이 있다. 반면 공자는 기동의 불리점은 있으나 후사면 등을 적절히 이용하면 노출되지 않고 은밀히 기습을 성공할 수 있는 이점이 있다. 즉 양면성이 정상적인 방어에서 보다 많이 존재하는 특징이 있다.

전례 : 노봉 부근 전투 (강원 화천)

① **작전개요** : 1951. 6. 6 ~ 6. 10 / 제6사단 제7연대, 중국군 제20군 제58 제60사단

② **상 황**

○ 중국군의 제 2차 춘계공세를 저지하고 5.24에 반격을 실시한 아군은 5.28에 「캔사스 선」까지 도달하였다. 그러나 아군이 적을 추격하는 과정에서 전진 한계선을 정책적으로 결정하는 문제로 머뭇거리는 사이에 적에게는 위기를 넘기고 부대를 재편할 여유를 주게 되었다.

○ 이 지역의 적은 중국군 제20군 예하 3개 연대 규모로서 5월말부터 금화에서 백암산 남쪽으로 이동하여 노봉을 중심으로 한 일대의 주요고지를 점거하였다. 그리하여 화천읍 북쪽7km의 643고지에 전초진지를 설치하고 그 북방으로 뻗은 종격실 능선을 따라 종심진지를 구축하여 아군의 북진에 대비하고 있었다. 특히 이들은 고지마다 천연지세를 이용하여 견고한 유개진지까지 구축하고 개인 산병호는 교통호로써 연결하여 상호지원을 용이하게 하였다. 그러나 그 병력 규모에 비하여 화력은 보잘 것 없는 것으로 판단되었다.

○ 한편 미군 제8군 사령부의 기본방침에 따라 「예르마인선」(백암산-적근산-금화의 선)까지 진출하기로 한 아군은 적이 진지를 계속 강화하자 조속히 이를 쟁취하기 위해 공격을 재개하였다. 그리하여 먼저 미군 제7사단 제31연대가 6.4부터 643고지를 수차에 걸쳐 공격했으나 목표 탈취는 실패로 돌아갔다. 이때 미군 제9군단은 한국군으로 재차 공격을 시도하기로 하고 약화된 미군 제31연대를 한국군 제7연대로 교대하게 하였다.

③ **작전경과**

○ 제7연대(대령 양중호)는 명에 의거 643고지, 887고지, 922고지 및 노봉의 일련된 목표를 공격하기 위해 미군 제7사단 제31연대의 작전지역을 인수하고 우선 643고지를 공격하기 위한 진지변환을 실시하였다. 연대장은

목표 공격의 주공부대로 제2대대(소령 민방목)를 선정하고 여기에 제3대대 제11중대를 배속시켰다.

○ 대대는 6.6. 14:30에 제5, 제6 양개 중대를 정면에 병행시켜 공격하게 하고, 제7중대를 예비, 제3대대 제11중대를 좌측방으로 우회시켜 협공하는 기동대형으로 공격을 개시하였다. 아군은 사격과 기동으로 적진 40m까지 접근할 수 있었으나 여기서부터는 전진이 중단되었다. 산위로부터 날아오는 적의 수류탄 한발에 3-4명이 쓰러지니 이 지대를 돌파할 수가 없었다. 아군으로서는 급경사를 올라가는 위치에서 싸워야 하는 불리점을 극복할 수 없어 제1차 돌격은 적진 40m 전방에서 저지되었고, 17:00에 재개된 제 2차 돌격도 실패로 돌아갔다.

○ 대대장은 제5, 제6중대장과 함께 타개책을 협의하였다. 지금까지는 좁은 정면에 많은 병력이 모여서 돌격했기 때문에 적의 수류탄에 의한 피해가 컸다고 분석하였다. 그러므로 이번에는 각 중대에서 1개 분대씩으로 적의 특화점을 목표로 하여 포복으로 전진하고 다른 인원은 근거리에서 양공하는 방법을 쓰기로 했다. 이때 제11중대는 적의 후방 및 좌우 능선에서 적의 화력을 유인하기로 하였다.

○ 날이 어두워지고 사방에서 돌격 함성이 울리면서 일각에서는 아군 특공조에 의해 특화점이 파괴되자 적병들은 위축되기 시작하였다. 이 순간을 놓치지 않고 돌격대가 함성을 지르며 적진에 육박하자 완강하게 저항하던 적도 마침내 후방 능선으로 퇴각하고 말았다.

○ 922고지에 대한 공격은 다음날 05:00에 시작되었다. 주력인 제2대대는 정면 공격을 담당하고 제3중대는 764고지를 향해 우회하였으며 제1대대는 바로 노봉을 향해 출발하였다. 그것은 적의 종심 보루인 이 고지에 위협을 가함으로써 922고지의 적에게 심리적 불안감을 주려고 한 것이다. 922고지에 대한 공격은 3.5인치 로케트포를 사용하여 유개 엄체호를 파괴하는 방법을 써서 큰 효과를 보았다. 그리하여 12:20에는 이 고지를 완전히 점령하였고, 좌측 제3중대도 764고지를 무난히 확보하였다.

④ 결과/교훈

○ 이 전투는 일련의 산악진지를 이용한 중국군의 완강한 방어를 물리치고 공격을 성공시킨 사례이다. 이 전투에서 두드러진 점은 적의 자동화기 진지에 대한 공격과 우회공격 방법이다. 정면공격을 실시하는 아군 진로 상의 적 유개 엄체호는 곡사포 사격으로도 파괴되지 않았다. 아군은 이것을 파괴하기 위해 두가지 방법, 즉 소수병력을 선발하여 특화점을 파괴하거나, 3.5인치 로케트포를 추진하여 총안을 명중시키는 방법을 선택하여 큰 효과를 거두었다.

○ 한걸음 더 나아가서 종심 배치된 적의 거점진지에 대해서는 그것을 처음부터 순서대로 모두 공격할 필요는 없다. 때로는 전면에 있는 진지를 건너뛰어 후방에 있는 진지를 공격함으로써 기습을 달성하고 전방진지를 무력화시키면 손실을 줄일 수 있는 것이다. 이러한 방법은 적의 좌우가 노출되었을 때, 특히 아군이 제공권을 장악하고 있는 상황 하에서는 더욱 유리하게 실시될 수 있는 것이다.

3) 하천선 작전

산업의 발달은 도하를 위한 각종 장비의 발전에도 크게 기여하여 왔으며 이로 인해 우수한 도하장비의 개발과 교량의 급격한 증가로 하천선이 주는 장애는 많이 감소되었다. 그러나 하천선은 여전히 하나의 장애물로써의 군사적 가치는 아직도 상존하고 있다고 할 수 있다. 일반적으로 하천은 공자에게는 장애물이 되지만, 방자에게는 천연적인 방어력을 제공한다.

고려 현종 9년 거란의 소손녕은 십만의 대군을 이끌고 압록강을 건너 진격해 왔다. 고려의 강감찬 장군은 흥화진에 이르러 소가죽과 모래주머니로 동대천 상류를 막아 수심을 얕게 하고 주위에 1만여 명의 병력을 배치해 놨다. 도섭이 가능한 것으로 판단한 거란군은 서슴없이 도하를 개시하여 반쯤 건너자 고려군은 막았던 보를 터뜨렸다. 안심하고 건너던 거란군은 갑작스러운 사태의 변화에 당황한 나머지 우왕좌왕하다가 고려의 복병에 기습을 당하여 참패하고 말았다. 하천선 방어에서 역습의 호기를 잡았던 좋은 전례이다.

하천은 여러 가지 특징을 가지고 있는데 대표적인 것을 들어보면 다음과 같다.

• 천연적 방어력 제공

하천은 수심, 유속, 하저상태에 따라 기동, 집중 등 군사행동에 많은 장애요소가 된다. 이렇게 하천은 방자에게는 천연적 방어력을 제공하고 공자에게는 행동의 장애로 작용한다.

• 종심이 짧고 유연성 결여

하천은 횡으로 펼쳐진 정면 장애라는데 그 특징이 있다. 즉, 정면은 비교적 견고하고 길지만 종심이 짧고 유연성이 부족하다. 따라서 산악지형은 종심배치에 따라 수개의 방어선을 구축할 수 있으나 하천은 횡적인 일선이란 점에서 공자에 의해 쉽게 돌파될 수 있는 극복이 가능한 장애물이라고 볼 수 있다. 그러나 최근 기상의 급격한 변화 등을 고려해 보면 심한 갈수기가 자주 발생하고 있으며 이럴 경우에는 도보에 의한 도섭 가능한 하천이 증가할 수 있다.

가) 작전형태별 영향을 미치는 내용

(1) 공 격

• 병력밀집 현상 발생

도하가 가능한 지역은 제한되어 있는 관계로 상대적으로 많은 병력이 밀집하여 기동의 제한과 부대가 혼란에 빠지기 쉬운 단점으로 전투력 발휘가 어렵고 도하 간에는 행동이 노출되어 전투력 손실이 많을 수 있다.

• 병력의 분리 현상

도하를 완료한 제대와 후속제대가 하천의 차안과 대안으로 구분되며 도하중인 부대가 있을 수 있다. 병력뿐 아니라 물자의 분리도 발생하여 적시적인 작전지속지원에 곤란이 발생할 수 있다. 이러한 분리현상은 지휘통제에도 어려움을 겪게 한다.

특히 분권화하여 작전을 실시하게 되면 작전지속 능력을 보장하기 위하여 탄약과 식량을 충분히 휴대하게 하여야 한다.

• **작전지속지원**

도하작전의 성격상 도하에 필요한 특수장비 및 자재가 소요된다. 즉 도하용 장비와 이를 운용하는 공병, 병력과 물자를 지원하기 위한 수송수단, 그리고 하천이라는 노출된 환경을 은폐하기 위해서는 연막차장용 발연기를 운용하는 화학부대 등이 전투편성시 포함되어야 한다.

(2) 방 어

• **유리한 시기 판단**

많은 병력이 밀집하는 취약한 시기를 놓치지 않아야 하는데 이는 공자가 도하를 준비시, 도하중, 도하가 완료된 직후의 혼란기이다.

• **융통성 제한**

하천을 연하여 방어선이 형성되므로 종적, 횡적으로 방향을 전환할 수 없어 유연성과 융통성이 제한되기 쉽다.

• **공세행동**

적의 일부가 도하에 성공했을 때는 적의 전투력이 차안과 대안으로 양분되어 건제가 유지되지 않는 등 가장 취약한 시기이다. 이때를 이용한 과감한 공세행동으로 주도권을 장악하여야 한다.

나) 작전형태별 이용방법

(1) 공 격

• **도하지점으로 이동**

도하에 필요한 장비 등을 차안 상으로 이동시키며 공간을 확보하고 적의 위협을 제거하여야 한다. 특히 혼잡을 피하여 지체없이 진수지점을 출발할 수 있게 통제한다.

• **도하**

도하지점에서 신속하게 이동하여야 하며 적 위협을 제거하여야 한다. 도하간에 선임자는 방향유지의 책임을 지고 통제하여야 한다. 그러나 적의 방어 준비상태가 양호하여 적의 저항이 심하거나 노출이 심하여 피해가 예상되면 가능한 적으로부터 멀리 떨어진 곳에 접안하도록 방향을 유지하여야 한다. 도하 시에는 기도

비닉에 의해 최대한 적을 기만하여 기습의 효과를 극대화 할 수 있도록 하여야 하며, 이를 위해서는 철저한 사전준비 및 계획에 의해 신속히 도달할 수 있게 해야 한다.

- **대안에서의 전진**

도하지역에 위협을 주는 적 부대를 제거하고 부교 운용여건을 조성하여야 한다.

- **교두보 확보**

도하는 공격부대가 신속하게 도섭하여 대안에 교두보를 구축하여야 하며 이 교두보는 도하 후 작전수행에 가장 유리한 지점이 되어야 하므로 도하지점도 교두보와는 최단거리 내에 선정한다.

(2) 방 어

- **병력배치**

예상되는 적의 도하지점을 선정하여 병력을 중점 배비한다. 또한 적이 하천으로 접근하는 것을 방해, 지연하기 위한 행동이 필요하다. 이때를 이용한 공세행동이 필요하다. 도하 중일 경우에는 하천에서 노출되어 양호한 표적제공, 행동의 부자유, 지휘통제의 곤란 등

- **적의 취약점**

하천은 공자로 하여금 일정한 장소에 집결하여 하천의 양안에 전투력을 분리하게 되므로 전투력 운용에 취약하다. 또한 하천에서 노출되는 관계로 양호한 표적을 제공하게 되며, 행동의 부자유와 지휘통제의 곤란 등 공자는 결정적인 취약점을 노출하게 된다.

- **공세행동**

공자의 결정적인 취약점을 노출하게 되는데 가장 적합한 공세행동 시기는 하천을 절반쯤 도하할 때 과감하게 공격하는 것이 최상이며 주도권을 장악하기 좋은 시기이다.

전 례 : 소총중대 하천선방어 (경북 왜관 북방 6km 154고지)

① **작전개요** : 1950. 8. 13 ~ 20 / 1사단 15연대 3중대, 북한군 3사단

② **상 황**

○ 1950. 8월 초 제1사단은 X선(낙정리-327고지-해평리)에서 철수하여 Y선(303고지-328고지-수암산-유학산-중구동)에서 낙동강 장애물을 이용하여 적의 남진을 저지하려고 하고 있었다.

○ 낙동강의 수심은 7월 하순부터 30여일 계속된 가뭄으로 최저로 낮아졌으며 어떤 곳은 1.5m 정도 밖에 안 되었다.

③ **작전경과**

○ 1950.8.13 제1사단 15연대 3중대는 연대전투전초의 임무를 띠고 154고지에 배치되었다. 정면이 넓은 관계로 고지 위주로 병력을 배치하게 되어 자연히 하천이라는 좋은 장애물을 효과적으로 이용하지 못하였다.

○ 적 보병은 낙동강의 수심이 얕은 곳으로 도섭이 가능했으나 전차 및 차량은 도하장비 없이는 도하가 불가능하므로 수중교를 가설하고 있었다. 그러나 아군은 그것을 발견하지 못하고 있었다.

○ 14일 04:00 가랑비가 내리는 칠흑같은 야음을 이용하여 약 1개 대대의 적이 낙동강을 도하하여 전초진지를 급습해 왔다. 3중대에서는 적이 수중교를 이용, 은밀히 도하한 후 포격을 개시하게 된 후에야 비로소 적 공격을 알게 되었고, 바위 때문에 호 구축이 빈약했던 전초중대는 많은 피해를 입고 반사면 방어로 전환하여 적을 저지하려 했으나 적병들은 강제로 먹은 술기운을 빌어 노도와 같이 고지를 휩쓸었다. 전투 경험이 적은 아군 병사들은 불의의 기습을 받고 328고지로 철수하였으며 또다시 그 후방 464고지까지 철수하지 않으면 안 되는 상황이 되었다.

④ **결과/교훈**

○ 하천선 방어 시 주진지는 하천선 연안에 설치해야 되나 후방 328고지에

주진지를 편성했다. 즉 하천이라는 방어에 절대적으로 유리한 지형을 활용하지 못한 것이다. 또한 만일 경계병을 적의 도섭 예상 지점 연안까지 추진시키고 대안에 전투 정찰조를 투입시키는 등 공세적 방어를 실시했더라면 수중교 가설 사실도 발견했을 것이고 적의 은밀한 도하도 저지할 수 있었을 것이다.

4) 건물지역 작전

고층 등이 밀집된 도시는 대표적인 건물지역이다. 각종 인공구조물 위주로 이루어져 있으며 건물내부는 더욱 복잡한 특징을 갖고 있다. 내부의 조밀하고 복잡한 공간은 병력소요를 증가시키게 된다. "삼림과 도시는 병력을 삼킨다."는 말은 바로 이를 두고 하는 말이다.

가) 건물지역의 영향요소

복잡하게 얽힌 건물지역에서의 전투는 경계 등의 곤란으로 상호협조가 대단히 중요하다. 수색 등이 완료된 지역에 대한 정보를 상호 교류하는 것 등이 중요하다. 그러나 주변의 소음과 관측의 곤란은 기도비닉의 효과를 최대한 이용하여 기습을 용이하게 한다. 건물 특유의 칸막이 등이 발달되어 있어 부대가 분산되고 지휘통제가 혼란에 빠지기 쉬워 전투력의 집중이 곤란하며, 이를 극복하기 위한 분권화 작전 등이 요구된다. 공자는 높은 벽과 건물의 복잡성은 행동의 장애, 관측 및 사계의 제한, 화력효과의 감소 등을 가져온다. 반면, 방자에게는 견고한 구조물에 의한 방호력으로 생존성 보장에 유리하다. 또한, 은폐 및 엄폐의 용이점 등으로 병력을 절약 할 수 있는 유리점이 있다. 민간인과의 혼재는 오히려 방어의 이점을 제공하기도 한다.

나) 작전형태별 이용방법

(1) 공 격

• **공격여부 판단**

일반적으로 건물 지역에 대한 직접공격은 많은 피해를 입게 되므로 공격여부를 신중하게 판단하고 확보시 현저한 이점이 없을 시는 가능한 우회하는 것이 필요하다.

• **공격방법**

공격은 ① 공격발판 확보 ② 고립 ③ 기습 ④ 소탕의 절차를 통상 적용하는 것이 유리하다. 최초에는 공격의 발판이 될 수 있는 외곽지대의 건물을 탈취하는데 주력해야 한다. 정면으로 부터의 직접 공격을 피하고 건물을 이용한 포위 또는 우회기동으로 적을 고립시킨 후 한 지점의 돌파나 수직포위로 소탕작전을 실시한다. 건물지역의 특성상 어떠한 경우에도 적을 기만하는 것이 필요하며 공중기동으로 기습적으로 옥상 등을 이용한 공격 또는 입구 등을 이용한 공격을 하는 것이 효과적이다. 소탕을 하기 위한 내부를 향한 전투에 있어서는 정보, 경계, 통제조치를 강화하고, 적의 방어력을 분산시키고 방어의 지속성을 파괴할 수 있는 종심깊은 목표를 선정해야 한다.

• **지휘통제**

공격이 노출되기 쉬운 점 등 건물지역 특성상 병력의 밀집은 오히려 불리한 경우가 발생하므로 제대별 책임제에 의한 분권화 작전이 필요하며, 건물지역 내에 진입하여 개개의 표적을 공격할 경우에도 정면보다는 측후방을 공격하는 것이 보다 용이하다.

(2) 방 어

• **방어방법 판단**

건물지역방어는 도시의 중요성에 따라 고립된 방어를 실시할 경우도 있으나 보통 인접 지형지물과 연관된 방어계획의 일환으로 실시하는 것이 유리하다.

• **취약점과 유리점 판단**

건물지역 방어는 고립되기 쉬운 단점이 있어 작전의 지속성 유지가 곤란하며 밀폐된 공간이 많아 화생방전에 대한 취약성이 있다. 그러나 건물지역의 특성인 은폐와 엄폐의 용이성, 지역내의 민·관·군이 일체가 되어 조직적인 저항을 지속할 수 있으며 건물지역 방호력의 우수성에 따른 병력절약 등의 장점이 있다.

- **방어방법**

건물의 방호력을 이용하여 전방에 적을 고착시키고 공자의 공격기세를 저지할 수 있도록 하여야 한다.

전 례 : 보병대대 건물지역 공격 (서울)

① **작전개요** : 1950. 9. 25 ~ 27 / 1해병사 1해병연대 2대대, 북한군 15사단 25연대

② **상 황**

○ 인천상륙작전에 성공한 아군은 9월 25일 서울 외곽을 포위한 가운데 시가 중앙을 향해 진격 중에 있었으나 가도에 설치된 견고한 바리케이트와 장애물 때문에 전진이 지연되고 있었다.

○ 1950.9.25 미 1해병사단과 한국 해병대는 서울 서북쪽에서 미 보병 7사단과 한국군 17연대는 남쪽에서 서울의 중심부를 향해 진출하고 있던 중 일몰이 되자 공격을 중지하고 명일의 공격을 준비하게 되었다.

③ **작전경과**

○ 27일에도 2대대는 공격을 멈추지 않고 바리케이트를 돌파하며 전진하고 있었는데 그 바리케이트는 도심부에 가까워질수록 간격이 좁아지고 300~350m 마다 교차되게 설치해 놓고 있었다.

○ 바리케이트 전면에는 모두 대전차 지뢰가 매설되어 있었고 그 바로 뒤에는 적병이 매복해 있었다. 그리고 그 측방과 후방에 있는 건물의 창문을 통해 사격을 가하고 박격포를 건물 옥상에 배치하고 쏘아댔다. 해병들에게는 바리케이트 제거가 선결문제였다.

○ 해병대에서는 바리케이트 제거방법에 골몰하다가 다음과 같이 작전을 진

행했다.

- 로케트포와 기관총으로 바리케이트 뒤에 있는 적을 제압한다.
- 전차와 보병의 엄호를 받는 공병이 지뢰를 제거한다.
- 수대의 전차가 상호 엄호하면서 바리케이트를 밀어내고 부근의 건물을 불태운다.
- 보병은 거리 양측의 건물들을 하나하나 소탕하면서 전진한다.
- 건물로 진입하여 소총과 수류탄을 이용하여 적을 격멸하고 내부진입이 어려운 곳은 화염방사기를 사용한다.

이와 같은 방법으로 1개의 바리케이트를 격파하는데 45~60분이 소요되었다.

○ 27일 06:10 6중대 1소대는 박정모 소위의 지휘하에 저항하는 적병을 물리치고 중앙청으로 진입, 옥상 돔 위에 감격적인 태극기를 게양했으며 이날 24:00까지 아군은 서울시내의 잔적을 모두 소탕하였다.

④ 교 훈

○ 바리케이트 뒤의 적을 제압하는 동안 공병이 전면의 지뢰를 제거하고 전차로 밀어내어 보병이 양쪽의 잔적 소탕 등 협동작전이 효율적으로 수행되었다.

○ 사각지대로 신속히 접근하여 건물 내부로 진입, 소총과 수류탄으로 적을 섬멸하였으며, 건물을 점거하고 있는 적에 대해서는 화염방사기로 과감하게 소탕하였다.

제 3 장

주도권

제1절 주도권의 개념과 특성

제2절 전술행동과 주도권

제3절 주도권 획득 방법

춘천지구 전적비

제1절 주도권의 개념과 특성

주도권 장악은 승리를 위한 전제조건이다. 동서고금의 승리한 전례의 공통점은 **주도권을 장악**했다는 것이다. 그 이유는 주도권을 확보하면 적을 의도에 맞게 유도할 수 있게 된다. 주도권은 공세적인 행동을 하는 측이 확보하게 된다. 따라서 방어 시에도 수세적인 소극적인 방어가 아닌 공세적 방어를 해야 하는 이유가 여기에 있는 것이다. 또한 주도권을 확보하기 위해서는 전투력을 집중하여 적의 약한 곳에 기습적으로 타격하여야 한다.

1. 주도권(主導權, Initiative)의 개념

가. 주도권의 개념

주도권이란 용어는 군사분야에서 뿐만 아니라 현대생활에서도 보편적으로 쓰이는 용어로 자리잡고 있다. 특히 운동경기를 보다 보면 "오늘 경기의 주도권은 00에게 있다."는 등으로 스포츠 분야는 물론이고 일상적인 모임이나 심지어는 가족 구성원간의 생활에서도 많이 쓰이는 용어 중의 하나가 되었다. 이처럼 다양한 분야에서 쓰이는 주도권의 의미가 무엇인지부터 알아보고자 한다.

구 분	주도권의 의미(정의)
국어사전	주동적인 위치에서 이끌어 나갈 수 있는 권리나 권력
기책병서	주도권이란 자주적인 기도로 적극적으로 행동하여 적을 수동의 입장에 서게 함으로써 전세를 장악, 획득하는 것
군사이론 연구	능동적이고 적극적인 행동에 의해 적을 수동적 위치로 유도하여 행동의 자유를 확보함으로써 자신의 의지대로 전세를 지배할 수 있는 능력
군사용어 사전	전장에서 아군에게 유리한 상황을 조성하여 아군이 원하는 방향으로 제반작전을 이끌어 나가는 능력을 말함

일반 사전적 의미와 군사적인 의미에서의 주도권에 대한 공통적인 관점은 행위의 주체가 상대방이 아니라 내가 될 때 주도권을 갖게 된다는 것이다. 즉, 나의 의지에 따라 어떤 일이나 행위를 운영해 나간다는 뜻을 갖고 있음을 알 수 있다.

전술에서의 주도권이란 '능동적이며 적극적인 행동으로써 적을 수동적인 위치로 유도하며, 아군의 행동의 자유를 확보하여 아군의 의지대로 전세를 지배하는 것'이라고 볼 수 있다.

주도권을 언급할 때 자주 쓰이는 전술적인 용어로서 '기선(機先)', '선제(先制)' 등의 용어를 사용하고 있는데 '기선(機先)'은 최초로 행동하는 힘으로써 적이 어떠한 전술적인 행동을 하기 전에 먼저 이를 공격하여 주도적인 위치에서 적을 제압하는 작전행동을 말한다. 또한 '선제(先制)'는 기선을 제압한다는 뜻으로 적이 행동하기 전에 전기를 포착하는 것과 적보다 한발 앞서 적을 제압한다는 뜻이 내포되어 있으며 '기선제압'등으로 쓰이고 있다. 기선제압, 선제, 주도권 등이 사용되는 경우 등을 고려해 보면 모두 비슷한 의미를 내포하고 있음을 알 수 있다.

나. 주도권 확보의 유리점

사전적 의미에서 알아보았듯이 주도권을 확보하면 나의 의지대로 행동이 가능하다는 것이었다. 즉, 결전시기와 장소 등을 주도적으로 선택하여 전투력을 집중하기 유리한 상황을 조성할 수 있는 것이다. 그러므로 주도권은 반드시 확보하여야 하며 일단 확보된 주도권은 계속 유지하여야 하는 것이 중요하다. 확보한 주도권을 유지하지 못하고 상실하게 되면 다시 회복하기 위해서는 많은 노력과 희생을 감수해야 한다. 또한 주도권 회복에 실패하게 되면 행동의 자유가 제한되며 수세적인 위치로 전락함에 따라 결전할 장소, 시기 등을 선택하기 어려운 것은 물론이고 상대의 행동에 대응만을 하는 소극적 전투행동으로 이어진다.

주도권은 작전목적의 달성, 나아가 전투에서 승리하기 위하여 극히 중요하기 때문에 모든 작전은 전장주도권 장악에 바탕을 두고 수행되어야 한다. 주도권 장악의 관점에서 본다면 방어보다는 공격이 유리한 면이 있으나 공격이 주도권을 보장해주는 것은 아니라는 것을 명확히 인식해야 한다. 또한, 이러한 점을 고려하여 방어 시에는 공세적인 방어로 주도권을 장악하여야 한다.

손자병법에서도 주도권의 확보에 대하여 허실편(虛實篇)에 致人而不致於人(치인이불치어인, '용병술에 능한 사람은 남을 움직이지, 남에게 끌려 다니지 않는다.') 이라는 말로 표현하였다. 즉, 적을 마음대로 움직이는 근원은 주도권인 것이다. 전투의 승부는 결국 주도권을 누가 먼저 확보하는가 이며, 누가 끝까지 이 주도권을 유지하느냐에 달려 있다는 것을 강조한 말이다.

2. 주도권의 특성

전투에 있어서 최초 접촉시의 대담성은 전승에 지대한 영향을 미치게 된다. 이것은 적과 급작스럽게 조우했을 경우에 대담성 있는 선제적인 조치가 주도권 확보에 결정적인 영향을 미친다는 것이다. 제2차 세계대전에서 사막의 여우로 불린 독일군의 롬멜은 보병전술에서도 뛰어난 능력을 보였다. 그는 최초 접촉 시 주도권 확보에 대하여 다음과 같이 말하고 있다.

"나는 여러 차례에 걸쳐 조우전에서는 먼저 적에게 사격을 퍼붓는 편이 승리한다는 것을 알았다. 이것은 적의 위치를 정확히 모를 때에도 대담성을 적용하여 적 예상 집결지에 대하여 화력 세례를 퍼부어야 한다. 이유없이 정지하거나 증원부대가 도착하여 전투에 참가할 때까지 기다린다는 것은 근본적으로 잘못이다."

– 출 처 : 롬멜 보병전술 –

즉, 롬멜은 대담성 있는 공세적인 전투행동으로 적으로 하여금 대응만을 하도록 강요하는 것으로 주도권을 확보하게 되며, 이렇게 확보한 주도권이 전승을 보장한다고 주장한 것이다. 롬멜의 주도권에 대한 견해를 분석해 보면 주도권의 특성을 찾아볼 수 있는데 그 내용은 다음과 같다

가. 지휘관의 전투의지가 강한 측이 획득한다.

롬멜의 경우에서처럼 지휘관의 전투 승리를 향한 의지가 강하며 순간적인 판

단력을 바탕으로 대담함과 과단성 있는 전투지휘 능력은 주도권을 확보하는데 결정적이다.

나. 전투력이 우세한 측이 획득한다.

주도권은 일단 강한 전투력을 가진 부대가 획득할 가능성이 높다. 전투의 3요소를 설명하면서 전투력은 물이 흐르는 원리와 유사하다고 한 바 있다. 즉, 물이 높은 곳에서 낮은 곳을 지향하듯이 전투력도 강한 쪽이 약한 상대를 공격하는 경우가 대부분이라고 하였다. 공격하는 측이 주도권을 확보할 가능성은 높은 것이다. 그러나 반드시 공자가 주도권을 확보한다는 것은 아니다. 공자의 약점과 과오를 이용한 방자의 적극적인 공세행동이 적시적으로 이루어진다면 문제는 달라지게 된다.

다. 의지력의 발휘가 우세한 측이 획득한다.

아무리 무기체계가 발달하여도 전투의 주체자는 인간이다. 즉, 장병인 것이다. 나폴레옹은 "전쟁에서의 정신(의지)은 물질에 비해 3배의 가치를 가진다."고 하였다. 전투의 3요소에서도 3가지의 균형이 중요하지만 그중 최고로 인정하는 것은 전투력이라고 하였으며 여기에는 유형과 무형의 전투력이 있음을 설명하였다. 나폴레옹은 그중에서 인간의 가치를 설파하고 있는 것이며 그중에서도 전투의지의 중요성을 강조한 것이다. 포쉬 원수도 "전쟁은 정신력의 영역이며 전투는 쌍방의지의 투쟁이다. 승리는 정신력의 우월에서 나온다."고 역설하였다. 이와 같이 주도권은 전투의지가 강한 측에서 획득할 가능성이 높은 것이다.

라. 상대적으로 유리한 지형에 있는 측이 획득한다.

상대적으로 유리한 지형은 전투력 발휘에 유리하다. 앞에서 주도권은 전투력이 강한 측이 획득하기 유리하다고 하였다. 상대적으로 유리한 지형은 전투력을 상대적 우월하게 하며 심리적 안정감도 증대되어 주도권 장악에 유리하다. 특히 조우전에 있어서는 신속하게 유리한 지형을 확보하는 것이 대단히 중요하다.

마. 보다 빨리 반응(시간)하는 측이 획득한다.

롬멜은 주도권 장악의 핵심을 다소 열세한 전투력이라도 적시에 타격할 때 손쉽게 획득할 수 있다고 보았다. 전장은 불확실성의 영역이라고 하였다. 그것은 피아가 동일한 경우이다. 다만 중요한 것은 누가 얼마나 불확실성을 빨리 제거하고 신속하게 반응하는 능력이다. 앞에서 전투력이 강한 측이 주도권을 획득할 가능성이 높다고 하였다. 빠른 반응은 전투력의 증가를 의미한다.

> **"전투는 우리의 '멜로디'에 의해서 적이 춤을 추도록 주도권을 장악하여 적의 움직임을 유리하게 이용하여야 한다."**
>
> – 몽고메리 –

제2절 전술행동과 주도권

1. 주도권에 대한 견해

세계의 역사를 바꾼 주요 전사에서부터 소부대의 전례에 이르기까지 승리한 전쟁과 전투에서는 빠짐없이 등장하는 공통점이 있는데 그것은 바로 주도권이다. 이로써 주도권의 중요성과 의미는 충분한 설명이 되는 것이다.

동서고금의 수많은 군사적 영웅들을 살펴보면 유형은 다양하게 나타난다. 즉, 공격형과 방어형으로 구분이 되기도 하며, 기동전의 명장과 보병전술의 명장 등으로 분류되기도 한다. 그러나 어느 지휘관이 되었던, 어떤 전투를 지휘하였던 주도권은 반드시 장악하여 전쟁 또는 전투를 화려하게 승리로 이끌었는데 그 중심에는 항상 주도권이 자리잡고 있었다.

이처럼 주도권은 전쟁과 전투를 지배하는 요소라고 해도 과언이 아닐 것이다.

특히, 전력이 열세하거나 내선상에 있는 상황일수록 주도권의 확보는 작전의 생명과 같은 것이다. 왜냐하면, 적에 의해 포위된 상태하에 있는 내선상의 작전을 수행하면서 주도권이 적에게 있다면 그것은 바로 포위섬멸 됨을 뜻하는 것이기 때문이다. 그러므로 무릇 전투에서 승리하고자 하면 먼저 작전의 주도권을 장악하여 자신의 의지대로 전장을 운용해 나갈 수 있어야 한다.

"자신의 의지대로 전장을 운용한다"는 것은 결전의 시기와 장소 그리고 수단과 방법 등이 모두 나의 의지로 따른다는 것이니, 궁극적으로 나의 작전행동은 자유자재로 하면서 적의 행동도 나의 의지에 종속되도록 만든다는 것이다.

주도권 획득에 관한 군사 이론가와 전략가의 주요 견해를 살펴보면 다음과 같다.

구 분	주도권 획득방법
손 자	선동적자, 형지, 적필종지(善動敵者, 形之, 敵必從,之,) '적을 나의 의도에 따라 잘 움직이게 하는 자는 적을 움직이게 할 수 있는 어떤 형태를 보여주면 적이 반드시 쫓아온다.'

클라우제비츠	기습, 주 결전장에 전투력 집중
풀 러	기습, 우세한 전투력 집중, 기동
리 델 하 트	최소 저항선과 최소 예상선에 전투력 집중, 기습 달성
롬 멜	기만, 유인, 공방동시전투, 역습
맥 아 더	적 약점에 대한 기동, 기습
다 얀	은밀한 접근에 의한 기습
알 렉 산 더	신속한 기동
넬 슨	독단에 의한 창의적 전투
도 오 고	정보에 의한 정확한 조치
을 지 문 덕	지형이용 적 유인, 매복 섬멸
이 순 신	정보, 지형 이용, 적 유인 섬멸

주요 군사 이론가와 전략가들의 견해에서 나타난 주요 내용을 보면, 주도권과 관련된 용병술의 공통점은 전투력 집중, 기습으로 요약된다. 그리고 전투상황과 작전지역의 특성에 따른 창의적인 전투수행 방법으로 주도권을 장악하는 것이 효과적인 방법으로 인식하고 있다.

가. 주도권 장악을 위한 전투지휘 및 전투력 운용 방법

지금까지 살펴본 주요 군사이론가 및 전략가들의 견해를 참고하고, 실전에 참가한 주요 지휘관들의 주도권 획득에 대해 체험한 사례 등을 종합해 보면 대체로 다음과 같은 5가지로 요약할 수 있다.

1) 적시적인 상황판단과 과감한 성공의 확대

상황판단이란 지휘관 또는 참모가 전투상황에 영향을 주는 모든 환경을 고려하여 논리적인 추론을 진행하는 사고과정으로 임무수행을 위해 취할 수 있는 방책을 결심하게 하는 것이다. 적에 관한 정확한 정보판단과 적시적인 상황판단은 전투의 기본 요건임. 정확하고 적시적인 상황판단 없이 일방적인 조치를 취하다가는 오히려 적의 기도에 말려들 수 있다. 그러나 정확한 상황판단을 바탕으로 한 결심수립 후에는 신속한 기동과 왕성한 공격정신으로 결정적인 시간과 장소에 과감히 전투력을 집중하여 성공을 확대함으로써 주도권을 획득하여야 한다.

2) 임무형 지휘와 자율적, 창의적인 임무수행

임무형 지휘란 전·평시 부대활동에서 부여된 임무를 효율적으로 완수하기 위한 지휘개념으로써 지휘관은 자신의 의도와 부하의 임무를 명확히 제시하고 임무수행에 필요한 자원과 수단을 제공하되 임무수행 방법은 최대한 위임하며, 부하는 지휘관의 의도와 부여된 임무를 기초로 하여 자율적·창의적으로 임무를 수행하는 사고 및 행동체계를 말한다.

창의는 상황에 따라 새롭고 적절한 전투수행 기법을 찾아내 사고력으로써 전장 주도권 장악과 직결된다. 전투는 다양한 기상, 지형, 피·아 상관관계 하에서 수행되므로 동일한 양상으로 반복되지 않는다. 따라서 항상 새로운 전투양상을 예측하여 창의적인 방책을 강구하여야 한다. 지휘관의 창의력 발휘를 위해서는 필수적인 통제를 제외하고는 권한을 위임하는 것이 필요하다.

하급제대 지휘관의 창의력 발휘는 상급 지휘관의 의도 범위 내에서 이루어져야 하며 이를 위해서는 평소 임무형 지휘가 생활화되어야 한다. 장차전에서는 신속 정확한 지휘결심체계, 정교한 무기체계, 빠른 기동성 등으로 인해 전장상황이 급속하게 변화된다는 점을 감안하여 각급제대 지휘관들은 보다 많은 창의력을 발휘하여 주도권을 장악하도록 노력해야 할 것이다.

3) 가용 전투력의 공세적 운용

공세적 전투란 전 전장에서 전투력을 공세적으로 운용하여 주도권을 확보하고 성공을 확대하여 작전의 목적을 달성하는 것이다. 공세적 전투는 정보우위를 달성하고 유리한 작전 여건을 조성하여 결정적인 작전을 수행하는 것이다. 주도권 유지를 위한 최선의 방법은 공격기세 유지에 있으며 공세유지는 공격·방어작전에서 공히 추구되어야 한다.

4) 전투력의 상대적 우세 달성

전투의 승패는 결정적 시간과 장소에서 상대적 전투력 우열에 따라 결정된다. 따라서 전투력의 집중이 필요하게 된다. 전투력 집중을 위해서는 먼저 적의 강·약점을 식별하고, 기만을 통해 적의 전투력과 주의를 분산시킨 후 적의 약점에 상대적으로 우세한 전투력을 적시에 집중함으로써 국지적 우세 달성으로 전투를 승리로 이끌 수 있는 것이다. 현대 및 장차전에서는 감시수단의 발달과 화력수단의 기능 향상으로 단순한 물리적인 집중은 오히려 대량피해를 유발할 수 있음에 유의하여야 한다.

5) 적 약점에 대한 기습 달성

기습이란 적이 예상하지 못한 시간, 장소, 수단, 방법으로 타격하는 것을 뜻하며, 비록 알았다 하더라도 적이 계획한 시간 내에 효과적으로 대응하지 못하도록 더욱 빠르게 적을 타격함으로써 기습의 효과를 달성할 수 있다. 기습은 적이 준비한 결전지역 및 시간에 차질을 유발시킴으로써 적의 조직적인 전투수행을 거부하고, 주도권 장악을 용이하게 할 뿐만 아니라, 적을 심리적으로 마비시키고 공황을 유발시켜 결정적인 승리의 기회를 제공할 수 있다. 또한 기습은 전투력의 균형을 결정적으로 아군에게 유리하게 전환시킬 수 있는 계기를 부여하며, 최소의 희생으로 최대의 효과를 달성하게 하는 것이다. 기습달성 방법으로는 예기치 못한 시간과 장소의 이용, 불리한 지형 및 기상의 극복, 예상치 못한 전투력 사용, 신무기 사용, 전술과 작전방법의 변화, 작전 속도의 변화 등이 있으며 기만 및 작전보안으로 보완되어야 효과를 극대화 할 수 있다.

전 례 : 한국전쟁 시 제7·8사단의 영천지구 전투

① 전투부대(1950. 9. 2 ~ 13)

○ 한국군 : 제2군단 예하 제8사단과 제7사단에서 배속된 제8연대

○ 북한군 : 제15사단

② 영천의 지리적 이점

○ 영천은 대구와 경주를 잇는 교통의 요충지이며 북한군이 영천을 점령 시에는 부산을 효과적으로 공격할 수 있으며, 국군 2군단을 동서로 분리하는 효과가 있고 병참선 차단 등의 유리한 상황을 조성할 수 있는 이점을 갖고 있는 군사적인 요충지였다.

- 영천은 대구와 포항의 중간지점에 위치해 있으며 북으로는 500m 이상의 험준한 산악지역이며, 그 남쪽으로는 표고 100 ~ 200m의 개활한 지형으로 전차부대 운용에 유리한 지형적인 특성이 있었다.
- 지역내에는 금화강의 지류가 북에서 남으로 흐르고 있으나 거의 대부분 도섭이 가능하나, 주변의 논은 당시 절기상의 영향으로 궤도차량 이동에 제한을 주는 점이 있었다.

③ 작전경과

○ 북한군 제15사단은 영천을 목표로 8월 말부터 최후공세를 준비하여 9월 2일에 전차 5대를 선두로 일제히 공격하기 시작하였다.

○ 자정 무렵 적의 기세에 밀려 종심이 돌파될 위기에 처하였고 5일에는 읍내까지 적의 포탄이 낙하되기 시작하는 급박한 상황이 전개되었다.

○ 9월 6일 새벽에는 수대의 전차를 선두로 영천 읍내로 진입한 북한군과 아군은 치열한 백병전까지 전개하는 처절한 전투가 계속되었다.

○ 그러나 아군의 방어선은 점차 와해되어 영천이 결국은 피탈되었다. 그 여세를 몰아 북한군은 경주를 점령하고 부산을 공격하기 위해 총공세를 취하고 있었다.

○ 그러나 아군은 여기에 굴복하지 않고 9월 6일에 군단으로부터 증원부대를 지원받아 9월 7일에는 영천을 재탈환하는데 성공하게 되었다.

○ 9월 9일이 되자 마침내 적의 돌파구를 봉쇄하기 위한 방어선을 낚시바늘 모양으로 형성할 수 있었다.

○ 9월 10일에 지휘관의 적시적절한 결심으로 제8사단은 총 반격작전을 개시하여 적의 퇴로를 차단하는데 성공하였으며 전장의 주도권을 장악하게 되었다. 사단은 그 기세를 유지하여 포위된 적을 섬멸함으로써 영천을 확고하게 확보하게 되었다.

④ 결과/교훈

○ 낙동강 방어작전 시 미군이 대한민국을 포기하려고 결심한 때가 있었는데 그것이 바로 영천을 피탈당했을 때였다. 그만큼 영천이 갖고 있는 이점이 중요하였다는 것을 알 수 있는 대목이다.(영천 피탈은 임시 수도인 부산이 대단히 위태롭게 된다는 것이었다.)

○ 미 합참은 대한민국 정부와 군대를 포함하여 약 60만 명을 미국령인 사모아 제도에 이주시켜 '신한국'을 건설한다는 계획을 수립하기도 하였다고 한다.

○ 북한군의 9월 공세 시 최초로 북한군을 패주시켜 반격작전의 선도적 계기를 마련했다는 점에서 의미가 있다. 적 제15사단은 치명적인 피해를 입고 전선에서 물러났으며 국군과 유엔군이 비로소 총반격을 단행할 수 있는 계기가 되었다.

○ 지휘관의 신속한 상황판단과 적시적절한 증원부대 투입으로 영천을 탈환하여 주도권을 확보하였고 그 기세를 몰아 계속 반격하여 주도권을 끝까지 유지하여 전투에 성공하게 되었다.

나. 주도권 장악을 위한 작전 주안점

1) 유리한 여건 및 상황 조성

방어작전 시에는 적의 중심을 조기에 탐지 및 타격하여 적으로 하여금 그들이 선정한 시간과 장소에 전투력을 집중시키지 못하도록 방해함으로써 근접작전에 유리한 여건을 조성하여야 한다.

공격작전 시에는 전술항공, 장거리 타격수단, 공중강습 및 적지종심작전 부대를 운용하여 적의 전투력을 조기에 분산 및 혼란시켜 마비상황을 조성하고 적 증원 및 퇴로를 차단하여 주공에 유리한 기동여건을 조성하여야 한다.

2) 기동부대에 대한 강력한 근접화력 지원

전술항공, 육군항공, 포병, 화학 등 제 화력지원수단을 전술적으로 통합하여 화력운용의 효율성을 극대화하여 근접화력지원을 보장하고 합동공중 공격반 및 통합화력 협조팀을 구성하여 강력한 화력과 우세한 기동력으로 적 부대를 격멸하여야 한다.

3) 공세적 기동전투로 적 부대 제압 및 유린

예속 및 배속된 부대를 통합하여 제병협동부대를 편성 및 운용하고 제 전투수행기능을 통합적으로 운용하여 전투력 발휘를 극대화 하여야 한다. 방어 시에는 다양한 공세행동으로 적의 공격을 격퇴하고 책임지역을 방어하며, 공격 시에는 적의 약점을 포착하여 공중강습부대, 기갑 및 기계화 부대 등 강력한 제병협동기동부대를 편성하여 신속한 기동으로 전투력을 집중하여야 하며 가능한 한 기습을 달성할 수 있도록 노력함으로써 적 부대를 격멸하여야 한다.

4) 후방작전 및 작전지속지원 능력 보장

후방지역에서는 적 발견 수단인 국지대공 경보망, 주민 신고망, 관측소, 검문소, 대공초소 등을 통합시켜 운용하여 원거리에서부터 적을 조기에 발견하여 고착 및 격멸시킴으로써 후방지역의 안전을 도모하고 작전수행 유형별로 예상되는 작전지속지원 소요를 사전에 예측하고 대비하여 능동적으로 지원하며, 예비지원계획을 수립하여 간단없이 지원함으로써 작전지속능력을 유지하여야 한다.

2. 주도권 획득의 일반원리

앞에서 주도권은 '아군에게 유리한 상황을 조성하기 위해 아군 의지대로 전투를 이끌어 가는 능력'이라고 정의하였다. 전투를 아군의 의지대로 이끌어 나간다면 승리할 가능성은 대단히 높아지게 되는 것이다. 그것은 주도권을 장악했다는 것이며 전투에서의 주도권 장악은 전승을 위한 디딤돌인 것이다.

그렇다면 "주도권을 어떻게 획득할 것인가?" 하는 문제가 중요한 과제가 되는 것이다. 전술은 과학과 술의 영역이라고 첫 장에서 강조한 바 있는데, 주도권 장악에도 과학을 바탕으로 한 일반적인 원리가 존재하고 있다.

주도권 장악의 일반적인 원리는 주도권의 특성이라는 심리적 영역과 힘의 원리라는 과학적 영역이 결합하여 나온 것이다.

앞에서 주도권의 특성을 설명하였는데 크게 2개의 영역으로 정리할 수 있었다.

첫째는 심리적인 중요성이 크게 영향을 미치는 영역이 존재하였다.

둘째는 심리적인 중요성과 함께 전투의 3요소가 크게 작용하고 있었다.

즉, 심리적인 영향과 힘의 영역이 존재하고 있으며 힘의 원리는 주도권 획득의 일반원리로 연결되는 것이다. 주도권의 특성에서 전투의 3요소가 균형있게 작용하여 강한 전투력으로 나타나는 것임을 알 수 있는 것이다.

가. 언제(시기)

주도권을 장악은 '적보다 빨리 기선을 제압'하는 것이 핵심이다. 기선은 선제적인 공세행동으로 장악된다. 따라서, 적이 공격하기 전에 먼저 공격해야 한다. 그러나 반드시 공격을 먼저 했다고 기선을 제압할 수는 없다. 반드시 적의 약한 부분을 강하게 빨리 공격하는 것이 중요하다. 여기에서도 상대적인 전투력의 우세는 강조될 수밖에 없는 것이다. 빠른 행동의 보장은 계획수립의 신속성, 적시적인 명령하달, 즉각적인 반응을 통하여 가능하게 된다.

나. 어디서(장소)

결정적인 지점을 타격하는 것은 주도권 획득의 전제조건이다. 결정적인 지점의 조선은 적의 전투력이 약하게 배치된 지점이다. 즉 적의 약한 지점에서는 상대적인 전투력의 우위 확보가 보다 용이하다는 유리점이 있는 것이다. 다른 또 하나의 조건은 적의 약점과 과오가 발견된 지점이다.

적이 무질서하게 집결된 지점, 전투지휘 중에 발생하는 전술적인 착오 등은 대단히 약한 부분이 되는 것이다. 적의 약점은 아군이 확보시 적 전투력의 균형을 무너지게 하는 목표를 선정하는 것이 중요하다. 확보 또는 타격이 필요한 적의 약점은 목표로 선정되는 것이며 전투력의 전 역량을 집중하는 곳이 된다. 일반적으로 중요하지만 상대적으로 전투력 배치 등이 취약한 지점은 후방에 위치한 지휘통제시설, 작전지속지원시설 등이 그 예가 될 수 있다.

다. 어떻게(방법)

기선 제압을 위한 시간과 장소가 식별되었다면 다음의 문제는 "어떻게 그 시간과 장소에 기선 제압을 위한 전투력을 도달시킬 것인가?" 이다. 즉 목표까지 도달하는 수단과 방법의 문제이다. 가능하면 전투력을 보존한 상태로 보다 빠른 기동을 의미하는데 보다 빠른 기동은 전투력을 강하게 하기 때문이다. 따라서 전투력의 보존이 보장된 상황에서 가장 빠른 접근로와 기동수단을 이용한 가장 유리한 방법을 말하는 것이다.

이와 같이 '주도권의 특성'과 '힘의 원리'를 결합한 '언제(시기) 어디서(장소), 어떻게(방법)'라는 3가지 요소(2WH)는 다음과 같이 요약 할 수 있다.

구 분	주도권 장악의 일반원리	주안점
시 기	• 적보다 빠른 기동 및 선제 타격	• 상황판단 → 결심→ 대응의 정확성과 신속성
장 소	• 결정적인 지점 확보 및 타격 * 목표선정과 일치해야 함	• 주도권 장악은 적 저항이 가장 적고 적이 예상치 못한 방향 • 정면보다는 측·후방 타격
방 법	• 기습달성, 창의력 발휘	• 전투력 집중 효과 달성

이상 3가지를 요약해 보면, 주도권을 획득하기 위한 방법 및 수단은 기동과 집중에 의해 결정적 시간과 장소에서의 상대적 우세를 달성하여 기습적으로 기선을 제압하는 것이다. 이들 3가지 요소는 작전술 및 전술수준에 공히 적용되는 주도권 획득의 원리이지만 그 영향의 정도 면에서 구분해 본다면 '언제, 어디서 주도권을 획득할 것이냐'하는 문제는 주로 작전술의 영역에 속하고 '어떻게 주도권을 획득할 것이냐' 하는 것은 전술의 분야에 속한다고 보아야 될 것이다.

인천상륙작전시 인천을 선택한 것은 작전술 차원으로 볼 수 있고 상륙작전 간에 발생하는 전투는 전술의 차원으로 볼 수 있다는 것이다.

표에서 정리하였듯이 전 장병이 불굴의 전투의지를 바탕으로 하여 **보다 빨리 보다 정확한 방향과 지점에 기습적으로 전투력을 집중하여 적의 균형을 와해**시키는 것을 주도권 획득의 일반적인 원리로 볼 수 있다.

제3절 주도권 획득 방법

앞에서 일반원리에 대한 설명을 하였다. 주도권은 '언제(시기) 어디서(장소), 어떻게(방법)'라는 3가지(2WH)에서 원리가 도출되었으며 수행하는 핵심적인 주안점은 집중과 기습의 효과에 있었다. 따라서 주도권 획득을 위한 방법은 집중과 기습의 효과를 달성하기 위한 노력이 되는 것이다. 따라서 여기에서는 집중과 기습에 대하여 심도깊게 설명하고자 한다.

1. 전투력 집중

가. 전투력 집중의 중요성

집중에 대해서는 앞에서부터 계속적인 언급으로 어느 정도의 개념은 정립 되었을 것이다. 그러나 정작 집중할 시기와 장소를 선정하는 것은 대단히 어렵다. 그것은 전장의 특성인 불확실성이 존재하기 때문이다. 이 말을 먼저 언급하는 이유는 실행을 하기 위해서는 가장 망설여지는 말이기 때문이다. '내가 지휘관이라면 언제, 어디에 집중할 것인가?'를 심각하게 고민할 수밖에 없다. 그것은 전투는 생명의 희생이 따르기 때문이다.

집중은 전투력의 비율이 열세하더라도 결정적 시간과 장소에서 상대적 우세를 달성함으로써 주도권을 장악하여 전투를 승리로 이끄는 중요한 요소이다. 전투력의 우세는 절대적 우세와 상대적 우세가 있다. 절대적 우세란 적과 동등하거나 언제나 상대방보다 우세한 것을 말하며, 상대적 우세란 적과 동등하거나 그 이하의 전투력을 확보하고 있다 할지라도 결정적인 지점에서는 적보다 우세하도록 운용한다는 것이다. 그러나 시간과 공간을 초월하여 항상 상대방보다 우세를 달성할 수 있는 절대적 우세는 실현이 사실상 곤란하므로 결정적인 시간과 장소에 상대적 우세를 달성하기 위하여 노력해야 한다.

Hannibal이 Cannae에서 방어형 작전을 전개하면서도 오히려 작전의 주도권을 가지고 Varro를 움직여 그가 원하는 시간과 장소에서 승리하였다. 그가 사전에 계획한 지역으로 유인하여 일대 섬멸전을 전개할 수 있었던 것은 바로 이와 같은 전투력을 집중시키는 능력이 있었기 때문이다. 성공적인 작전의 수행을 위해서는 우세한 전투력을 결정적인 시기와 장소에 집중하여야 한다. 그러나 모든 지역에서의 집중은 현실적으로 불가능할 경우가 대부분이다. 그것은 절대적 우세를 말하는 것이기 때문이다. 그러므로 집중이란 결정적 시간과 장소에 가용한 전투력을 최대한 결집시켜 상대적 우세를 달성하기 위한 노력이 핵심을 이룬다. 집중에 대하여 나폴레옹은 "나는 오직 하나만 생각한다. 그것은 집중이다"라고 하였다. 즉 '이기는 전투=집중' 이라는 말이다.

나. 전투력 집중을 위한 고려사항

전투를 수행하는 지휘관으로서 승리를 위한 작전의 주도권을 확보하고자 한다면, 집중에 대한 개념과 중요성을 인식하고 이를 달성하기 위한 부대 운용의 능력과 전투의지를 갖추어야 하며 다음과 같은 고려사항을 참고하여 전투를 지휘하여야 한다.

1) 결정적 지점과 시기 선정

전투란 피아 공히 어떤 유한의 힘을 가지고서 전장이라는 시간과 공간의 흐름속에서 행하는 것이다. 이 같은 시간과 공간속에는 전투력의 결승점이라 할 수 있는 어떤 핵심적인 지점이 존재한다. 즉 시간과 장소가 존재한다. 우리는 이것을 흔히 '결정적인 시간과 장소'라는 말로 표현한다. 여기에서 승리를 획득할 수 있다면 기타의 중요치 않은 타 방면에서 일시적으로 불리하다 하더라도 전반적인 승리를 획득할 수 있는 것이다.

그렇다면 집중할 지점은 어디로 선정할 것인가?

첫째, 집중은 적의 약한 곳에 대한 집중이여야 한다. 즉 약한 곳은 허점이 있거나 전투력이 약한 부분이라는 것이다. 가장 손쉽게 전투력의 우세를 달성하고 승리 가능성이 높은 곳이 집중할 지점인 것이다.

둘째, 적의 과오나 약점 이용이다. 통상의 경우 공자는 적의 약점에 전투력을 기습적으로 집중시켜 결정적인 성과를 달성할 수 있기 때문에 가용한 모든 수단과 방법을 활용하여 적의 약점을 발견할 수 있도록 노력해야 하며, 발견된 적의 약점은 이를 즉각적으로 최대한 이용해야만 주도권을 확보할 수 있다.

그 다음에는 집중할 시기를 결정해야 한다. 즉 기상조건, 상급부대의 작전목적에 기여할 수 있는 시기, 적의 취약한 시기 등을 종합적으로 판단하여야 한다.

2) 전투력의 상대적 우세 달성

결정적인 시기와 장소에 필요한 전투력을 과감하고 공세적으로 집중시켜 적보다 유리한 전술적 위치를 확보하고 있어야 한다. 그러나 무엇보다도 중요한 것은 지휘관의 전투의지가 적을 압도하고 부대를 운용하는 술(術)의 능력이 겸비되어야 한다. 전투력의 집중이란 아군이 갖는 전투력을 가능한 집결시켜 결정적인 시간과 장소에 이를 통합 발휘하는 것을 말한다. 이것은 유한의 힘을 가장 유효하게 발휘하는 힘의 활용 방법 중의 하나이며, 우승열패(優勝劣敗, The Weakest goes to the wall)또는 중과부적(衆寡不敵, Number is everything in war)의 원리로부터 도출되는 가장 중요한 진리중의 하나다.

집중이라 함은 병력뿐만 아니라 화력이나 장비, 기타 전투에 필요한 모든 요소(예를 든다면 조직, 통솔력, 사기, 전투준비태세 등)를 집중하는 것을 의미한다. 즉 수적 우세는 물론 질적인 우세 등도 의미한다.

전투력 집중이 가장 중요한 진리의 하나가 되는 이유는, 전투력 집중은 피아의 상대적 비율에서 전체적으로 아군이 열세라 할지라도 결정적인 시간과 장소, 즉, 결정적인 전투가 이루어지는 지역에서는 상대적 우위를 아군이 가져올 수가 있기 때문이다. 결정적 시간과 장소에서 상대적 우세를 달성하기 위해서는 집중과 분산의 조화가 필요하다. 즉 아군의 분산으로 적을 분산시킨 후 취약점을 노출하게 해서 다시 아군의 전투력을 최대한 집중하여 타격하는 방법이 필요하다.

3) 기동을 통한 힘의 집중과 유연성

집중은 기동과 밀접한 관계에 있다. 즉 강한 전투력이 발휘되기 위해서는 정지상태가 아닌 움직이는 상태로 놓이게 하여야 하며, 결정적인 시간과 장소에 상대적 우위를 달성하기 위해서는 집중과 분산의 기능이 적절히 조화되어야 하기 때문이다. 따라서 집중의 효과를 나타내려면 시간 · 장소 · 방향 등 세 가지 요소에서 우세가 나타나야 한다. 따라서 집중=전투력의 상대적 우세×(시간+장소+방향)의 공식이 성립된다.

전투란 어떤 의미에서는 결승점을 향한 피아간의 전투력 집중을 위한 경쟁이라고도 할 수 있다. 그러므로 요구되는 시간과 장소에 적보다 우세한 전투력을 집중하기 위한 신속한 기동력의 발휘는 필수적 요건이다. 한편 현대전에 있어서 과학기술의 발달로 특히 화력은 가공할 위력을 갖게 되었다. 집중된 표적은 분산된 표적에 비해 상대적으로 피해가 크게 증대된다. 이러한 점을 고려하며 신속한 분산의 필요성도 상황에 따라 고려하여야 하는 것이다. 즉 기동을 이용한 분산이 생존성과 직결되기도 하는 것이다. 이 밖에도 기동은 유연성의 확보, 방호를 통한 피해의 감소, 기도비닉 유지, 적을 기만하기 위한 신속한 분산 등의 필요성에 따라 요구되는 능력인 것이다.

4) 전투력의 절약을 통한 집중

전투력의 집중은 전투력의 절약을 필요로 한다. 즉 결정적인 지점과 시간에 전투력을 발휘하기 위해서는 타 방향에 지향하는 전투력은 제한하고 전투력이 헛되게 낭비하지 않도록 하는 것이 중요하다. 조공과 보조 방어지역 등에 전투력을 상대적으로 적게 할당하는 것은 이러한 목적에 의한 것이다. 결정적인 시간과 장소에 전투력의 상대적인 우위를 달성하기 위해서는 타 지역은 자연적으로 최소한의 전투력을 사용해야 하기 때문에 부차적인 장소에서는 전투력의 절약이 이루어져야 한다. 즉 주공은 전투력 집중을 하여야 하며 조공 등은 전투력의 절약이 이루어져야 한다. 이와 같이 전투력 집중과 절약은 상호 함수관계에 있으며, 절약의 원칙은 집중의 원칙의 필연적인 귀결이다. 그러나 적의 전투력은 이를 분산, 감소시키기 위한 노력이 필요하다.

5) 지속적인 전투기세 유지

작전이 개시되면 지속적인 전투력이 발휘되어 그 세력이 유지되어야 한다. 공자의 경우에는 공격이 개시되면 최종 목표를 확보할 때까지 공격기세를 계속적으로 유지함으로써 주도권을 획득할 수가 있다. 방자의 경우에는 지속적인 공세행동을 할 때 동적이 되어 전투력이 상승되고 그 힘이 소멸되지 않는다. 기세란 전투력이 움직이는 힘의 세력을 말한다. 손자는 그의 병법 병세(兵勢)편에서 기세에 대하여 다음과 같이 표현하고 있다.

"격수지질(激水之疾) 지어표석자(至於漂石者) 세야(勢也), 세차게 흐르는 물이 돌을 뜨게 하는 것은 그 물결이 빠르고 맹렬한 기세가 있기 때문이다." 즉 기세가 강하면 물이 돌을 뜨게 할 정도로 강해진다는 것이다. 전투력도 그 세력이 유지되면 이와 같이 맹렬한 기세가 되는 것이다. 이와 같은 전투력의 기세는 정적인 상태에서는 발생하지 않고 오직 동적인 상태에서만 발생하게 된다. 따라서 일단 작전이 개시되면 그 전투력을 최대한으로 발휘하여 적에게 계속적인 압력을 가함으로써 적의 행동의 자유를 박탈하고 최단 시간 내에 작전목적을 달성하여야 한다.

6) 전투력의 통합 발휘

적보다 우세한 전투력이라 할지라도 단지 그것이 집합시켜 놓은 것에 불과하다면 집중의 진정한 의미는 달성될 수 없다. 전투력이란, 조직화되고 적의 약점에 집중하여 통합 발휘될 때 강하게 된다. 특히 현대전은 입체적으로 전투력을 집중하여야 하므로, 육·해·공의 전투력 통합은 물론이고 각종 병과의 유기적인 협동, 주공과 조공, 화력과 기동, 화력과 장애물, 정면과 종심, 전투수행기능의 통합 등이 결정적 시기와 장소에서 이루어져야 한다. 최대의 전투력으로 발휘될 수 있도록 하는 것은 통합과 조직화를 통하여 가능하게 된다. 이를 위하여 작전시 지휘관계 설정과 전투편성은 대단히 중요한 것이며 명확한 지휘계통 확립은 빠른 대응 및 노력의 통합을 가능하게 한다.

7) 화력지원 및 작전지속지원 보장

공격부대의 전진에 위협을 주거나 방어부대의 방어력 발휘에 위협을 주는 적부대 및 화기들은 사전에 제압함으로써 전투에 투입된 부대가 심대한 손실을 받지 않도록 화력지원부대를 운용하며, 지원부대의 생존성을 보장받게 하기 위하여 진지변환을 적시적으로 실시해야 하며 화력의 지속지원이 보장되어야 한다.

또한 전투 및 전투지원부대의 전투력을 최대로 발휘할 수 있도록 작전지속지원이 보장되어야만 전투력의 기세를 유지할 수 있는 것이다.

8) 작전보안을 통한 집중효과 증대

공자는 통상 상대적으로 취약한 적의 정면에 전투력을 집중하게 되는데 이를 위해서는 적에 관한 충분한 첩보를 필요로 하게 된다. 반대로, 공자의 전투력이 집중되는 지역을 알기 위한 활동을 열심히 할 것이며 방자도 전투력을 집중하게 될 것이다. 따라서 주공 또는 주방어지역 등 모든 작전통제수단(공격지점, 시간, 방향, 규모, 장애물, 경계부대 위치, 작전지속지원 시설, 지휘통제 시설 등) 등에 관하여 작전보안 대책과 함께 적을 기만해야 한다.

9) 융통성을 보장하는 계획수립

융통성을 보장하는 계획은 다양한 우발상황에 대한 적절한 대응이 가능한 계획을 말한다. 이것은 전투상황에서 발생이 예상되는 각종 상황을 고려하여 우발계획을 수립하고 충분한 예비대를 확보하는 것 등이다. 긴급상황이 발생한 지역에 신속한 투입을 보장하는 예비대는 작전의 융통성 보장에 특히 긴요한 요소이며, 전투력을 적보다 빠르게 운용하여 집중이 가능하게 하는 것이다.

2. 기습 달성

가. 기습의 중요성

1) 기습의 개념

기습이란 적이 예상하지 못한 시간·장소 및 방법으로 불의의 일격을 가하는 것을 말한다.

일찍이 손자도 그의 병법 계편(計篇)에서 "공기불비(攻其不備) 출기불의(出其不意), 상대가 준비하지 않으면 공격하고, 상대가 예상하지 못한 곳에 나타난다."는 말로 기습은 적이 예상하지 못하게 하는 것이 기본임을 말하고 있다. 즉 기습의 기본은 적을 속이는 것임을 강조한 말이다." 따라서 기습은 적의 무방비한 상태에 가하는 일격이므로 가장 경제적이고 효율적이며, 단시간 내에 성과를 획득할 수 있는 공격행동인 것이다. 또한 기습은 적이 모르도록 하는 것도 중요하지만 적이 알았다 하더라도 효율적으로 대처하기에는 너무나 늦도록 하는 것이 더 중요하다.

기습은 적의 전투력의 균형을 와해시켜 혼란에 빠지게 함으로써 피·아 전투력의 균형을 아군에게 유리하게 전환시켜 작전의 주도권을 장악하는데 결정적인 역할을 한다. 즉 주도권 장악의 가장 유리한 기본적인 요소인 것이다. 이 때문에 대부분의 국가에서는 전쟁원칙에 기습을 공통적으로 포함하고 있으며, 이는 그 가치의 중요성을 인정하고 있음을 의미하는 것이다.

기습은 적의 무방비를 이용하여 불의의 일격을 가하는 것이므로 물리적인 전투력의 격멸뿐 아니라 심리적으로 미치는 영향이 오히려 더 크게 나타난다. 즉 심리적인 공황(恐慌)이 발생하는 것이다. 이런 상태에서는 어떠한 상황도 제대로 판단하지 못하고 대응도 불가능하게 되는 것이다. 기습을 위한 다양한 기만술을 구사하는 지휘관이 전술에서 말하는 술(術)에 능통한 사람이다. 전투수행의 능력에 따라 지휘관을 나누는 등급이 있다고 했다. 정공법(正攻法)만을 구사하는 자는 하급, 정공법과 기공법(奇攻法)을 병행하는 자는 중급이라고 했으며, 어느 상황에서나 자유자재로 기공법을 구사하는 자가 상급이라고 하였다. 기습은 이처럼 어디에도 나와 있지 않는 기상천외한 계책으로 현재의 상황을 타개하는 묘책이라고 말 할 수 있다.

2) 기습의 효과

기습의 효과는 적이 모르게 하는 것이 기본이기 때문에 일단 성공하게 되면 적 부대의 정상적인 작전수행에 심대한 차질을 야기한다. 기습은 적의 의표를 찔러 적이 준비할 수 있는 대응시간을 박탈함으로써 정신적 충격에 의한 공황 상태를 유발시킨다. 이로 인한 영향은 지휘의 곤란, 사기저하는 물론 유형전투력까지도 혼돈에 빠지게 한다. 적의 무형 및 유형전투력을 무용지물로 만들어 전투력의 상대적 우세를 달성하고 주도권을 가장 빠르게 장악하는 방법인 것이다. 주도권 장악은 아군의 의지에 따라 움직일 수 있는 유리한 상황을 조성하여 결국은 전승을 기할 수 있게 된다. 이러한 기습은 적의 유형 전투력과 무형전투력에 미치는 영향이 대단히 크게 나타난다. 사기는 급격하게 저하되며 부대의 단결력과 군기는 이완되어 무질서한 상황의 연속은 전투의지 상실로 연계되어 전장이탈 등의 상태로 나타난다. 또한 기습은 미처 대응태세가 되어 있지 않은 적 부대의 병력이나 중요시설 등에 대해 일격을 가하므로 유형의 전투력 손실에 미치는 영향도 역시 크게 나타난다. 이러한 복합적인 결과는 적의 전투력과 심리적 균형을 동시에 파괴하는 것이라 할 수 있다.

사람의 심리는 자신이 예상하고 있지 않았던 의외의 상황에 직면하게 되면 큰 충격을 받아 스스로 당황하여 마음의 균형을 잃어버리게 되며, 나아가서는 정상적인 사고가 마비되게 된다. 이 마비의 정도는 그 사람의 심리적인 대비태세에 따라서 다소의 차이는 발생한다. 즉 어느 정도라고 상상할 수 있었는가의 여부에 따라 다르게 나타나게 된다. 그러므로 기습의 효과를 극대화하기 위해서는 적이 모르게 하는 것이 중요하다고 한 것이다. 심리적인 사고가 마비된 가운데 정상적인 행동은 있을 수 없는 것이므로 마비된 적을 격멸하는 것은 어떠한 어려움도 없게 된다.

그러므로 기습의 대상은 어디까지나 적의 정신적 자세, 특히 적 지휘관의 심리상태라 할 수 있다. 즉 어떠한 적 부대 자체를 격멸하거나 전투장비 등을 파괴하는 것 등도 기습의 목적이 될 수 있겠으나 최종적인 결과로 바라는 것은 적의 심리적 대응을 마비시키는 것이다.

부대가 적으로부터 기습을 받으면 대오에 혼란이 일어나고 지휘통제 능력발휘가 불가능해지는 것은 지휘관과 구성원들이 정신적 불안과 공포 그리고 무기력한 현상이 심리에서 오기 때문이다. 전례를 통해 볼 때 기습을 당한 부대는 이러한 영향을 받아 대부분 와해되고 격멸되어 버렸다.

한국전쟁 당시 낙동강 전선에서 필사의 노력을 하며 국군을 격멸하려 했던 북한군이 어느 순간 지리멸렬했던 것은 기습적인 인천상륙작전에 따른 심리적 마비에서부터 비롯된 것이다.

기습은 적의 전투력을 격멸하기도 전에 심리적 마비를 먼저 가져오게 되는 것이다.

나. 기습의 성공요소

기습의 성공 요소는 속도, 기만, 예상치 않은 전투력의 적용, 정보 및 작전보안, 전술과 작전방법의 변화, 무기, 불리한 지형 및 기상의 이용 그리고 심리전 등이다. 동서고금의 전사에서 기습을 성공시킨 공통적인 요소를 찾아 보면 다음과 같다.

1) 속도와 민첩성

기습을 달성하기 위해서는 적이 대처할 수 없도록 신속한 속도를 요구하고 있으며, 속도는 곧 민첩성을 말한다. 속도는 물리적인 속도와 상대적으로 적보다 빠른 속도를 의미한다. 속도가 빠르면 적이 알았다 해도 반응하기에는 늦게 되는 것이다. 즉 적의 대응 능력을 박탈하게 하는 것이 속도이다. 이를 위해서는 정확한 상황판단, 빠른 결심, 적절한 대응이 보다 빠르게 이루어지는 것이 필요하다.

2) 적 기만을 위한 노력

전술기만은 적으로 하여금 아군의 병력, 배치, 능력 및 의도 등에 대해 예측을 하지 못하도록 하거나 오판을 하도록 하는 것이다. 이렇게 하여 결과적으로 적에게는 불리하고 아군에게는 유리한 여건을 조성하는 것이다.

기습을 성공시키기 위해서는 적이 모르도록 해야 하지만 적이 알았다 하더라도 대응하기에는 너무 늦도록 하는 것이 중요하다고 하였다. 적을 기만하려는 기만작전에는 "양공, 양동, 계략, 허식"의 4가지가 있으며 허식에는 모의, 가장, 연출이 있다.[29]

이상과 같은 기만 대책 중의 어느 것을 적용하든 적이 알지 못하거나, 오판하도록 하는 것이 기습작전을 성공시키기 위해서 중요한 것이다.

한국전쟁 당시 맥아더 장군은 인천상륙작전을 기만하기 위하여 영덕과 군산에

29) 양공은 적을 기만하기 위하여 실시하는 제한된 목표를 공격하는 것을 말한다. 자세한 내용은 부록 군사용어를 참조하기 바란다.

양공작전을 실시해서 인천상륙작전의 기습 성공에 기여했다.

294년 촉의 재상 제갈공명과 위의 명장 사마중달의 최후의 결전은 공명의 계략이었다. 공명이 사망했다는 정보를 확인한 중달은 철수하는 촉군을 공격했다. 그런데 공명의 군기가 나부끼고 전차 안에는 공명이 앉아 있었다. 중달은 공명의 사망설이 계략인줄 알고 공격을 멈추고 철수하였고 촉군은 철수에 성공하게 된다. 그런데 전차속의 공명은 나무로 만든 인형이었다. 그리하여 후세 사람들은 죽은 공명이 살아있는 중달을 이겼다고 말하고 있다.

제2차 세계대전 당시 연합군은 노르망디 상륙작전을 기만하기 위하여 훠티튜드(Fortitude)작전이라고 불리는 기만작전을 실시했다. 양공작전으로는 독일군이 상륙지점으로 예상하고 있던 빠뜨까레와 또한 더 멀리 노르웨이 방향에서 실시했다. 뿐만 아니라, 양동과 허식으로 독일군의 정보기관을 기만했다. 실제 주공부대가 영국의 서남쪽에 집결하는 동안 파스테 팔레이스 건너편에는 가짜 병영과 군함들을 집결시켰고, 전에 사용하지 않던 비행장에는 합판으로 만든 가짜 활공기(Glider)들로 채워지고, 해변 뗏목위에는 고무나 천막으로 만든 상륙정이 들어섰다.

그리고 가짜 상륙정 외에도 고무로 만든 탱크, 트럭, 대포 등을 운반하여 바람을 채워 여러 군데에 배치했다. 또한 양동작전을 전개하였는데, 주간에 모의 상륙정으로 부대를 행진시켜 독일군이 항공관측을 할 수 있게 한 다음 야간에는 철수하였다. 이와 같은 행동을 계속함으로써 연합군은 독일군으로 하여금 연합군의 승선지점을 오판하도록 유도한 것이다.

손자는 그의 병법서인 손자병법의 시계편(始計篇)에서 “병자궤도야(兵者詭道也), 용병을 하는 데에는 속임수나 기이한 꾀를 써야 한다.”라는 말로 기만에 대하여 말하였다.

즉 병법은 기만술이라는 말이다. 적장을 속이는 자는 손쉽게 전투를 이길 수 있을 것이며, 그렇지 못하면 적장에게 속아 패전의 지휘관이 될 것이다. 누가 적장을 속이느냐 하는 지혜는 술(術)의 능력이다.

3) 예기하지 않은 전투력의 사용

기습을 성공하는 데는 예기하지 않은 전투력을 사용하는 것이 또한 중요하다.

적이 알면서도 대응을 하지 못하는 이유는 기습부대가 예기하지 않은 전투력을 사용하기 때문이다.

한국전쟁 당시 북한군이 초기에 기습을 성공한 것은 한국이 보유하지 않았던 150대의 전차를 주축으로 한 전투력 때문이다. 그로부터 약 보름의 시간이 경과한 7월 10일에 이르러서야 미국으로부터 신형 3.5" 로케트포를 보급받을 수 있었다. 대전전투에서 미 제 24사단장인 딘 소장이 상황이 급박함에 따라 직접 사격을 하기도 하였다. 그 이후가 되어서야 대전차포로 전차를 파괴할 수 있었고, 8월에야 미군은 전차대대를 투입하여 대전차전을 전개하여 적 전차의 기동을 저지할 수 있었다. 즉 개전초기에는 전차라는 예상하지 못한 전투력 사용으로 적의 기습에 속수무책이었던 것이다.

한국전쟁 당시 국군과 유엔군은 인천상륙작전에 성공하여 거칠 것 없는 북진을 계속하였으며 유엔군 사령부에서도 이미 국경선인 압록강 부근까지 진격했기 때문에 참전의 기회를 놓친 중국군은 개입하지 않을 것으로 판단했다. 한국군 제7연대는 10월 26일 압록강변의 초산까지 진격하였다. 그 기념으로 수통에 압록강물을 담아 대통령에게 전달하기도 하면서 통일을 확신하고 있었다. 맥아더 원수도 그해의 추수감사절인 11월 23일까지는 전쟁을 끝내겠다는 목표로 총공세를 집중하고 있었다. 그러나 중국군은 10월 26일 압록강을 도하하기 시작하였고 투입된 병력은 25개군 75개 사단이라는 대군이었다. 이처럼 전혀 예상치 못한 전투력을 투입하여 유엔군을 기습하여 큰 타격을 가하게 되어 다시 서울을 잃게 되었다.

제1차 세계대전 초기의 일이다. 불란서는 독일이 공격할 것이라고 예측은 했으나, 정보판단 과정에서 독일의 예비군 동원을 고려하지 못했다. 독일군의 총 동원병력을 약 100만 명 정도로 판단했다. 그러나 독일은 슈리펜(Schlieffen) 계획을 실시하여 불란서가 예기하지 못한 예비군을 동원하여 총 200~250만의 병력을 투입함으로써 독일군이 기습을 달성할 수 있었다. 예상하지 못한 예비군에 의해 프랑스는 패배한 것이다.

4) 정보 및 작전보안

손자는 정보의 중요성에 대하여 모공편(謀攻篇)에서 "지피지기 백전불태(知彼知己 百戰不殆) 부지피지기 일승일부(不知彼而知己 一勝一負) 부지피부지기 매전필태(不知彼不知己 每戰必殆), 적과 아군의 실정을 잘 비교 검토한 후 승산이 있을 때 싸운다면 백 번을 싸워도 결코 위태롭지 않다. 적의 실정을 모른 채 아군의 실정만 알고 싸운다면 승패의 확률은 반반이다. 적의 실정은 물론 아군의 실정까지 모르고 싸운다면 싸울 때마다 반드시 패한다."는 말로 정보의 중요성을 말하였다.

정보의 첫째 임무는 적의 능력과 의도에 대한 판단이다. 공격계획이나 방어계획 등의 전투를 위한 작전계획은 적의 정보에 기초를 두고 작성된다. 그리고 아군의 작전계획은 적에게 입수되지 않도록 철저한 보안, 즉 방첩이 되어야 한다. 정보의 정확성 여부는 전투의 승패를 결정하는 중요한 요소이다. 전례에서 살펴본 예기치 못한 전투력에 속수무책이었던 그 근원은 정보의 부실이 한 몫하고 있었다. 각 국에서는 천문학적인 예산을 투자하면서 첩보위성 등을 활용하고 있으며 장차전에서는 다양한 첩보수집 장비가 대거 이용될 것이다. 그러나 정보를 알고는 있었지만 내분으로 인하여 그 해석을 달리한 결과 실패한 전례도 수없이 존재한다.

선조는 왜군이 공격할 것이라는 첩보에 따라 일본에 직접 사신을 보낸다. 복귀한 사신 둘은 각기 다른 의견을 제시하게 되며, 이러한 불확실한 정보는 준비를 전혀 하지 않게 되는 원인으로 작용하여 7년간의 전란을 겪게 되었음은 모두가 알고 있을 것이다.

이승만 대통령도 북한이 남침할 가능성이 있다는 것을 인지하고 그것을 정밀하게 분석하고는 있었지만 그에 대한 준비는 철저하지 못하였다. 국방부는 정보판단을 통하여 적정을 비교적 정확하게 파악하고 있었으며 1950년 3월에는 방어계획을 수립하였으며, 5월에는 적의 남침은 시간문제라고 경고하였다. 그러나 이런 판단과 경고에도 제대로 된 준비는 갖추지 못하였다. 그 결과 수많은 인명과 시설이 파괴되는 전쟁을 겪게 된다

세계 제1차대전 당시 프러시아군은 서부에서 슈리펜(Schlieffen)계획에 의거 불

란서를 공격하고 있었고, 동부러시아(Russia)와의 국경선에는 1개군(8군)으로 방어하고 있었다. 러시아군은 2개군(1군 및 2군)으로 1914년 8월 20일 선제공격을 실시하기로 하였다. 그러나 그에 대한 공격명령을 평문으로 하달했기 때문에 독일군은 사전에 이를 감청하고 공격에 철저히 대비하게 되었다. 그 결과 8월 30일까지 있었던 전투에서 프러시아(Prussia)군은 1/2의 병력으로 탄넨베르그(Tannenberg)에서 러시아 2군을 포위 섬멸할 수가 있었던 것이다.

세계 제2차대전 당시 1942년 6월 3일~6월 5일간에 실시된 미드웨이(Midway)해전에서는 일본군 연합함대 사령관 야마모도는 알레우씨아군도(Aleutian Islands)에 선제공격을 가하여 솔로몬(Solomon) 지역에 있는 미 해군 주력을 유인하기로 계획한다. 미 해군이 유인되면 그로 인해 방어력이 미약하게 될 중앙지대인 미드웨이(Midway)를 공격하여 미 해군을 양분하려 하였던 것이다. 그러나 이 계획은 미군이 사전에 음어 해역에 의하여 파악하였다. 역으로 이러한 계획을 알게 된 미 태평양 함대사령관이던 니미츠(Nimitz)대장은 미군 주력을 미드웨이 해상에 대기시켜 일본해군 주력을 격파함으로써 일본은 대패를 하게 된다. 결국 이 해전을 계기로 일본군은 패전의 전환점을 맞게 된다.

그 이후 1943년 4월 18일 솔로몬(Solomon)해전의 결과로 함재기를 상실하게 된 일본 기동함대는 8방면군이 있는 리바울(Rabaul)기지를 철수하게 되었다. 함재기 지원없는 해군 지상부대(육전대)를 위로차 야마모도는 참모를 대동하고 일본군 6사단이 작전하고 있던 부게인빌(Bougainville)도 남단 부인(Buin)으로 비행중 역시 이때도 미군의 암호 해독으로 인해 사전에 대기한 미군기에 의해 격추 전사했다. 그러나 진주만 기습을 앞둔 일본은 그 해 가을에 미 태평양함대가 하와이 해역에서 함대연습을 행하고 있을 때, 무전도청에 의해서 12월 8일 진주만 기습공격을 성공시켰다. 즉 연습기간 중 양쪽 함대의 기함에 타고 있는 심판관이 6시간마다 기상통보를 하고 있었으며, 그 전문은 최초의 함정위치에 경도와 위도를 삽입하도록 되어 있었다. 시간숫자에 미리 정하여진 수를 추가해서 발신하고 있는 것을 발견하여 6시간마다 각 함대의 위치를 도상에 표시할 수 있게 되었고 이것을 알게 됨으로써 연습부대의 구성과 양 함대의 행동도 쉽게 알게 되어 호출부호 등으로부터 양군의 편성 등도 추정할 수 있었다.

이러한 자료의 축적과 해석, 여기에서 새로 얻어지는 정보를 가지고 공격을 준비하여 진주만 기습작전의 성공에 기여하게 되었다. 미국과 일본 사이의 일희일비의 작전결과도 결국은 통신도청 작전이었다.

5) 전술과 작전방법의 변화

전쟁을 수행함에 있어서 지휘관은 항상 새로운 전술을 개발하지 않으면 기습을 달성할 수 없고, 기습달성이 되지 않을 때 이 전투는 승산이 없는 것이다.

중국의 삼국지에 등장하는 적벽대전은 화공법이란 새로운 전술로 유비와 손권군이 조조의 80만 대군을 격파한 전례이다. 즉 그 동안 없었던 화공을 사용한 것이다. 즉, 조조는 80만 대군을 군함에 싣고 양자강을 내려가고 있었고, 손권, 유비의 연합군도 양자강의 상류를 향해 올라가고 있었는데, 양군이 조우한 곳이 양자강 남안의 적벽이었다. 손권의 부하 항개가 항복을 위장하고 조조군의 함선을 화공으로 공격하여 성공한 내용이 적벽대전이다.

그 후, 이 화공법은 임진란 당시 명장 이여송이 왜장 고니시군을 평양성에서 공격할 때 불을 붙인 화살을 쏴서 화공법을 이용했고, 고니시는 이 전투에서 실패하고 서울로 철수했다.

세계 제2차대전 초기 1939년 9월1일 04:00 독일군은 폴란드에 대하여 전격전(Blitz Krieg)이란 전술을 사용함으로써 9월 28일까지 약 1개월만에 독일군은 전사자 1만명, 부상자 3만명이라는 적은 손실로써 60만에 달하는 폴란드군을 격파하였던 것이다.

임진왜란 3대첩 중의 한산대첩의 승리는 이순신 장군의 학익진법 이었다. 당시에는 학익진은 육상에서만 사용가능한 전술로만 인식했으나 이순신은 해상에서 과감하게 도입하여 왜군을 궤멸시킨 것이다.

또한 2차대전시 독일군이 화란(Holland)을 공격할 때에는 공수부대를 운용하는 새로운 수직 포위의 전법에 의해서 기습에 성공했다. 1940년 5월 10일 독일은 최초로 공수부대를 화란의 수도인 로테르담(Rotterdam)과 헤이그(Hague)에 투하시킴으로써 화란군은 예기하지 않은 전법에 후방이 교란되었고, 전방의 주력군이 포위되고 병참선이 차단됨으로써 개전 5일 만에 항복하고 말았던 것이다.

6) 무 기

기습은 새로운 무기를 사용함으로써 달성시킬 수 있다. 임진왜란 때에는 일본군이 조총이라는 신무기를 앞세우고 공격하자 조선군은 연속으로 패하였다. 1592년 4월 14일 부산포에 상륙하여 한양을 점령하기까지는 약 20여일 남짓밖에 걸리지 않았다. 신무기의 위력 앞에 조선의 상징인 경복궁은 5월 7일에 불타게 된다. 그러나 해전에는 이순신 장군이 거북선이란 신무기로 일본 해군에게 공포감을 갖게 해주었다.

러일전쟁 초기 일본은 1904년 8월 19일(러일전쟁은 2월 10일)러시아의 여순 요새를 내목대장의 지휘하에 1차 공격했으나, 러시아군은 「콘크리트」에 의한 강력한 요새지를 구축한 데다가 기관총이란 신무기로 일본군을 기습했기 때문에 일본군은 그들 병력의 40%에 해당하는 16,000명의 손실을 보고 실패했다. 2차는 9월 6일, 3차는 11월 26일에 공격은 계속되었고, 결국 203고지는 일본군이 탈취했지만 3차에 걸친 공방전으로 일본군의 피해는 막대하였다.

1차 대전시 영국은 독일군과 교착상태에 있었던 프랑스의 쏨므(Somme)지역에 전차라는 신무기를 출현시킴으로써 교착된 전선을 돌파하는데 성공하였다. 그리고 독일군은 1차대전시 제2차 벨기에(Belgium)의 이플(Ypres)전투에서 교착된 전선을 타개하기 위하여 독가스(Gas)를 사용함으로써 전선돌파에 성공했다.

그리고 세계 제2차대전 때에는 미군이 1945년 8월 6일 광도에 원자폭탄이라는 신무기로 일본을 기습함으로써 대전을 종결지을 수 있었다. 이와 같이 신무기의 개발은 적을 기습하는데 중요한 요소로써 작용한다.

7) 불리한 지형 및 기상의 이용

손자는 지형과 기상을 잘 알고 있으면 궁지에 몰리지 않고 승리한다. 중요한 지형지물을 잘 이용한다는 것은 전투력을 증가시킬 수 있으며, 적이 예상하지 못하는 불리한 지형과 기상을 이용한다는 것은 기습성공의 요소가 된다.

한국 전쟁 당시 맥아더 장군이 인천상륙작전을 계획하는데 있어 많은 반대가 있었다. 그 이유로는 인천은 조수간만의 차이가 9m~10.8m가 되며, 인천에 상륙하려면 9월 15일, 10월 11일, 11월 3일이라는 것을 적이 계산할 수 있고, 또 시간까지도 정확히 알 수 있다. 그리고 인천은 조수와 갯벌, 좁고 긴 수로 및 제한된 부두시설로 군수물자의 지원에 불편했고, 제한된 항구의 공간으로 인하여 함대가 정박하여 화력을 지원하기가 곤란하며, 주정과 모선까지의 거리가 48km(통상 15km)나 연장되고, 월미도가 인천항을 통제할 수 있는 요충지가 되어 있어 장애가 되며 수심이 만조시를 제외하고는 LST나 상륙주정을 사용할 수 없는 아주 불리한 지형이라는 것이었다. 그러나 맥아더 장군은 적이 예상하지 않은 불리한 지형을 이용, 인천상륙작전을 성공함으로써 기습에 성공했고, 한 순간에 전세를 역전시켜 낙동강에서의 반격을 가능하게 했으며, 수도 서울을 탈환하였다.

19세기 초 나폴레옹은 오스트리아군으로서는 전혀 예상하지도 못한 험준한 알프스 산을 넘어 공격하였다. 때문에 마렝고(Marengo)전투에서 오스트리아의 멜라스(Melas)군을 격멸하여 대승했던 것이다. 그리고 세계 2차대전 당시 프랑스군은 마지노선을 굳게 요새화하고 독일의 공격을 방어하려 했고, 세계 1차대전 때와 같은 방향으로 공격해 올 것이라고 예상하였다. 그러나 독일군은 마지노선 좌단 험준한 아르덴(Ardennes)고원을 넘어 프랑스를 공격함으로써 기습을 달성했던 것이다.

한국전쟁 초기 1950년 6월 25일 14:00 북괴는 1개 연대 규모인 제766부대를 짙은 안개를 이용해서 동해안 강릉과 정동진에 아군의 저항없이 상륙시키는데 성공했다.

세계 2차대전 당시 1944년 12월 16일부터 1945년 1월 8일간에 실시된 벌지(Bulgi)전투(독일군의 최후공격)는 강우와 짙은 안개를 이용한 공격작전이었다.

히틀러는 제공권이 상실되자 연합군의 전술적 폭격을 불가능하게 하는 악천후를 이용하여 공격할 것을 결심했고 공격의 시기를 일기예보에 따라 악천후를 선택했다. 그리하여 1944년 12월 16일 독일의 룬트슈테트 원수는 장갑 10개 사단을 포함한 24개 사단으로 강우와 짙은 안개를 이용하여 비밀리에 전방의 울창한 숲에 병력을 집결시키는데 성공하고 공격을 개시하여 연합군의 제8군단 정면 40마일 전선을 돌파하는데 성공하였다. 이로 인하여 브레드리(Bradley)장군이 지휘하던 연합군 제12집단군은 돌파구의 북쪽에 하지(Hodges)의 제1군단, 남방은 패튼(Patton)의 제3군으로 분열되었으며, 이로 인하여 연합군의 공격에 약 6주간의 지연을 가져왔다.

그러면 야음을 이용한 몇 가지 전례를 살펴보겠다.

미국 독립전쟁 당시 1776년 크리스마스날 밤 워싱턴(Washington)장군은 소수의 병력으로 야음을 이용해서 도하에 성공하고, 트렌톤(Trenton)에 있던 영국의 헤시안(Hessian)군을 기습하여 1,000명의 포로를 획득했으며, 피해로는 전사 2명, 부상 4명, 동상 2명 뿐 이었으며, 이 작전이 미국에서는 최초로 기습을 한 전례이다.

러일전쟁 당시 1904년 일본 제1군 예하 제2사단은 표고 600m의 궁장령에 강력히 구축된 러군 진지를 8월 26일, 02:00 무조명 · 무지원의 야간 공격으로 요양에 이르는 중요한 지형인 궁장령을 탈취할 수 있었고, 러군은 1,000명의 병력손실과 많은 장비를 유기한 채 철수했다.

8) 심 리 전

심리전은 기본계획을 지원하는 작전이지만 이 심리전은 때로는 대중의 마음을 움직일 수도 있다. 따라서 그 결과는 대단히 크게 나타나기도 한다

을지문덕 장군은 수나라 우중문과의 전투에서 "장군의 그 뛰어난 계략은 천문을 능히 통달하였고, 그 오묘한 전술은 지리를 가히 다하였도다. 싸움마다 크게 이겨 그 공이 세상에 알려졌으니 이제 그 만족함을 알고 돌아간들 어떠리" 라는 한 구절의 시를 우중문에게 건넸다.

우중문은 항복하는 줄 오인하고 회군 하던 중, 살수에 이르렀을 때 이를 공격섬멸시켰으나 이는 을지문덕 장군이 심리적으로 적을 기습하여 적이 스스로의 공격을 포기하게 한 것이다.

1958년 6월 체게바라는 쿠바혁명의 과정에서 수적으로 많고 장비가 우세한 정부군과 싸우지 않고 승리하기 위하여 고민하게 된다. 그리하여 마에스트라 근거지에서 혁명군 방송이라는 비밀방송을 실시했는데 그 내용은 이러했다. "정부군 여러분, 정부군의 중요 정보를 가지고 투항하면 우리는 보상을 하고 여러분이 원한다면 국제적십자를 통해 귀가시켜 드립니다." 하는 내용이었다. 이러한 방송을 계속하게 되자, 정부군은 무전기와 암호문을 휴대하고 투항이 속출하게 되었다. 이로 인하여 게바라는 정부군의 활동을 사전에 탐지하고 폭격기가 출현하면 정

부군을 폭격하도록 유도했던 것이다. 이리하여 정부군의 대부대가 마에스트라 산지에 투입 된지 2개월 만에 1,000여명의 손실을 냈고, 반란군이 국제적십자를 통해 인도한 포로만 해도 4,500명이나 되었다. 그 결과 정부군은 토벌작전을 중단하고 철수하게 되었다.

BC 203년 중국 고대 한나라 때 한신의 기발한 아이디어에 의해 실시된 피리작전도 심리전에 해당되며 사면초가(四面楚歌)라는 고사성어도 만들어지게 되었다. 초의 항우와 한의 유방은 서로가 천하를 평정하기 위해서 수차의 공방전을 계속하던 중 항우는 예하성에서 그의 10만 대군과 함께 한군에 포위되었다. 20만 한군 유방의 선봉장이었던 한신은 초나라 출신 병사 중에서 노래를 잘 부르는 수십 명을 선발해서 3일간 훈련을 시킨 다음 초나라 강동지방의 향수가를 피리로 불게 만들었다. 항우의 군사들은 피리소리를 듣게 되자 포위된 상태의 두려움과 고향에 대한 향수로 전의를 상실하고 도망자가 생기기 시작하였다. 항우는 이미 천심이 기울어져 백성 모두가 유방을 지원하는 줄 알고 스스로 결전을 포기한 다음 호위병 80명만을 대동하고 대군을 버린 채 포위망을 뚫고 도주하게 되었다. 그 과정에서 매복조에 의해 기습을 당하자 스스로 목을 잘라 자결하게 되었으며 상황이 아주 곤란할 때를 사면초가라는 말로 표현하기 시작하였다. 이것은 매복조에 의한 작전의 성공이 아닌 피리를 이용한 심리전의 기습이 성공한 전례이다. 이리하여 한신은 피리의 심리전으로 대승을 하게 되었으며 중국천하는 한 고조 유방의 것이 되었다. 이 사면초가의 심리전은 중국군이 한국전쟁 시에도 많이 사용했다.

세계 2차대전 중 영국의 수상 겸 국방상이었던 처칠(Churchill)은 무솔리니가 실각하고 국민들이 전쟁에 혐오를 느낀다는 정보를 입수하자, 미국의 루즈벨트(Roosebelt)대통령에게 제안하여 이태리에 전단 살포를 하기로 합의했다.

그 내용은 "이태리가 존속할 수 있는 유일한 희망은 연합제국의 압도적인 군사력에 겸손히 항복하는 일 이외는 없습니다. .....중략 ...... 여러분이 이태리와 무솔리니 그리고 히틀러를 위해 죽을 것이냐, 그보다는 이태리를 위해 또는 문명을 위해 살 것이냐, 이것을 결정할 때는 지금입니다."하는 전략전단을 1943년 7월 17일 이태리 전역에 살포함으로써 이태리 국민의 지지를 얻었다. 드디어 9월 3일시실시(Sicily)도의 시라쿠스(Syracuse)에서 휴전이 조인되는 결과가 되었다. 이 전례는 일종의 전략전단에 의해서 귀중한 생명과 막대한 전비를 절약하게 되었고 이태리군은 총부리를 독일군에게 돌렸으니 심리전을 이용한 최대의 기습이었다.

"부여된 작전을 수행하기 위해서 지휘관에게 가장 중요한 것은 그의 가용한 시간이다. 따라서 지휘관은 시간내에 임무를 완수하기 위해 모든 전투력을 집중해야 한다."

– 롬 멜 –

제 4 장

공격작전과 방어작전

제1절 전술의 기본개념

1. 전투수행기능

'전승의 요인은 주도권 장악과 연관이 깊다.'는 것은 고금의 전사에서 쉽게 발견할 수 있다. 이처럼 중요한 주도권을 확보하기 위해서는 전투력을 발휘하는 전투기능의 통합이 전제되어야 한다. 주도권은 통합된 강력한 전투력을 결정적인 시간과 장소에 집중할 때 확보할 수 있는 것이며 지속적인 유지도 가능한 것이다. 전투의 3요소에서 전투력은 합해질 때 더 강해진다고 한 바 있음에 유의하기 바란다.

전투력을 통합하여 운용하기 위해서는 제 전투수행기능을 통합하는 노력이 필요하며 통합된 전투력의 상태를 통합전투력이라 한다. 즉, 합해짐으로써 강력해진 전투력을 말하는 것이다. 통합할 요소인 전투수행기능이란, 작전을 수행할 부대가 전장에서 임무를 완수하기 위해서 필수적으로 갖추어야 할 상호 유기적인 관계에 있는 제반 역할 및 활동을 말하는 것이다.

지상전의 수행개념인 전(全) 전장 공세적 통합작전[30]을 구현하기 위해서는 전투수행기능의 핵심요소인 지휘통제를 중심으로 모든 전장 기능을 상호 협조 및 통합하는 것이 전제되어야 한다. 전 전장에서 통합된 전투력으로 동시성과 통합성을 발휘하여 적보다 상대적 우위를 달성하게 되면 조기에 전장의 주도권을 확보할 수 있는 것이다. 이러한 이유로 전투수행기능의 통합은 중요한 요인이 되는 것이다.

한국전쟁 초기에 유일하게 북한군의 공세를 효과적으로 방어한 제6사단의 승리 요인은 여러 가지로 분석된다. 그중에서도 제6사단은 포병의 효과적 운용이 탁월했으며 작전지속지원도 원활하게 이루어졌다. 이 뿐만 아니라 작전지역내 작전가용요소의 적극적인 활용도 돋보였다. 즉 전투수행기능의 통합을 이룬 것이 승리의 결정적 요인으로 분석된다.

30) 「전 전장 공세적 통합작전」 이란 지상군이 타군과 능동적이며 적극적으로 협조한 가운데 지상작전을 주도적으로 수행하기 위한 정신과 방향을 나타낸 지상전의 수행개념인 것이다.

전 례 : 춘천지구에서 승리한 제6사단의 전투수행기능 통합과 운용

① 포병의 효과적 운용

○ 국군 제6사단의 춘천지구 전투의 승리에서 돋보이는 것은 포병의 효과적인 운용이다. 춘천지역에 투입된 적2군단 예하 제2사단과 제12사단으로 총공세를 폈다. 그러나 제6사단은 이를 효과적으로 방어하여 북한군의 작전계획에 심대한 차질을 가져오게 하였다. 6월 27일 북한군 제2군단의 양개 사단이 총공세를 실시했을 때 북한군 제2사단의 손실은 40%에 달했고, 이 피해의 대부분은 국군의 105㎜ 곡사포에 의한 것이었다. 북한군의 포병 손실 역시 막대하여 야포 7문, SU-6 자주포 16문, 45㎜ 대전차포 12문, 박격포 수 문이 파괴되었다. 그러나 이러한 결과는 그냥 운이 좋아서 달성된 것이 아니었다. 철저하고도 피나는 훈련의 결과였으며 그 중심에는 오로지 전투만을 생각하는 유능한 지휘관이 있었다.

○ 먼저 국군 포병부대의 훈련수준을 높이기 위한 미 군사고문단의 관심이 큰 결실을 보게 되어 포병교육을 위한 교육기관이 다수 창설되었다. 훈련은 국방경비대 시절인 1948년 3월부터 미 군사고문단의 지원을 받아 제1훈련학교(중화기학교), 제2훈련학교(포병 기간요원 양성), 제3훈련학교(포술훈련)에서 실시되었다. 동년 11월 20일 서울 용산에 포병사령부와 육군포병학교, 육군 포병단 등이 창설되어 포병훈련은 더욱 강화되었다. 그 결과 국군의 포사격 실력은 대단히 향상되어 포병 사격훈련장은 주요인사는 물론이고 학생들의 견학장소가 될 정도였다. 전쟁발발 1년 전인 1949년 4월에 육군 포병단은 이미 능력을 인정받아 국군 중에 최초로 최우수부대 표창을 받은바 있다. 전쟁발발 1년 전인 1949년 말부터 격화된 38도선 경계선상의 남북간 충돌에서 북한군보다 월등한 포사격으로 그 능력을 발휘하기도 하였다. 당시 북한군의 포병은 76.2㎜ 곡사포, 120㎜ 박격포, 122㎜ 곡사포 등 우수한 무기였으나 사격술은 국군을 앞서지 못했다.

○ 여기에 제6사단 포병대대장의 소신에 찬 훈련과 전쟁을 예견하고 통합된 화력을 계획한 결과가 뒤따랐다.

○ 제16야전포병대대(대대장 김성 소령)는 평상시 대대 장병들로부터 너무 가혹하다는 평을 들을 정도로 주·야간 훈련을 강행하여 사격술을 연마시

켰다. 심지어는 대대 군의관까지도 포사격을 할 수 있을 정도로 전 요원이 사격술에 대해서는 타의 추종을 불허하였다. 또한 적이 남침시 전투력이 지향될 주요 접근로에 화력을 계획하여 사전에 준비하였다. 개전 초기 적의 주공이 춘천축선으로 지향될 것이라는 판단을 하여 이 지역에 대한 화력계획을 사전에 준비하였다. 또한 보병의 박격포 사격과 포병이 협조된 화력을 제공할 수 있도록 조치하였다. 즉 전투수행기능이 통합되게 계획한 것이다.

② 작전지속지원 보장

○ 第16야전포병대대가 화력지원 임무를 성공적으로 수행한 것은 무엇보다도 탄약의 확보가 가능했기 때문이다. 당시 포병대대의 탄약고는 소양강 북방에 위치하고 있었다. 6월 25일 북한군의 공격기세를 고려했을 때, 적이 곧 춘천정면에 도달할 것으로 판단한 대대 군수장교(김운한 중위)는 정기백, 최갑석 일등상사와 함께 탄약을 소양강 남쪽으로 옮겼다. 이 과정에서 포탄을 옮기는데 병력 부족으로 어려움을 겪는 것을 본 춘천 사범학교 학도호국단과 인근주민들이 자발적인 협조를 하여 무려 50,000여발의 각종 포탄과 기관총 및 소총 탄약을 소양강 이남으로 무사히 옮길 수 있었다. 이외에도 탄약운반이 끝난 뒤 최갑석 일등상사는 춘성군 곡물창고에 보관되어 있던 양곡을 강원도지사의 승인을 받아 소양강 남쪽으로 옮김으로써 군량미까지 확보할 수 있었다.

○ 이와는 대조적으로 서부전선의 경우에는 황급한 철수작전 때문에 군이 보유하고 있던 각종 탄약의 80%를 사용도 하지 못하고 방치함으로써 극심한 탄약 부족 현상을 일으켰다. 탄약과 물자의 재보급이 어려웠던 이 시기에 서부전선에서는 이를 방치 또는 유기함으로써 더욱 극심한 부족현상을 초래하였다.

○ 반면, 제6사단 제7연대장이 개전초기에 내린 조치는 작전지역 내의 민간차량을 징발하여 기동력을 확보하고, 연대의 창고에 보관중인 각종 화기를 지급하며, 군량미를 확보하고, 탄약을 안전지대로 이전시키는 등 정확한 상황판단으로 사전에 확보대책을 강구하였다. 이로써 초기의 어려운

상황에서도 탄약과 식량의 제한을 받지 않고 적을 효과적으로 저지할 수 있는 계기를 마련할 수 있었다.

③ 작전 가용요소의 적극 활용

○ 제6사단장 김종오 대령은 부임 초부터 춘천시민들에게 적의 침공이 있다면 여하한 경우에도 춘천을 사수하겠다는 결연한 의지를 표명하였다. 이로써 제7연대의 경우는 춘천시민과 학도호국단의 도움으로 중요지형에 견고한 반영구 진지를 구축하여 적극적인 방어대책을 강구할 수 있었다.

○ 6월 26일 장재동을 거쳐 내평리로 진입한 북한군은 내평지서를 포위하였으나 지서장(노종해 경위) 이하 12명의 경찰관, 춘성군 북상면 대한청년단 단장 김봉림 등은 완강히 저항하면서 약 1시간 동안 적과 치열한 교전을 벌였다. 이 전투에서 지서장 노종해 경위와 9명의 경찰관, 대한청년단장 김봉림 이하 3명의 청년단원이 전사하였다. 그러나 내평리 전투로 인해 적의 진출은 한 시간 이상 지연되었고, 이에 따라 김종수 소령의 제2대대는 원진나루 남쪽에 주저항선을 확보하는데 시간적 여유를 얻게 됨으로써 춘천방어에 크게 기여하였다.

○ 춘천벌에서 격전이 벌어지고 있는 상황에서 제16야전포병대대가 탄약을 소양강 남안으로 운반할 때, 제사(製絲)공장 여직원들과 학도호국단이 적의 포탄이 떨어지는 가운데서도 소양강 북쪽의 탄약을 남안으로 운반해 줌으로써 포병의 효과적인 화력지원은 물론 장병들의 사기앙양에도 크게 기여하였다.

○ 6월 27일 육군본부와의 유선통화로 전반적인 상황을 파악한 제6사단장은 사단주력을 홍천 이남으로 철수시키는 과정에서 춘천시민과 행정기관의 피난을 위해 최소한 24시간의 여유는 가져야 한다고 판단하였다. 따라서 제2연대와 제7연대로 하여금 현 방어진지를 고수토록 하고 제19연대를 홍천으로 이동시켜 전방연대의 철수를 엄호할 수 있도록 조치하였다.

④ 결과/교훈

○ 제6사단은 적의 공격을 춘천에서 3일간 저지시킴으로써 적의 작전계획에

막대한 지장을 초래하게 하였으며, 결과적으로는 한강방어선을 구축할 수 있는 시간을 확보하는데 크게 기여하였다.

○ 민간요소까지 가세시킨 전투수행기능의 통합은 전투력의 상승효과를 가져왔다. 그 결과 강력한 화력과 춘천을 수호하겠다는 전 장병과 주민의 정신력은 적의 공세를 무력화시킬 수 있었다.

가. 전투수행기능의 변천[31)]

여기에서는 통합할 요소인 전투수행기능에 대하여 그 역사의 변천과 기능별 역할, 활동을 알아보기로 한다. 전투수행기능은 시기에 따라 변화가 있어 왔으며 현재 대한민국 육군에서는 전투수행기능을 7개 기능으로 분류하고 있다. 전투수행기능이란 전투 공간(Battle space)과 군 기능(Military Function)의 합성어를 이르는 것이다.

전투공간은 작전, 전투, 교전이 전개되고 있는 공간이거나 이와 직 · 간접적으로 관련되어 영향을 받을 것으로 예상되는 공간으로서 지상, 해상, 공중, 사이버, 우주공간, 인간, 전자기적 요소를 모두 망라한다. 군 기능이란 상호의존 관계에 있는 군 조직체의 각 구성부분이 임무를 달성하기 위해 전장에서 수행하고 있는 제반 역할 및 활동을 의미한다.

전투수행기능은 영속적인 것이 아니라 각국 군대 나름의 기준에 의하여 다양하게 분류하고 있다. 전장 환경의 변화, 과학기술 발달에 따른 무기체계의 변화, 그리고 용병술의 개념 변화 등 전장 환경의 제반 변화 요인에 따라 가변적으로 적용될 수 있는 것이다. 변천의 역사는 주변 환경의 변화가 다양했음을 의미하고 있는데, 그 변천 내용은 다음과 같다.

육군의 경우에도 한반도의 전략 환경 변화와 지상작전 수행개념 등의 변화에 따라, 1994년 이전에는 병과개념 위주로 분류하였다. '지휘통제 및 통신, 정보 및 전자전, 기동, 화력, 이동성 · 생존성, 항공, 방공, 공병, 특수전, 작전지속지원' 등의 10대 전투수행기능으로 분류하여 적용했으나, 1995년에는 병과개념을 과감하

31) 지상전 세부 개념서, 육군본부, p9.

게 탈피하고 동일 및 유사개념을 최대한 통합하여 '지휘통제 및 통신, 정보 및 전자전, 기동, 화력, 방공, 이동성 및 생존성, 작전지속지원' 등의 7대 전투수행기능으로 분류하였다. 1998년에는 육군비전 2010에서 '공세적 동시통합전투'를 육군의 지상작전 수행개념으로 선정함에 따라 '정보, 지휘통제 및 통신, 화력, 기동, 방호, 지원' 등의 6대 전투수행기능으로 다시 분류하였다.

그 이후 2004년에는 미래 지상작전 및 전투발전에서 다(多)점 다(多)정면 동시 공세적 기동전을 미래 지상작전 수행개념으로 선정함에 따라 지휘통제, 정보, 화력, 기동, 방호, 작전지속지원, 사이버전 등의 7대 전투수행기능으로 재분류하였다.

2007년에 발간된 지상전 개념서에서의 기능개념은 기본개념을 기초로 한 전투수행기능별 운용개념으로서, 미래 전투수행기능을 종전의 개념서(2004년 미래 지상작전 및 전투발전)와 연계하여 정보, 지휘통제, 화력, 기동, 방호, 작전지속지원, 네트워크 환경의 7대 기능으로 분류하여 제시하였다.

여기에서는 기존의 '사이버전'을 '네트워크 환경'으로 대체하였다는 것이다. 육군은 나날이 증가하는 미래 사이버 공간의 역할과 비중을 고려하고, 나아가 지상전의 기본개념인 '네트워크 기반 동시 통합전'을 구현하기 위해서는 그 기반이 되는 네트워크에 대한 구성, 관리뿐만 아니라 네트워크 안에서의 모든 활동을 포함하는 새로운 개념의 기능이 요구된다는 판단하에 기존의 '사이버전' 기능을 '네트워크 환경'으로 대체하여 그 의미와 영역을 확장한 것이다.

나. 전투수행기능별 분류

1) 정 보

적 및 작전지역에 관한 첩보 및 정보를 수집, 분석, 해석하여 실시간에 적절한 형태로 필요한 부서에 제공하는 기능이다. 정보란 적 및 대상국의 작전지역 및 기상, 군사계획, 군사활동 등에 관련된 가용한 첩보를 수집, 종합 평가 및 해석하여 얻어진 지식 등에 관련된 활동을 말한다.

미래전에서 정보는 각종 전장감시 수단을 통합적으로 운용하여 전천후로 전 전장지역을 정찰 및 감시하거나 표적을 획득하고, 정보융합체계를 통하여 그러한 첩보사항들을 효과적으로 종합하여 정보화하고, 정보유통체계를 통하여 그 내용을 실시간에 필요한 부대에 제공할 수 있어야 한다. 정보기능에서는 '정보우위'를 달성하기 위한 적의 정보 및 정보체계를 이용하거나 거부하면서 아군의 정보 및 정보체계를 보장하는 핵심적인 역할을 수행하지만 네트워크 공간에서의 활동과 역할은 제외한다.

2) 지휘통제

부대활동에 대한 결심을 수립하여 지시를 하고, 임무수행 상태를 지도 및 조정하며, 제작전요소를 유기적으로 통합하는 중추기능이다. 지휘통제란 부여된 임무를 달성하기 위하여 전술작전을 지휘하고 제 전투수행기능 운용을 통제하며, 제 전투요소간의 상황을 유지 및 통제하는 활동을 말한다.

미래전에서 지휘통제는 실시간에 정확하게 전장상황을 파악 및 이해하고, 이를 바탕으로 신속한 상황판단과 결심을 하며, 언제 어디에 있더라도 예하 부대를 통제할 수 있고, 변화된 상황에 효과적으로 대처할 수 있어야 한다. '네트워크 환경' 가능을 추가함에 따라 여기에서는 지휘와 통제를 적용하고, 통신의 수단적인 요소를 반영하되 네트워크와 관련된 분야는 제외한다.

3) 화 력

적의 전투력을 파괴, 무력화, 제압하여 중심을 마비시키고 전투능력을 파괴하는 기능이다. 화력이란 한 진지, 단위부대, 무기체계인 항공기, 함선 또는 특정 화기로부터 발사되는 사격량이나 사격능력으로서 성공적 기동을 위하여 강력한 파괴력을 제공하는 전투력의 필수적인 요소이다.

미래전에서 화력은 실시간에 표적을 획득한 상태에서 제반 화력 수단들을 통합적으로 운용할 수 있어야 하고, 원거리에서 적의 전략적 작전적 중심을 타격하며, 특히 효과중심의 화력운용을 강화하면서 타격결과에 대한 정확한 평가와 실시간 환류를 통하여 요망효과를 달성할 수 있어야 한다.

4) 기 동

결정적인 속도와 압도적인 작전템포로 적에 비해 상대적으로 유리한 위치에 전투력을 이동시키거나 배치시켜 전투력을 집중할 수 있는 여건을 조성하고 결정적인 작전을 수행하는 기능이다. 기동은 전투의 동적인 요소로서 기습, 심리적 충격, 진지배치 및 기세의 이점을 획득하고 사용하기 위하여 결정적인 지점으로 부대를 집중시키는 수단이다. 미래전에서 기동은 적의 중심(Center of Gravity)을 공격하는 입체고속기동을 지향하고, 적 위협하에서도 고도의 기동속도를 보장할 수 있어야 하며, 부대간 기동력의 균형을 유지하고, 적의 기동력을 저하시킴으로써 상대적으로 우세한 기동성을 확보해야 한다.

5) 방 호

인원, 무기 및 장비, 정보체계, 주요시설에 대한 피해를 최소화하고 가용 전투력을 보존하여 작전능력을 계속 유지하도록 하는 기능이다. 방호는 적의 유도탄 및 항공기를 파괴, 구축, 공중우세 달성 또는 무력화시키거나 공격효과를 감소시켜 아군의 전투력 보존과 행동의 자유를 보장하기 위해 지상군 작전을 신속하고 지속적으로 수행하는 활동이다.

앞으로 방호기능은 단순한 은폐와 엄폐에서 벗어나 더욱 다양한 방어적 방책을 발전시켜야 하고 적극적인 공세적 방책을 통하여 생존성 보장은 물론 적의 생존을 위협하는 개념과 각종 장비 및 시설의 피해를 과학적으로 방지하는 개념으로 발전되어야 한다. 또한, 미래전에서 방호기능은 고도로 정밀화하고 치명성이 증대된 적의 무기로부터 우군의 인원, 무기·장비, 주요시설, 정보체계 등을 효과적으로 보호하고, 특히 화생방 공격에 대한 보호를 강화하면서 각개 장병들의 생존성 강화를 위한 대책을 발전시켜야 한다. 나아가 적부대의 격멸과 마비를 통하여 방호를 달성하는 공세적인 개념을 발전시켜 나가야 한다. 여기에서는 적의 컴퓨터 네트워크(사이버전) 공격으로부터 아군의 네트워크 체계를 보호하는 분야는 제외한다.

6) 작전지속지원

부대의 임무수행에 필요한 지원과 제반근무를 제공함으로써 지속적인 전투수행을 보장하는 기능이다. 작전지속지원은 전투, 전투지원 및 작전지속지원 부대에 대하여 임무 수행에 필요한 지원 및 근무를 제공하는 제반 활동을 말한다. 앞으로는 전장이 확대되고 다양한 전투요소가 투입되므로 첨단 정보기술을 활용하여 제반 지원요소를 기동 및 화력 기능과 연계하여 체계적으로 종합하고 통제한 체제를 구축하여야 한다. 따라서 미래전에서 작전지속지원은 전자소요를 사전에 예측하여 대비할 수 있어야 하고, 민군자산을 통합적으로 운용할 수 있어야 하며, 근접 및 현장 지원을 보장할 수 있어야 한다.

7) 네트워크 환경

네트워크 환경은 사회의 발전추세에 따라 새로이 부각되고 있고 앞으로 점점 그 비중과 역할이 증대될 것으로 예상되는 분야로써, 사이버 공간과 그 능력을 전투 및 작전에 적극적으로 활용하는 데 관한 기능이다. 미래전에서 네트워크 환경은 사이버 공간에서의 네트워크를 통하여 전투효율성을 극대화하고, 적극적인 활동으로 정보우위에서 기여해야 하며, 적의 컴퓨터 네트워크(사이버전) 공격으로부터 아군의 네트워크체계를 보호하고, 나아가 인공지능을 비롯한 잠재적인 사이버 기술을 적극적으로 발전 및 활용할 수 있어야 한다.

2. 전술적 고려요소

지휘관은 부여받은 작전목적을 달성하기 위하여 계획을 면밀하게 수립하고 준비하여야 하며 전투 실시간에는 적시적인 지휘조치로 호기를 포착해야 한다. 전투현장은 작전수행을 위한 전투행위가 이루어지는 공간으로, 이 공간에서 다양한 상황이 전개되며 전투행위를 하는 전투원은 이러한 다양한 상황에서 오는 정신적 및 육체적인 피로와 고통을 받게 된다. 특히 지휘관(자)는 불확실한 다양한 상황에 직면해서도 동요하지 않고 냉철하게 상황을 판단하여야 하며 결심하고 대응하는 전투지휘를 하여야 한다.

이러한 전장의 특수한 환경에서 올바른 판단과 조치를 할 수 있는 기준이 필요하게 되는데 이것을 전술적 고려요소 또는 상황평가 요소라고도 하는데 여기에서는 전술적 고려요소로 정리하기로 한다.

전술적 고려요소(METT+TC)는 전술제대 지휘관 및 참모가 작전을 수행하는 과정에서 판단의 기준을 제공하는 필수요소로서 임무, 적, 지형 및 기상, 가용부대, 가용시간, 민간요소를 의미한다. 여기에서 작전을 수행하는 과정이라는 것은 전투가 실시되는 현장만을 의미하는 것이 아니라 계획과 준비과정까지도 모두 포함되는 것이다. 다시 말하면, 전술적 고려요소는 전투현장은 물론이고 전술적인 상황이 이루어지고 있는 모든 현장에서 적용가능하다는 것이다.

전장에서 이루어지는 전투는 앞에서 언급한 전투의 3요소가 상호작용을 함으로써 이루어지게 된다. 즉, 전투는 쌍방의 전투력이 일정한 공간과 시간에서 충돌하는 현상을 말하는 것이며, 이때의 충돌과정에서는 다양한 상황이 발생하게 된다.

전술적 고려요소(METT+TC)는 전투에서 발생하는 다양한 상황을 분석하고 판단하여 결심 및 대응하는데 필요한 합리성과 논리성을 제공하며 급박한 시간이 주는 한계와 혼란의 불확실성을 최소화 시킬 수 있다. 따라서 전투를 수행하는 모든 제대의 지휘관 및 참모는 전투현장에서 발생하는 다양하고 유동적이며 전혀 예측하지 못한 상황의 발생에서 오는 불확실성, 혼란 그리고, 위험과 피로의 영역을 극복하고 효율적인 대응책을 제시하기 위해서는 전술적 고려요소를 상황에 부합되게 적용할 수 있어야 한다.

전투를 수행하는 모든 제대의 지휘관 및 참모는 작전을 계획하고 준비하는 과정에서부터 수행하는 전 과정에 걸쳐 항상 이 여섯 가지의 요소를 고려하여 부단하게 상황을 평가하고 결심 및 대응함으로써 복잡하고 유동적인 전장상황에서 합리적이고 능동적으로 극복해야 한다.

가. 임무(Mission)

작전명령은 상급부대로부터 부여받는 것이 통상적인 경우인데, 명령을 수령하게 되면 전술제대가 작전을 실시하는 이유와 배경이 되는 작전목적을 도출 및 식별하는 것이 중요하다. 지휘관은 상급부대로부터 작전명령을 수령하게 되면 먼저 해당부대의 과업을 확인하고 상급지휘관 의도를 파악해야 한다. 상급지휘관의 의도와 해당부대의 과업을 분석하는 과정에서 작전목적을 도출하게 되며 이를 기초로 해당부대가 수행할 임무를 정립하게 되는 것이다.

따라서 임무는 전술적 고려요소 중 가장 먼저 도출해야 할 핵심적인 요소이다.

임무를 중심으로 하여 다른 요소들은 임무를 수행하는데 어떠한 영향을 미치는지에 중점을 두고 분석 및 평가하는 것이다. 모든 부대의 임무는 단독으로 존재할 수 없으며 반드시 상급부대의 작전목적과 최종상태를 달성하는데 부합되어야 한다. 이렇게 함으로써 상하제대가 일치된 작전을 수행하는 것이 되는 것이다.

작전명령에서 상급부대의 작전목적과 최종상태를 확인하기 위해서는 명시되어 있는 상급지휘관의 의도를 면밀히 분석해야 한다. 따라서 모든 제대의 지휘관은 상급지휘관의 의도를 기초로 하여 상급지휘관이 자신에게 요구하는 역할이 무엇인가를 명확하게 이해하여야 해당 부대가 수행할 임무를 도출할 수 있는 것이다.

그러나 전투의 현장은 시시각각으로 변화한다. 이러한 현상은 계획을 수립중인 과정에서도 새로운 정보가 생성되기도 하고 바로 직전까지 확인된 상황이 소멸되기도 하는 것이 전장상황이다. 이렇게 전장상황이 급격하게 변화할 경우에는 이에 따라서 상급지휘관의 의도가 변경되기도 하고 추가되기도 한다. 해당부대에게 부여된 과업도 변경되거나 전혀 새로운 과업을 부여받을 수도 있다.

따라서 모든 제대의 지휘관 및 참모는 작전수행과정에서 항상 상급지휘관의 의도와 과업의 변경 여부를 지속적으로 확인해야 하는 것이다. 이러한 과정에서 변경된 부분, 추가된 부분과 제외된 부분이 있다면 이에 따라 해당부대가 수행해야할 임무를 재정립하는 유연성이 요구된다.

나. 적(Enemy)

전투의 3요소 중의 하나로 전투력을 말하는데, 전투력은 적을 지향하게 되는 힘을 말한다. 전투력의 정확한 투사를 위해서는 대응하는 적에 대한 실체를 명확하게 확인하는 것이 필요하다. 적은 전장에서 전투를 수행해야 할 상대를 의미하는 것이며, 각급제대는 부여된 작전지역에서 대치하고 있는 적의 능력과 예상되는 적의 행동을 정확하게 분석 및 판단할 수 있어야 한다.

따라서 각급제대는 상대할 적에 대한 적 구성 및 배치, 규모 및 능력, 그리고 최근의 현저한 활동을 분석하고, 이를 기초로 적 지휘관의 의도와 예상되는 적의 행동을 분석하여 적의 채택 가능한 방책을 예상하고 최종적으로는 적에 대한 강점과 약점을 도출하여 이러한 사항이 임무수행에 어떠한 영향을 미치는지를 분석하여 임무완수를 위하여 대응책을 수립하는데 활용할 수 있어야 한다.

전투는 지휘관과 지휘관의 치열한 두뇌 싸움으로 볼 수 있다. 따라서 적의 지휘관 역시 자신의 의지를 강요하기 위한 다양한 전술적인 요소를 활용한 작전활동과 적을 기만하기 위하여 활발한 활동을 전개할 것이다. 따라서 지휘관은 적의 활동을 관찰할 때에는 단순히 그 하나의 현상으로만 보는 것이 아니라 적 지휘관이 최종적으로 원하는 바가 무엇인가를 파악하기 위한 노력을 경주해야 한다는 것이다. 즉, 적 지휘관의 의도가 무엇인가를 파악하는 것이 중요하다는 것으로 이러한 능력이 전투에서 미리 알고 대비하는 능력이 되는 것이다.

특히 부대의 규모가 큰 상급지휘관일수록 단순한 적의 배치, 구성, 능력보다도 적 지휘관의 입장에서 채택 가능한 방책과 그가 달성하고자 하는 최종목적과 의도를 명확하게 분석하는 것이 중요하다. 적에 대한 명확한 분석은 가장 효율적인 전투가 가능하게 하여 최소의 피해로 목표를 달성하는 기초가 된다. 즉 적의 강점은 회피하여 강점이 무력화되게 하여야 하며, 약점을 찾아서 타격함으로써 성과가 극대화 할 수 있는 대응책을 강구해야 하는 것이다.

다. 지형 및 기상(Terrain and Weather)

지형과 기상은 아군에게 유리하도록 인위적으로 변경하거나 제거하기는 곤란하지만 유리한 이점으로는 활용할 수 있는 측면이 있는 요소이다. 작전지역의 지형 및 기상은 전투력을 운용하는데 양면성을 제공하는 측면이 있는데 유리하게 이용하면 전투력의 상승효과가 나타나지만 잘못 활용하면 오히려 마찰력을 일으켜서 전투력의 저하요인이 되기도 한다.

지형 및 기상 분석의 핵심은 지형 및 기상이 작전에 미치는 영향을 식별하는 것인데 이것은 통상 지형평가 5개 요소를 활용하여 유리점과 불리점을 분석하게 된다. 지형은 통상 관측과 사계, 은폐 및 엄폐, 장애물, 중요 지형지물, 접근로를 기준으로 평가하며 부대의 임무·규모·성격에 따라 5개의 요소 중에서 중요도는 다르게 볼 수밖에 없다. 이에 따라 분석 관점을 제대별로 다양하게 적용하여야 한다. 예를 든다면, 기계화부대가 작전시에는 기동할 수 있는 접근로의 규모가 다른 요소에 비해 비중이 크게 평가될 수 있다는 것이다.

기상평가는 통상 정보, 기동, 화력, 방호, 작전지속지원, 지휘통제 등 전투수행기능에 미치는 영향을 기준으로 평가하게 된다. 이렇게 하여 분석된 내용을 가지고 작전실시간 아군이 효과적으로 이용 또는 대비함으로써 전투력 운용방법을 강구할 수 있는 것이다. 예를 든다면, 연막을 운용할 상황에 대비한다면 풍향의 조건이 대단히 중요하게 평가되어야 할 것이며 조건이 부합되지 않게 되면 작전을 변경하거나 취소 등의 결심이 필요하게 되는 것이다.

지형과 기상은 작전의 형태에 따라 동일한 조건일지라도 다르게 평가될 수도 있게 된다. 개활지는 공자에게는 불리점이지만 방자에게는 유리한 지형이 되기도 한다. 따라서 지휘관 및 참모는 자신의 입장에서만 지형 및 기상을 분석해서는 안 되는 이유가 이것인 것이다. 즉 지형 및 기상이 피아에 미치는 영향을 동시에 분석해야 한다. 이렇게 분석한 결과를 기초로 적에게 유리한 요인에 대해서는 사전에 대응책을 강구하고 아군에게 불리한 조건에 대해서는 극복하기 위한 방법과 적이 확대하지 못하게 하는 등의 대응책을 제시하여야 한다.

라. 가용부대(Troops and Support available)

가용부대라는 것은 유형적으로 동원 가능한 모든 작전요소를 포함하는 개념이다. 작전하는 제대가 부여된 임무를 달성하기 위해 직접 운용하거나 상급부대를 통하여 지원받을 수 있는 편제상의 부대와 배속 및 지원, 작전통제, 전술통제부대 등의 모든 전투력을 포함한다. 또한 작전유형에 따라 경찰, 예비군, 민방위대, 행정관서, 주민 등 모든 국가방위요소가 포함될 수도 있다.

지휘관 및 참모는 전투를 계획하고, 준비 및 실시함에 있어 주어진 가용부대의 능력을 평가하여 가능한 능력 범위 내에서 과업을 수행한다. 능력이 초과되는 과업을 부여 받은 경우에는 상급부대의 지원 가능한 추가적인 부대소요를 산출하여 건의 할 수 있어야 한다.

가용부대는 부대의 위치와 전투력만을 판단할 것이 아니라 부대의 특성, 전투준비태세, 작전반응속도, 강점과 제한사항 등을 종합적으로 고려하여 판단해야 한다. 지휘관과 참모는 최소한 2단계 하급제대에 관한 정보를 유지해야 효율적인 작전수행이 가능하다. 가용부대에 대한 판단은 과업의 할당, 과업을 수행하는데 적합한 전투편성, 그리고 필요한 자원에 대한 지원으로 연계되어야 한다.

가용부대의 수적 우세가 항상 승리를 보장하는 것은 아니다. 전술제대 지휘관 및 참모는 상대하는 적보다 열세한 전투력을 보유하고 있더라도 결정적 시간과 장소에서 적보다 상대적 우세를 달성할 수 있도록 가용부대를 운용할 수 있어야 한다.

마. 가용시간(Time available)

가용시간은 상황을 인지한 순간부터 이에 대응하기 위한 행동이 개시되기 직전까지 경과되는 시간 또는 피아의 작전속도를 고려한 상대적인 시간을 의미한다. 작전수행과정에서 가용시간의 효율적인 사용은 작전의 템포를 증진시키는데 결정적인 역할을 한다.

계획수립간 가용시간이 충분하다면 주도면밀하게 계획을 수립하고 세부적은 준비가 가능하지만 가용시간이 부족하다면 계획수립과 작전준비 과정에서 구체적인 협조와 통합이 제한될 수밖에 없다.

가용시간의 정도와 관계없이 상급지휘관은 자신의 가용시간 중 약 2/3이상을 예하부대에게 할당함으로써 예하부대의 작전준비 및 실시를 보장해야 한다. 시간이 부족한 경우에는 축약된 계획수립 과정을 적용하거나 상·하제대의 동시 계획수립, 적시적인 준비명령 활용 등의 대책을 강구하여야 한다.

작전실시간 대응방책 수립을 위한 가용시간 판단은 더욱 중요하다. 왜냐하면 시시각각으로 변화하는 전장상황 속에서 상황판단과 결심에 소요되는 시간이 지체되어 대응시기를 상실하게 된다면 적의 위협이 확대되거나 호기를 놓치는 결과를 초래하여 적에게 주도권을 박탈당할 수 있기 때문이다.

작전실시간 대응방책은 피아가 현 상황에 대응할 수 있는 작전속도를 고려하여 아군이 상대적인 시간의 우세를 달성할 수 있어야 한다. 예를 들어 현 상황을 타개하기 위해 역습을 시행하고자 하는 경우 역습 결심시기로부터 아 공세행동부대가 적 증원부대보다 돌파구에 투입되는 시간이 빨라야 하며, 보다 확실하게 증원부대를 지연 또는 차단할 수 있는 추가적인 조치가 필요한 것이다.

바. 민간요소 (Civil considerations)

민간요소는 작전지역 내 주민, 정부기관 및 비정부 기구, 언론 등 민관기관의 협조 및 상호지원 등에 관련된 요소이다. 이는 비군사적인 요소이지만 현대전에서 군사작전에 미치는 영향은 지대하기 때문에 민간요소는 효과적으로 통제 및 협조, 관리되어야 한다.

현대전은 자국민의 생명과 재산에 대한 보호, 인간 기본권에 대한 보장과 더불어 상대하는 적국의 주민에게도 국제법과 협약 등에 따라 그 권리가 확산되고 보장될 수 있도록 요구받고 있다. 이를 준수하지 않을 경우, 전쟁에 대한 혐오와 인간경시에 대한 부정적 여론이 언론매체를 통해 자국민과 세계 각국에 전파되어 전투원의 전투의지는 물론 전투의 승패에도 직접적인 영향을 미칠 수 있다.

모든 제대의 지휘관 및 참모는 민간요소를 중요한 고려사항으로써 작전에 미치는 영향을 분석하여 민간인의 인권과 각종 권리를 보장하는 동시에 군사작전에 미치는 영향을 최소화하는 차원에서 작전을 계획하고 준비 및 실시하여야 한다.

이를 위해 지휘관 및 참모는 작전지역 내 정부기관 등 각종기관과의 협조 및 상호지원 뿐만 아니라 민간인 보호요소에 대한 국제조약 등에 대해 이해하고 작전을 수행하여야 한다. 작전지역 내 민간인 소개, 피난민의 철수로 판단과 유도, 적과 민간인의 분리, 유언비어 통제 및 해명, 작전의 정당성 홍보, 선무 및 심리전 활동 등을 효과적으로 실시하여 작전방해 요인을 최소화하여야 한다.

그러나 전투현장에서 비무장 민간인이라 할지라도 전투에 직·간접 영향을 미치는 적성 국민일 경우에는 그 권리를 보장할 수 없으며 적절한 통제대책을 강구해야 한다. 또한 언론매체의 보도가 전투원에 미치는 영향과 국민여론에 미치는 영향을 고려하여 공보기구를 통하여 긴밀한 협조체제를 유지하고 무분별한 보도 및 취재내용을 통제해야 한다.

"피를 흘릴 각오가 없이 승리를 얻고자 하는 자는, 피를 흘릴 각오를 하는 자에 의해서 반드시 정복되고 말 것이다."

– 클라우제비츠 –

"적이 강할 때는 그 예봉을 잠깐 피했다가 재기를 노려야 한다."

– 강감찬 –

3. 작전수행과정

공격과 방어작전의 작전수행 과정은 **계획수립, 작전준비, 작전실시 및 평가**의 연속적이고 반복적으로 이루어지는 과정이다. 목적은 작전에서 부여된 임무를 달성하기 위한 것이다. 특히 계획수립은 모든 절차의 적용보다는 시간에 중점을 두고 실시해야 한다. 작전준비는 참가하는 전 인원의 협조가 중요하다. 작전실시는 **상황판단 → 결심 → 대응**의 과정이 반복적으로 이루어진다.

가. 개 념

작전수행 과정은 임무를 달성하기 위하여 **계획수립, 작전준비, 작전실시와 평가**가 연속적이고 반복적으로 이루어지는 과정을 말한다. 그러나 전장은 불확실한 상황의 연속이므로 그 상황의 전개는 전혀 예측하지 못한 방향으로 흘러가기도 한다. 따라서 작전수행과정은 계획, 준비, 실시라는 고정된 절차로 진행될 수는 없게 된다. 여러 개의 활동들이 순차적 또는 동시적으로 진행되기도 하는 것이다. 그러므로 작전수행 과정은 임무 달성에 적용할 중요한 과정이지만 그 각각의 과정이 목적은 아닌 것이다. 즉 '**과정을 충실히 적용하는 것이 목적이 아니라, 여하한 경우라도 임무달성이 목적이다.**'라는 것이다. 그러므로 작전수행 과정을 충실하게 수행하는 것에만 집착하여 적시적인 조치의 기회를 놓치는 일이 없도록 유의해야 한다. 평가는 계획수립부터 작전실시까지의 모든 단계에 걸쳐 이루어지며 각 단계의 달성여부를 판단하여야 한다.

계획수립은 기존에는 '부대지휘절차'라는 명칭으로 모든 제대에서 통일하여 사용하였으나, 현재는 참모가 편성된 대대급 이상제대에서는 전술적 계획수립절차를, 참모편성이 없는 중대급 이하제대는 부대지휘절차를 적용한다. 이러한 절차를 적용하는 목적은 ① 지휘관과 참모의 사고 과정을 체계화하고, ② 노력을 통합하기 위한 것이다. 전술적 계획수립절차는 임무분석, 방책수립, 방책분석, 방책선정, 계획 및 명령하달 순으로 진행된다. 그러나 절차를 적용하기 위해 모든 상황에서 획일적으로 전 과정을 적용하려고 하면 과도한 시간 낭비가 초래되어 작전의 적기를 상실하게 될 수 있다. 즉, 임무의 성공을 보장할 수 없다는 것이다. 따라서 상황에 맞게 탄력적으로 적용하는 것이 필요하며 시간이 촉박하면 생략하는 지휘관(자)의 과감한 결심이 중요한 것이다. 중요한 요소는 시간이므로 시간이 제한될 때는 절차 중에서 요점만을 적용하여 조치할 수도 있는 것이다.

작전준비는 수립한 계획의 시행을 위한 모든 내용에 대한 준비의 단계이다. 작전에 참가하는 전 인원이 긴밀한 협조가 필요한 단계인 것이다. 특히 예하부대의 준비상태를 확인 및 감독하고 예행연습을 실시하며 미흡한 부분은 보완하는 등 필요한 조치를 해야 하는 단계이다.

작전실시는 수립한 계획에 따라 작전을 실시하는 단계이다. 상황발생에 따라 작전실시간의 전투지휘활동인 **상황판단 → 결심 → 대응**의 과정을 상황이 종료시까지 반복하게 된다.

나. 작전계획수립

계획수립은 부대의 규모에 따라 지휘관은 명령을 수령한 후 제반 첩보와 자신의 경험 및 지식을 기초로 하여 임무를 분석하고 임무완수에 필요한 추가적인 과업을 발전시키며 기동계획수립의 기초가 되는 목표를 선정함과 동시에 임무, 적 상황, 지형 및 기상, 가용한 부대 등을 고려하여 기동계획을 완성하여야 한다.

근접전투를 실시하는 대대급 이하부대는 계획수립에 많은 시간을 할당하는 것보다는 작전준비시간을 충분히 확보하여 전투준비를 치밀하게 하여야 하며, 지속적인 적의 강·약점을 탐지하는 일에 집중하는 것이 효과적이다.

작전계획은 지휘관 중심으로 이루어져야 한다. 지휘관의 적극적인 참여는 시간을 단축시킬 수 있으며 필요한 지침의 적시적인 제공으로 계획을 용이하게 수립할 수 있다. 계획수립이 완료되었다 해도 작전실시간에 각종 상황의 변동은 수시로 변화한다. 그러므로 계획은 지속적인 수정 및 보완으로 그 생명력을 유지시켜야 한다.

지휘관(자)은 상급부대의 작전명령을 수령하거나 작전계획수립이 필요시는 가용시간을 판단하여 계획수립을 위한 지침을 관련 참모에게 하달하며 다음과 같은 절차에 따라 계획을 수립한다.

- **적용시기**

계획을 수립할 때 적용되는 전술적 계획수립절차는 새로운 임무를 부여 받았거나 임무가 예측될 때 임무분석을 위한 준비활동을 시작으로 진행된다. 전술적 계획수립절차의 계획수립 단계는 임무분석 → 방책수립 → 방책분석 → 방책비교 및 선정 → 계획완성 및 명령하달 순으로 이루어지게 된다.

- **임무분석**

임무분석은 전체국면을 통찰하여 상급부대가 수행할 임무를 명확히 식별하고, 작전을 실시하는 작전목적과 이를 달성하기 위한 부대의 명시과업을 분석하는데 있다. 또한 이를 수행하기 위한 작전을 구상하고 복안을 제시하게 되는 것이며, 이에 따른 준비명령을 하달하게 되는 과정이 임무분석 과정인 것이다.

- **방책수립**

방책수립은 작전방법을 구상하여 최초방책을 선정하는 과정으로 방책을 도식하고 서식부분을 작성하는 단계이다.

- **방책분석 및 비교**

방책분석은 구상한 최초방책에 대하여 워 게임을 실시하여 방책을 분석한 후 상호 비교하여 임무 달성에 가장 적합한 최선의 방책을 완성하는 단계를 말한다.

- **계획완성 및 명령하달**

계획완성 및 명령하달은 기본문, 부록, 통합전투력 운용도표 등 각종 문건을 작성하여 완료한 후 작전계획에 대하여 명령을 하달하는 단계를 말한다.

1) 임무분석

지휘관(자)이 상급부대로부터 임무를 수령하게 되면 최초로 실시하는 것이 임무를 분석하는 일이다. 임무를 분석한다는 것은 상급부대의 작전명령에서 자신의 부대가 수행할 임무를 분석한다는 것을 말하는 것이며 여기에는 전체국면통찰, 작전목적 및 과업분석, 계획지침, 준비명령 하달 등을 말하는 것이다.

가) 전체국면 통찰

상급부대의 명령을 수령하게 되면 상급부대가 수행하는 전체적인 작전의 국면을 이해하는 것이 우선되어야 할 것이다. 그 이유는 상급부대가 수행하는 임무

속에서 우리부대가 수행할 과업과 임무를 통찰하기 위해서 필요하다. 이것은 전체적인 국면의 이해가 전제되어야 가능한 일이기 때문이다.

전체적인 국면을 통찰하기 위해서는 상급부대의 작전명령에서 우선적으로 확인할 수 있는데 상급부대 임무, 해 부대에 부여된 임무, 적 상황 등이 중요한 확인 요소로 볼 수 있다. 또한, 참모부별 능력 및 제한사항, 계획수립 및 작전준비를 위한 가용시간 판단 등도 전체적인 국면파악에 필요한 분야이다.

전투 실시간에도 전체적인 국면의 전개를 지속적으로 확인하는 노력이 필요하게 된다. 이때는 획득되는 관련 첩보와 정보 등을 효과적으로 활용해야 하며, 모든 제대의 관련분야 참모들은 변화하는 상황을 최신화 하면서 주기적인 정보교환 등을 통하여 유동성있는 상황에 대한 인식을 공유하여야 정확한 상황판단을 가능하게 하여 상급부대의 작전목적 달성에 기여할 수 있는 것이다.

나) 작전목적 및 과업분석

작전목적이라는 것은 작전을 통하여 달성하고자 하는 최종상태를 말하는 것이며, 과업이란 특정목표를 달성하기 위하여 해당부대 지휘관(자)에게 부여된 책무를 말하는 것인데, 명시과업과 추정과업이 있다. 전술적 계획수립절차에서 말하는 작전목적 및 과업분석이란, 해 부대가 수행해야 하는 작전의 목적이 무엇이며 부여받은 과업이 무엇인가를 식별하고 구상하는 과정을 말한다. 상급부대 지휘관이 요망하는 작전목적과 의도, 내가 수행해야 할 과업을 결정하기 위한 것이다.

이러한 과정을 거치게 되면 지휘관(자)은 상급부대 계획과 연계하여 부여받은 과업을 달성하기 위한 지휘관(자) 자신의 작전을 구상하게 되고 이를 토대로 계획지침을 하달하게 된다.

• 상급지휘관 의도 식별

상급부대의 작전명령을 수령하게 되면 상급지휘관이 달성하고자 하는 작전목적을 파악하고자 하는 노력이 필요하다. 수령한 작전명령에서 상급부대 지휘관으로서 달성하고자 하는 작전목적을 알게 되면 작전에 대한 그의 의도를 쉽게 예측해 볼 수 있는 것이다. 이렇게 함으로써 상급지휘관의 의도를 구현할 수 있는 작전계획 수립이 가능한 것이며 이를 구현하기 위해 노력하여야 한다는 것이다. 상급지휘관의 의도는 1차와 2차 상급지휘관의 의도를 말하는 것이다. 예를 들면,

소대장의 경우는 중대장의 의도는 물론이고 대대장의 의도까지를 말하는 것이다.

• **제한사항 식별**

이러한 지휘관의 의도를 구현하기 위해서 작전명령에는 작전을 수행할 때, 반드시 해야 할 사항과 금지하는 사항을 제시하게 되는데 이것을 제한사항이라고 한다. 제한사항은 지휘관의 의도가 구체적으로 표현된 명령의 일부로 볼 수 있는 것이므로 이를 반드시 이행하겠다는 의지가 필요한 것이다.

• **명시과업 식별**

작전명령에는 예하부대에게 작전을 통하여 반드시 수행해야 할 과제를 명확하게 과업으로 부여하게 되는데 이것을 명시과업이라 한다. 명시과업은 작전명령 양식 제3항의 실시란 중에 예하부대 과업을 명확하게 명시하고 있으며 이를 통하여 확인하는 것이다.

• **작전목적 식별**

작전목적은 작전을 실시하는 목적을 말한다. 작전을 통하여 상급지휘관이 달성하고자하는 상급지휘관의 의도, 작전목적 달성을 위하여 반드시 해야 할 사항과 금지할 사항을 명시한 제한사항, 부대에 부여된 명시과업이 무엇인가를 작전명령상에서 식별하는 과정에서 작전목적을 도출할 수 있다.

이와 같이 상급지휘관의 의도, 제한사항, 명시과업을 식별해야만 실시하고자 하는 작전의 목적을 알게 되는 것이다. 결국 이것은 상급부대의 전체작전 속에서 해당부대가 수행할 임무를 염출하는 기초과정을 말하는 것이다.

이러한 상급부대의 작전목적을 명확하게 이해하는 것도 중요하지만 이를 실행하기 위한 노력이 더욱 중요하다. 이를 위하여 해당부대의 작전계획을 수립할 때는 상급지휘관의 작전목적과 의도가 반드시 포함되어야 한다. 이러한 노력을 통하여 상하제대 지휘관의 공통된 전술관 공유가 가능해지는 것이며, 상하제대의 노력도 일치되는 것이다.

• **추정과업 염출**

상급부대에서 부여한 명시과업과 상급지휘관 의도 등을 통하여 분석한 작전목적 달성을 위하여 수행할 과업을 염출하게 되는데 이를 추정과업이라고 한다. 추정과업을 염출할 때는 작전의 목적을 기초로 지휘관 의도, 적 상황, 지형 등을 분석하여 염출하게 된다. 이렇게 하여 추정과업을 염출하고 앞서 염출한 명시과업과 통합하면 작전을 수행할 부대의 수행과업이 결정되는 것이다.

- **최초 작전구상**

지휘관(자)은 수행과업이 결정되면 어떻게 이 과업을 달성할 것인가?를 상급부대 계획과 연계하여 구상하게 되는데 이를 최초 작전구상이라 한다. 작전구상에는 작전이 종료된 후의 최종상태, 결정적 지점, 주요부대 운용방향 등이 포함된다.

최종상태는 군사작전을 통해서 임무를 달성한 후의 상태를 말하는데 이것은 지휘관이 설정한 작전목적을 달성하였음을 판단하는 기준이 된다. 최종상태는 아군의 최종상태뿐만 아니라 적군과 지형 등도 포함하게 된다. 이것은 명확하고 구체적으로 표현하여 임무를 달성할 기준을 제시할 수 있게 하여야 한다.

- **계획지침**

지휘관(자)은 작전목적을 도출하고 수행과업을 염출하여 부대가 수행할 임무를 식별하게 되면 이를 완수하기 위한 작전을 구상한 후 이를 이끌어 나갈 복안을 제시하게 된다. 즉 상급부대 임무를 수령하여 전체국면을 통찰하고 작전목적 달성을 위한 부대의 운용 방향을 구체화한 지침을 말하는 것이다. 계획지침은 최초방책과 계획(명령)상의 지휘관 의도 및 작전개념 발전의 기준이 된다.

- **준비명령 하달**

지휘관(자)은 계획지침을 기초로 예하부대 및 지원·배속부대가 계획을 수립하고 작전을 준비하는데 반드시 필요한 사항위주로 준비명령을 작성하여 예하부대에 하달하고, 상급부대에 보고하며 인접부대에는 전파하게 한다. 준비명령에는 부대의 임무, 지휘관 의도, 시간사용계획, 예하부대 전투준비 필수과업 등을 포함하여 작성한다. 준비명령을 하달하는 목적은 예하부대 및 지원·배속부대가 동시에 계획을 수립하고, 전제대가 작전을 준비하는 충분한 시간을 보장하기 위한 것이다.

2) 방책수립(최초방책 수립)

방책(防策, Course of action)이란 용어는 전술에서 자주 등장하는데 다음과 같이 정의할 수 있다.

① 임무(과업)를 완수하기 위하여 채택된 계획안을 말하는 것이다.

② 방책은 어떠한 개인이나 부대가 따르게 될 행동의 순서이다.

③ 임무를 완수하거나, 임무완수에 관계가 있는 가능한 계획으로서 어떠한 개인이나 지휘관이 취할 수 있는 것이다. 이상의 정의를 고려해 볼 때 방책이란 임무를 부여받은 개인이나 부대가 그 수행에 대한 방법을 제시한 내용이라고 할 수 있다.

각 방책은 적에 대해서는 아군 전투력을 가장 적절히 사용할 수 있는 반면에 아군에 대항하기 위한 적이 그의 전투력을 적절히 사용하는 것을 방해할 수 있는 것이어야 한다. 따라서 적절한 방책에는 결정적인 시간과 장소에 아군의 전투력을 유리한 비율로 사용할 수 있고, 적의 전투력은 분산시키거나 무력화하여 아군의 전투력이 상대적 우세를 달성하는 개념이 포함되어야 한다. 적절한 방책을 신속히 수립할 수 있는 능력은 계획수립에서 불가결의 요소이며 지휘관은 이 점에 관심을 갖고 계획수립을 지도하여야 한다.

방책에 포함되는 요소는 다음과 같은데 이것은 방책을 다양하게 구상하는 하나의 요소로 작용하게 된다.

① 언　제 : 작전 개시 또는 종료되는 시간

② 어떻게 : 가용한 수단의 운용

③ 어디서 : 작전이 수행되는 장소

④ 무엇을 : 작전의 형태

⑤ 필요시 "왜" 요소는 작전의 목적을 명확하게 하기 위하여 포함 가능하다.

어떠한 상황에서도 방책의 4개 요소 즉, 언제, 어디서, 어떻게, 무엇을 중 하나 또는 그 이상의 요소는 통상 부대가 취할 행동, 즉 방책에 대하여 가변성을 갖게 된다. 통상 어떠한 상황에서도 방책의 가변성에 영향을 주거나 이를 감소시키는 제한사항이 있게 마련이다. 만일 상급부대가 어느 특정한 시간과 특정지역에 대한 작전을 명령하였다면 '언제와 무엇을'에 해당하는 요소는 가변성을 상실하게 되는 것이다. 방책을 어느 정도로 구체적으로 수립할 것인가는 판단자의 판단에 의하게 된다. 방책은 서로 분별할 수 있을 정도로 작성되어야 하는데, 이것은 방책분석과정에서 이루어지는 방책비교에서 각 방책의 구별이 가능하게 작성되어야 한다. 지휘관(자)은 부여된 임무를 고려하여 이를 달성할 수 있는 다양하고 창의성 있는 방책을 구상할 수 있어야 한다.

3) 방책분석 및 비교(최선의 방책 완성)

방책분석을 실시하는 목적은 임무완수를 위해서는 다양한 방법을 구상하게 되는데 이러한 방법을 구상하는 것이 최선의 방책을 선정하기 위함이다. 최선의 방책이란 중요한 장점을 많이 가지고 있는 반면 단점을 적게 가지고 있는 방책이다. 지휘관은 최선의 방책을 선정하기 전에 임무완수의 견지에서 각 방책의 장점과 단점이 내포하고 있는 중요성을 결정해야 한다.

수개의 방책에서 최선의 방책을 도출하기 위해서는 단순하게 장단점의 수량적인 우세로 판단해서는 안되며, 상대적인 중요성에 의거하여 비교할 수 있도록 유의하여야 한다. 이렇게 하여 최선의 방책을 선정하게 되면 지휘관은 적의 가장 가능성이 높은 방책과 아방책을 가지고 워게임을 실시하게 된다.

전투 중에는 피아간에 공히 임무완수(전승)를 위한 치열한 전투행동이 반복되게 마련이다. 따라서 모든 전투수행 단계별 또는 주요 국면별로 임무수행에 대한 전 과정을 워게임이란 수단을 이용하여 타당성을 검증하고 그에 따른 대응책을 강구하는 것이 필요한 것이다. 워게임이란 피아간에 승리를 위한 치열한 다툼의 순환과정을 미리 예측하여 대응책을 강구하는 것이다. 이것은,'아 행동 → 적 대응 → 아 역대응'이라는 반복과정을 거치며 진행하는데 최초교전 단계부터 임무를 완수하는 단계까지 작전 단계별 또는 주요 전투 단계별로 진행하게 된다.

워게임은 기동부대뿐만 아니라 지원 및 배속부대 모두를 통합하여 실시하게 되는데 METT+TC를 고려하여 지휘관의 전투개념을 구현할 수 있도록 실시하게 된다. 워게임을 실시하면서 작전 단계별, 주요국면에 대한 대응전투개념을 설정하고 이를 구현하기 위한 전투수행기능별 최적의 전투력 운용방법을 발전시켜 최선의 방책을 완성하게 된다.

이때 적 지휘관(자)의 예상되는 방책 중에서 가장 가능성이 높은 방책에 대해 워게임을 실시하여 대응책을 강구하게 되는데, 적의 예상되는 다양한 대응책 중에서 채택되지 않은 적의 대응방법에 대해서는 우발계획 소요를 도출하고 이것을 우발계획[32]으로 발전시키게 된다.

워게임을 마치게 되면 그 결과를 바탕으로 최초방책에 대한 전투력 운용, 전투지원 및 작전지속지원 소요 등을 고려하여 최선의 방책을 결정하고 그에 대한 서식과 도식부분을 완성하게 되는 것이다. 최선의 방책이 완성되면 전투편성표와 통합전투력 운용도표 등의 초안을 작성하게 된다.

4) 계획완성 및 하달

지휘관(자)은 워게임을 마치게 되면 최선의 방책에 대하여 도식과 서식부분을 작성하게 되며, 이를 기초로 작전명령 양식에 따라 명령의 기본문과 부록[33]을 작성하여 명령을 하달하게 된다. 제대의 규모, 상황에 따라 문서로 명령을 하달하기도 하며 예하지휘관, 지원 및 배속부대장들을 집합시켜 대면한 상태에서 구두로 하달할 수도 있다.

명령을 하달한 지휘관은 예하지휘관들의 명령 숙지상태를 확인해야 하며 상하급 제대와 인접부대 그리고 전투수행기능별 협조를 보장하여야 한다.

기본문은 부대에 부여된 임무와 예하부대가 수행해야 할 필수적인 사항을 작전명령 5개항의 양식을 이용하여 작성하게 된다.(다음 항의 작명 양식 참조)

부록으로는 전투편성, 작전투명도, 화력지원계획 등이 있는데 부록으로 작성되지 않는 전투수행기능별 운용계획은 핵심사항 위주로 기본문에 포함시키며 기능 및 분야에 따라 다음과 같이 포함한다.

① 지휘통제와 관련된 사항은 기본문 제3항의 실시, 작전개념의 지휘통제 분야, 협조지시 분야, 제5항의 지휘통제, 작전 투명도 등에서 식별할 수 있다.

② 적에 관한 첩보 사항은 기본문 제1항 적 상황 등에서 식별하면 된다.

③ 지휘관 우선정보요구, 첩보수집활동 사항은 기본문 제3항 실시의 작전개념 중에서 정보분야, 예하부대 과업, 협조지시 등에서 식별한다.

---

32) 부대의 주요 예하지역에서 충분히 예측할 수 있는 중요한 우발사태에 대비한 계획이다. 우발계획은 기본계획이 수립된 후 합리적으로 예측할 수 있는 중요한 상황에 대비하여 수립되며 계획수립 및 방법은 타 계획 수립시와 동일하다.

33) 부록이란, 작전명령이나 기타 문서를 더욱 명확하게 하거나 상세하게 하기 위하여 첨부된 문서를 말한다.

5) 전투편성과 명령하달

전투편성은 계획완성에서 나오는 하나의 산물이며, 계획(명령)하달은 완성된 계획(명령)을 예하부대에 하달하는 것을 말한다. 여기에서 별도로 언급하는 이유는 이 내용은 전술의 기본적인 기초지식에 해당하며 공격과 방어에 관련되는 내용에서 자주 언급되기 때문이다. 그러므로 사전에 이해를 용이하게 하는 뜻으로 용어에 대한 개념위주로 설명하고자 한다.

가) 전투편성

지휘관(자)은 임무를 부여받게 되면 효과적이고 성공적인 수행을 위하여 작전제대를 편성하고 지휘 및 지원관계를 설정하게 되는데 이것을 전투편성이라고 한다. 즉, 임무와 상황에 적합하도록 기존편성을 임시 변경하여 집단으로 구성하거나 지휘관계를 변경하는 것이다.[34] 지휘관이 전투편성을 할 때는 한정된 전투력을 가지고 적보다 상대적인 전투력의 우위를 달성해야만 보다 유리한 여건에서 주도권을 장악할 수 있는 것이므로 집중과 절약을 달성할 수 있도록 편성하여야 한다.

공격과 방어시 전투편성은 부여받은 임무, 적 상황, 지형 및 기상, 가용부대, 가용시간, 민간요소 등 METT+TC 요소와 지휘능력을 고려하게 된다. 또한 부대의 현재 위치 및 배치 그리고 상급부대에서 부여받은 전투지경선을 고려하여야 한다.

편조란 지휘관이 전투편성을 실시함에 있어서 한 특정임무 또는 과업을 달성하기 위하여 특수하게 계획된 부대의 구성을 말하며 전투편성과 동일개념이다.

(1) 예속(隷屬, Assign)

어느 특정 부대에 비교적 영구적으로 소속되는 것을 말하며 이때 그 부대의 기능은 예속 받은 특정부대의 지휘관에 의해 통제되고 관리된다.

(2) 배속(配屬, Attach)

어떤 부대가 예속부대가 아닌 타 부대에 일시적으로 소속되는 것을 말하며 이때에는 피배속부대의 지휘관이 그 부대를 지휘한다. 피배속부대의 지휘관은 배속

34) 김광석, 「용병술어 사전」, p534.

받은 부대의 보급, 행정, 교육 및 작전에 대한 책임을 진다. 그러나 그 부대의 보급 및 행정에 대한 책임이나 권한은 별도 규정하는 바에 따를 수 있는 것이다.

(3) 지원(支援, Support)

어느 부대가 예속 또는 피배속부대의 지휘하에 타부대를 원조하는 것을 말한다. 이때 지원부대는 피지원부대의 지원요청에 응해야 한다.

(4) 작전통제(作戰統制, Operational Control)

어떤 부대가 부여받은 임무를 완수하기 위하여 특정한 지휘관 또는 참모의 통제하에 임무를 부여받고 지시를 받는 것을 말한다. 이는 정보와 작전에 관한 지휘관계로서 보급, 행정, 교육에 대한 책임이나 권한은 포함되지 않는다. 예를 들면 대침투작전시 지역 책임부대장이 책임지역내 작전요소를 작전통제 한다.

나) 명령하달

계획(명령)을 하달하는 수단에는 구두, 문서수발, FAX, 육군전술지휘정보체계 등이 있다. 수단은 부대의 상황에 적합하게 하여야 하는데 적시적이고 정확한 의사전달이 되도록 하여야 한다.

모든 군사작전에 대한 명령을 예하부대에 하달할 때는 과업을 명확하게 식별할 수 있는 명확성과 간명성을 원칙으로 하여 작성함으로써 지휘의 혼선을 방지하여야 한다. 이러한 원칙에 따라 작전명령을 간명화하기 위한 방법으로 작전투명도 등을 작성하게 되는 것이다. 작전투명도를 사용하는 목적도 역시 기본문을 간명화하기 위하여 사용하는 것이며 이것은 통상 부록으로 작성하여 활용하게 되며 명확하게 기록되어야 한다.

작전투명도는 작전에 관련된 아군부대의 위치 및 병력을 나타내는 것으로 완성된 계획 및 명령을 투명도상에 군대부호와 전술적 통제수단, 작전활동부호 등을 사용하여 도시한 것을 말한다.

작전투명도에서 사용하는 전술적 통제수단, 작전활동부호의 범위는 제한되어 있지 않으며 구체적이고 상세하게 도시하여야 하며 전술적 과업을 명확하게 식별할 수 있도록 사용하여야 한다. 작전투명도 또한 간명성의 원칙에 따라 상호 약정된 부호 등을 활용하여 작성하게 된다.

전투명령이란 전투와 이를 지원하기 위한 명령을 말하는데 지령, 훈령, 작전명령, 작전지속지원명령, 예규가 있으며 기타명령으로는 단편명령과 준비명령이 있다.

전술훈련 등에서 주로 사용하는 작전명령과 단편명령 그리고 준비명령에 대해서 간략히 그 개념을 살펴보면 다음과 같다.

(1) 작전명령

작전을 수행하기 위하여 임무와 작전수행 방법 및 협조사항 등을 예하 지휘관에게 지시하는 명령으로 통상 문서나 구두로 하달한다. 양식은 작전명령 5개항을 이용하여 작성하며 지도 및 투명도 등의 참조물을 이용할 수 있다.

작전명령 양식은 다음과 같이 구성되어 있으며 비밀등급을 부여하여 작전보안에 유의하여 취급되어야 한다.

1. 상 황
　가. 적군　나. 아군　다. 배속 및 파견
2. 임 무
3. 실 시
　가. 지휘관 의도
　나. 작전개념
　　1) 기동　2) 화력　3) 기타 전장 기능별 기술
　다. 예하부대 과업
　라. 협조지시
4. 작전지속지원
5. 지휘통제

(2) 단편명령

단편명령은 예하부대에 하달한 명령 중에서 상황의 변동 등에 따라 적시적인 수정이 요구될 때 사용된다. 단편명령은 명확성을 잃지 않는 범위내에서 간결하게 내용변경을 하달한다.

(3) 준비명령

준비명령은 장차 수행해야 할 내용을 미리 하달함으로써 시간의 제한을 받는 상황에서는 매우 긴요하게 활용되는 명령이다. 준비명령을 하달하는 목적은 예하부대에 사전예고를 통하여 최대한의 시간을 보장해 주며 구상중인 작전을 사전에 예하부대에 예고해 줌으로써 상하제대가 동시에 계획을 수립할 수 있는 여건을 보장해 준다. 따라서 신속한 계획 작성이 가능하게 해준다.

나. 작전준비

작전준비는 계획의 원활한 성공을 보장하기 위한 활동을 말한다. 즉, 작전실시의 성공이 목적인 것이다. 이를 위하여 사전에 준비하는 과정이 필요하며 이때 지휘관과 참모는 준비활동을 지도하고 추가적인 지침 및 지시를 하달한다. 특히 예행연습을 통한 계획의 실행 가능성을 점검하고 필요한 내용을 보완하여야 한다.

이를 위한 주요내용은 계획의 수정 및 보완, 예행연습, 협조 등이며 다음과 같다.

1) 계획 수정 및 보완

계획은 수립 당시의 상황과 예상하는 상황을 기준으로 하여 이루어진다. 그러나 상황은 계속적으로 변화한다. 아군상황도 변화하지만 첩보를 통해 수집되는 적에 관한 사항도 변동되는 것이다. 작전실시간에도 상황은 계속 변화하면서 전혀 예상하지 못한 상황과 직면하기도 할 것이다. 이를 위하여 우발계획 등이 작전준비 간에 수립되어야 하는 것이며 필요시 예하지휘관에게 필요한 지침을 지시하기도 한다. 우발계획은 변화하는 작전상황에 능동적으로 대처하기 위한 적의 다양한 전투양상, 적의 가능성 있는 다양한 방책 등을 기초로 수립한다.

2) 예행연습

예행연습을 통하여 예하부대, 지원 및 배속부대 지휘관에게 임무수행의 절차와 방법을 숙지시키고 계획의 실행 가능성과 타당성 등이 적절한가?의 여부를 검증하는 방법이다. 이것은 작전의 시작부터 임무를 완수하는 전반적인 작전의 흐름을 이해시키고 예상되는 각종 상황에 대한 조치능력을 향상시키기 위해 실시하는 것이다. 예행연습을 통하여 지휘관의 의도에 부합된 작전목적을 달성할 수 있는지를 검토해야 한다. 또한 예행연습은 그 효과를 극대화하기 위하여 작전지역과 유사한 지역에서 예상되는 각종 상황을 부여하면서 실시하여야 한다. 가용시간의 정도에 따라서 참가범위를 정해야 하는데 가능하다면 전인원이 참가할 수 있도록 하고, 시간 및 여건 제한시는 지휘자 위주의 상황조치에 중점을 두고 실시한다.

3) 협 조

협조는 임무를 분석하는 단계에서부터 임무달성시까지의 전기간에 걸쳐서 이루어져야 한다. 협조는 제대별 기능별로 세밀하고 구체적으로 실시함으로써 원활하고 통합된 작전 수행을 보장하여야 한다. 인접부대와의 협조에서는 기동계획을 확인하여 우군간 피해 방지대책을 강구해야 하며 각종 신호규정 등이 일치하는지 등을 확인한다. 지원 및 배속부대장과는 지원사격계획, 연락대책 등과 조치가 필요한 사항 등에 대해서 토의하고 협조하여야 한다. 또한 상급부대로부터 지원이 필요한 사항 등에 대하여 건의하고 조치를 받을 수 있도록 한다. 참모로부터 협조할 사항은 상급부대에서 운용하는 각종 부대들의 위치와 우발상황시 지원가능여부 등을 미리 확인하고 필요한 사항을 확인하여야 한다.

다. 작전실시

작전실시는 임무를 완수하는 실행단계이며 이를 위한 사전활동이 계획을 수립하고 작전을 준비하는 과정이었다. 따라서 작전이 실시되면 부대의 전역량을 집중하여 부여된 임무를 완수하여야 한다. 작전실시는 유동적인 전장상황에 능동적으로 대응하고 조치하는 전투지휘활동에 의해 수행된다.

작전실시간의 전투지휘활동은 상황판단 → 결심 → 대응의 과정이 임무가 종결시까지 계속되는 반복적인 과정이다. 작전실시간 지휘관은 모든 전투력을 결정적인 시간과 장소에 집중하기 위한 방법에 중점을 두고 모든 상황을 조치하여야 한다.

1) 상황판단

상황판단은 현재 발생하고 있는 상황에 대한 평가를 통하여 지휘관의 대응개념을 기초로 대응방책을 수립하는 과정이다. 예하부대는 실시간에 발생하는 모든 상황을 각종 지휘통제 수단을 통하여 실시간으로 보고하게 된다. 지휘관은 이를 토대로 전체적인 상황의 진행을 파악해야 되며 예상되는 각종 상황도 예상하는 통찰력이 필요하다. 그리고 이러한 각종 상황에 대한 지휘관의 대응개념이 정립되면 이에 대한 대응방책이 수립되어야 한다. 대응개념은 실행 가능여부를 검토하는 것이 필요하다. 시간과 공간 측면에서 실행 가능성을 분석하고 검토해 보아야 한다.

2) 결 심

상황판단에서 건의된 대응방책을 검토하여 최선의 방책을 선정하여 필요시 준비명령을 하달하며, 전투수행기능별로 전투력 운용방법을 구체화하여 이를 단편명령으로 하달하는 과정을 말한다. 주의할 점은 최선의 방책을 선정하거나 필요한 계획을 작성시 완전성보다는 실시의 적시성에 중점을 두어야 한다. 즉, 시간의 중요성을 중시하라는 것이다. 적시적이지 못한 결심은 이미 쓸모없는 방책이 되어 버린다. 시간의 적시성은 전기의 포착과 직결되며, 전기를 잡아야 주도권을 장악할 수 있는 것이다.

3) 대 응

지휘관이 결심을 통하여 선정한 방책을 시행하기 위하여 단편명령을 하달하였다. 이에 따라 지휘관과 참모는 이에 대한 작전수행의 여건을 보장하기 위하여 필요시 현장에서 작전을 지휘하는 등의 필요한 조치를 하여야 한다. 특히 이때는 결정적인 시간과 장소에 전투력을 집중할 수 있도록 전투수행기능의 통합과 제대별 노력의 통합 등을 이루어야 한다. 또한 지휘관이 결심한 내용이 제대로 수행되고 있는지를 실시간으로 육군전술지휘정보체계 등 다양한 수단을 이용하여 보고를 받고 필요한 조치를 하여야 하며, 필요시에는 참모 등을 활용한 확인점검과 지도활동을 하여야 한다.

나폴레옹은 급박한 전투상황 속에서도 신속히 상황을 판단하고 적절한 대응책을 지시하는 것에 대하여 탁월함을 보였으며 그의 모든 부하들은 이를 보고 그의 천재성을 찬양하였다고 한다. 그러나 나폴레옹은 "나는 절대 천재가 아니다. 내가 급박한 상황에서도 신속한 대처를 할 수 있는 것은 평소에 여러 가지의 예상되는 상황에 대하여 구상해 놓았다가 적용하는 것에 불과하다."라고 말하였다고 한다. 실제로 나폴레옹은 계획을 수립할 때는 치밀하다 못해 소심했다고 하며 항상 불리한 상황을 가정하였다고 한다.

"가장 중요한 것은 혼란이 계속되는 전투상황에서 정확한 판단을 하는 일이다. 그리고 신속히 결심하고 주저함이 없이 과감하게 실행하여야 한다."

– 大몰트케 –

제2절 공격작전과 방어작전의 비교

여기에서는 공격작전과 방어작전에 대한 입문의 차원과 본격적인 내용을 다루기에 앞서 일반적으로 갖는 궁금증 해소를 위해서 작전형태별로 실시시기와 지향해야 할 주안점을 중심으로 비교한 내용이다. 공격작전의 주안점은 **신속성**에 있는데 그것은 시간이 경과함에 따라 그 힘이 상실되기 때문이다. 방어작전의 주안점은 집중과 충분한 **예비대** 확보이다. 적의 주공이 지향될 지역에 집중하는 것이 핵심이며, 예상하지 못한 상황에 대비하기 위해서는 예비대는 반드시 확보해야 한다. 모든 지역에 균등하게 전투력을 운용하는 것은 전투력의 상대적 우세를 달성할 수 없으며 그것은 작전의 실패로 직결된다.

1. 공격작전

공격작전을 실시하는 시기는 통상 적에 비해 전투력이 우세하고 적의 약점이 포착되었거나 공격의 호기라고 판단될 때 하게 되는 작전형태이며 다음과 같은 경우에 일반적으로 공격작전의 형태를 취하게 된다.

① 전투력이 적보다 상대적으로 우세할 때는 통상 공격을 실시한다.

이때는 공격을 하는 것이 전투종결 측면이나 상급부대 작전기여 측면에서 유리하므로 보통의 경우 공격을 실시하게 된다. 그러나 상급부대의 공격명령에 따라 전투력이 적보다 열세하여도 공격을 실시하는 상황이 발생할 수가 있다.

② 상급부대의 전반적인 전략, 전술의 목적에 따라 그 일부로 공격을 실시한다.

또한, 적의 약점을 포착했거나 상황의 전개가 공격하기에 유리하다고 판단되었을 때는 상기 두 가지 여건이 충족되어 있지 않은 경우에도 공격을 실시하게 되는데, 그때는 주도권을 장악했을 때 등이다.

실시시기에서 보았듯이 공격작전의 최초출발은 방자에 비해 훨씬 강력한 전투력으로 시작한다. 전투의 3요소 중의 하나인 전투력(힘)은 시간이 지남에 따라 그 힘이 상실되기 시작하면서 결국에는 멈추게 된다는 것을 제2장의 전투력에서 설명하였다. 힘의 원리에서 보았듯이, 공격은 강한 힘을 가지고 출발하지만 일정한 시간이 지나면 결국은 소멸하게 되는 자기 모순을 갖고 있는 것이다.

이러한 원리를 생각해 보면, 공격작전은 이 강한 힘이 소멸되기 이전에 전투를 종결시키는 것이 필요한 것이다. 따라서 공격작전의 주안점은 힘을 집중한 신속성에 두고 실시하여야 한다. 따라서 전투력의 집중 없이는 강한 방어벽을 뚫을 수 없는 것이므로 집중은 강력하면서도 짧은 시간 내 이루어져야 전투시 발생하는 손실을 최대한 줄일 수 있다.

강력하고 짧은 공격으로 전투손실을 최소화하며 조기에 전투를 종결하기 위해서는 적의 강점은 최대한 회피하는 것이 필요하다. 전투력의 집중을 통하여 약점을 집중적으로 공격하여 적의 치명적 피해를 강요하는 방법이 필요한 것이다.

즉, 요망되는 시기와 장소, 방향에 모든 전투력을 집중하여 타격함으로써 전장의 주도권을 장악하여, 적 주력의 격멸 또는 전투의지를 분쇄하여 승리를 추구해야 되는 것이다.

조기에 전투를 종결하고 아군의 피해를 최소화하기 위해서는 전투초기부터 주도권을 유지하고 확대하는 노력이 필요하다. 주도권은 적의 치명적인 약점에 대하여 기습과 지속적이고 강한 전투력 집중을 통해 획득할 수 있으며, 확보한 주도권을 지속적으로 유지하는 것이 더욱 중요하다. 이를 위해서는 변화하는 다양한 전장상황을 통찰하는 지휘관의 전장상황 파악 능력과 승기를 포착하면 즉시적이고 과감하게 전투를 지휘하는 능력이 있어야 한다.

2. 방어작전

방어작전을 실시하는 시기는 공격작전과는 대조적인 경향이 있는데 다음과 같은 경우에 통상적으로 방어작전을 하게 된다.

① 적보다 상대적으로 전투력이 열세할 경우이다.

② 적보다 전투력이 우세하지만 의도적인 작전 목적이 있을 때이다. 살상 위력이 큰 무기의 사용으로 공격하는 적을 섬멸하고자 할 때는 의도적으로 방어작전을 실시하게 된다.

③ 공격할 수 있을 정도로 적에 비해 전투력은 상대적으로 우세하지만 방어가

적 부대 격멸과 상급부대의 작전목적에 기여하기 유리한 경우에는 방어작전을 실시하게 된다.

방자는 공자에 비해 집중이 어렵고 기동에 제한을 받는다는 취약점이 있다.

집중이 어렵다는 것은 공자의 공격방향과 공격지점을 파악하고 대비할 전투력은 제한되어 있기 때문이다. 즉, 적의 예상되는 모든 공격지점에 집중하기에는 방어수단이 제한된다는 것이다. 방자는 적의 공격이 예상되는 접근로를 분석하고 공격에 대비하기 위하여 병력, 장애물, 화력 등의 방어수단을 이용하여 방어진지를 편성하게 된다. 방어에서도 공격과 마찬가지로 중요한 것은 전투력의 집중을 통한 주도권 장악이 이루어져야 한다. 따라서, 예상되는 모든 접근로 대한 균등한 방어수단의 할당은 집중이라고 할 수는 없다. 그러므로 적의 주공이 지향될 접근로를 정확하게 판단하여 집중하는 것이 방어의 취약점을 극복하는 주안점이 된다.

방자가 방어를 위하여 방어진지에 배치되게 되면 관성(慣性)의 법칙[35]에 따라 기동의 제한현상이 나타나게 된다. 방자 특유의 속성상 기동의 자유가 제한되는데 이것을 극복하기 위해서는 우수하게 기동력을 발휘할 수 있는 예비대를 보유해야 한다. 예상하지 못한 지역으로 공자의 전투력이 집중되면 방자는 기동력 있는 예비대를 신속하게 투입하여 전투력을 집중할 준비를 갖추어야 한다. 충분하고 기동력이 우수한 예비대의 보유는 방어수단의 집중과 함께 우선적으로 주안점을 두어야 할 사항이다.

3. 공격작전과 방어작전의 비교

앞에서 공격과 방어의 특징을 살펴보았는데 전쟁론의 저자 클라우제비츠는 "공격은 방어보다 항상 우세한 전투방식이라는 견해는 배제되어야 한다."고 말하였다. 이것은 공격과 방어라는 것은 작전형태의 어느 한 가지를 말하는 것이므로

35) 관성의 법칙은 외부에서 힘이 가해지지 않는 한 모든 물체는 자기의 상태를 그대로 유지하려고 하는 것을 말한다. 즉, 정지한 물체는 영원히 정지한 채로 있으려고 하며 운동하던 물체는 등속직선운동을 계속 하려고 하는 현상을 말한다.

형태를 가지고 그 우열을 말하는 것은 적절치 않다는 것을 의미하는 것이다. 공격이든 방어든 그것은 각각의 장점과 단점을 갖고 있으며, 그로 인한 차이도 있는 것이지 그 차이를 우열로 구분 짓기는 어려운 것이기 때문이다.

물론 전승의 주요한 분기점이 되는 주도권, 각각의 작전목적 그리고 전쟁에서 승리를 견인한 주요 명장이 남긴 전투사례를 살펴보면 대부분의 전투는 공격으로 종결되었음을 알 수 있다. 이러한 점을 고려해 볼 때 공격이 승리를 위한 최선의 방법이라는 주장에 공감할 부분은 충분하다고 생각할 수 있다.

주도권 확보 측면에서 보면 공세적인 작전이 수세적인 작전보다는 유리한 측면을 갖고 있음은 주요전례를 통해서 입증된 바 있다. 또한, 목적 측면에서 보게 되면 공격은 "전투의지 마비, 적 부대 격멸, 주요자원 탈취 및 획득"이라는 적극성을 내포하고 있다. 반면, 방어는 '적을 격멸하고 격퇴한다.'는 목적이 있으나 그 전투행동은 "방해, 지연, 저지, 확보"등으로 공격에 비해 다소 소극적이고 수세적인 성격을 보이고 있다. 물론 방어의 궁극적인 목적은 '공세이전을 위한 여건 조성'이지만 이것은 엄밀한 의미에서 공격행동으로 보아야 할 것이다. 따라서 주도권 확보에서는 공격보다는 그 속성상 다소 불리한 작전형태임을 알 수 있다.

전승에 있어서 주도권의 중요성은 매우 큰 비중을 차지하게 된다. 따라서 이러한 점을 고려해 보면, 전투에서 결정적 승리를 기할 수 있고 전투를 종결하는 작전형태를 공격이라고 했을 때 부인하기는 어려울 것이다. 그러나 앞에서 공격과 방어의 특성을 살펴보았을 때 나름대로의 고유의 목적을 갖고 있었음을 보았다. 또한, 공격과 방어를 선택하는 기준 중의 하나는 현 상황에서 보유하고 있는 전투력도 중요한 것이지만 상급부대의 작전에 기여하는 측면 등도 면밀히 고려되어 결정되는 것이라고 하였다.

그러므로 공격과 방어에 대하여 우열을 구분짓는 것은 의미가 없으며, 다만 전체적인 국면에 기여하는 작전형태가 무엇인가의 문제가 중요하다고 할 수 있는 것이다. 한국전쟁 시에도 국군과 유엔군은 북한군의 남침을 맞아 초기에 북한군보다 상대적으로 열세한 전투력의 영향으로 방어를 거듭하는 상황이었다. 그 후 유엔군의 참전 등으로 낙동강 전선에서의 방어는 공세이전을 하기 위한 전기 포착을 노리는 방어작전을 하게 되었다.

그러던 중, 인천상륙작전이라는 세기의 작전을 계기로 작전형태를 공격으로 전환하여 대대적인 공격작전을 전개하게 된다. 그러나 중국군의 참전으로 다시 지연전을 거치면서 방어전투를 수행하게 되며, 또 다시 공세로 전환하기 위한 노력이 계속되었다. 즉, 공격과 방어가 상황의 변화에 따라 계속적으로 반복되었던 것이다.

이러한 점을 고려해 본다면 공격 시에는 계속하여 주도권을 유지하고 확장시켜 작전한계점 이전에 전투를 신속하게 종결시키는 것이 필요하다. 방어시에는 집중의 원칙을 적용한 방어와 기동성 있는 예비대 보유로 취약점을 극복하기 위한 노력에 주안점을 두어야 하며, 적의 과오와 약점을 놓치지 않는 전기 포착으로 언제라도 공세이전을 할 수 있는 준비를 하는 것이 중요한 것이다.

"적을 놀라게 해야 전투에서 이길 수 있다. 적에게 공포를 유발시키기 위해서는 적을 대량으로 살상시켜야 한다. 이것은 화력에 의해서 달성된다."

\- 팻 튼 -

"모든 위협에 대처 하려고 병력을 분산시키는 것은 가장 무능한 지휘관일 뿐이다."

\- 클라크 -

4. 공격과 방어의 상호관계

공격과 방어는 **물이 흐르는 원리**와 같다. 물은 높은 곳에서 낮은 곳으로 흐른다. 전장에서의 전투력도 물이 흐르는 원리와 같다고 볼 수 있는 것이다.

따라서 이러한 물이 흐르는 원리를 전투에 적용해 보면 통상적인 경우, 전투력이 강한 측에서 약한 측을 공격하게 되는 것이다.

즉, "전투력이 강하면 공격하고 약하면 방어하게 된다."

"공격을 할 것인가?" "방어를 할 것인가?" 하는 것은 앞서 설명한 실시시기를 고려하여 선택할 수도 있다. 그러나 전술제대의 경우는 제대별로 독립적인 작전을 시행하는 특별한 경우를 제외하고는 대부분의 제대가 상급부대의 일부로써 임무를 수행하게 된다. 그러므로 해당제대는 상급부대와 동일한 작전형태를 유지할 가능성이 대체적으로 클 것이다.

만약, 독단적으로 작전형태를 선택해야 하는 상황이라면 결정하기 위한 비교분석할 요소가 필요할 것이다. 이럴 경우에는 전투력의 우열 정도, 시간, 공간에서의 유리점과 불리점 등을 이용하여 상호 비교를 통해 작전 형태를 결정해야 할 것이다.

공격과 방어에 대한 문제는 물이 흐르는 원리와 비교해서 생각해 볼 수 있다. 손자는 일찍이 "무릇 군대의 운용은 물과 같아야 한다.(병형상수, 兵形象水)" 라는 말로 표현한 바 있다. 이는 군대를 움직일 때는 물이 흐르는 자연의 법칙과 같이 힘의 세기에 따라 자연스럽게 물처럼 움직여야 한다는 것으로 이해할 수 있다.

이와 같이 물이 높은 곳에서 낮은 곳으로 순리를 거스리지 않고 자연스럽게 흐르는 원리를 가지고 있듯이 전투력도 강한 곳에서 약한 곳으로 지향하는 평범하면서도 당연한 원리를 나타내게 된다.

일반적인 경우 전투력이 강할 때 공격형태를 취하게 되며, 약할 때는 방어형태를 유지할 것이다. 그러나 상황에 따라 쌍방이 방어만 하면서 지루한 전선의 교착상태가 계속될 수도 있으며, 반대로 쌍방이 거의 동시에 공격을 실시하는 상황이 나타날 수도 있다.

대부대가 작전을 하는 경우에는 모든 예하부대까지 공격과 방어 일변도의 통일된 작전형태를 적용하기는 어려울 것이다. 대부대의 경우에는 전체적인 작전을 대관(大觀)적 차원에서 보면 공격과 방어 중 어느 하나의 작전형태를 취하게는 되지만 모든 예하부대까지 작전형태가 동일하게 되기는 어렵다. 물론, 예하부대는 상급부대의 일부로써 작전목적을 달성하기 위하여 임무를 수행하겠으나 상황에 따라 상급부대와는 다른 작전형태가 결정되기도 한다는 것이다.

즉, 군단이 공격을 한다고 해서 군단 예하의 모든 부대가 공격을 하게 되는 것은 아니라는 것이다. 군단은 공격작전을 실시 중에 있지만 군단의 예하부대 중 일부 부대는 방어작전을 하는 상황도 있을 수 있다는 것이다.

예를 들어, 공격하는 군단의 특정 예하부대가 공중강습작전을 수행하라는 임무를 부여받게 되면 그 예하부대는 적지종심상의 주요지역에 착륙하여 부여된 임무를 완수하고 공격하는 군단과 연결작전을 위하여 작전이 완료될 때까지는 일정한 시간과 장소에서 방어작전을 수행하기도 할 것이다.

마찬가지로 방어하는 부대에서 돌파구가 발생하게 되면 통상적인 경우 예비대를 이용하여 역습을 하게 되는데 이때 역습부대는 결과적으로는 공격이라는 작전형태를 수행하는 것이다.

전투력이 적보다 상대적으로 열세한 경우에는 방어형태를 띠고 있다가 적의 전투력이 일정한 한계점에 도달하면 전세를 역전시키기 위해 공격으로 전환하기도 한다. 방어전투를 지휘하는 지휘관은 공격하는 적의 약점과 과오를 포착하여 이를 놓치지 않고 과감하고 적극적인 공격행동을 전개하여 일거에 전승을 달성한 전례는 수 없이 존재한다. 이와 같이 공격과 방어는 각각 본질적으로 갖고 있는 그들 특유의 유·불리점을 바탕으로 상황에 따라 공격과 방어라는 형태로 변화를 반복하는 것이 전장에서 볼 수 있는 장면이다.

공격과 방어는 창과 방패에 비유되기도 하는 숙명적인 대립관계이다. 그러나 창과 방패가 상대의 특징을 극복하기 위한 각각의 발전을 거듭 하였듯이 공격과 방어전술도 이와 같은 대립의 관계이자 서로를 발전시키는 상호작용의 관계에 있다. 따라서 이 두 작전의 형태는 창과 방패의 딜레마인 것이다.

즉, 상대방의 강점을 약화시키고 취약점을 확대시키면서, 반대로 자신의 강점은 더욱 확대시키고 취약점은 보완하기 위해 노력하게 된다. 따라서 창은 더욱 날카롭고 길게 되어 적을 공격하는데 유리하게 하며, 방패는 더욱 견고하면서도 적의 공격을 막아내기 쉽게 하는 등 그 장점을 계속하여 진화하게 되는 것이다. 그러면서 방패의 입장에서는 긴 창을 휘두를 때 발생하는 취약점을 찾아 확대시키고, 창의 입장에서는 방패의 약한 부분을 집중공격하면서 그 취약점을 발견하여 결전을 수행하려 한다는 것이다.

전투시의 승패는 공격과 방어라는 작전형태 그 자체보다 적보다 우세한 사기, 지휘관의 탁월한 전투력 운용과 전장리더십을 통해 나타나는 결과이기도 하다. 그 결과가 전투력 손실의 정도에 의한 차후작전의 수행가능성, 중요한 지역의 탈취와 상실, 전투종료 후 계속적인 전투임무에 투입할 수 있는 임무수행능력 가능 여부 등의 상태에 따라 승패 여부를 판단하게 된다.

작전형태는 일반적으로 고유의 특성을 가지고 있다. 공격은 공격의 시기, 공격장소, 공격방향의 선택 등 공자 의지의 자유에 의한 구심력이 작용하는 영역으로 볼 수 있다. 이러한 공격은 기동과 집중에 의해 주도권을 획득하고 유지함으로써 전투 목적을 가장 확실하게 달성할 수 있는 적극적 전투행동으로 인정하고 있다.

그러나 방어는 지형과 시간의 이점을 이용하며, 충분한 방어준비를 하면서 적의 공격에 대비한다는 유리점을 보유하고 있다. 그러나 공자의 행동에 따라 반응해야 하므로 행동의 자유를 상실하게 된다. 또한, 이에 따른 원심력이 작용하여 정지, 분산, 저지에 의해 전투력의 효율성이 저하되어 주도권을 상실하기 쉽다는 불리점도 갖고 있는 것이다. 그렇기 때문에 어떻게 적의 공격을 저지, 격퇴, 격멸하여 최초에 상실된 주도권을 획득하느냐에 전투의 주안을 두는 수세적 전투행동이라고 할 수 있다.

공격의 특성은 운동에 있는 반면, 방어의 특성은 정지에 있다. 공격은 돌진으로 대표되고, 방어는 정지된 상태에서 적을 저지하고 격퇴하는 것으로 대표된다. 따라서 공격은 적측으로 진격하여 적 부대를 격멸하며, 중요지역을 탈취, 확보하는 등의 노력으로 적의 전투의지를 파쇄하여 승리를 쟁취하는 정신적, 물리적 우월감에 충만한 능동적 전투행위로 진행된다. 이에 반해 방어는 적을 저지하면서 공세이전을 위한 주도권의 탈취를 기도하는 정신적·물리적으로 공격에 비해서는 소극적이며 약세에 있는 수동적 전투로 특징지을 수 있다.[36]

결론적으로 공격과 방어 이 두 가지의 작전형태는 독립적으로 존재하는 것이 아니라 하나의 전장에서 나름의 특성을 갖고 상호 작용을 통한 반복을 지속한다고 볼 수 있다.

"새로운 전술을 채택하는 것은 종래의 전법을 추방하는 것보다 어렵다."

\- 리델하트 -

36) 육군교육사령부, 앞의 책, p476.

제3절 공격작전

1. 공격작전의 개념

공격작전은 주도권을 확보하는데 유리한 작전형태이다. 그러나 공격은 시간이 경과함에 따라 전투력은 저하되게 된다. 따라서 중요한 것은 한번 획득한 **주도권**은 상실하지 않고 지속적으로 유지하여 조기에 전투를 승리로 종결시키는 것이 대단히 중요한 작전형태라고 할 수 있다.

가. 공격작전의 의의

공격작전이란 '적의 전투의지를 파괴하고 적 부대를 격멸하기 위하여 가용한 모든 수단과 방법을 사용하여 전투를 적 방향으로 이끌어 가는 작전형태'를 말하며 이것을 공격작전이라고 정의하고 있다. 공격작전은 작전의 주도권을 가지고 적의 전투의지 파괴와 적 부대를 격멸하기 위해 가용한 수단과 방법을 사용하는 적극적인 작전형태로서 전투를 승리로 종결시키고 전투의 목적을 달성할 수 있는 최선의 방법으로 보고 있다.

1) 공격작전 시 주도권

공격작전 시 각급 제대는 상급제대의 일부로서 공격작전을 수행하며 상급제대의 결정적 작전을 위한 유리한 여건을 조성하도록 운용되어야 한다. 공격작전에서 승리하기 위해서는 주도권의 확보 및 유지가 필수적이다. 공격작전시 주도권을 확보하기 위해서는 다음과 같이 전투를 하여야 한다.

① 적보다 먼저 결심하고 타격하여 적의 균형을 파괴하거나, 적의 강점을 회피하고 약점을 타격하며 ② 적이 대응하면 즉각 다른 작전으로 전환함으로써 적이 대응만을 하도록 강요하고 ③ 예하부대에 의해서 달성된 성공은 이를 과감하게 확대하여 작전을 실시하여야 한다.

공격작전은 시기, 장소, 방법 등에서 공자 특유의 선택의 자유를 가지고 있는 작전이다. 그러므로 공자는 결정적인 시간 및 장소를 선택하여 적보다 상대적으로 우세한 전투력을 집중 운용할 수 있다. 이를 위하여 적의 약점인 방어강도가 취약한 곳을 발견하거나 인위적으로 조성하여 이곳에 전투력을 집중하는 것이 필요하다. 이와 같이 공격은 시간과 장소를 선정하여 적이 예상하지 못한 기습적인 공격 등의 유리한 측면을 갖고 있으므로 작전의 주도권은 통상 공자에게 있다고 보는 것이다. 그러나 중요한 것은 '공자 = 주도권'이 아니라는 것이다. 방자의 입장에서는, 공격하는 공자의 약점이나 과오가 발견되면 과감한 공세행동 등으로 주도권을 확보하기 위해 노력할 것이며 이때 주도권을 상실할 수도 있음을 알아야 한다. 이러한 상황은 주도권의 상실뿐 아니라 더 이상의 공격이 불가하게 될 수도 있다. 다만 공격이 갖는 선택의 자유 때문에 공자는 주도권을 장악하기가 용이하다는 이점이 있을 뿐이다. 즉, 선택의 자유에 따라 기습적으로 적에 대한 공격을 하였다 하더라도 적에 대한 정확한 정보를 바탕으로 한 주도면밀한 계획이 부족하여 기습의 유리점을 활용하지 못한다면 주도권은 방자에게 전환될 수 있는 것이다.

주도권은 전투에서 승리할 수 있는 전기를 포착하여 누가 과감하게 활용하는가의 문제다. 또한, 이렇게 해서 획득한 주도권은 계속하여 유지하는 것이 필요한 것이며 특히 작전한계점에 도달하기 이전에 승리로 전투를 종결시키는 것이 중요한 것이다. 이러한 공격작전의 주도권은 공격의 이점인 시기와 장소를 선정하여 기습의 효과를 초기전투에서부터 확보하는 것이 필요하다.

공격시 지휘관은 가용한 전투력을 적의 약점에 지향시켜 과감하게 집중하여 운용하는 능력, 적이 전혀 예상하지 못한 장소와 시간 그리고 방법을 통한 기습적인 공격, 적의 과오나 약점을 적기에 포착하여 놓치지 않고 이용하는 전기 포착 능력, 계속적인 공격기세 유지 등으로 승리를 획득해야 한다.

공자는 결정적인 시간 및 장소에 상대적으로 우세한 가용 전투력을 집중하여 적을 격파하여야 한다. 따라서 지휘관은 적의 약점인 방어강도가 취약한 곳을 전장감시를 통하여 발견하여 공격해야 하며, 이러한 취약점이 없을 때에는 인위적으로 취약점을 조성하여 전투력을 집중시켜 적을 공격함으로써 적 방어체계의 균형을 혼란시켜 주도권을 유지하는 것이 중요하다.

이를 위하여 화력과 기동을 적절히 운용하고 결정적인 시기와 장소에 전투력을 집중 발휘하여, 작전의 주도권을 장악하고 능동적으로 공자가 원하는 지역에서 적에게 결전을 강요함으로써 적을 계속적으로 수세의 위치로 압박을 가하여 신속히 작전목적을 달성하여야 한다.

공자는 항상 가용한 첩보자산을 활용하여 적에 대한 관찰활동을 활발히 전개하여 적의 취약점을 발견하기 위한 적극적인 첩보수집 활동 등이 중요하다. 이를 위하여 상급 및 인접제대와의 지속적인 협조관계 유지로 적시적인 첩보를 획득해야 하며, 예하부대를 통해서도 적시적절한 첩보수집이 이루어져야 한다.

그러나 적의 전술행동 중에는 공격하는 공자의 오판을 유도하기 위하여 의도된 전술행동을 나타낼 경우에 항상 대비하여야 한다. 즉, 적의 의도에 말려드는 허위첩보에 항상 유의하여 적의 활동을 탐지해야 한다는 것이다. 적의 특징있는 전술행동에 대해서는 적의 의도가 무엇인가를 명확하게 분석하는 것이 필요한 것이며 이에 대한 대응책을 강구하는 것이 필요한 것이다.

공격의 성공은 전투력의 우세에 의해 획득된다. 그러나 공자는 상대적으로 우세한 전투력을 무제한하게 유지할 수는 없으며, 전장에서의 각종 마찰, 전선의 확대, 병참선의 신장 및 보급의 결핍 등으로 언젠가는 공격능력이 한계에 도달하게 된다. 이 한계점을 넘어선 무리한 공격은 방자의 반격을 받게 되며, 이 반격의 강도는 통상 공자의 충격력보다 훨씬 강력하다.

(2) 공격작전 시 작전한계점

공격작전은 작전의 진전에 따라 기상 및 지형의 영향, 기동에 따른 부대의 피로, 적을 고착시키기 위한 전선의 확대, 병참선의 신장 등에 의해서 방자보다도 빨리 전투력이 약화되고, 작전이 장기화될 경우 언젠가는 공격을 지속할 수 없는 상황에 직면하게 된다. 이 시점이 공격시의 작전한계점이라고 한다.(제2장 2절의 전투력 참조)

공격의 작전한계점이란, 다소의 시기에 따른 차이는 있을지라도 공격이 계속하여 진행됨에 따라 공자의 전투력이 방자의 전투력보다 현저하게 저하되는 지점에 도달하게 될 때를 말한다. 전장은 마찰과 불확실성 등의 상황이 연속적이고 반복적으로 나타나며 방자의 극렬한 저항 등에 공자의 전투 피로도는 급격하게 상승하게 된다. 이러한 과정이 반복적으로 진행되게 되었을 경우에 공자가 당면하게 되는 극복이 곤란한 한계점이 나타나게 되는데 이것을 작전한계점이라고 한다.

그러므로 공자는 이를 적시에 판단하여, 공격의 한계를 넘어선 무리한 공격을 지속하는 일이 없도록 하여야 하는 것이다. 이를 극복하기 위하여 작전한계점 이전에 조기에 전투를 승리로 종결짓거나, 작전한계점을 극복할 수 있는 다양한 전술적인 조치를 하여야 한다. 예를 들어 적절한 선에서 주공부대를 후속하던 예비대와 교체하여 공격기세를 계속적으로 유지하게 하는 등의 조치를 말하는 것이다. 중요한 것은 공격의 한계점은 전투력의 전환점 즉, 피아 전투력의 비가 역전되기 전에 판단되어야 한다. 그리하여 전투력의 우세를 확보한 상태에서 공격의 한계점을 극복 할 수 있는 조치를 하는 것이 중요한 것이다.

과거의 전사에서 볼 수 있듯이 공격의 한계점을 오판한 결과 크게 패한 예는 수없이 많으며, 그 대표적인 것으로는 한국전쟁시 북한군의 낙동강 교두보 전투, 제2차 세계대전 시의 독일군의 모스크바 및 레닌그라드 전투, 태평양지역에서의 일본군의 구아들카낼 전투 등을 볼 수 있다.

3) 예하부대 운용방법

공격작전 시에는 시간과 장소에 대한 효과적인 기습과 전투력 집중을 통해 주도권을 초기부터 확보하는 것이 중요하며, 이것은 예하부대에 적절한 임무를 부여하는 것에서부터 출발하게 된다. 이를 위해 다음과 같이 예하부대에 전술임무를 부여하여 운용하여야 하며, 부여받은 임무 등을 고려하여 다양하게 운용방법을 강구하여야 한다.

가) 적의 약점 이용

적의 방어체계의 균형을 와해시키고 효율적인 방어를 제한하기 위하여 적의 방어 강도가 강한 곳은 조공을 이용하여 견제하거나 고착시켜 주공지역으로 전투력을 전환할 수 없게 하는 것이 효과적인 방법이다. 그러나 적의 방어체계의 취약한 결정적인 장소 및 시간에는 주공을 신속히 기동시켜 기습을 달성할 수 있도록 하여야 한다. 이를 위해 각 전술제대간의 상호협조와 전투수행기능 부대와의 협조 및 통합을 강화하여 상하제대가 연계된 전투력 발휘를 보장하여야 한다.

나) 운용목적

무엇보다도 전술제대 즉 주공, 조공, 예비대, 침투부대 등의 운용은 다음과 같이 운용하여야 하며 운용의 목적과 핵심은 전투에서의 주도권을 유지하는 것에 그 초점이 맞추어져야 하는 것이다.

• 주공

주공은 결정적인 작전을 위해 운용되는 공격제대로서 결정적인 목표에 부대의 전 역량을 집중하여 지향하는 전술집단을 말하는 것이다. 결정적인 목표라는 것은, 부여받은 목표를 확보하였을 때 공격임무를 성공적으로 완수하여 상급부대의 작전에 기여하는 것은 물론이고 공격작전의 임무를 종결할 수 있는 목표를 말한다. 이러한 목표를 확보하는 역할을 담당하는 공격제대를 주공이라고 말한다.

이러한 막중한 역할을 수행하는 주공은 다음과 같은 특징을 갖게 되는데 이것은 결정적 목표 달성을 위한 편성으로 볼 수 있다.

– 조공에 비해 강력한 전투력을 보유한 제대를 추가로 편성하는 등의 방법으로 강력한 전투력을 보유하게 한다.

– 화력 및 후속 지원부대의 우선적 지원으로 결정적 목표 확보를 위한 전투에 유리하게 지원한다.

– 비교적 조공에 비해 협소한 전투정면을 부여하여 보다 높은 밀도의 전투력을 목표에 집중하게 작전지역을 부여한다.

주공은 결정적인 목표 확보를 임무로 부여받는 부대이므로 추가적인 전투력을 할당하는 등으로 전투력 할당의 우선권을 부여하여 전투력의 우위를 달성하게 하여야 한다. 또한 전투력의 집중과 적보다 상대적 전투력 우세를 달성하기 위한 방법으로는 보통 협소한 전투정면을 부여받게 되며 화력과 작전지속지원의 우선순위를 부여받아 강력한 화력의 지원을 받게 해야 한다.

작전을 단계화하여 시행할 경우 주공은 결정적 작전을 위한 2단계 작전에 투입되기 위하여 전투력 집중 대책을 강구해야 하고 주공의 투입여건을 조성하기 위한 1단계 작전 수행부대에는 그 역할에 맞는 적절한 전투력을 할당하여야 한다. 상황의 진전에 따라 주공은 작전실시간 변경될 수도 있다. 최초 주공으로 선정한 부대가 적과의 불리한 교전으로 전투력 저하 등의 현상이 나타나서 더 이상의 임무를 수행하기 곤란한 상황이라면 계속적인 임무수행이 곤란하게 된다.

이 경우에는 새로운 부대와 주공의 임무를 교대해야 하는데, 새로운 부대를 주공으로 지정한다면 주공을 지원하기 위한 전투력과 지원 우선순위도 함께 전환해야 하며 주공을 지정하는 시기와 방법은 통상 다음과 같다.

– 상황이 명확하고 작전 진행에 대한 예측이 가능할 경우에는 특정부대를 최초부터 주공으로 지정한다. 즉, 적정 등이 명확하여 적의 약한 배치를 비교적 명확하게 파악하고 이에 대한 주공의 공격방향을 비교적 용이하게 판단할 수 있었다면 최초부터 주공을 지정하여 최초 공격시부터 전투력을 집중하게 할 수 있다.

– 그러나 상황이 불명확하거나, 잦은 상황의 변동이 예상되면 주공과 조공을 지정하지 않고 상황의 진전에 따라 주·조공을 지정하거나 전환하는 것이 유리하다. 이러한 경우 이외에도 상황의 변동으로 주공의 임무달성이 희박하게 되었을 경우와 조공의 성공 가능성이 확실시 되면 주공을 전환할 수 있다.

– 후속부대 또는 예비대를 투입하여 주공으로 전환할 수 있는데, 특정지역을 주공부대가 탈취 또는 상급부대에서 확보할 지점에 도착하였을 경우에는 주공을 후속부대나 예비대로 전환할 수도 있다.

또한 포위 공격시는 최초부터 2개의 주공으로 공격하는 경우도 발생하게 되는데 양익포위시가 이러한 경우이며, 돌파를 할 경우에도 2개의 지점에 대하여 돌파구를 형성하여야 할 필요가 있다면 역시 2개의 주공을 운용할 수 있다.

- **조공**

조공은 주공의 임무수행을 돕기 위하여 운용되는 전술집단이며 통상 다음과 같은 임무중의 하나 이상을 수행하게 되는 부대를 말한다.

– 공격지대 내에서 주공지역에 대한 관측 및 사계에 유리한 중요지형을 통제하여 주공의 기동을 도울 수 있는 임무를 수행하게 된다.

– 주공의 전진속도를 보장하여 결정적인 목표에 신속히 도달하게 하기 위하여 기동을 방해하는 적 부대에 대한 공격으로 적을 격멸한다.

– 특정지역에 대한 적을 고착 및 견제하여 적이 주공지역으로 전환되거나 증원되는 것을 방지할 수 있는 중요지형지물을 사전에 확보한다.

– 조공지역의 적에 대하여 고착 및 견제를 실시하여 주공지역으로 증원을 방지하거나, 주공의 진출방향 정면에 대한 적 증원을 방지한다.

– 주공보다 빠른 공격으로 적 2제대를 조기 투입 유도 및 주공지역으로의 증원을 차단하거나, 최초 조공지역에 화력 및 연막 공격 실시로 주공지역으로 오판하게 하며, 조공지역에서의 통신증가 및 허위첩보를 유포하는 등으로 주공의 위치를 기만하는 전투행동을 전개한다. 조공부대는 주공을 돕기 위해 충분한 전투력이 할당되어야 하며, 이를 위해 주공과 거의 대등하게 할당되기도 한다.

• 예비대

우발사태에 대비하여 운용되는 부대이며 전투개시 초기에는 통상적으로 주공을 후속하게 하며, 상황에 따라서는 주공으로 전환하여 결정적인 시간과 장소에 투입되어 임무를 종결하거나 상황을 보다 유리하게 조성하는 임무를 갖고 운용되는 부대이다. 지휘관이 예비대를 투입 시에는 적시에 투입하여 달성된 성과를 극대화해야 하며, 적 위협에 대비하여 생존성을 유지하고 적시에 운용될 수 있도록 준비하여야 하는데 주공지역에 우선적으로 투입되도록 준비하고 있어야 한다.

공격시에는 다음과 같은 임무가 예비대에 부여되는데 예비대를 투입하면 즉시 신예비대를 조직하여 만일의 사태에 대비하게 하여야 한다.

– 주공을 후속하면서 주공이 달성한 성과를 최대한 확대시킬 필요가 있을 때 주공은 계속 공격하여 공격기세를 유지하고 예비대가 제한된 전과확대를 실시한다.

– 예비대는 주공지역으로 우선적으로 투입될 준비를 하면서 주공과 조공을 화력으로 지원하는 등의 공격행동으로 공격증원 및 공격제대의 임무를 수행한다.

– 상황의 변동에 따라 필요시 주공으로 전환되어 공격기세를 유지 및 증가하는 임무를 수행한다.

– 주공의 공격에 의해 도주하는 적에 대한 퇴로 차단 임무를 수행하면서 주공과 함께 협격하여 적을 격멸하는 임무를 수행한다.

– 도주하는 적의 제2제대에 의한 역습이 실시될 수 있는데 이런 상황에서는 예비대에 의해 적의 역습을 격퇴하고 차단하게 된다.

- 공격간에는 측후방이 취약할 수 있으며 이때에는 측후방에 대한 경계, 지휘소 경계 등의 경계부대로 임무를 수행하게 되며, 공격로상에 대한 정찰대로 운용되어 기동로의 이상유무 및 적의 매복 등을 조기에 경고할 수 있게 한다.

예비대의 규모는 임무, 적 상황, 가용부대, 공격작전의 형태와 기동형태 등을 고려하여 융통성 있게 편성하여야 한다. 편성된 예비대는 적절한 위치에서 임무수행을 준비해야 하는데 주공지역에 우선적으로 투입될 수 있도록 위치를 선정해야 한다.

또한 경계제공이 가능하여 적의 관측과 사격으로부터 방호가 양호해야 하며 운용 예상지점에 신속히 이동할 수 있는 시간 등을 고려하여야 한다. 공격 중에 예비대를 투입할 경우에는 그 투입시기를 상급부대에 보고하여 승인하에 투입하여 상급부대 작전과 연계하여야 하며 이 경우에는 신예비대를 신속하게 편성하여 우발상황에 대비하여야 한다.

- **침투부대**

침투부대는 결정적인 전투를 전개하는 결전지역으로의 적 증원을 방지하기 위하여 적의 증원부대가 투입될 수 있는 주요 접근로를 통제할 수 있도록 임무를 부여하고 운용지점을 상황에 따라 통제하여 효과적으로 운용하여야 한다.

또한, 적 부대의 활동에 대한 적시적인 첩보획득, 종심지역에 위치한 적 예비대 및 화력지원 부대를 공격하며, 적 지휘통제 및 통신시설을 파괴하거나 습격하여 원활한 전투지휘를 방해하며, 보급지원시설 파괴 등으로 적의 작전지속지원 기능을 무력화 시키는 임무 등을 수행한다. 적 교란 및 와해 활동 등을 적극적으로 전개하여 적 전투력 발휘를 방해하여 결정적 목표달성에 기여할 수 있게 전투행동을 전개하여야 한다. 상급부대에서 운용하는 적지종심 작전과도 긴밀한 협조와 연계성 있게 운용하여 전체적인 작전에 기여하도록 임무를 수행하게 하여야 한다.

나. 공격작전의 목적

공격작전의 궁극적인 목적은 적의 전투의지 파괴이다. 공격작전이 추구하는 궁극적인 목적은 가능하면 무혈의 방법으로 승리를 이루는 것이 가장 중요하다는 것이다. 즉, 피아 공히 최소의 피해로 인명과 자원이 온전하게 된 상태에서 전투를 종결시키는 것을 궁극적인 목적으로 보는 것이다.

그 이외에 부가적인 목적으로는 적 부대 격멸, 중요지역 확보, 적 자원 탈취 및 파괴, 적기만 및 주의전환, 적 고착 및 교란 등을 들 수 있는데, 이것은 상급 지휘관 의도와 상급부대에서 부여한 명시과업 등을 고려하여 다양하게 그 목적을 염출하고 설정할 수 있다.

전술제대는 상급제대의 공격전투에 기여할 수 있도록 공격전투의 목적을 설정해야 한다. 상급제대의 공격명령을 수령하면 지휘관은 상급지휘관의 의도와 부여된 명시과업을 기초로 해당 제대의 공격작전 목적을 도출하게 된다. 작전목적은 제대의 규모에 따라 차이가 있을 수 있으나 일반적인 경우 적 부대격멸 또는 중요지역 확보 등을 작전목적으로 한다.

1) 적의 전투의지 파괴

적의 전투의지를 파괴하는 것은 공격작전의 궁극적인 목적이라고 하였다. 물론 적의 전투의지를 파괴하는 가장 빠르고 효과적인 방법은 적 부대의 격멸임은 분명한 사실이다. 그러나 이것은 피아의 대량피해를 감수해야만 한다.

앞으로의 전투는 가능하면 최소의 희생을 통한 전투 종결을 추구하는 것을 목표로 삼게 될 것이며 이것은 이미 공격작전의 목적에서도 '적 전투의지 파괴'라는 말로 나타나 있다. 그렇다면 어떻게 적의 전투의지를 파괴할 수 있을까?

적의 전투의지 파괴는 적 부대의 격멸을 통하지 않고도 주요 핵심시설과 전투를 지휘하는 지휘통제시설 등을 무력화함으로써 달성할 수 있는 것이다. 적의 전투의지 파괴라는 말은 최소한의 전투로 전투를 종결시키는 것을 말하는 것으로 이것은 아군의 피해를 최소화한다는 의미와 함께 적 병력에 대한 살상도 최소화한다는 것이다. 전투의지 파괴의 핵심은 피아를 막론하고 전투피해를 가장 최소화할 때 그 참다운 목적을 실현하는 것으로 가장 이상적인 공격작전의 목적으로 볼 수 있는 것이다.

2) 부대 격멸

부대 격멸은 적이 도주하지 못하도록 그의 행동의 자유를 아군이 원하는 장소에 고착시켜 이에 철저한 타격을 가할 수 있을 때 비로소 가능하게 된다. 이러한 상황이 계속 진행되게 되면 적의 도주로 이어지게 되는 것이고, 아군의 입장에서는 전과확대 또는 추격의 국면을 맞이하게 되고, 적은 전투의지를 상실하여 무질서한 패주가 계속되는 상황이 조성될 것이다. 만일 타격할 시기를 상실하고 적이 도주한 후 비로소 추격을 개시한다면 적을 추격하는데 그칠 뿐 결코 성공적으로 적을 격멸하지는 못할 것이다.

따라서 행동의 자유를 가지고 있는 적을 전장에 고착시키고 이를 격멸하기 위해서는 전투의 기능, 즉 적을 발견하는 정보기능, 적을 구속하는 고착기능, 적에게 타격을 가하는 타격기능, 그리고 전투를 완결시키는 전과확대 등을 적시적절히 구사하여야 한다.

이중 최대의 요건은 고착과 타격작용으로서, 이에 성공할 때 적을 전장에서 포착하여 섬멸할 수가 있다. 고착과 타격은 상호 불가분의 관계에 있다. 즉 아군이 적을 타격하기 위해서는 적이 타격할 장소에 있어야 하며, 이러한 조건을 성립시키기 위해서는 아군이 원하는 시기와 장소에 적을 고착시킬 수 있도록 적의 행동의 자유를 제한하는 작용이 필요하게 된다. 타격을 위하여 필요한 고착작용에는 적 부대의 이동 저지, 적의 재편성 저지, 적 전투력의 속도 및 방향 변경의 저지 또는 강요 등이 있다. 고착과 타격작용을 적용함에 있어서 포위 및 우회시에는 조공에 의해서 적을 정면에 고착시키고 주공으로 유리한 위치로 기동 및 타격하게 되며, 돌파시에는 조공에 의해서 적의 이동을 저지 및 고착시키고 주공에 의해서 타격 및 돌파하게 된다. 추격시에는 직접 압박부대에 의해서 간단없는 압박을 가하여 적의 전장이탈을 방지하고, 우회 부대가 적의 퇴로를 차단하여 적을 포위 격멸하게 된다.

3) 중요지형 확보

중요지형을 확보하는 것은 현행전투에서 주도권을 유지하고 차후작전 시 공격발판이 된다는 점에서 대단히 중요한 공격작전의 목적이다. 공격시의 중요지형은 통상 공격선 전방에 선정하게 되는데 상황에 따라서는 아군의 최초공격 시 공격발판이 될 수 있는 지형의 경우에는 후방에도 선정하게 된다. 부여받은 전투지경선 이외에서도 공격작전에 영향을 미친다고 판단되면 선정할 수도 있는데 이러한 경우에는 인접부대와 협조하거나 상급부대에 건의하는 등의 조치를 취한 후 선정하여야 한다.

중요지형은 공격부대가 부여받은 임무와 작전지역의 특성에 따라 선정대상이 정해지게 되는데 작전의 종류에 따라 다음과 같이 선정될 수 있다. 중요지형은 작전의 종류에 따라 그 대상이 달라질 수도 있다. 통상의 경우에는 주변을 통제가능한 감제고지 및 능선, 하천이 발달되어 있는 경우에는 도섭이 가능한 교량과 도섭 가능 지점, 작전지속지원 시설을 위치시킬 수 있는 적절한 공간이 있으면서 방호에 유리한 지형, 이용시 반드시 거쳐야 하는 교통의 요충지 등을 들 수 있다.

도시화의 급격한 진행으로 건물지역이 증가하는 추세인데 이러한 지역에서의 공격전투시에는 건물과 건물간에 형성되어 있는 넓은 공간, 주요도로와 철로 등을 통제할 수 있는 건물이나 주변 고지 및 능선, 주요 물품 및 생산관련 저장시설, 엄폐된 대피소 및 은신처 등이다.

산악지역에서는 주요 애로지역, 고지정상에 이르는 도로 및 소로, 주변의 험악한 지형 중에서 평탄한 지형으로 각종 시설을 배치할 수 있는 지역, 주변을 관측하고 화력운용에 용이한 지역 등을 선정할 수 있다.

공중기동작전 시에는 착륙예상지역은 반드시 선정하며 주변을 관측하고 병력 및 화력운용에 유리한 감제고지, 연결작전 시 유리한 도로 등을 통제할 수 있는 지역 등을 선정하는 것이 필요하다.

4) 적 기만 및 전환

적 기만 및 전환은 적의 오판을 유도함으로써 불리한 방향으로 빠져들게 하는 것을 말한다. 즉 적의 중요 전투력과 관심을 타지역으로 전환하도록 강요하는 것이다. 예를 들면, 공격시 주공방향을 기만하기 위하여 주공지역이 아닌 지역의 어느 한 지형을 목표로 하여 점령하게 하면 적은 그 지역으로 전투력을 집중하게 될 가능성이 높아진다. 이때를 이용하여 주공이 공격을 하게 되면 보다 유리한 여건을 조성한 것이 되며 주공의 성공 가능성을 높이는 결과가 되는 것이다. 이것은 통상 결정적인 여건을 조성하기 위한 임무를 부여받은 부대에서 시행하는 경우가 많은데 해당부대에서는 이것이 작전목적이 된다.

5) 적 고착 및 교란

적 고착 및 교란은 적이 어느 지역에서 부대의 전부 또는 일부를 타 지역에 운용하기 위해서 전환하는 것을 방지하는 것을 말한다. 즉 적이 계획한 대로 행동하지 못하도록 하는 것을 말한다. 한편으로는 적 지휘관이 아군의 능력, 배치, 기동 등을 오판하게 하여 불리한 상황으로 유인하는 등 적 전투력의 일부 또는 전부를 아군이 원하는 방향으로 운용하도록 강요하는 것이다. 적 고착 및 교란을 효과적으로 수행하게 되면 인위적으로 적의 약점을 조성할 수 있고 아군의 병력을 절약하는 효과를 얻기도 한다.

다. 공격작전의 특성과 이점

1) 선택의 이점

공격작전은 대규모작전 또는 소규모작전을 막론하고 공자의 의지에 따라 공격의 장소, 시기 및 공격의 수단과 방법 등을 부여받은 임무와 가용 전투력 등을 고려하여 자유로이 선택하는 이점을 갖고 있는 작전형태이다.

또한 공격은 적의 행동이 있은 후 반응하는 소극적인 전투행위가 아니라 적의 취약점을 능동적으로 발견하여 과감하고 적극적으로 공격하는 적극성을 견지한 작전인 것이다.

공격할 목표는 상급부대에서 선정하여 하달되기도 하지만 해당제대에서 선정하기도 한다. 목표는 뚜렷한 목적의식을 갖게 만들며 이것은 부대의 전 역량을 지휘관을 중심으로 집중하여 달성하려는 의욕이 발생하며 왕성한 전투행동으로 연결된다.

2) 기습의 이점

선택의 이점은 기습의 이점과 연계된다. 선정된 목표를 공격할 때 공자는 원하는 시간과 장소에 대하여 전투력을 집중시키게 되는데 이것은 적을 기만하는 동시에 기습적인 공격으로 작전의 주도권을 장악하기가 상대적으로 유리하다. 이처럼 공자는 자신의 의지에 따라 전투력 발휘가 가장 극대화 할 수 있는 시간과 장소를 선택하여 전투력을 집중하고 기습을 달성함으로써 전장의 주도권을 장악하는데 유리한 작전형태라고 할 수 있는 것이다. 기습이란 적이 전혀 예상하지 못한 시간과 장소에 대하여 다양한 방법으로 공격하는 것을 의미하는데 이것은 공자의 선택에 대한 자유의지로 가능한 것이다.

3) 기동의 이점

기동은 공격의 본질이라고 할 수 있다. 전투의 3요소에서 전투력은 움직이면 강해진다고 한 바 있다. 기동은 힘이 강해지게 만드는 작용을 하며 충격력을 가지며 이 충격력은 주도권으로 이어진다. 빠른 기동은 적을 혼란스럽게 만들며 도주하게 하는 무질서한 상황을 강요하여 승패에 절대적 영향을 미치게 한다. 흙먼지를 휘날리며 빠르게 기동하는 기계화부대의 위용은 보는 자체만으로도 힘의 충만함을 느끼게 하며, 여기에 더하여 강한 폭발음의 전차포탄 사격 등은 적의 전투의지를 상실하게 만들기도 한다. 제2차 세계대전 당시 독일군의 롬멜 전차군단이 아프리카 전역에서 그 위력을 자랑하였던 것도 빠른 기동의 이점을 이용한 것이었다. 기동은 충격력을 만들며 충격력은 적의 전의를 상실하게 만든다.

그러나 공자는 노출된 상태로 기동한다는 취약성을 가지고 있으며 기동시의 계속적인 노출은 생존성에 취약하며 이것은 각개격파 당할 우려가 크다는 약점을 갖고 있다. 또한 작전이 계속됨에 따라 공격을 개시할 때보다는 시간이 경과될수록 전혀 예상하지 못한 상황발생, 전장에서의 마찰 등으로 전투력이 저하되는 등의 불리한 상황이 계속 나타나게 된다.

전투의 진행에 따른 이러한 작전환경의 변화는 피아의 전세가 역전되는 불리한 상황에 빠질 수 있다. 전투력의 저하가 계속되면 작전한계점에 도달하게 되어 결국에는 방어하는 적의 공세행동에 의해 주도권을 상실할 위험이 있다. 이러한 약점 때문에 공격을 실시함에 있어서는 결정적인 시기와 장소에 상대적으로 우위의 전투력을 집중하여 신속히 적을 격멸시켜 전투를 종결하여야 하는 것이다.

4) 구심(求心)의 이점

공격의 특성은 목표를 향한 구심의 이점이 있다. 공격은 지휘관을 중심으로 목표에 대한 장병의 마음을 집중시키는 구심작용을 갖는다. 그러므로 공자는 선택의 이점을 이용하여 작전목적 달성에 유리한 목표를 선정하여야 한다. 선정한 목표에 전투력을 집중하게 하는 것이 구심력의 이점을 이용한 것이다. 즉 목표를 향한 기동에서 구심력이 작용하는 것이다.

여기에 비해 방자는 방어진지의 전면뿐 아니라 어느 한 곳도 안전하지 않으며 적이 언제 공격해 올지 모른다는 불안감을 갖게 하는 특성이 있다. 이것은 장병의 마음을 중심으로부터 이산시키는 이심작용을 갖게 만든다. 또한 방자는 항상 정신적으로 위축되고 불안에 싸여 언제나 전 정면에 전투력을 분산 배치해야 한다는 분산작용이 나타나게 된다.

따라서 공자는 적의 취약점을 발견하면 공자가 원하는 장소와 시기에 빠르게 기동하여 기습적으로 전투력을 집중하는 것이 필요하다.

이와 같이 공격작전은 공자가 전투를 종결할 수 있는 결정적인 목표와 공격의 시기 등을 결정하는 선택의 이점, 선택한 목표에 대한 기습의 이점 등을 갖고 있다. 또한, 기동의 이점을 활용함으로써 주동적인 입장에서 아군의 전투의지를 적에게 강요할 수 있으며 목표를 향한 기동은 구심의 이점으로 나타난다. 따라서 이러한 이점을 효과적으로 활용함으로써 전세를 지배할 수 있는 주도권을 확보하게 되는 것이 공격작전의 특성인 것이다.

라. 공격의 기능[37)]

공격행동에는 적의 위치를 확인하여 적을 그 장소에 고착시키는 기능, 적보다 유리한 위치를 확보하기 위하여 기동하는 기능, 그리고 결정적인 시기와 장소에서 적을 격멸하기 위하여 타격하는 기능 등 3개의 주요 기능이 있다. 공격부대는 적을 공격하여 이를 격멸하기 위해서는 적 의지의 자유를 구속하여 공자가 원하는 시기와 장소에 적을 고착시키고, 적을 타격하는데 유리한 위치로 기동함으로

37) 정호용, 「용병의 원리와 실제」, pp141 ~ 142.

써 결정적인 시기와 장소에 전투력 집중을 발휘하여 적을 격멸하여야 한다.

또한 공격시 수행할 과업에 따라 정립된 주공, 조공 및 예비 3개 전술기능이 있다. 주공은 공격의 주체가 되어 전투 목적을 달성하는 전술기능이며, 조공은 주공의 공격을 용이하게 하기 위한 전술기능이고, 예비는 상황의 변화 또는 예상하지 못한 사태에 대응하는 전술기능이다.

이와 같이 공격의 기능은 이론적으로 고착, 기동 및 타격의 3개 기능으로 분류되며, 그 실시는 주공, 조공 및 예비의 3개 전술기능에 의해서 발휘된다. 이러한 전술기능을 수행하는 것이 주공부대, 조공부대 및 예비대이다. 주공부대는 물론 조공부대나 예비대도 각각 적을 고착시키고 기동하며 타격함으로써 이들 전술제대가 달성한 성과의 누적에 의해서 공격의 목적이 달성되는 것이다.

즉, 주공 = 타격, 조공 = 고착, 예비 = 기동(지원) 이라는 한 개의 기능만을 수행하는 것이 아니라 위에서 말하는 3개의 주요기능을 모두 발휘하지 않으면 공격작전의 목적달성이 충분하지 않다는 것이다.

공격 기동형태에서 분류되는 포위, 우회, 돌파 및 정면공격 등은 공격의 고착, 기동 및 타격이라는 3개의 기능 중 기동기능에 해당한다. 즉, 공격의 기동형태는 기동을 통하여 지향하는 방향을 나타내며, 이때 고착기능 및 타격기능과 연계하여 공격작전의 목적을 달성하는 것이다.

2. 공격작전의 준칙

공격작전은 공자가 원하는 **시간과 장소**를 선정하는 선택의 이점이 있다고 하였다. 그 시간과 장소란 적이 가장 취약한 어느 시점과 지점을 말하며, 공자는 이를 적극적으로 활용하여 과감한 공격으로 **주도권**을 유지하여 공격작전을 성공시켜야 한다. 공격작전의 준칙이란 이에 대한 지침을 제공하는 것이라 할 수 있다.

준칙이란 어느 전술문제 해결을 위하여 기준이 되는 교리를 말하는 것으로 전투행동의 지침이라고 말할 수 있다. 이것은 지휘관들의 경험과 직관, 과거 전투에서의 경험을 분석한 내용 등을 종합하여 도출해 낸 군사적 전리(戰理)라고 볼 수 있는 것이다.

공격작전의 준칙이란 위와 같은 내용을 토대로 하여 공격작전을 계획하고 준비 및 실시함에 있어서 공자의 유리한 점은 극대화하고 불리한 점을 극복하기 위해 기본적으로 고려하여야 할 사항을 말하는 것이다. 즉, "적과 어떻게 싸워 이길 것인가?"에 대한 전투행동의 지침을 제시하는 것이라고 볼 수 있다.

가. 적의 강 · 약점 탐지

전투현장은 불확실성의 영역이라고 하였다. 불확실한 상황에서는 건전한 판단과 결심이 제한을 받게 된다. 불확실한 상황을 최소화하기 위한 방법은 부단한 전장감시이다. 전투현장의 지형은 대부분 처음 접하는 경우가 많을 것이며 적에 관한 내용도 제대로 모르는 경우가 많다. 전장감시는 이러한 불확실성을 제거하는 것이며 최종적으로 도출할 내용은 적에 대한 강 · 약점을 탐지하는 것이다.

부단한 전장감시를 통해서 **적의 약한 지점을 파악하여 전투력을 집중**할 지역을 선정하고 생존성 보장, 지휘통제의 적절성, 기동부대 협조의 용이성 등을 고려하여 목표에 이르는 가장 유리한 공격방향과 접근로를 결정해야 한다.

즉, 적의 강점은 회피 또는 최소화시키고, 적의 약점을 최대한 이용하는 전투를 구상하고 전투실시간에는 급변하는 상황변화에 능동적인 대처를 하기 위한 활동이 필요한 것이다.

적에 관한 첩보를 수집할 때는 적의 취약점을 발견하는데 주력하여야 하는데 이때는 적의 기만에 유의하여야 한다. 적은 특정지역을 의도적으로 취약하게 보이게 하여 공격을 유도할 수 있기 때문이다. 적의 취약점을 적시에 정확하게 파악한다면 결정적인 시기와 장소에 전투력을 집중하여 승리할 수 있으며, 아군의 위험도 감소시킬 수 있게 되어 전투력의 피해를 최소화시킬 수 있다.

적에 관한 첩보는 다양한 대상과 방법으로 파악해야 한다. 상급부대 및 지원부대, 인접부대는 우선적인 대상이다. 지원부대의 경우에는 다양한 감시장비를 운용하는 부대도 있으므로 적극적으로 협조하고 활동하면 보다 정확하고 적시적인 첩보수집이 가능하다. 또한, 작전지역 인근의 지역주민, 획득한 포로 등 가용한 자원을 적극적으로 활용해야 한다. 자체적으로는 정찰대 및 침투부대를 과감하게 운용하여야 하며 예하부대로부터도 획득할 수 있다.

또한 적 전술 교리를 근거로 적에 관한 사항을 알고 이에 대비하여야 한다. 이와 함께 적 지휘관의 입장에서 방어목적과 이를 위한 방어진지 편성 등을 분석하여 적의 기도를 통찰하여야 한다.

공격간에는 뜻하지 않은 방향에서 적으로부터 기습을 받을 수 있는 상황이 예상될 수 있다. 따라서 보다 유리한 공격을 위해서는 적의 방어배치뿐만 아니라 적의 행동을 예측하는 능력이 필요하다. 예를 든다면, 종심상에 배치된 적 부대가 어느 방향을 통하여 증원될 것인가? 등에 관하여 가용한 수단과 방법을 활용하여 이에 대한 분석도 필요한 것이다.

적을 알고 이에 대비한다는 것은 적의 부대배치에 관한 사항뿐만 아니라 위에서 언급한 적의 예상되는 행동까지도 포함한다는 것이다. 또한, 이를 적극 활용한다는 것은 작전의 성공 확률을 높일 수 있는 요건이 된다. 공격이 개시되면 전장환경은 수시로 급변하게 되며 지휘결심 및 부대운용에 지대한 영향을 미친다. 지휘관은 수집된 첩보와 정보에 대하여 군사적 전문지식과 건전한 판단력을 바탕으로 적에 관한 상황을 명찰해야 하며, 예하부대의 행동을 적시적절하게 통제하여 약점과 과오의 발생을 방지해야 하며 전투력을 집중할 지점을 식별해야 한다. 지휘관은 변화하는 상황에서 능동적이고 적극적으로 전투를 지휘해야 하는데 이를 가능하게 하는 것은 적을 알고 있을 때이다.

이를 위하여 지휘관은 공격의 전 과정을 통하여 작전지역을 부단히 관찰하여, 적의 약점을 지속적으로 탐지하여야 한다. 최초에는 약점으로 식별한 지점이 강한 지점인 경우도 발생할 수 있는 것이다. 첩보의 불확실성과 적의 의도된 행동 등으로 잘못된 판단은 수시로 발생할 수 있는 것이다. 그러나 이러한 잘못된 판단을 끝까지 인식하지 못한다면 그것은 나의 약점과 과오가 되어 치명적인 결과가 됨을 알아야 한다.

손자는 그의 병법 모공편에서 "지피지기(知彼知己) 백전불태(百戰不殆) 부지피이지기(不知彼而知己) 일승일부(一勝一負) 부지피부지기(不知彼不知己) 매전필태(每戰必殆), 적을 알고 나를 알면 백번 싸워 위태롭지 않다. 적을 모르고 나만 알면 한번은 이기고 한번은 진다. 적도 모르고 나도 모르면 싸울 때 마다 반드시 위태롭다." 라고 하였다. 전장에서 적을 안다는 것은 전술의 기초이며, 작전성공의 불가결한 요건이 되는 것을 강조한 말이다.

전례 : 조림산 반격전 (경북 신녕)

① **작전개요 :** 1950. 9. 17 ~ 22 / 제6사단 제2연대, 북한군 제8사단

② 상 황

○ 낙동강 방어선이 형성된 이후 신녕 지역에서 전개된 피아의 공방전은 1950년 8월 중순부터 1개월 여간 계속되었다. 북한군은 신녕을 공격, 점령한 후 대구로 진출하려는 시도를 포기하지 않은 듯, 9월 14일에도 전 전투력을 집중하여 아군 제6사단(준장 김종오) 방어지역을 공격해 왔다.

○ 한편 그동안 이 지역에 가해진 북한군의 공격을 저지해오던 아군 제6사단은 9월 15일 유엔군 및 국군의 인천상륙작전 성공과 함께 심기일전하여 다음날부터 개시된 총반격작전에 가담하였다. 사단장은 9월 16일 08:00를 기하여 전방연대에게 무제한 공격명령을 하달하고, 제7연대(대령 임부택)를 우일선, 제2연대(대령 함병선)를 좌일선으로 전개하여 신녕 북쪽의 요지인 조림산을 공격하여 점령하게 함으로써 반격전의 선제 주도권을 장악하려고 하였다.

○ 제2연대는 사단장의 명령에 따라 9월 16일 08:00에 공격을 시작하여 17:00 경에는 349고지와 332고지를 탈환하고 적을 조림산 쪽으로 격퇴하였다.

③ 작전경과

○ 제2연대는 전날의 여세를 몰아 9월 17일 08:00부터 조림산을 탈환하기 위한 공격을 시작하였다.

○ 북한군은 조림산 서남쪽 2km 지점에 있는 아치동 일대와 남쪽 1km 지점의 능선 일대에서 방어선을 강화하고 아군의 공격을 저지하였다. 따라서 여기서 피아간에는 치열한 접전이 전개되었는데, 예상과는 달리 공격부

대의 초반전진은 원활하지 못하였다. 그래도 연대는 집요하게 야간공격을 가하여 다음날 03:30부터 아치동의 적을 격퇴시키고 인접 제7연대와 함께 조림산으로 후퇴하는 적을 추격하였다.

○ 조림산으로 잠입한 적은 고지 정상을 거점으로 방어진지를 강화하고 다시 저항하기 시작했다. 여기서도 아군의 포위전은 큰 진전을 보지 못하고 다음날인 9월 19일에도 공격은 계속되었다. 그러나 공자에게 불리한 조림산 일대의 지세적인 조건과 예상을 벗어나는 적의 완강한 저항에 부딪혀 공격력이 저하되기에 이르렀으므로 연대는 하는 수 없이 현 진출선에서 전선을 정리하고 적의 반격에 대비하였다.

○ 연대장은 부대를 다시 남쪽 고지로 철수시켜 진지를 구축케 하는 한편, 제반 상황을 재검토하였다. 그는 지형상의 요지를 확보하고 저항하는 적에 대해 정상적인 공격방법을 사용하는 것은 전투력의 손실만을 초래하게 할 뿐, 소기의 목적을 당성하기 힘들 것으로 판단하고 현상 타개를 위한 방책을 강구하게 되었다.

○ 연대장은 이날 밤에 연대 내에서 동원 가능한 차량 170여대를 집결시켰다. 그리고 연대 기간요원들을 선두 차량과 후미 차량에 나누어 탑승시킨 후 신녕 북쪽으로 전진시켰는데, 갈 때는 헤드라이트를 켜고 군가를 소리 높여 부르게 하고 돌아올 때는 헤드라이트를 끈 채 침묵하도록 하였다. 이렇게 한 것은 적으로 하여금 조림산을 공격하기 위한 아군의 대규모 증원부대가 신녕 북쪽에 투입되는 것으로 오판토록 하려는 것이었으며 이 야간차량 행군은 3회에 걸쳐서 반복되었다.

○ 다음날 연대는 전 병력을 돌격제대로 하여 09:00부터 조림산에 대한 공격을 감행하였다. 연대장이 기대했던 대로 적은 주병력을 신녕 북쪽으로 전환하였던 관계로 큰 저항을 받지 않고 공격부대는 무난히 목표를 점령할 수 있었다.

④ 결과/교훈

○ 지휘관의 상황판단과 결심은 전투의 승패를 가름하는 결정적인 요인이므로, 지휘관은 전황이 유리할 때와 불리할 때를 막론하고 전 작전지역에

대하여 부단한 전장 관찰을 시도해야 한다. 그리고 이러한 전장 관찰을 통해 적의 취약점 및 취약해질 가능성이 있는 부분을 탐지하여 공격작전이 성공할 수 있는 방책을 강구하여야 한다. 전장을 잘 관찰하는 지휘관일수록 아군의 위험성 및 피해를 감소시킬 수 있으며, 결정적인 시기와 결정적인 장소에 전투력을 투입할 수 있는 것이다.

전례 : 끊임없는 전장관찰로 적 기도파악

○ 한국전쟁 초기 미 제 8군사령관 워커장군은 서울이 실함될 무렵, 북한군 제 3 및 제 4사단에 이어 그 뒤를 뒤쫓아 오던 제 6사단이 그 후 2주간이나 행방을 감쪽같이 감춰버리자 이를 찾기에 고심하였다. 그런데 이때 북한군 제 6사단은 특수임무를 띠고 서해안축선을 따라 호남지방으로 신속히 우회하면서 이 지역의 지도자급 주민들을 무참하게 학살하고 있었다.

○ 그러나 아군은 금강 남쪽에서 서해안을 따라 남하하고 있는 병력을 항공정찰로 발견하고는 이들을 적 제 4사단일 것이라고 추정하고 있었다. 워커 장군은 적의 남하속도가 너무도 빨라 항공정찰을 계속하면서 한편으로는 정찰대를 적과 접촉시켜 적의 정확한 단대호를 알아내고자 했으나 이에 적합한 가용부대가 없었다. 그리하여 워커 장군은 일본 구주에 기지를 두고 있던 제5공군의 일부를 대구로 이동시켜 항공정찰을 강화하였다.

○ 그 결과 적은 시속 5km로 전진하고 있으며 그 선두는 진주 부근에 도착하고 있다는 정보를 획득할 수 있었다. 날이 갈수록 정체를 알 수 없는 적 집단으로부터 미 제 8군의 좌측방에 대한 위협이 증가되자 워커 장군은 미 제 24사단을 진주방면으로 투입할 것을 결심하고 처치 사단장에게 "완전히 개방된 진주를 방어하라" 고 명령하였다. 이 때 미 제 24사단은 대전전투에서 심한 타격을 받아 사단장이 행방불명이 된 채 70%의 장비 손실을 입고 재편성을 위해 김천일대에 집결하고 있었으나 이곳으로 이동해 온지 불과 하루 만에 다시 진주방어에 투입되었다. 미 제 24사단은 위기일발의 긴박한 상황하에 놓인 진주로 신속히 기동하여 북한군 제 6사단의 동진을 4일간이나 저지하고, 미 제 8군 좌측방에 대한 적의 위협을 배제하였다.

○ 이와 같은 워커 장군의 끊임없는 전장관찰 노력과 이에 따른 적 기도의 간파 및 신속한 부대운용은 미 제 8군 서측방의 위급한 상황을 적시에 극복할 수 있게 하였다. 만일 워커 장군이 북한군 제 6사단의 행방에 대한 관찰을 소홀히 하였더라면 낙동강 전선의 전투 양상은 달라졌을 것이다.

나. 전투력 집중

전투력 집중이란 아군의 전투력을 **결정적인 시간과 장소**에 신속히 집중시켜 적보다 상대적인 전투력의 우세를 달성하는 것이다. 여기에서 말하는 결정적인 시간과 장소는 적의 가장 약한 장소이며, 적의 전투력 발휘가 가장 제한받는 시간을 말한다. 이를 달성하기 위해서는 결정적인 시간과 장소를 식별하는 능력이 전제되어야 한다. 공격하는 부대의 전투력은 무한한 것이 아니라 유한한 것이라고 하였으며 언젠가는 소멸되는 힘의 원리를 갖는다고 하였다. 따라서 적의 약한 부분에 전투력을 집중하여 적보다 상대적인 우세를 달성하여 공격하여야 한다. 이것이 전승의 기본원리인 우승열패에 따라 전투력을 운용하는 것이다.

집중은 분산과 대비하여 생각해 볼 수 있는 말이며 전투력의 집중이란, 적보다 월등히 우세한 전투력 발휘를 뜻한다. 적보다 우세한 전투력 집중을 위해서는 적은 분산시키고 보유하고 있는 전투력은 최대로 결집함으로써 달성할 수 있다.

전투력을 집중시키는 방법으로 전술제대를 주공과 조공으로 구분하여 그에 따른 임무를 부여하여 운용하는 방법 등으로 달성할 수 있다. 또 다른 하나의 전투력 집중의 방법은 적의 전투력을 분산시켜 아군의 전투력을 상대적으로 우세하게 하는 방법이 있다. 적의 전투력은 분산시키고 나의 전투력을 집중시킨다면 집중의 효과는 더욱 상승할 것이기 때문이다.

전술제대를 주공과 조공으로 편성하는 등의 적절한 운용과 임무부여로 전투력을 집중하는 방법은 다음과 같다. 즉, 조공의 전투력을 절약하여 주공에게 집중하는 방법이다.

- 전투편성에서 주공과 조공을 구분하여 **주공에 전투력을 집중**하여 편성한다.
- 임무달성을 위한 **결정적인 목표를 선정**한다. 결정적인 목표라는 것은 부여된

단일 목표를 탈취하게 되었을 때 가장 효과적으로 기여하는 목표를 말하는 것이다. 즉 가장 효과적으로 전투를 종결시킬 수 있는 목표를 말한다.

• **주공에게 협소한 정면을 부여**하여 대적할 적에 비해 상대적으로 우세한 전투력 집중이 이루어지게 하여야 한다.

• 주공에 대하여 **추가적인 전투력 할당 및 각종 지원화력의 우선권을 부여**하여 집중을 달성할 수 있다.

이와는 다른 방법이 적의 전투력을 약화시키는 것인데, 이것은 앞에서 설명한 분산을 의미하는 것으로 다음과 같은 방법으로 적의 전투력을 분산시킬 수 있다.

• **소규모 침투부대** 운용으로 제한적 타격임무를 부여하여 적의 후방을 교란함으로써 적의 전투력을 분산시킨다. 적의 후방에 침투부대가 있다는 것을 인지하게 되면 종심에 위치한 적의 지휘통제 시설, 작전지원지속 시설 등은 심각한 타격의 위협을 받게 된다. 당연히 적은 이들 시설을 방호하고 침투부대를 격멸하기 위하여 예비대를 투입하는 등의 노력으로 적의 전투력은 분산하게 되는 것이다.

• **상급부대 및 자체화력**을 이용하여 적의 전투력을 약화시킬 수 있다. 이것은 물리적인 방법으로 적 병력 및 자원에 대하여 직접적인 격멸을 통하여 적의 전투력을 저하시키는 방법이다.

• **사격과 기동**을 통하여 적의 전투력을 특정지역에 고착시키거나 분산을 유도할 수 있다. 주공의 공격에 앞서 조공지역에서 제한된 목표를 공격하는 방법 등이다. 조공을 이용한 적극적인 공격행동으로 적을 고착시키고 종심상에 위치한 적의 예비대를 유입되도록 하여 주공이 지향할 방향에서의 적 증원을 제한하게 할 수 있다.

• **적에 대한 강약점 탐지**를 통하여 적의 방어진지상의 강점을 식별하여 최소 전투력으로 강한 적은 고착견제하거나 아군이 유도하는 방향으로 적의 전투력을 전환하도록 유도하여 적의 전투력을 분산시키는 방법 등이 있다.

이러한 전술행동이 추구하는 바는 집중과 분산의 조화에 중점을 두는 것이다. 집중과 분산의 방법을 적절히 적용하여 상대적으로 우세한 전투력으로 전장감시를 통해 식별한 적의 가장 취약한 적진지를 공격하여 성공 가능성을 높여야 하는 것이다.

그러나 중요한 것은 아무리 전투력 집중을 성공적으로 이루었다고 하여도 적의 약한 지점을 식별하지 못하거나 오판한 상태에서 전투력을 집중하면 효과는 반감될 뿐 아니라 작전의 실패를 초래할 가능성까지 있다는 것이다.

적에 대한 강약점 탐지로 집중할 지점을 선정하였다고 하여 반드시 그 지점이 약하다고는 볼 수 없다. 그것은 적의 기만에 의해서 약한 지점으로 오판한 결과일 수도 있는 것이다.

적의 약점에 전투력을 집중하여 공격할 때 기습의 효과까지 추가된다면 그 성공가능성을 더욱 극대화할 수 있다. 그러므로 목표에 근접할 때까지 적극적으로 적을 기만하여야 하며, 신속한 기동력의 발휘로 결정적인 시간과 장소에 전투력을 기습적으로 집중하여야 한다. 또한 전투력 집중은 공격준비보다는 공격실시간에 더 많은 관심을 가져야 한다. 전투상황은 수시로 변화하게 되는 것이므로 최초 식별한 적의 강점과 약점도 전투상황의 진행에 따라 예비대 투입, 증원 등의 영향으로 수시로 변할 수 있는 것이다. 따라서 전투실시간에도 적의 강약점을 지속적으로 파악하여 적의 약점과 과오가 발견되면 호기를 상실하지 않고 전투력을 집중하는 유연성과 대담성을 함께 갖추어야 한다.

이를 위해서는 다소의 위험을 감수하더라도 합리적이고 정확한 판단을 기초로 계산된 모험을 할 수 있는 대담성과 추진력이 있어야 한다.

전례 : 328고지 전투 (경북 칠곡)

① **작전개요 :** 1950. 8. 14 / 제1사단 제15연대, 북한군 제3사단

② **상 황**

○ 북한군은 38도선에서 기습 남침을 개시한지 30여일만인 7월 하순에 낙동강선까지 남하하게 되었다. 대구 정면에 주공을 지향한 적 제 3사단은 8월 낙동강 대안의 약목일대에서 도하를 개시하여 강기슭에 있는 고지를 점령하고 교두보를 확보하려고 시도하였다. 이들은 8월 14일 04:00경에 곡사포, 박격포 및 전차포의 집중사격을 퍼부으면서 1개 연대 병력이 328고지를 공격하여 이를 점령하였다.

○ 제 1사단은 8월 13일에 육본의 전선 정비명령에 따라 Y선(왜관 동북방 303고지-328고지-수암산-유학산-신주막-중구동에 이르는 방어선)을 점령하였다. 그리고 사단의 좌일선인 제15연대는 8월 5일부터 328고지를 방어하고 있었는데, 8월 14일에는 적 1개 연대의 공격을 받아 그동안 선전 분투한 보람도 없이 이 고지를 피탈당하고 말았다.

③ 작전경과

○ 아군이 328고지에서 후퇴하자 연대장은 이 고지를 탈환하기로 결심하고 각 대대를 재편성하는 한편, 연대가 집중할 수 있는 모든 전투력을 동원하기 위해 최선을 다했다. 그는 공군에서 파견된 전술항공통제장교인 천봉식 중위에게 항공지원을 요청하였다. 또한 포병관측장교에게도 포격을 요청하였고, 좌 인접인 미군 제 1기병사단과도 화력지원을 협조하였다.

○ 464고지 일대에서 제1, 제3대대는 재편성을 끝내고 주먹밥으로 점심을 대신하였다. 연대장은 대대장들에게 반격의 준비명령을 내렸는데 가급적 대대공격보다는 중대병력의 특공대를 편성하여 공격하라고 지시하였다. 이것은 관측과 사계가 양호하므로 대규모 공격부대는 적에게 쉽게 발견될 뿐만 아니라 집중되는 포격으로 큰 피해를 입기 때문이었다. 그리하여 각 대대에서는 특공대를 3개 소대씩 편성하여 주로 수류탄 공격에 주력하도록 하였다.

○ 연대의 공격에 앞서 미 공군 F-51 무스탕 전폭기 2개 편대(8대)가 교대로 약 30분에 걸쳐 목표지역에 네이팜탄을 투하하고 기총사격을 가하였다. 16:00에는 제1, 제3대대의 특공대가 공격을 개시하여 좌우 측방에서 가파른 고지를 기어오르기 시작했다. 제3대대 정면은 경사가 완만하고 접근로가 평평하여 사방에서 공격하기가 비교적 용이했지만, 제1대대 정면은 W형의 날카로운 두 줄기의 능선이 급경사를 이루고 있어 기동하기가 곤란하였다.

○ 날씨는 삼복더위가 계속되어 움직이는 병사들의 몸은 온통 땀으로 젖었다. 따라서 목표 점령을 위해서는 수류탄이나 실탄 못지않게 물이 필수품이었다. 특공대원들은 대부분이 개전이래 싸워온 용사들이었지만, 적의

사격을 피하고 눈두덩 위로 빗물처럼 흐르는 땀을 훔쳐가며 일보 이보 산을 오를 수밖에 없었다.

○ 적은 일단 확보한 고지를 사수하려는 듯 결사적으로 저항하였다. 중기관총, 경기관총, 다발총 그리고 수류탄 투척으로 아군의 전진을 저지하려 하였다. 엄폐물이 거의 없는 지형에서 고지로부터 내려 퍼붓는 적의 화력은 가히 위력적인 것이었다.

○ 아군은 정찰기로 하여금 적의 진지를 관측하여 포격을 유도하고 쉴 사이 없이 적진에 포격을 가하여 적의 화기를 파괴하였다. 이와 같이 하여 적의 전력을 서서히 소모시켰는데 드디어 해가 질 무렵엔 적 화력의 기세가 꺾이었다. 이때를 놓치지 않고 아군은 공격을 감행하여 제3대대의 특공대가 수류탄전 끝에 고지 좌측의 정상을 점령하고 적을 격퇴시켰고 이어서 고지 우측의 제1대대 특공대도 적을 제압하고 정상인 328고지를 확보하였다.

④ 결과/교훈

○ 아군이 이 전투에서 목표 탈취에 성공한 요인은 몇 가지가 있겠으나, 그 중에서도 특히 연대가 사용할 수 있는 화력을 최대한 동원하여 협조시키고 집중할 수 있었던 것이다.

○ 공자는 통상 방자보다 원하는 시간과 장소에 전투력을 신속히 전환하여 집중할 수 있는 이점을 가지고 있다. 따라서 공자가 적의 취약한 지점에 적이 대응 전투력을 갖추기 전에 전투력을 집중 투입하면 승리의 가능성은 더욱 높아진다.

○ 328고지 전투는 사용 가능한 전투력 중에서 특별히 화력을 최대한 집중시키고 특공조를 적절히 통제함으로써 작전에서 성공한 교훈을 주는 대표적인 전투의 하나라고 할 수 있다.

다. 기 습

전쟁수행을 지배하는 근본적인 원리를 전쟁원칙[38]이라고 하는데 모든 국가에서 통일된 공통의 원칙을 갖고 있는 것은 아니다. 그것은 해당 국가별로 다양한 작전환경과 상이한 여건을 갖고 있기 때문이다. 그러나 대부분의 국가에서 공통적으로 포함하고 있는 전쟁원칙 중의 하나가 기습이다. 또한 주요 전략가들과 명장들도 전쟁은 물론이고 전투의 성공을 위한 하나의 필수요소로 기습을 선정하는데 주저하지 않는다. 이처럼 기습은 전투는 물론이고 전쟁에서도 승리를 보장해 주는 주요 원리로 동서고금의 전쟁과 전투사례에서 입증되었다는 것을 말해주는 것이다.

기습의 장점은 약한 전투력이라고 하더라도 강한 적을 격파하는데 있다. 기습을 성공시키게 되면 전투력의 균형을 일거에 역전시킬 수 있으며 적은 노력에 비해 성과는 더욱 크게 나타나게 된다. 기습은 적이 모르도록 해야 성공 가능성을 높일 수 있다. 그렇기 때문에 기습이란 적이 예상하지 못한 시간, 장소, 방법으로 적에게 타격을 가하는 것을 말하며 이것이 기습의 핵심이다. 또한 기습은 적이 예상하지 못했거나 알았다 하더라도 대응하기에는 이미 늦은 상태가 되어야 성공하였다고 할 수 있는 것이다.

공격작전을 성공시키기 위해서는 이와 같이 적이 전혀 예상하지 못한 시간과 장소 그리고 방법으로 공격하여 기습효과를 달성하고 이 효과를 계속 유지 및 확대 하여야 한다. 각급부대는 기습달성을 위하여 치밀한 계획과 준비, 작전보안 대책 강구 및 창의성 발휘 등 다양한 방법으로 적을 기만함으로써 기습의 효과를 증대시킬 수 있도록 해야 한다. 방어하는 적의 가장 취약한 시기, 방어의 강도가 낮은 지역, 경계가 소홀한 지역 등은 방자의 약점이며 이것을 이용하여야 기습을 성공시킬 수 있다. 기습은 작전의 주도권을 장악하는데 가장 효과적이며, 공격작전은 기습의 이점을 적극적으로 활용할 때 확실한 성공을 보장받을 수 있다.

기습의 성공을 위해서는 기습의 효과를 유지 및 확대할 수 있는 힘을 발휘할 수 있어야 하며, 기습에 실패했을 경우에도 즉각 다음 행동으로 전환할 수 있는 준비를 갖추고 있어야 한다. 기습의 방법에서 장소, 시간, 방법에 의한 3가지를 고려해 볼 수 있다.

---

38) 전쟁원칙은 나폴레옹 전쟁 후에 조미니에 의해서 발전된 것이다. 미국은 1921년에 최초로 전쟁 원칙을 육군규정으로 발간하였다.

1) 적이 예상하지 못한 시간에서의 기습이다.

북한의 6.25 남침은 일요일 새벽이라는 점에서 시간적 기습이었다. 그 후에도 낙동강 전선까지 약 3개월간이나 공격의 주도권을 장악했다는 점에서 성공한 기습이었다고 볼 수 있다.

2) 적이 예상하지 못한 장소에서의 기습이다.

전선이 형성된 낙동강에서 인천까지는 대단히 먼 거리에 해당되며 인천 앞바다는 조수간만의 차이가 큰 특징이 있어 북한군은 인천에서의 상륙은 크게 제한된다고 판단하고 있었다. 그러나 맥아더는 인천이라는 불리한 장소를 상륙장소로 선정하여 기습적으로 작전을 감행하였는데 이것은 장소적 기습이었다. 이 역시 적이 예상하지 않은 장소에 상륙하여 적의 후방을 차단하였다. 그 결과 적은 전의를 상실하고 무질서한 패주를 하게 되었으며 작전의 주도권은 일시에 유엔군이 장악하였다. 그 후 중국군의 참전이 있기 전까지의 약 3개월 동안 작전의 주도권을 유지하면서 압록강 초산까지 진격하게 된 것은 기습의 성공이었다고 평가할 수 있다.

3) 새로운 전법이나 무기를 사용하는 방법에서의 기습이다.

한국전에서 중국군은 야간공격에 앞서 피리, 나팔 등을 사용하여 유엔군에게 심리적으로 공포와 불안감을 갖게 유도하였다. 유엔군 병사들은 야간에 처음 접하는 기분 나쁜 소리를 듣게 되자 심리적 위축작용으로 전투에서 많은 고전을 하게 되었다. 비록 원시적인 차원에서의 방법이지만 사기를 저하시켜 전의를 상실하게 한 효과 등은 방법에서의 기습으로 볼 수 있다. 제2차 세계대전 말기에 연합군이 일본에 사용한 원자탄의 경우도 기술적 기습에 해당한다. 일본은 히로시마와 나가사키의 원자폭탄 투하로 연합군에게 무조건적인 항복을 하게 되었다. 독일군은 제2차 세계대전 당시 빠른 속도를 바탕으로 하는 전격전이라는 전술을 개발하여 연합군에게 막대한 타격을 가하였다. 이것은 방법에 있어서의 기습이었다.

이 모두가 기습을 통하여 주도권을 확보하겠다는 것이었으며 상대적 전투력의 우위를 획득하고자 하는 목적이 있었다.

전례 : 매포리 기습전 (충북 단양)

① 작전개요 : 1950. 7. 7 ~ 8 / 제 8사단 제 10연대 제 1대대, 북한군 제 8사단

② 상 황

○ 북한군의 작전기도는 남진을 재촉하여 죽령 일원의 험준한 산악지대에서 국군을 포위 격멸하고, 안동을 조기에 탈취코자 하는데 있었다. 따라서 그들은 7월 6일에 사단 전방지휘소를 제천 남쪽 약 15km 지점에 있는 매포리 부근으로 추진하고 1개 연대규모의 병력을 이 부근에 배치하였으며, 그 주력은 제천에서 전열을 정비하고 있는 것으로 판단되었다.

○ 이 무렵 국군은 차령산맥과 소백산맥에서 적을 저지하는 한편, 이동중에 있는 미 제 25사단과 제 1기갑사단의 전개와 함께 공세이전하기로 하고 전선의 조정에 주력하였다. 이때 제 8사단은 지휘소를 단양에 설치하고 단양-풍기-영주-안동 선에서 지연전을 전개하게 되었다. 그리고 예하 제10연대(중령 고근홍)는 단양 역전에 지휘소를 개설하고 그 주력은 단양 초등학교에서 공격을 준비하고 있었다.

○ 한편, 남한강을 건너온 피난민들을 통해 적의 사단 전방지휘소가 매포초등학교에 설치되고, 그 부근에는 경계병이 거의 없으며, 주력은 제천에서 남침 준비를 서두르고 있다는 첩보를 획득하게 되었다. 사단장은 이 첩보 제공자를 확인한 후 1개 대대로 하여금 적의 사단지휘소를 기습하기로 결심하였다. 기습공격의 임무는 제 10연대 제1대대(소령 박치옥)가 맡게 되었다.

③ 작전경과

○ 공격명령을 받은 제 1대대는 7월 7일 23:00경에 단양을 출발하였다. 아군이 남한강을 건너오면서 교량을 폭파하였으므로 대대는 공병중대의 지원을 받아 다음날 05:00경에 강을 건너 북상하였다. 특히 기습효과를 증대시키기 위해 대대는 제 2중대 선임장교(중위 유학성)가 지휘하는 첨병소대의 유도를 받았다. 그리고 이미 적이 점령하고 있는 것으로 예상되는 천주봉

(579고지)을 우회하여 금속산(1,015고지) 계곡의 현고리-하리-상리-송현을 거쳐 각기동 서쪽 계곡에서 공격준비를 갖추면서 휴식을 취한 다음 04:00 경에는 공격 목표인 매포초등학교가 내려보이는 평동리로 진입하였다. 이 때 제 18포병대대는 공격대대의 직접지원태세를 갖추는 한편 요란사격을 계속하고 있었다.

○ 04:00에 평동리 남쪽 능선으로 진출할 대대장은 정찰대의 보고를 통해 매포초등학교에 적의 사단사령부가 위치해 있다는 것과 북쪽의 757고지 및 그 동남쪽의 265고지에 증강된 1개 중대 규모의 경계부대가 분산 배치되어 있음을 확인하였다. 그는 사단지휘소에 대한 정면공격 임무를 제2중대에게 부여하고, 제1중대는 그 뒤쪽의 적 경계 병력이 배치된 고지를 우회공격하게 하며, 제 3중대는 대대 예비로써 267고지를 확보하여 적의 반격에 대비하면서 제 2중대의 공격을 지원하게 하는 작전계획을 세우고 공격명령을 하달하였다.

○ 대대가 공격을 실시한 시간에 매포초등학교 운동장에는 10문의 소구경포와 100여두의 견인용 말, 그리고 소형 장갑차와 보급품을 가득 실은 수 대의 트럭 등이 즐비해 있었다. 그러나 적은 남한강으로부터 북쪽 깊숙한 곳에서 위치해 있다는 안도감 때문인지 경계를 소홀히 하고 병사들은 깊은 잠에 빠져 있는 듯 하였다.

○ 목표 100m 전방의 제방으로 접근한 제 2중대는, 약정된 신호에 따라 공격을 개시한 81㎜ 박격포의 사격에 호응하여 4정의 기관총과 6문의 2.36인치 로케트포 그리고 20여정의 유탄발사기 등 전 화력을 목표에 집중하였다.

○ 불의의 기습을 받은 적은 당황하여 군장도 제대로 갖추지 못한 채 우왕좌왕하다가 쓰러졌다. 다만 257고지에 있던 1개 소대규모 정도의 적이 소총과 기관총을 난사하면서 저항을 시도하였으나, 329고지의 동쪽 능선으로 우회한 제1중대가 급습하자 그들도 분산 도주하였다. 이 틈에 목표 50m 전방에서 한 차례 사격을 퍼붓고 일제히 돌격을 실시하였다.

④ 결과/교훈

○ 기습은 적이 예상하지 못한 시간과 장소 및 방법으로 적을 공격하는 것이

성공을 보장한다. 기습의 장점은 적은 노력으로도 성과는 크게 낼 수 있다. 그러나 불명확한 상황에서 기습을 실시할 만한 계기를 포착하는 일은 대단히 어려우며 불충분한 정보를 바탕으로 중대한 결심을 해야할 경우가 대부분이기 때문에 자칫 잘못하면 좋은 기회를 잃게 되기도 한다. 이 전투에서 국군은 적의 약점을 재빨리 간파하여 신속하고 과감한 공격을 실시함으로써 적에게 예기치 못한 타격을 줄 수 있었다. 그 결과 적의 사단 전방지휘소를 파괴하여 거의 기능을 마비시킬 정도로 성공을 거두었던 것이다.

라. 적 방어체계의 균형 와해

적의 방어체계의 균형와해는 정상적인 방어기능을 억제시켜 혼란을 조성하기 위한 활동을 말하는 것이다. 적의 지휘체계는 판단을 흐리게 하며, 직접적인 방어수행을 담당하는 부대는 상호협조 등이 원활하지 않게 만드는 등의 조직적이고 체계적인 공격활동을 통해서 적 방어체계의 균형을 와해시킬 수 있다.

즉, 적 전투력의 원천이라고 할 수 있는 적의 병력, 화력지원체계 등에 대한 조직적인 방어활동을 방해하기 위한 행동을 말하는 것으로 주요 표적을 공격 시작이전 또는 공격과 동시에 조기에 제압하는 것이 필요하다. 적의 주요 표적이라는 것은 적의 입장에서 볼 때 전투지휘와 전투수행에 있어서 중추적인 역할을 담당하는 조직을 말하는 것이다. 대표적인 시설로는 적의 지휘감시소 등 지휘 및 첩보수집 수단, 공격부대에 화력을 유도하는 관측소와 각종 화력지원 수단, 기동에 현저한 방해를 하는 적의 주요 화기진지 및 경계부대 등을 말한다.

이러한 주요 표적에 대해서는 정상적인 기능을 저하시키거나 제거하는 것이 필요하다. 이를 위해서는 침투부대를 운용하여 사전에 제압하거나 화력을 유도하여 조기에 격멸하는 등의 선제적이고 과감성 있는 조치가 필요한 것이다. 또한 주요 기동로 상의 견부고지 등은 기동여건 조성을 위해 반드시 확보해야 하며 사전에 침투부대 등을 운용하여 선점하는 등의 조치로 전투의 주도권을 확보하기 위한 한발 빠른 전술적인 조치가 이루어져야 한다.

마. 중요지형지물의 조기 통제

중요지형지물의 조기 통제는 공격의 성패에 중대한 영향을 미치게 한다. 공격에 있어서의 중요지형지물이란 공격하는 아군이 그것을 탈취하거나 확보하게 되었을 시는 전투력 발휘와 차후 전투에서 현저한 이점을 주는 지형을 말하는 것이다. 반대로 적이 계속 확보 시에는 적의 방어력 발휘에 유리하며 방어체계에 현저한 이점을 주는 지형을 말한다. 이는 피아전투에 결정적인 영향을 주는 지형과 건축물 등을 말하는 것이므로 반드시 조기에 통제, 확보 또는 탈취가 필요하다.

중요지형지물은 관측과 사계, 은폐와 엄폐, 기동, 각종 지원 등 작전에 유리한 영향을 미치게 되므로 조기에 통제, 확보 또는 탈취하여 이점을 최대한 이용하여야 한다. 공격작전을 계획 시에는 이러한 중요지형지물을 적절히 선정하여야 하며, 이를 목표로 부여하여 공격하기도 한다.

만약 중요지형 상에 적이 배치되어 있을 경우에는 조기에 공격하여 신속히 확보 또는 탈취하여 차후전투에 유리한 여건을 보장하여야 한다. 중요지형지물을 조기 통제하기 위해서는 아군과 적군의 입장에서 전투력 발휘에 유리하며 반드시 관심을 가져야 할 지형과 지물을 선정하여 이에 대한 통제대책을 강구하여야 한다. 대표적으로 생각해 볼 수 있는 것은 아군의 공격을 위한 전투력 발휘가 유리한 고지 또는 능선 등이며, 적이 확보시 아군의 기동에 심대한 지장이 있는 고지 등을 선정하여야 한다. 또한 인접부대와의 전투지경선 등에도 관심을 가져야 한다.

중요지형지물은 전투수행에 있어 피아의 작전활동에 현저한 영향을 주는 지형이므로 병력, 화력, 장벽, 기타수단 등으로 계속적으로 확보하거나 통제하여 적의 사용을 차단시키는 활동 등이 필요하다.

중요지형지물의 조기통제는 보다 유리한 위치에서 공격할 수 있는 여건을 마련하는 활동이 되는 것이다. 즉, 이러한 적극적이고 선제적인 조치는 전투력 집중과 공격의 주도권 확보에 크게 영향을 미친다. 그러므로 공자는 작전지역에 대한 치밀한 정찰활동, 각종 첩보 등을 토대로 하여 이에 대한 정확한 분석과 피아전투에 결정적인 영향을 미칠 수 있는 중요지형지물을 적절히 선정하고 지속적인 확보로 공격작전의 여건을 보장하여야 한다.

전례 : 김일성 고지 전투 (강원 양구)

① 작전개요 : 1951. 9. 5 ~ 16 / 제 5사단 제 27연대, 북한군 제 27사단

② 상 황

○ 공산측의 제의에 응하여 전쟁 종결을 위한 휴전협상이 시작되었으나 이 회담은 처음부터 난관에 부딪혔다. 이때 아군이 전선에서 다시금 제한된 북진을 감행하게 된 것이 1951년 추계공세이다. 이 공세의 결과 1951. 8월말 현재 아군은 서부의 미 제 1군단이 철원-금화선에, 중부의 미 제 9군단이 금성 남방에, 중동부의 미 제 10군단이 가칠봉을 연하는 선에 그리고 국군 제1군단이 남강-작봉에 이르는 선에 도달하였다. 이 선을 연하면 중동부의 미 제 10군단 정면에서 가장 진출이 저조한 것으로 나타났는데, 그것은 태백산맥의 해발 1,000m가 넘는 고지군들의 지세가 험준하여 적이 방어하기는 용이한 반면에 아군이 공격하기는 극히 곤란하였기 때문이었다.

○ 북한군 제2군단 예하의 제 27사단은 9.1 현재 가칠봉 및 1,211고지(김일성 고지)일대를 사수하라는 김일성의 엄명에 따라 결사적인 방어를 하고 있었다. 국군 제 5사단은 1951년 4월 이후 주로 미 제 10군단에 배속되어 횡성, 인제, 원통, 양구 등지를 거치며 북한군과 접전을 계속해왔다. 그리고 도솔산을 연하는 전선으로 전진한 후로는 8.31에 미 제 2사단과 함께 가칠봉 일대를 공격하여 점령하였다. 그 후 계속해서 이 지점으로부터 1.3km 서북 지점에 있는 1,211고지를 공격하게 되었던 것이다.

③ 작전경과

○ 9월 5일 01:00 제 2중대는 이 고지에 대한 기습을 기도하고 은밀히 전진했으나 적의 경계선에 부딪혀 교전이 전개되었다. 중대장은 제1, 제2소대를 좌우로 전개시켜 협공하였으나 적이 완강하게 저항하므로 더 이상 전진을 할 수 없었다. 이번에는 81㎜ 박격포 사격을 단시간 내에 실시한 후 일제히 돌격을 감행하자 적은 분산 퇴각하였고, 아군은 03:25에 적의 경계진지를 점령하였다.

○ 공격제대인 제 3대대는 04:30에 가래덕이를 출발하여 07:30에는 제 2중대가 점령한 전진진지로 진출하였다. 그러나 전면에 있는 1,143고지를 점령치 못하였기 때문에 공격기동이 불리하게 되었다. 대대장은 우선 대대에서 전투력이 강한 제 10중대로 하여금 08:00에 1,211고지에 대한 첫 공격을 실시하게 하였다. 중대장은 지형을 분석한 결과 1,211고지를 향해 6시 방향으로 뻗어있는 능선을 따라 정면공격을 하기로 하고 30분의 공격준비사격에 이어 전진을 시작했다. 공격부대는 7부 능선까지는 순조롭게 진출했으나 여기서부터 적의 사격을 받기 시작하였고, 8부 능선에 이르러 돌격을 감행했을 때는 적의 기관총을 비롯한 각종 화력이 집중되어 중대원들의 피해가 증가되었다. 중대장은 다시 부대를 수습하여 재공격을 반복하기를 세 번이나 하였으나 중요지형인 1,211고지의 6시 방향 능선을 확보하지 못하였고 그 결과 주봉인 1,211고지는 공격을 할 수 없었다.

④ 결과/교훈

○ 제 5사단 제 27연대의 김일성 고지 공격전은 9월 5일부터 9월 16일까지 3차에 걸쳐 전개되어 한차례 목표를 점령하기도 했으나 결국은 실패로 돌아가고 말았다. 그리고 9월 17일부터는 제 35 및 제 36연대가 계속 공격을 감행하였으나 무려 41일간의 8차의 공격에도 끝내 이 고지를 확보하지 못했다. 그 후 이 정면을 담당한 다른 부대들도 휴전시까지 확보를 위한 많은 노력에도 악명의 상징인 김일성 고지점령에는 성공하지 못하였던 것이다.

○ 공격시 공격부대는 주요지형을 조기에 통제하여 그 이점을 최대로 이용해야 한다. 중요지형은 관측과 사계, 은폐와 엄폐, 기동, 각종 지원 등 작전에 유리한 영향을 미친다. 또한 아군의 경계 소요를 감소시키고 적의 도주나 증원을 방지하여 적을 격멸하는데 기여하므로 공격시 대부분의 전투는 중요 지형을 조기에 통제하는 것이 반드시 필요하다.

바. 종심 깊은 적 후방 공격

적 후방지역은 지휘통제시설과 전투지원부대 및 작전지속지원시설이 배치되어 있으며 이러한 시설은 작전을 지휘하고 통제하는 기능과 작전의 지속성을 보장하는 중요한 임무를 수행하는 시설이다. 인체로 말하면 신경의 중추부에 해당하는 중요한 시설로 볼 수 있는데 그 중요성에 비해 경계에는 취약한 경우가 많다.

따라서 종심에 위치한 적의 이러한 시설에 대해서는 경계의 취약성 등을 적절히 활용한다면 성공적으로 공격하기에 유리한 측면을 갖고 있다. 또한 이러한 중요시설에 대한 공격이 성공한다면 보다 신속하게 공격작전을 성공시키는 유리한 조건을 확보하게 되는 것이다.

종심 깊은 적 후방공격은 통상 공격부대가 최초진지를 돌파하고 종심으로 성과를 확대하는 경우에 실시하게 된다. 이를 위해 공격부대는 최초진지상의 적 부대 격멸, 약한 측익 조성, 기동로 상에서의 중요지형 확보 등을 통하여 종심으로 기동할 수 있는 여건을 조성하여야 한다. 또한 적이 대응하기 이전에 주공 또는 예비대를 신속하고 대담하게 적 후방으로 기동시켜야 한다.

이외에도 수색부대, 침투부대 등을 운용하여 전 종심에서 동시적인 공격이 되도록 하여야 한다. 적 지휘 및 통제시설과 전투지원부대, 작전지속지원시설을 습격, 파괴 및 교란하게 되면 적은 심리적 패배로 전투의지를 상실하게 된다. 이러한 상황이 조성되면 적은 방어진지를 포기하고 철수를 강요당하게 되며 이로써 공격작전을 성공적으로 수행할 수 있게 된다.

종심 깊은 적 후방에 대한 과감한 공격의 중요성은 현대전의 특성으로도 설명할 수 있는 부분이다. 현대전은 정보통신기술의 발달로 인하여 지휘통제 능력은 더욱 확장되었으며 이에 따라 지휘통제시설에서 전장을 통제하는 영역도 크게 확장되게 되었다. 또한 과거의 선형전투 개념에서 비선형 전투의 가능성이 크게 증대되었으며 다양한 전투력의 통합화가 가능하여 발휘되는 전투력은 더욱 강력해졌으며 전투력 발휘의 방향도 과거에는 전방 위주로 지향되었던 반면 현대는 입체적인 방향으로 지향되고 있다.

이러한 특징은 피아 공히 다양한 방향에서 강력한 전투력으로 적을 위협하는 것이 가능해졌다고 볼 수 있다. 따라서 현대전에서 승리하기 위해서는, 가용한 전 전투력을 최대로 발휘하여 전 종심에 걸친 공격으로 적의 입체적인 방어력 발휘가 곤란하도록 전체적인 방어조직을 교란시키는 것이 필요하게 되었다. 더욱 중요한 것은 일시에 붕괴되도록 하여 전투력의 통합 발휘를 원천적으로 봉쇄하여야 한다는 것이다.

이를 위하여 공격제대는 신속한 기동력을 바탕으로 과감한 돌파나 포위작전으로 충격력과 기습효과를 종심깊게 확대하여야 한다. 이러한 전투활동은 종심지역에 위치한 적 후방부대 및 후속부대를 과감하게 격파하여 방어의 지속성을 파괴하게 되며 통합적이고 조직적인 전투력 발휘를 제한하게 만드는 것이다.

전례 : 의성전투 (경북 의성)

① **작전개요** : 1950. 9. 24 / 제 8사단 제 21연대, 북한군 제 15사단

② **상 황**

○ 북한군 제 15사단과 국군 제 8사단은 9월 중순 영천대회전에서 공방전을 벌였던 부대들이다. 그런데 이들의 관계는 9월 15일을 기점으로 하여 완전히 달라졌다. 영천에서는 적 제 15사단이 공격하고 아 제 8사단이 방어하는 입장이었다. 그러나 인천상륙작전의 실시와 더불어 전 전선에 걸쳐서 아군이 총반격을 실시한 이후로 9월 하순에서는 아 제 8사단이 공세를 취하고 반대로 적 제 15사단이 수세에 몰리게 되었던 것이다.

○ 적은 영천 북쪽으로 퇴각하기 시작하면서 재편성의 기회를 얻고자 국부적인 반격으로 아군의 진격을 저지 또는 지연시키려고 시도하였다. 그러나 아군은 파죽지세로 정면의 적을 격파하면서 반격을 거듭하였고, 이에 따라 제 2군단의 우일선인 제 8사단도 의성-안동-영주선을 담당하여 무제한 진격을 계속하였다. 그리하여 제 8사단 주력인 제 21연대(대령 김용배)는 9월 20일에 보현산(1,124고지) 일대에서 완강히 저항하는 1개 연대 규모의 적을 공격하여 완전히 격파하고 다시 구산동 남쪽 고지 일대에서 격전을 치른 다음, 패주하는 적을 추적하여 9.23에는 담당 전투지역내에 제1차 진출 예정선인 의성 남쪽까지 진출하게 되었다.

③ 작전경과

○ 의성 남쪽에 있는 일련의 야산에 방어진지를 구축하고 아군의 전진을 저지하려는 북한군에 대한 공격은 9월 24일 05:30경에 시작되었다. 적에게 재편성의 기회를 주지 않고 계속적인 압력을 가하기 위해서는 공격을 잠시도 늦출 수가 없었던 것이다. 제 21연대장은 지금까지 적을 추격해오던 공격의 기세를 이용하여 연대 전부대를 돌격제대로 삼아 적진을 향해 쇄도해 들어갔다.

○ 한편, 적은 공격 선두 부대가 방어진지에 접근하기 전부터 포화를 퍼부었다. 이 당시 이곳 의성에서는 북한군 제 2군단사령부가 위치해 있었다. 북한군은 전선이 뒤로 밀리면서 군단사령부까지 위협을 받게 되자, 군단장 김무정 중장은 사색이 되어 직접 권총을 빼어들고 패주하려는 부하들을 위협하면서 독전을 실시하였다. 따라서 비록 후퇴하고 있는 적이긴 하지만 최후의 발악적인 저항 때문에 아군의 진출은 용이하지가 않았다.

○ 그런데 제 21연대가 혼전을 거듭하고 있는 동안에 연대의 우일선 공격제대인 제 3대대가 구산동-의성을 연하는 912번 도로를 건너 적 방어선의 좌단을 바라보며 중리동 야산을 따라 신속히 북상하였다. 그리고 09:00경에는 3대대가 의성 북쪽에 있는 수개의 고지들을 점령하였다.

○ 이곳에서는 의성 일대를 한눈에 내려다 볼 수 있을 뿐만 아니라 의성-안동, 의성-청송을 연결하는 도로를 감제할 수가 있었다. 따라서 이곳만 확보하고 있으면 의성 남쪽에서 아군의 진출을 저지하며 접전을 벌이고 있는 북한군의 퇴로를 차단할 수 있게 되는 것이었다. 그렇지 않아도 낙동강 방어선에서부터 지금까지 패주를 거듭해온 적은 이렇게 후방의 위협을 받게 되자 전의를 상실하고 혼란을 일으키게 되었다.

○ 이 사이에 기회를 포착한 제 21연대는 포위망을 압축하면서 적을 섬멸할 기세로 공격에 박차를 가하였다. 남쪽으로부터 아군 주력부대의 공격을 받고 북쪽으로부터는 아군 제 3대대의 압력을 받게 된 적은 더욱 당황하여 이 포위망을 뚫고 혈로를 열기 위해 반격에 반격을 반복함으로써 의성 주위에서는 피아간에 치열한 백병전이 전개되었다.

○ 이날 11:00경에 이르러 제 21연대 선두부대는 적이 설치한 장애물을 제거

하면서 의성 읍내로 돌입하기 시작하였는데, 이와 같이 아군의 위세 앞에 적은 혼비백산이 되어 도주하였다. 아군은 적을 급히 추격하여 포위와 차단, 돌진과 타격으로 적에게 활로를 주지 않았으므로 의성 읍내와 주변 일대에는 적의 시체가 쌓이게 되었다. 약 6시간 동안의 혈전 결과 아군은 완전한 승리를 거두었던 것이다. 전장으로 변하여 황폐한 의성은 다시 아군의 수중에 들어왔으며 이에 따라 영천에 있던 제 8사단사령부가 이곳 의성읍으로 옮겨 오게 되었다.

④ 결과/교훈

○ 의성전투는 아군이 인천상륙작전과 때를 맞추어 총 반격전을 실시한 직후의 전투로써 적은 아직도 남한점령 내지 현 전선유지라는 미련을 버리지 못하고 있었다. 따라서 아군의 반격에 저항하려는 의지도 아직 살아 있었기 때문에 아군의 공격시도는 많은 출혈을 강요당하였다. 그러나 의성전투에서 아군이 결정적인 승리를 얻게 되자, 적은 저항 의지를 잃고 부대를 재정비할 시간 여유도 얻지 못한 채 북으로의 패주를 계속하게 되었던 것이다.

○ 방자의 후방은 일반적으로 적의 공격에 대처할 준비가 되어 있지 못한 경우가 많다. 또한 대부분 지휘소, 작전지속지원시설 등이 배치되어 있으므로 취약하기 마련이다. 따라서 공격부대가 병력, 화력 또는 기동으로 적의 후방을 공격한다면 정면 공격의 경우보다 적은 노력으로 적을 크게 와해시킬 수 있고 임무를 성공적으로 달성할 수 있게 될 것이다.

사. 공격기세 유지

공격작전은 전투의 주도권 장악에 상대적으로 유리한 작전형태라고 하였다. 공격의 전 과정을 통하여 강력한 공격기세를 유지하는 것은 공격의 목적을 신속하게 달성하게 하며, 이것은 주도권의 지속적인 확보를 의미한다. 또한 공격기세를 유지하는 것은 주도권을 장악하여 최초 달성한 성과를 극대화함은 물론이고 적에게 계속적인 압박을 가하여 효과적인 대응능력을 박탈하여 불리한 상황에 빠진 적이 그 상황에서 벗어나지 못하도록 하는 것이다.

공격을 개시하게 되면 속도를 발휘하여 기습의 효과를 달성할 수 있도록 하여야 하며, 결정적인 목표에 대해서는 전투력을 집중하여 강력한 공격기세를 계속하여 유지하여야 한다.

공격기세를 유지하기 위해서는 지속적인 기동과 화력지원이 수반되어야 하며 이를 위해서는 화력과 기동을 밀접히 협조시켜야 가능하다. 따라서 기동과 화력을 보장하는데 필요한 전투력과 적절한 전투지원 그리고 작전지속지원이 후속되어야 공격기세 유지가 가능하다.

공격작전이 계속됨에 따라 적 화력에 의한 취약성이 증대되므로 공격부대는 전투력 보존을 위한 생존성 보장에 대하여 계속적인 조치와 관심을 유지하여야 한다.

공격기세가 지속적으로 유지되게 되면 적의 방어력은 급속도로 저하되며 이로써 적의 방어체계의 균형도 와해된다. 공격기세를 계속하여 유지하기 위해서는 최초공격의 성과를 신속히 확대하는 것이 필요하다. 따라서 적에 대해 계속적인 압박을 가함으로써 적에게 대응할 시간과 기회를 주지 말아야 하고 적의 방어체계를 혼란시켜 조직적인 방어력이 와해되도록 하는 것이 중요하다.

공격하는 부대가 전방의 적으로부터 강력한 저항을 받으면 이를 우회하여 신속히 후방으로 돌진함으로써 적의 약점에 전투력을 집중해야 한다. 공격의 기본은 적의 약점에 기습적으로 전투력을 집중하여 성공 가능성을 높여야 한다. 이를 위한 방법으로는 강력한 적과 조우하게 되면 우회하는 등의 전투행동이 필요하며, 이러한 방법도 공격기세를 유지하는 하나의 방법인 것이다. 또한, 종심상의 목표에 대한 공격기세 유지를 계속하여 적으로 하여금 포위상황 등으로 인식하도록 하여 심리적인 부담을 주어 적의 조직적이고 체계적인 방어력 발휘가 와해되도록 해야 한다.

전례 : 104고지 전투 (서울 수색)

① **작전개요** : 1950. 9. 21 / 해병 제 1연대 제 1대대, 미상

② 상 황

○ 9월 15일 인천상륙작전에 성공한 아군은 곧바로 인천을 장악한 후 경인가도를 따라 서울을 향한 진격을 시작하였다. 그리하여 9월 17일에는 부평, 9월 19일에는 소사 및 영등포, 그리고 9월 21일에는 김포 및 강화도에 진입할 수 있었다. 이 당시 북한군은 유엔군의 기습적인 인천상륙작전으로 당황한 중에서도 민족보위상인 최용건을 서울 방위사령관으로 임명하여 지금까지의 패배를 만회하여 보려고 애쓰고 있었다. 그들은 서울을 끝까지 확보할 목적으로 약 2개연대의 병력을 경인가도에 투입하여 아군의 진출을 저지하기 위해 발악하였다.

○ 이러한 상황에서도 아군은 공격의 기세를 살려서 적을 격파하고 서울을 향한 진격에 박차를 가하였다. 이 기간중에 나타난 적의 저항은 집요하였고, 아군의 손실 또한 적지 않아서 고전하는 경우가 많았으나 대세는 이미 적의 패주로 기울어지고 있었다.

○ 미 해병 제 1연대(대령 풀러)는 영등포 방면에서 계속 분전하고 있었고, 미 해병 제 5연대(대령 머레이)는 9월 20일 새벽 행주 나루터에서 한강을 도하한 후 서울 서측방에서 압력을 가하였다. 그리고 국군 해병 제 1연대(대령 신현준)은 9월 20일 00:30경에 수색을 무혈점령 한 후 104고지 선까지의 진출을 시도하게 되었다.

③ 작전경과

○ 공격부대로는 한국 해병 제 1대대(소령 고길훈)가 중앙을 담당하고, 미 해병 제 5언대 제 1대대(중령 뉴턴)가 좌측을, 제 3대대(중령 타플렛)가 우측을 담당하여 서로 공격 대형을 유지하면서 적의 주 방어진지를 돌파하려고 하였다.

○ 공격은 9월 21일 14:00에 시작되었다. 고지 앞을 흐르고 있는 사천과 개활지는 적에게 유리한 자연 장애물이 되는 반면, 아군에게는 기동에 많은 지장을 초래하였다. 또한 104고지가 성루 방어를 위하여 매우 중요한 지점인 것을 알고 있는 적은 이러한 유리한 지형을 이용하여 각종 화기로써 준비한 방어진지를 견고하게 구축하고 아군의 공격에 미리부터 대

기하고 있었다.

○ 해병 제 1대대의 주공인 제3중대(중위 이봉출)는 공격준비사격과 연막차장을 이용하여 신속하게 개활지를 통과하고 순식간에 104고지 하단부에 도달하였다. 그리고 곧 적의 진지에 돌입함으로써 백병전이 전개되었다. 적의 저항은 완강하였고 그들의 최후 발악은 극도에 달하여 백병전은 유례없이 치열하였다.

○ 그러나 지금까지의 성공적인 전투로 사기가 오른 아군 해병대원들의 공격기세에 밀린 적은 방어선을 돌파 당하게 되자 진지를 버리고 104고지 뒤쪽에 있는 고지로 패주하고 말았다. 따라서 해병 제 1대대는 18:30에 이 고지를 완전히 장악하게 되었다. 지형적인 불리, 적의 발악적인 저항 때문에 아군에게도 적지 않은 피해가 있었으나 결과적으로는 예상보다 빠른 시간에 목표를 점령하였던 것이다.

④ 결과/교훈

○ 한국 해병 제 1대대는 병력과 장비면에서 특별히 우세하지도 않으면서 불리한 지형조건을 극복하고 적을 공격하여 전장의 중요지형을 차지하는데 성공하였다. 더욱이 교육훈련면이나 실전 경험면에서 미숙한 해병대가 비록 패색이 짙기는 하였으나 발악적인 적을 상대로 싸워서 그만한 승리를 거둘 수 있었던 것은 앙양된 사기, 공격기세의 유지에서 비롯된 것으로 평가할 수 있겠다.

○ 공격기세 유지는 아군의 공격 행동에 대응할 수 있는 여유를 적에게서 박탈함으로써 공자의 자유를 확보케 하여, 공자의 의도대로 작전을 진행시켜 결정적인 성과를 달성케 했다. 작전의 주도권은 공격기세 유지를 통해 획득될 수 있으며 설사 방자의 입장에 있다고 해도 항상 공세를 획득하기 위한 적극적인 자세가 필요하다. 수세적인 입장에 서게 되면 작전의 주도권을 잃고 사기도 저하되며 위기를 극복하는 저항력도 약화되므로 동일한 병력과 장비로서 공세를 유지하고 있는 부대보다 그 전투력은 훨씬 떨어지게 되는 것이다.

3. 공격작전 형태

공격작전의 형태는 **접적전진, 급속공격, 정밀공격, 전과확대, 추격**이 있으며 순차적인 진행단계를 갖고 있지는 않다. 전투상황에 따라 형태가 결정되는 것이며, 일반적으로 말하는 공격작전은 정밀공격을 의미한다. 그러나 어느 형태를 막론하고 **주도권을 장악**하는 것이 최우선적으로 고려되어야 한다는 공통점을 갖고 있다. 그것은 작전의 성패(成敗)를 좌우하기 때문이다.

공격작전은 공격준비로부터 접적전진, 급속공격, 정밀공격 및 전과확대 단계를 거쳐 최종적으로 추격의 형태로 전개되는 것이 일반적인 과정이다. 이러한 공격작전의 형태는 일정한 단계를 거치면서 순서에 따라 변화하는 것이 아니며 다양한 전투상황에 따라 그 형태를 나타내게 된다. 즉, 공격작전의 형태는 지휘관의 상황판단 결과에 따라 적 부대 격멸을 위한 지휘관의 의지가 나타난 결과물로 볼 수 있는 것이다. 예를 들면 접적전진에서 적과 조우하게 되면 반드시 정밀공격을 하는 것이 아니라 상황에 따라 전과확대 또는 추격으로 바로 전환될 수도 있다는 것이다. 이러한 공격작전 형태의 변화는 지휘관이 현 상황을 어떻게 판단하고 필요한 조치를 취하느냐에 따라 달라진다. 이와 같이 공격작전의 형태는 지휘관의 상황판단을 토대로 하여 연속적으로 전개될 수도 있는 것이며, 상황에 따라서는 특정 공격작전의 과정을 거치지 않고 진행될 수도 있다.

따라서 지휘관은 시시각각으로 변화하는 전장상황에 대하여 항상 지속적인 전장감시로 호기를 놓치지 않고 적절한 공격형태를 과감하게 적용하여 성과를 극대화 할 수 있어야 한다. 이를 위해서는 무엇보다도 현 상황을 정확하게 분석하고 판단하는 지휘관의 판단력과 적시에 공격 형태를 변경하는 부대운용의 신속성이 있어야 한다. 또한 상하급 지휘관들과의 일치된 전술관 등이 필요하며 이러한 능력은 평시부터 부단한 노력을 기울여 함양하여야 한다.

가. 접적전진

전투의 성립은 상대가 존재할 때 이루어지는 것이므로 적과의 접촉을 유지한다는 것은 전투를 위한 전제 조건이 되는 것이다.

접적전진의 목적은 적과 접촉이 단절된 상태에서 적과의 접촉유지[39]를 위하여 실시하거나, 적과 접촉할 우려가 있을 경우에 적 방향으로 전진하면서 보다 유리한 여건을 조성하고 행동의 자유를 유지하기 위해서 실시하는 작전형태이다.

접적전진의 중점은 목적을 구현하기 위한 적과의 접촉이 우선적으로 이루어져야 하며, 일단 적과 접촉하게 되면 조기에 적에 대한 상황을 파악하여 주도권을 획득하도록 하는데 그 중점을 두어야 한다.

접적전진 중에 있는 부대가 적과 접촉하게 되면 조우전으로 전환되게 된다. 조우전의 성공은 불명확한 상황이라는 특수성이 존재하는데 이러한 조건을 극복하고 주도권을 확보하기 위해서는 조건반사적이고 신속 과감한 전투행동이 요구되게 된다. 적과 조우하게 되면 가능한 한 최소한의 부대로 조우하도록 함으로써 접적피해를 최소화할 수 있도록 하여야 하며, 본대의 충분한 전투시간이 보장되도록 하여야 한다.

최초 접적부대는 즉시 화력을 지향하여 적의 전투력을 무력화시키도록 노력하고 상대적으로 유리한 중요지형을 선점하여 주도권을 확보하는 것이 대단히 중요하다. 그 후 적을 제압하면서 충분히 전개하여 주력부대의 신속한 투입을 용이하게 할 수 있도록 해야 한다. 최초접적 시 접촉부대의 역량으로 충분히 적을 제압할 수 있다면 주력부대는 지체없이 신속하게 차후작전을 위하여 전진하여야 한다.

접적전진 시 유의할 점은 적의 지상공격에 대한 위협뿐 아니라 공중으로부터의 위협정도도 판단하여야 하는 것이다. 따라서 적과 접촉 시 신속하게 전개하여 대응할 수 있는 대형을 유지하며 지형을 적절히 활용하면서 전진해야한다.

조우전은 접적전진 중인 부대에서 통상 발생하게 되는데, 전투를 위하여 충분히 전개하지 못한 상태이며 적에 대한 정확한 위치와 규모는 물론이고 이를 증원하는 적 부대 등에 관한 상황 등에 있어서 불충분한 정보를 가질 수밖에 없는 특징이 있다. 조우전은 이동하던 중 정지간에 이루어질 수도 있으며 이동중 발생할 수

39) 적 부대의 위치 및 적의 작전활동 상황을 간단없이 식별하기 위하여 아군부대가 적과 충분히 접촉할 수 있도록 필요한 행동을 취하는 작전활동을 말한다.

도 있는데 기선제압이 전승의 요결이 된다. 따라서 급작스럽게 발생한 상황에서 지휘관은 다양한 수단을 강구한 즉각적인 기습공격으로 적을 압도해야 한다.

조우전은 적보다 유리한 상황을 유지하는 것이 중요하며, 일단 적과 접촉 시에는 망설임 없이 조직적이고 체계적으로 선제적인 화력을 집중함으로써 적을 제압하는 것이 중요하다. 조우전은 조우되는 순간부터 주도권을 지배하여야 하며 이것이 조우전의 성공을 보장하는 것이라 할 수 있다.

조우전이 발생하는 공격작전의 형태는 어느 형태에서나 예상할 수 있다. 즉 정밀공격 시에도 공격개시선을 출발하여 전진하던 부대가 적의 경계부대와 접촉하게 되면 이러한 상황도 조우전으로 볼 수 있다는 것이다.

그렇기 때문에 조우전은 어떠한 형태의 작전에서도 발생할 수 있다는 것인데 특히 가장 선두에서 전진하는 경계제대의 특성을 고려해 보면, 경계제대에서 발생하는 경우가 높게 나타나게 된다. 이를 위하여 각급제대 지휘관은 항상 지속적이고 부단한 전장감시를 통하여 적정을 파악하고, 중요지형은 신속하게 점령할 준비를 하여야 하며 화력지원태세를 유지하는 것이 조우전의 성공을 위한 기본 조건이다.

조우전이 발생하게 되면 지휘관은 즉각적으로 신속하게 상황을 판단하여야 하며 통상 다음과 같은 조치를 취하게 되는데, 임무와 적 부대의 규모, 가용부대 등을 고려하여 이중 어느 하나를 선택하여 조치를 취하여야 한다.

① 적과 최초 접촉한 접촉부대가 적을 격멸할 수 있는 능력이 가능할 시는 접촉부대가 적을 제거하게 하고 본대는 계속 전진해야 한다.

② 적의 규모와 전투력이 강력하여 접촉부대의 자체능력으로 격멸 불가시는 접촉부대는 적을 고착견제토록 하고 본대가 적을 우회하여 격멸하게 한다.

③ 적이 준비된 진지에서 조직적인 방어를 한다면 면밀한 계획을 수립한 후 정밀공격을 실시하여 적을 격멸하게 한다.

④ 부대능력으로 제압이 불가하거나 본대가 우회 불가능시는 상급부대에 보고하고 조치 시까지 급편방어를 실시하면서 적을 고착한다.

접적전진 시 각 제대는 임무수행에 위협이 없는 적은 접촉부대로 하여금 제거 또는 고착 견제시키고 본대는 계속 전진하거나 우회하여 공격의 템포를 상실하지 않도록 유의해야 한다. 이때 지휘관은 즉시 적의 위치와 규모를 보고하여야 하며 곡사화기의 지원으로 접촉부대를 지원하여 적을 격멸하도록 조치하여야 한다.

나. 급속공격

급속공격은 부대가 충분한 공격준비를 갖추지 않은 상태 하에서 부정확한 첩보에 의하여 적과 접촉 즉시 최소의 계획으로 실시하는 공격작전의 형태이다. 급속공격은 행군종대로부터 또는 성공적인 방어로부터 실시되기도 한다.

부대가 적과 접촉하면 신속히 적정을 파악하고 급속공격의 실시여부를 결정하여야 한다.

급속공격의 목적은 조기에 주도권을 장악하여 적 부대를 격멸하는 것이다.

급속공격의 중점은 주도권을 장악하고 공격기세를 유지하는 것이다. 급속공격은 속도를 대단히 중요시 하는데 그것은 공격기세를 유지하는 핵심이 속도이기 때문이며 주도권을 계속적으로 유지할 수 있기 때문이다.

급속공격 시 지휘관은 적의 취약점을 파악하고 강력한 화력지원수단을 통합하여 적을 제압하여야 한다. 효과적인 제압을 하기 위하여 적의 기도를 제한시켜 상호지원을 못하도록 적을 교란시키고 적의 전투력 발휘를 약화시켜야 한다. 조우한 적의 저항이 강해서 제압하고 통과할 수 없을 때에는 적 방어의 약한 곳에 집중 공격하여 적의 약점을 확대시켜 그 지점으로 돌파하여 포위하는 등의 적극적인 전투를 할 수 있어야 한다.

급속공격 시에 적용되는 준칙은 정밀공격과 동일하며, 특히 적에 대한 첩보가 부족한 상태이므로 이에 대한 감시활동 등에 부단한 노력을 기울여야 한다. 급속공격은 속도발휘가 중요하므로 모든 명령은 통상적으로 단편명령을 통하여 하달된다. 이 명령에 의하여 최초 접촉부대는 포병화력 등의 지원 하에 접촉 중인 적 부대를 고착하거나 격멸하여야 하며 적의 약한 곳에 전투력을 집중하여 속도를 늦추지 않고 공격기세를 지속적으로 유지시키는 전투행동이 필요하게 된다. 속도는 급속공격을 성공시키는 핵심적이고 가장 중요한 요소임을 명심하고 지휘관은 전투를 지휘하여야 한다.

조우전과 급속공격의 차이점은 공격행동이 조우전에서 급속공격으로 전환된다는 것이다. 적과 조우하게 되면 지휘관은 적 전투력의 강약을 신속히 판단하여 작전형태를 결정해야 한다. 지휘관이 판단한 결과, 적보다 전투력이 약하면 급편방어를 결심할 수 있으며, 반대로 적보다 강력하면 급속공격 또는 정밀공격을 감행하여 적을 격멸할 수 있는 것이다.

조우전 상황이 되었을 때 급속공격을 할 것인가 정밀공격을 할 것인가를 결정하기란 쉽지 않다. 급속공격은 아군이 어느 정도 기동의 자유를 가지고 접적전진의 기세를 유지 및 증가시킬 수 있는 경우에 실시된다. 통상적인 경우 조우한 부대와 적의 전투력을 비교하여 일반적으로 선두부대가 신속히 적을 격퇴하거나 우회할 수 없을 때 급속공격 실시 여부를 결정하게 되는데 다음과 같은 경우이다.

① 적과 조우전을 하였을 시 이를 신속히 격퇴, 우회 또는 돌파할 수 없을 때
② 접적전진부대가 적의 경계진지 등 상대적으로 미약한 적과 조우되었을 때
③ 방어를 실시하면서 적을 격퇴 후 유리한 상황으로 적보다 전투력이 우세하여 적을 공격할 능력이 가능할 때 등이다.

급속공격과 정밀공격의 차이점은 준비시간으로 볼 수 있는데, 급속공격은 적과 접촉 즉시 공격하여야 하므로 계획수립 및 준비의 과정에서 시간이 부족하다는 점이 있다. 따라서 결정적인 전투를 신속히 수행하기 위해서는 간단하고도 명료한 계획이 필요하며 이를 위해서는 부대예규를 최대한 활용하여 훈련으로 숙달시키고 상황 발생 시에는 반사적인 전투를 할 수 있도록 숙달하여야 한다.

다. 정밀공격

정밀공격은 적의 준비된 방어진지에 대한 공격으로써 보다 면밀하고 정확한 적에 관한 상황파악으로 적의 기도와 강약점을 분석하여 실시하는 작전이다. 상대적 전투력의 파악과 전투상황에 영향을 줄 수 있는 모든 요소의 분석을 통하여 면밀하게 계획하고 철저한 공격준비와 협조 및 통제를 하여 실시하는 공격작전이다.

일반적인 의미의 공격작전을 말할 때는 통상 정밀공격을 말하는 것으로 공격작전의 준칙이 최대로 적용되는 작전형태이다.

정밀공격의 목적은 공자가 선택한 진지나 지역에서 적을 격멸하여 적의 전투의지를 파괴하는데 있으며 이는 통상 전과확대 이전이나, 급속공격 후에 이루어지게 되나 반드시 이러한 과정이 일련의 순서에 따라 이루어지는 것은 아니다. 예를 들어 급속공격을 하던 중에 정밀공격의 공격형태를 취하지 않고 곧 바로 전과확대나 추격을 할 수도 있다는 것이다. 다시 말해 공격작전의 형태를 적용하는 것은 상황의 진전에 따라 그 형태가 결정되는 것이며, 순서가 정해져 있는 순차적 단계를 적용하는 것은 아니라는 것이다.

정밀공격의 중점은 적에 대한 강약점 파악과 상하급제대 및 인접부대와의 부대의 협조, 적시적절한 화력지원계획 등 모든 전투에 필요한 가용자원을 통합하여 실시할 수 있도록 면밀하게 작전을 계획하고 준비하는 철저한 과정에 중점을 두어야 한다.

정밀공격은 통상 화력지원부대가 적의 방어진지에 대하여 사전에 계획된 충분한 공격준비사격을 실시한 후에 개시되며 화력과 기동을 면밀히 협조하여 우군 피해를 방지하는 등의 조치를 해야 한다. 정밀공격을 실시할 때는 최대한의 전투력 발휘를 할 수 있도록 보병, 기갑, 포병, 공병, 통신 등의 모든 제병부대를 통합하여 제병협동부대를 편성하고 필요한 지원과 작전활동을 보장하여 통합전투력이 운용되도록 해야 공격력을 발휘할 수 있게 된다.

유리한 위치에서 방어에 충분한 견고한 진지를 구축하고 있는 적에 대한 공격은, 적의 전방을 화력을 이용하여 무력화시키고 이를 와해시킨 후 공격을 하거나, 가능한 한 견고하게 편성된 진지 밖으로 방어부대의 주력을 유인하여 결전을 시도하는 것이 공격부대의 손실을 최소화하는 방법이다. 또한, 약하게 배치된 방어진지의 측익을 공격하거나 화력을 이용하여 측익을 약하게 만든 후 돌파를 시도하여 포위를 위한 유리한 여건을 보장하여 완벽하게 포위를 실시하여 격멸하는 전투방법 구상 등의 대책 등이 필요하다. 이러한 공격을 위해서는 면밀하게 계획을 수립하고 전투를 준비한 후 실시해야 성공을 보장할 수 있는 것이며, 이것이 바로 정밀공격인 것이다.

정밀공격을 계획시에는 공격부대의 지휘관은 예하 지휘관에게 세밀한 계획을 수립할 수 있도록 다음 요소를 고려하여 공격준비에 충분한 시간을 부여하여야 한다.

① 공격하는 부대의 훈련을 수행한 정도와 그간의 전투 경험 등
② 공격준비에 필요한 적 방어진지에 대한 정찰에 소요되는 시간
③ 공격계획을 완성 후 예하부대에 공격명령을 하달하는데 소요되는 시간
④ 상급부대로부터 명령을 수령한 후 공격준비를 하는데 소요되는 전투준비 시간
⑤ 부대를 현 위치에서 출발시켜 공격대기지점으로 이동시키는데 소요되는 시간

정밀공격은 적의 강력한 방어진지를 공격하는 상황이 통상적인 경우이다, 이러한 상황에서 곧바로 공격을 개시한다면 아군의 피해가 상대적으로 크게 발생할 수 있다. 그렇기 때문에 적 방어진지를 무력화시키기 위해 화력지원부대가 사전에 계획된 충분한 공격준비사격을 실시한 후에 화력과 기동을 면밀히 협조하면서 공격을 개시하는 것이다. 정밀공격을 실시할 때에는 최대한의 전투력 발휘를 보장할 수 있도록 제병협동부대를 편성해야 하며 필요한 지원과 최대한의 융통성을 보장해야 한다.

라. 전과확대

전과확대는 전투에서 달성된 부분적인 성과를 신속히 확대하여 적을 와해시키는 공격작전의 형태를 말한다. 통상 전과확대는 급속공격이나 정밀공격에서 달성된 부분적인 성과를 최대한으로 확대시키기 위해 실시하게 된다.

전과확대의 목적은 적의 조직적인 방어를 위한 재편성과 질서있는 철수능력을 파괴하여 적에게 최대한의 손실을 강요하여 적 부대를 격멸하는데 있다.

전과확대의 중점은 최초전투에서 획득한 전투의 성과를 신속히 확대하기 위하여 적의 조직적인 저항능력을 박탈하고 질서있는 후퇴나 재편성을 방해하여, 적을 전장에서 포착 격멸하는데 중점을 두어야 한다.

공격목표를 확보한 후 계속하여 전과확대를 위한 공격을 실시할 경우에는 공격 중에 있는 부대에 새로운 임무를 부여하거나, 또는 예비대를 전투에 투입하여 전과확대에 임하게 하여야 한다. 이때 가능한 한 신속한 적의 퇴로 차단을 위해

공중기동부대나 증강된 기계화부대를 운용함으로써 고도의 기동성과 강력한 화력을 발휘하도록 하여야 한다.

전과확대부대는 기동성과 강력한 전투력을 보유한 부대로 구성되어야 하는데 통상적으로 전차 또는 기계화보병부대로 선두부대를 구성하는 것이 전과확대를 위해서 필요하며 전장종심의 확대에 따라 신뢰성 있는 통신 수단을 갖추어야 한다.

공중기동부대는 전과확대부대의 전진을 위하여 종심상의 주요 도로나 교량 등을 통제할 수 있는 지형을 선점하여 기동속도를 보장할 수 있도록 운용되어야 하며 상황에 따라서는 퇴로차단을 위해 운용되기도 한다.

전과확대는 성공적인 돌파 또는 포위의 이점을 이용할 수 있도록 하기 위하여 기동성 있게 편성하여야 한다. 이러한 부대들로 기동성을 발휘하여 신속하게 전진하여 적의 재편성을 방해하며 무질서한 퇴각을 강요하여야 하는 것이며, 특히 적을 포위하여 그 성과를 극대화시키는 것이 필요하다. 이러한 목적을 달성하기 위하여 전과확대 부대는 통상 적 후방의 종심깊은 목표확보, 병참선 및 퇴로차단, 적부대격멸 등을 임무로 부여받게 된다.

전과확대 시기는 상급부대 명령이 있거나 상급부대가 지시한 목표 또는 통제선에 도달하였을 때 실시할 수 있으며 적의 도주 징후가 뚜렷할 때 상급부대에 건의하여 적극적으로 실시할 수 있다. 전과확대를 실시할 수 있는 징후로는 다음과 같은 점이 나타나게 되는데 이에 대한 예리한 전장관찰 능력을 발휘하여 조기에 탐지하는 것이 요구된다.

① 전투의지를 상실한 포로의 급격한 증가

② 각종 전투장비를 전투현장에 무질서하게 유기하는 행위 증가

③ 적의 조직적이고 체계적인 방어능력 약화

④ 화력지원 능력의 현저한 감퇴, 포병진지의 유린 등

⑤ 통신 및 보급시설 등 작전지속지원 시설 유린 등

이러한 적의 도주를 위한 특징적인 징후가 나타나면 시기를 놓치지 않고 전과확대를 실시하여 성과를 달성하도록 전투를 지휘해야 한다. 전과확대는 통상적으로 실시는 분권화하며 통제는 최소화하고 융통성 있는 전투지원 및 작전지속지원계획을 수립하여 최대의 성과를 달성하도록 하여야 한다.

전과확대부대는 신속한 재보급 대책이 강구되어야 하며 공병 지원수단을 충분히 강구하여 자연 및 인공장애물을 제거하여 속도의 신속성을 보장하도록 준비를 갖추어야 한다. 전방에서 추진 운용되는 보급제대는 적 특작부대의 타격목표가 될 수 있으므로 적의 위협에 따른 기습을 방지하기 위하여 경계대책을 철저히 강구해야 한다.

전과확대는 속도에 주안을 두는 공격의 작전형태이기 때문에 적을 격멸하는 범위도 속도 발휘에 중점을 두고 있으므로 전과확대부대가 전진에 필요한 범위내의 적을 소탕하는데 중점을 두게 된다. 이에 따라 임무수행에 영향을 미치지 못할 적은 최소한의 병력으로 고착시키고 우회하는 것이 필요하다. 이때 우회한 적은 후속지원부대 등에 의해 격멸하도록 하고 전과확대부대는 적의 주력을 격멸하도록 속도를 늦추지 않는 전투행동이 보장되어야 결정적인 시기에 적을 격멸할 수 있다.

전과확대부대의 선두제대가 전투력이 강력한 적과 접촉하게 되면 후속부대를 이용하여 전투력을 증강시키거나 상급부대에 건의하여 추가적인 전투력을 할당 받도록 조치하여야 하며 상급부대의 조치가 있을 때까지는 적을 고착하여야 한다.

예비대는 너무 많이 운용하게 되면 전과확대부대에 대한 전투력 할당 시 그 편성이 약화되는 요인이 될 수도 있으므로 작전의 융통성과 공격기세 유지에 필요한 최소한의 규모로 편성하여야 유리하다.

후속지원 부대는 전과확대부대를 후속하며 우회한 적을 격멸하는 임무 등을 부여 받기도 한다. 따라서 후속지원부대는 전과확대부대를 후속하면서 적을 격멸하기 위해서는 전과확대부대와 동일한 기동력을 보유하고 있어야, 보다 강력한 전투력 발휘가 가능하게 된다.

전과확대는 공격의 계속이므로 모든 지휘관은 기회가 주어지면 언제든지 전과확대를 실시할 준비를 갖추어야 한다. 일단 전과확대가 개시되면 최대한의 병력으로 신속히 전진하여 목표에 도달해야 한다. 전과확대부대는 적이 조직적인 압력을 가하지 못하도록 최종목표를 탈취할 때까지는 무자비하게 실시하여야 한다.

전과확대부대를 후속하는 부대는 상황에 따라서 일부 또는 전부에게 전과확대 임무를 부여할 수도 있으므로 이에 따른 준비를 갖추어야 한다. 전과확대는 시기를 상실하지 않기 위하여 주야를 가리지 않고 휴식없이 간단없는 전진이 필요하게 된다. 적의 사기가 저하되고 계속적인 압력으로 전투력이 와해되면 전과확대는 추격으로 전환되게 된다.

마. 추 격

추격은 도주하는 적 부대의 퇴로를 차단하여 적 부대를 격멸하여 결정적 승리로 전투를 완결하기 위하여 실시되는 공격작전의 형태로서 전과확대에 이어서 통상 실시된다. 추격의 시기는 전투의지를 상실하여 사기가 저하되어 방어진지를 효과적으로 지탱하기 어려운 현상을 보이거나, 작전할 수 있는 능력을 상실하여 접적지역에서 도주하려는 징후를 보일 때에 실시한다.

추격의 목적은 방어 능력을 상실한 적 부대를 완전히 격멸하는데 있으므로 목표는 통상 적 부대 자체가 되나 지형 목표가 부여될 수도 있다.

추격의 중점은 전장을 이탈하는 적을 신속히 포착하여 가능한 한 전장부근에서 이를 격멸하여야 한다. 이를 위하여 공중 및 지상을 통한 종심 깊은 기동으로 적의 퇴로를 차단하고, 적을 포위하는 방법 등으로 적을 격멸하여야 한다.

추격을 실시할 때는 적 격멸의 성과를 극대화하여야 하는데 이를 위해 전과확대와 마찬가지로 속도를 중요시하게 된다. 속도를 유지하기 위한 방법으로는 주로 임무형 명령을 부여하여 작전부대의 융통성을 보장하는 것이 일반적이다. 또한 지형 목표는 종심 깊은 지역에 부여하고 광정면에 걸쳐서 추격을 실시한다. 추격의 특징을 요약하면 분권화 통제, 임무형 명령, 공세적인 신속한 기동, 인내심과 대담성에 있다.

이를 위하여 전술제대는 통상 직접 압박부대, 포위부대, 후속 지원부대 및 예비대로 편성된다. 직접 압박부대는 압박의 속도와 충격력을 가중시키기 위하여 기갑 위주로 편성하는 것이 효과적이며, 포위부대는 적 퇴로 차단의 적시성을 충족시키기 위하여 공정부대, 공중기동부대 등으로 편성하는 것이 가장 이상적이다. 추격작전은 넓고 종심 깊은 지역에서 실시되기 때문에 모든 면에서 독립작전이 가능하도록 편성되고 계획되어야 한다.

공격의 성과를 완벽하게 마무리 짓게 하는 것은 과감하고 최대한의 기동성을 갖춘 추격이다. 그렇기 때문에 최초전투의 승리에 만족하거나, 각 부대의 체력 및 기력의 소모에 따른 피로 등을 이유로 시간을 허비하는 일이 발생하지 않도록 해야 하며 신속 과감한 추격을 최우선으로 삼아야 한다.

지휘관은 추격의 공격기세를 유지하기 위하여 선두에서 위치하며 꾸준히 무자비한 압력을 가해야 한다. 추격간 퇴각하는 적에게 최대한의 피해를 강요하기 위해서는 종심 깊은 중요지형지물을 확보할 수 있도록 공중강습부대를 운용한다. 또한 적의 위치를 파악하여 추격부대에 통보할 수 있도록 공중 정찰 등을 활성화 하여야 하며, 도주하는 적에 대한 지속적인 위치 파악이 필요하다.

추격시에 적의 도주를 허용하게 되는 주요 원인은 눈앞에 보이는 적의 패주상황에만 현혹되어 본래의 전진방향을 포기하기 때문이다. 즉, 눈앞의 적을 포위하기 위해 지근거리에 있는 적의 측후방에 전투력을 지향시키는 과오이다. 이것은 많은 전사에서 나타나는 추격 실패의 공통점이다.

추격전투시의 전투모습은 다음의 전술편성 부대들의 내용과 대략 일치한다.

① 직접 압박부대는 도주하려는 적에게 무자비하게 압력을 가하여 적의 조직적인 이탈과 재편성을 방지하여 최대한의 희생을 강요한다.

② 포위부대는 적 후방에 진출하여 퇴로를 차단하고 직접 압박부대와 협력하여 적을 격멸한다. 추격의 종료는 적이 대부분 격멸되거나, 접적이 단절되었을 때, 정밀공격이 필요할 때 종료된다.

추격과 전과확대의 차이점은 목적, 목표, 임무, 시기로 구분하여 볼 수 있다.

목적 측면에 있어서, 추격은 방어능력을 상실하고 도주하는 적 부대를 격멸하는 것에 두고 있으며, 전과확대는 적의 재편성 방지와 전투력을 보존한 상태의 질서 있는 후퇴능력을 파괴하여 방어의 지속성을 파괴하는데 있다.

목표 측면에 있어서, 추격은 적 부대나 중요지형을 부여하게 되며, 전과확대는 지형, 통제선, 적 부대 등이다. 목표는 추격과 전과확대 모두 적 부대를 격멸하는 목표를 부여하고 있다.

임무 측면에 있어서, 추격은 종심목표 확보, 병참선 차단, 퇴로 차단, 적 부대 포위 격멸, 적 예비대 격파이다. 전과확대는 직접 압박부대의 경우 적 이탈 방지,

방어 재편성 방지, 최대의 희생 강요이며, 포위부대는 퇴로차단, 협격 격멸에 두고 있다. 전과확대는 목적에서와 유사하게 추격을 통하여 적을 격멸하는 전투종결 단계의 유리한 여건을 조성하기 위한 공격 작전형태로 볼 수 있다.

시기 측면에 있어서, 추격은 후방으로 교통량 증가와 작전지속지원 시설과 포병진지 전환, 포로 및 전투이탈자 등이 증가하는 경우 등이며, 전과확대는 포로의 증가와 적 저항력의 급속한 감소 그리고 장비와 물자의 유기 현상이 증가할 경우이다.

"위대한 행복이란 적보다 먼저 기동하여 적을 정복하는 것이다."

– 징기스칸 –

4. 공격작전의 기동 형태

공격작전의 기동형태는 적보다 **유리한 위치**로 부대를 이동시킬 때 나타나는 형태를 말한다. 기동형태에는 **포위, 돌파, 우회기동, 정면공격** 등이 있다.

기동형태는 통상 하나의 형태를 취하는데 어떤 경우라도 상급부대의 작전목적 달성에 가능한 기동형태를 선정하여야 한다. 통상적으로 포위를 가장 이상적인 공격의 형태로 보는데 그것은 적 부대 격멸에 보다 유리하기 때문이다.

공격작전의 기동형태는 공격작전시 적에 비하여 보다 유리한 위치로 부대를 위치시켜 공격작전의 목적을 효율적으로 달성하기 위한 것을 말한다.

이러한 공격작전의 기동형태는 전술적 고려요소(METT+TC)를 적용하여 결정하게 되는데, 기동형태에는 포위, 우회, 돌파 및 정면공격이 있다. 공격작전 시에는 하나 또는 그 이상의 기동형태를 결합하여 공격작전을 하게 된다. 계획수립시 일반적으로 하나의 기동형태를 선정하게 되는데 상하제대와 인접부대의 기동형태와 상호 연계하여 결정하게 된다.

기동형태의 선정은 상급부대의 작전목적과 지휘관의 의도를 최우선적으로 고려하여야 한다. 또한, 적용중인 특정한 기동형태에서 다른 기동형태로 신속히 전환할 수 있는 부대의 능력도 병행되어야 급변하는 상황에 대처할 수 있는 것이며, 적보다 유리한 위치로 부대를 기동시켜 공격을 성공시킬 수 있게 되는 것이다. 따라서 모든 지휘관은 급변하는 상황을 예리하게 판단하여 그에 부합된 기동형태를 적용하여야 한다.

기동형태는 상급지휘관이 지정해 주지 않으면 전술적 고려요소를 고려하여 해당부대의 지휘관이 지정할 수 있다. 그러나 반드시 상급부대의 작전목적을 달성하는데 기여하는 기동형태를 선정하여야 한다.

기동형태를 결정할 때 고려할 내용은 다음과 같다.

○ **임　　무** : 상급부대의 작전목적 및 지휘관 의도, 부여된 과업 등 ○ **적 상 황** : 적 배치 상태(신장된 배치 등), 약한 측의 이용 가능 여부 등 ○ **가용부대** : 충분한 전투력 가용 여부, 기동력 보유여부 등 ○ **시　　간** : 전투준비 가능 시간 등 ○ **지형 및 기상** : 기계화부대 기동로, 침투 및 측후방 기동로, 상호지원 가능 등 ○ **민간요소** : 작전지대내 영향을 주는 민간요소 등

동일한 전투를 전개하는 하나의 전투지역에서 공격의 기동형태는 제대별로 다르게 적용될 수도 있다. 즉, 주공부대는 적의 약한 측익을 이용한 포위를 하고 있을 때, 조공부대는 주공의 원활한 임무수행을 보장하기 위한 돌파를 기동형태로 채택하여 전투를 하게 되는 경우이다.

공격작전을 전개할 때 우회 또는 포위의 기동형태 적용을 우선적으로 판단하는 것이 바람직하다고 보는 것이 일반적이다. 공격에 있어서 포위 및 우회가 돌파보다 유리하다는 것은 방자의 유리점을 회피하여 적을 지대 내에 가두어 둔 후에 완벽하게 격멸할 수 있는 기동형태로 보기 때문이다. 방자의 이점은 유리한 지형의 이용과 충분한 방어준비를 할 수 있는 시간에 있다. 그러므로 공격하는 지휘관은 방자의 강력한 강점은 회피하는 것이 가장 좋은 최선의 방책인 것이다. 즉, 포위나 우회공격을 성공했을 경우 적의 방어진지라는 강점을 회피하게 되어 전투력을 보존하기 유리하며, 이로써 최소의 희생으로 공격목적을 달성할 수 있는 것이다.

공격작전시 지휘관은 다양한 기동형태를 상황에 적합하게 적절히 적용하여야 하며, 이와 동시에 침투부대에 의한 적 후방공격 등을 병행하여 과감하고 다양한 공격으로 작전의 목적을 신속히 달성하여야 한다.

가. 포 위(包圍, Envelopment)

포위는 주공부대가 적 방어 진지의 약한 측익을 이용하여 신속하게 통과하거나, 공중으로 기동하여 적의 퇴로를 차단할 수 있는 목표를 확보함으로써 지대 내에 적을 가두어서 격멸하는 기동형태이다.

포위를 실시할 때의 부대 운용은 주공과 조공 그리고 예비대로 운용하여 다음과 같이 수행한다.

조공부대는 정면의 적에 대하여 주공지역을 기만하기 위하여 과감한 공격으로 고착견제 시켜야 한다. 이러한 전투행동으로 적의 이탈을 방지하여야 하며 적의 예비대를 조공지역에 증원되게 하거나 주공지역에 투입하지 못하도록 하여야 한다. 이러한 상황을 최대한 활용하여 주공은 빠른 기동력으로 종심상의 퇴로를 차단하여 기습의 효과를 달성하는 것이다..

주공부대는 적의 약한 측익이나 공중을 이용하여 적의 측후방으로 기동하여 적의 퇴로를 차단하게 한다. 이를 위해서는 적보다 월등한 기동력을 보유하고 있어야 포위를 성공할 수 있다. 즉, 적이 도주하기 이전에 퇴로를 차단할 수 있는 기동력이 필요하다는 것이다. 빠른 기동력을 앞세운 주공부대에 의해 퇴로를 차단당한 적을 지대 내에서 포착하여 격멸하게 되는데, 이때는 공격의 전역량을 집중시켜 실시하게 된다.

예비대는 통상 주공을 후속하면서 노출된 주공의 측후방을 방호하게 되며 상황의 진전에 따라 주공과 임무교대 또는 전과확대의 역할을 수행 할 수 있다.

이렇게 볼 때 포위는 정면지역에서는 조공에 의한 공격이 진행되고 적의 종심후방지역에서는 주공에 의한 퇴로차단에 이어 적을 격멸하는 형태로 나타나게 되어 결국은 2개의 방향에서 전투를 강요하게 되는 것이다.

따라서 포위는 적의 퇴로를 통제할 수 있는 중요지형을 선정하여 목표로 부여하고, 도주하는 적보다 상대적으로 우세한 기동력을 발휘하여 기습적으로 실시해야 한다. 또한 지속적인 전투력을 유지하여 지대를 이탈하지 못하게 적보다 빠른 기동력을 발휘하여 주도권을 장악하면서 지대내에서 적을 철저히 격멸하여야 소기의 성과를 달성하게 된다.

이처럼 포위는 기동형태 중에서 적을 완전하게 섬멸시키기에 가장 효과가 큰 기동형태라고 할 수 있으며 이러한 장점으로 인하여 가장 이상적인 공격의 기동형태로 보는 것이다. 칸네나 탄넨베르그 전투는 인류 전사상 가장 완벽한 포위전투로 그 진수를 보여주는 사례이다.

포위는 기동형태 중에서 적을 격멸하고 전투의지를 파괴하는 공격목표 달성에 가장 용이한 기동형태로써 다음과 같은 이점이 있다.

첫째, 포위는 퇴로를 차단하는 기동형태이기 때문에 적에게 주는 심리적 영향이 지대함으로, 모든 공격에 있어서 우선적으로 고려되어야 할 기동형태이다.

둘째, 포위부대는 적이 미처 예상하지 못한 약한 측익에 대하여 강력한 전투력을 집중하고 신속한 기동으로 조기에 적의 퇴로를 차단하는 기동형태이므로 기습달성이 가능하다.

셋째, 포위 기동시 조공은 적의 측후방을 공격함으로써 적이 전투력을 충분히 발휘할 수 없게 하는 한편, 조공부대를 이용하여 적의 전투력을 분산 운용토록 함으로써 적이 원하지 않는 방향에서 전투를 강요할 수 있다.

넷째, 주공으로 적의 퇴로를 차단하고 조공과 협격함으로써 지대내에서 대부분의 적을 격멸하고 결정적인 전과를 획득할 수 있다.

포위는 적의 퇴로차단, 우세한 기동력 등이 중요한데 포위를 성공시키기 위해서는 다음과 같은 상황과 적절한 조건이 갖추어져야 가능하므로 기동형태 결정시 지휘관은 아래와 같은 내용을 고려하여 포위를 구상하고 전투를 준비하여 성공 가능성을 보장하여야 한다.

1) 지형상 적의 퇴로 차단이 가능하여야 한다.

적의 예상되는 퇴로를 고려할 시는 당연히 측후방을 통하여 상급제대의 지원을 받을 수 있는 그들의 종심 후방지역을 예상할 수 있게 된다. 따라서 적의 측후방으로 철수할 수 있는 통로가 있다면 그곳이 바로 퇴로가 되는 것이다.

제대에 따라 퇴로를 구분하는 기준은 차이가 있을 수 있는데, 일반적인 경우의 퇴로는 포병장비 등 전투지원 및 작전지속지원 시설이 철수할 수 있는 통로를 말하게 된다. 연대급 이상의 제대에서는 통상 도로를 퇴로로 고려하게 된다.

적의 퇴로를 차단할 수 있는 수단에는 병력, 화력, 장벽, 경계 등의 수단이 있는데 가장 완전하게 적을 격멸하기 위해서는 병력에 의한 퇴로차단이 가장 효과적이라고 볼 수 있다.

2) 배치된 적 방어진지에 약한 측익이 있어야 한다.

약한 측익이란 적이 약하게 배치되어 공격부대가 치열한 교전을 하지 않고 비교적 적은 손실로도 통과할 수 있는 적 배치상의 약한 부분을 말하는 것이다. 일반적으로 약한 측익은 적과 아군의 전투력을 고려하였을 때 아군이 압도적으로 유리한 부분을 말하는 것이다. 공격시는 통상 공자와 방자의 전투력 비율을 3:1로 고려하게 되나 이는 유형적인 요소만을 고려한 것으로 정확한 전투력 비교로는 보기 어려운 부분이 존재한다고 보고 있다.

보다 정확한 것은 아군과 적군의 무형적인 요소까지를 포함하여야 하나 이렇게 하기에는 제한되는 점이 대단히 많아 현실적으로는 어려운 측면이 발생하게 된다. 따라서 공격부대 지휘관의 창의적인 전투지휘에 따라 아군에 의해 인위적으로 적 진지상에 약한 측익을 조성하는 노력과 현재의 상황에 적합한 창의적인 전투력 운용이 필요하게 된다.

그 예로, 아군의 침투부대를 운용하여 적을 혼란시켜 적 진지상의 병력 전환을 강요하고, 공격전에 충분한 화력지원으로 적을 약화시키며, 전투지경선을 조정하여 적에 비해 상대적인 전투력의 우세, 전술 기만 등을 통한 적의 방어배치 조정 강요 등의 다양한 방법으로 약한 측익을 조성하도록 노력하여야 한다.

3) 적보다 우수한 기동수단 보유로 기동력이 충분히 가용하여야 한다.

포위부대가 적의 저항을 용이하게 격파하고 적의 종심 후방지역으로 신속하게 기동하기 위해서는 충분한 전투력은 물론이고 이를 운반할 수 있는 충분한 기동력이 보장되어야 한다. 이것은 적이 증원되거나 철수하기 이전에 적의 퇴로를 신속하게 차단하여야 하기 때문이며 이를 위해서는 적의 도주 속도보다 우세하고 충분한 능력의 기동수단과 기동력을 필요로 하게 되는 것이다.

4) 포위를 위한 충분한 시간이 가용하여야 한다.

포위의 성공을 위해서는 적의 취약점을 찾아내어 그 지점에 주공을 지향하여 신속히 통과시켜 적 종심상의 퇴로차단에 유리한 목표를 확보하는 것이 중요하다. 이를 위해서는 충분한 시간을 갖고 적의 취약점을 찾는 노력, 지향할 주공방향의 기만, 조공에 의한 적의 주력 부대 고착 견제 및 적 예비대 조공 정면으로 조기 투입 등의 노력이 필요하다. 그러기 위해서는 충분한 시간을 갖고 다양한 전투수행 방법 구상 등의 전술적인 노력과 지휘관의 다양한 술적 차원의 전투지휘능력이 요구된다.

적 종심 후방지역으로 기동하게 될 강력한 주공 편성을 위한 추가적인 부대의 요청 및 획득과 주요부대를 포위에 유리하게 재배치하여야 하며 이를 성공시키기 위한 예행연습 등을 위해서도 많은 시간이 소요되게 된다.

포위는 포위망의 형성과 적 격멸이라는 단계로 구분되며, 부대의 운용방법에 따라 일익, 양익 및 전면포위로 그 형태를 구분한다.

일익포위는 주공부대를 하나로 편성하여 주공부대는 적의 약한 측익을 통과하여 적의 후방에 있는 포위에 유리한 목표를 확보하여야 하며, 이렇게 하여 적의 퇴로를 차단하고 적을 진지 내에서 격멸하는 기동형태이다.

양익포위는 포위기동의 한 변형으로 볼 수 있는데 2개의 주공으로 적의 약한 양측익을 동시에 통과하여 적의 퇴로를 차단하고 적을 현 진지에서 격멸하는 기동형태이다.

전면포위는 적 전면의 포위선을 점령하여 완전히 포위하는 기동으로써 정상적인 포위보다 월등한 숫적 우세와 기동력을 보유하고 있을 때 실시할 수 있으며, 이 기동형태는 고도의 기동력을 보유한 부대들을 통합 지휘할 수 있는 부대단위에서 실시할 수 있다.

포위를 계획할 때에는 적의 전투력을 고려하여야 하는데, 특히 종심 상에 위치한 적의 증원병력 규모를 고려하여야 한다. 종심에 위치한 적은 상황의 진행여부에 따라 증원될 병력이기 때문이다. 따라서 최초 전투에서 대적할 적에 추가하여 종심에 위치한 적의 규모를 합산하여 포위의 규모를 적절히 결정하여야 한다.

그러나 능력을 초과한 광범위한 포위는, 비록 포위망을 형성하는데 성공했다 할지라도 곳곳에서 약점이 발생하여 포위망으로부터 적의 이탈을 허용하게 되거나, 혹은 포위망 밖의 부대와의 협격에 의하여 작전의 목적이 좌절되는 것은 물론이고 역포위 되어 위기를 초래할 수도 있다.

보다 성공적인 포위작전을 위해서는 지상포위와 함께 공중기동을 이용한 입체 포위를 시도하는 동시에, 적의 공중보급 및 공중으로부터의 증원을 차단할 수 있도록 하여야 한다.

전 례 : 파로호 전투(강원 화천)

① **작전개요** : 1951. 5. 24 ~ 25 / 제 6사단, 중국군 63군

② **상 황**

○ 중국군의 4월 공세에 의하여 사창리 일대에서 방어에 실패한 제 6사단은 남대천 계곡을 따라 가평일대로 후퇴하였다. 이 무렵 사단을 방문한 밴플리트 미 제 8군사령관은, 장도영 사단장에게 "당신 전투할 줄 압니까?" 라고 하면서 그를 질책하였다. 이 치욕적인 말에 사단장은 다만 입술을 깨물며 '예스'라고만 대답하였다. 그 후 제 6사단은 단시일 내에 재편성을 완료하고 급기야 용문산 전투에서 혁혁한 승리를 거두어 사창리 전투의 패배를 설욕하고 이어 1951년 5월 24일에는 제7연대를 우, 제2연대를 좌, 제19연대를 예비로 하여 화천 방향으로 진격을 개시하고, 홍천강을 연하는 선까지 진출하였다.

○ 이 때 사단 정면의 중공군 제 63군은 북배산 일대(지암리 남쪽 7km)에서 급편방어진지을 편성하고 방어준비에 광분하고 있었다. 제 6사단장은 제 2, 7연대를 정면에서 공격시키는 한편, 예비로 후속하던 제 19연대로 하여금 북배산 북쪽으로 우회기동시켜 적의 퇴로를 차단하도록 하였다.

③ **작전경과**

○ 25일 여명을 기하여 제 2연대는 적을 우회하여 포위망을 형성하는 데 성공하였으며, 이어 포위망을 압축하여 3,064명의 적을 사살하고 1,005명을 생포하는 대전과를 올렸다. 용문산 전투에 이어 2차에 걸쳐서 사창리 전투의 패배를 설욕한 제 6사단은 담당지역을 미 제 24사단에 인계하고 춘천 북방으로 이동하였다,

○ 27일 패주 중에 있는 중국군을 추격하기 위하여 화천으로 공격을 계속 하였으며, 28일 저녁 화천저수지 남안에 진출함으로써 적을 화천저수지에 압박하였다. 사단장은 근접전투에 수반되는 과도한 피해를 막기 위하여 적의 중심부에 집중포화를 가하면서 포위망을 서서히 압축하여 갔다.

○ 화천저수지에 의해서 퇴로가 차단된 적은 우왕좌왕하다가 아군의 집중포화에 쓰러졌고 수 천 명의 적이 저수지에 뛰어들었다가 익사하였으며, 대부분이 포로가 되었다.

④ 결과/교훈

○ 전투에서 확인된 적 사살 수는 17,177명에 이르렀고 2,183명이 포로가 되었다. 너무나 막대한 전과에 놀란 밴플리트 장군은 전장을 돌아보고 "정말 잘 싸웠소, 사단 장병들에게 축하를 전해 주시요"라고 하며 찬사를 아끼지 않았다.

○ 얼마 후 사단을 내방한 이승만 대통령은 전적비에 중국 오랑캐를 섬멸한 곳이라는 뜻에서 파로호(破虜湖)란 휘호를 친히 써주고 장병들의 전공을 치하하였다. 이 포위섬멸전은 한국전쟁 기간중 가장 큰 것이었으며, 그 후 10여 년 동안 파로호의 물고기들이 중국군의 익사체를 먹고 자랐다 하여 잡지 않았다는 일화가 전해 온다.

나. 우회기동(迂廻機動, Turning movement)

우회기동은 적의 준비된 방어지역을 회피한 후 적 후방에 위협을 가함으로써 공자가 주도권을 확보하여 원하는 시간과 장소에서 적 부대를 격멸하는 기동형태이다. 우회기동은 적으로 하여금 그의 준비된 진지를 포기하게 하거나, 적 주력의 전환을 불가피하게 하는 중요지형을 목표로 선정하고 공자가 원하는 지역에서 결전을 강요할 수 있도록 하여야 한다.

우회기동은 지형의 이점을 이용하여 진지를 점령하고 아군의 공격에 대해 대비하고 있는 적에 대하여 그 진지를 포기하게 하여 준비된 진지 이외의 다른 지역, 즉 아군이 원하는 지역에서 교전하도록 강요하는 것이다.

우회기동은 적으로 하여금 지형 및 시간의 이점을 포기하게 함으로써 적의 전투력을 약화시키고 상대적 우위의 전투력을 확보하여 작전의 주도권을 장악할 수 있게 된다. 자신들의 측후방 깊숙이 적이 위치해 있다는 사실이 적에게 미치는 심리적인 영향이 크게 되는 것이니 만큼 공격 시는 우회기동에 의해서 적을 격멸할 수 있는지를 면밀히 판단할 필요가 있다. 우회기동의 성공요소는 다음과 같다.

1) 지형상 적의 방어진지에서 충분히 이격된 기동로가 확보되어야 한다.

우회기동의 성공을 보장하기 위해서는 적의 강력하게 편성된 방어진지를 회피할 수 있는 기동로가 확보되어야 하며, 적이 방어진지에서 우회부대를 저지할 수 없을 정도로 충분히 이격되어 있어야 한다. 이를 이용하여 적의 후방에 중대한 위협을 가할 수 있는 위치로 주공을 우회기동 시켜서 적을 진지 밖으로 나올 수밖에 없는 상황을 조성하여 아군이 원하는 장소에서 결전을 하도록 유도해야 한다.

2) 지형상 적 부대의 철수 또는 증원 차단이 가능한 지형이 있어야 한다.

우회기동은 적 부대의 철수 또는 증원을 차단할 수 있는 지형이 종심상에 있을 때 적용하는 것이 유리하다. 즉, 종심상에 애로지역, 교량 등이 위치하여 이 지역을 확보하였을 때 적의 철수 또는 적의 증원을 차단할 수 있는 유리한 지형이 있을 때 유리하다.

3) 철저한 기도비닉과 기만을 통한 기습 달성이 중요하다.

우회기동의 기도를 노출하지 않도록 하기 위한 작전보안과 기도비닉을 유지해야 한다. 또한, 부단하게 적에 관한 첩보를 수집하고 적의 기도를 파악하여 우회기동부대가 적에 의해 역포위 되지 않도록 관심을 갖는 것이 중요하다.

4) 기동력과 전투력이 보장되어야 한다.

공자가 원하는 원거리의 적 후방에서 작전을 수행하므로 우세한 공중기동 능력 등의 기동력이 보장되어야 하며 독립작전을 일정기간 수행함에 따라 전투력이 증강되어야 한다.

5) 작전지속지원에 대한 대책이 강구되어야 한다.

우회기동은 우회기동부대와 고착부대가 상호 지원이 불가할 정도의 원거리에서 작전을 실시하므로 일정기간동안 지원부대의 지원 없이 독립작전을 수행할 수 있는 능력을 구비시켜야 성공할 수 있다.

우회기동은 통상 우회기동부대와 고착부대로 운용하는데 다음과 같은 임무를 부여받아 전투를 수행한다.

우회기동부대(주공)는 고착부대와 상호지원거리 밖에서 작전을 수행하게 되는데 기동성 있는 부대로 편성하여 적 후방 종심에 위치한 중요지역을 확보함으로써 적 주력부대의 퇴로를 차단하고, 지원부대 또는 증원부대의 이동을 저지하는 임무를 수행하게 된다.

고착부대(조공) 우회기동부대의 우회기동 여건보장을 위하여 정면의 적을 고착견제하고 방어진지 상의 적이 도주하는 상황이 포착되면 전과확대 또는 추격으로 적을 격멸한다.

이외에도 가용전투력을 고려하여 경계부대, 적지종심작전부대, 예비대 등을 운용할 수 있다.

우회기동과 포위의 차이점은 다음과 같다.

① 우회기동은 포위의 변형된 형태이다.

② 적의 측방이나 공중을 이용하여 기동하는 것은 두 개의 기동형태가 유사하나 우회기동은 적의 방어진지를 우회한다.

③ 포위는 고착부대와 상호 지원거리 내에서 작전을 하는 반면, 우회기동은 상호 지원거리 밖에서 작전을 수행한다.

④ 포위는 주공과 조공이 지대내의 적을 협격하는 작전을 하는 반면, 우회기동은 적을 진지에서 이탈시켜 원하는 지역에서 작전을 유도한다.

전 례 : 북한군의 우회기동 실패(강원 춘천)

① 작전개요 : 1950. 6. 25 ~ 27 / 제 6사단, 북한군 제 2군단

② 상 황

○ 북한군의 남침계획은 우회기동하여 서울 이남지역인 수원 방향으로 우회기동을 실시함으로써 국군의 주력을 섬멸하는 것이었다. 이를 위하여 1군단을 주공으로 하여 금천-구화리, 연천-철원 지역에서 38도선을 돌파하여 서울을 점령하고, 제 2군단은 조공으로 화천-양구에서 38도선을 돌파 후에는 수원을 점령하는 계획이었다. 계획에 따라 북한군 제 2군단은 공격 당일에 춘천을 점령한 후 서울 포위를 위해 이천-수원으로 우회기동한다는 군단의 기동계획에 의해 제 2사단(이청송 소장)을 주공으로 화천-춘천 축선에 투입하고, 인제-홍천 축선에는 독립전차연대로 증강된 제 12사단(전우 소장)을 투입하였다. 적의 제 15사단(박성철 소장)은 군단의 예비로서 화천에 집결해 있었다. 북한군은 남침준비의 일환으로 전부대에 대해 전투검열을 실시하였는데 제 2사단은 1950년 4월에 실시한 검열에서 최우수부대로 선정된 사단이었다. 제 2사단에 부여된 임무는 6월 25일에 춘천을 점령하고, 춘천-서울간 도로를 따라 가평-수원 방향으로 진출하여 국군 주력의 퇴로를 차단하는 것이었다.

○ 제 6사단은 좌로는 명지산, 우로는 관대리까지 90km의 방어정면을 담당하고 있었다. 좌로는 제7연대(임부택 중령)를 춘천에, 우로는 제 2연대(함병선 대령)를 홍천 및 현리북방에 배치하였고, 제 19연대(민병권 대령)를 예비로 사단사령부와 같이 원주에 위치하고 있었다. 사단을 지원하는 제 16포병대대는 춘천 부근에 배치하고, 전방 2개 연대에 각각 공병 1개 중대씩 배속시키는 등 예상되는 적의 주접근로에 전투력을 집중하여 배치하고 있었다. 방어개념은 적의 주공이 지향될 주접근로를 화천-신포리-모진교-춘천 축선으로 판단하여 방어중점을 춘천정면에 두고, 적이 공격할 경우 사단예비를 즉각 춘천 정면에 증원하여 소양강변에서 적을 조기에 격멸한 후 반격을 감행하여 38도선을 회복하는 것이었다.

③ 작전경과

○ 드디어 6월 25일 적은 남침을 알리는 공격준비사격을 실시하였다. 이어서 적 제 2사단은 춘천을 목표로 공격하였고(자주포 지원), 제 7사단은 홍천을 점령할 목적으로 공격하였다(독립 전차연대 지원). 제 15사단은 군단예비로 화천에 위치하여 차후 서울 동남방으로 진출하여 한국군 주력의 퇴로를 차단하기 위해 대기 중이었다.

○ 춘천지역의 제 7연대는 6월 25일 오전까지 소대별 거점위주의 방어를 실시하고 오후에 소양강 남안의 주진지로 철수하여 방어를 실시하였고, 적은 수차에 걸쳐 소양강 도하를 시도하였으나 제7연대의 살상지대 화력에 피해를 입었다. 제 7연대 2대대(김종수 소령)는 역도하하여 도하준비중인 적을 기습공격하는 등 전과를 올렸고(특공대 30명으로), 대전차중대 2소대장 심일 소위는 결사대를 조직하여 자원한 5명과 함께 휘발유병과 수류탄으로 적 자주포 2대를 파괴하여 그 장면을 보던 아군 장병들의 사기를 크게 진작시켰다. 사단에서는 원주에 위치한 제 19연대를 춘천으로 증원시켰으며, 제7연대는 6월 26일 야간도하를 준비 중이던 적 1개 연대에 대하여 포병화력을 집중 운용하여 거의 전멸시키는 등 효과적인 방어를 실시하였다. 이때 적은 북한군 2사단의 공격이 아 제 7연대의 효과적인 방어로 지연되자 자은리까지 진출했던 제 7사단의 2개 연대와 전차 1개 중대(10대)를 차출하여, 양구로 역행군 시켜 춘천지역으로 투입하였다.

○ 6월 26일 07:00시경 춘천지역 제 7연대 지휘소를 방문한 제 6사단장은 북한군 제 7사단 2개 연대와 전차 10대의 춘천지역 투입사실을 모르는 채, 춘천지역은 아 제7연대가 효과적으로 방어하고 있기 때문에 별 문제가 없을 것이나, 홍천이 피탈된다면 사단주력의 후방이 차단될 것을 우려하여 춘천지역에 증원한 제 19연대를 철수시켜 홍천북방에 제 2연대에 이어 제1방어진지를 편성토록 지시하였다. 제 2연대 역시 계속적인 공세행동으로 전방의 주요고지 등을 점령하였으나 격전 끝에 많은 피해 입고 철수하여 17:00에 큰말 고개 일대에서 방어 편성한 상태였다. 제 19연대의 이동은, 북한군 제 2군단 주력이 집중된 정면에서 오히려 병력을 차출하는 격이 되었다.

○ 6월 27일 05:00부터 춘천 전면은 강력한 새로운 적과 전투를 하게 되었다. 동일 11:00부터 적은 도하를 시도하였으나 아군의 정확한 포사격에 의해 실패하였으며 독전에 휘몰린 적은 희생을 무릅쓰고 계속적인 압력을 가하였다. 이렇듯 전투는 치열하였으며, 사단장은 춘천을 고수하겠다고 시민에게 약속한 임무를 완수하려고 노력하였다. 전투가 한창 치열할 때 기적적으로 사단장은 육군본부와 전화가 통하게 되었는데, 육본에서는 전선의 균형을 위해 "사단장 판단에 의하여 중앙선을 따라 지연전을 실시하라"는 명령을 받게 되었다. 이리하여 제 7연대는 가래모기로 도하한 적의 돌파구가 축차적으로 확대됨으로써 17:00경에 춘천을 철수하여, 28일 12:00경에는 원창고개로 철수하게 되었다. 이로써 춘천은 제 6사단의 성공적인 방어로 3일간을 버텨낸 것이다.

④ 결과/교훈

○ 북한군 공격징후를 사단자체의 수색정찰대를 운용하여 사전 탐지하였으며 이에 대비하여 외출, 외박 제한 등 경계태세를 강화하였다. 보병 및 포병진지를 사전준비 완료하였고 간부교육을 철저히 하여 능력을 향상시켰다. 또한, 지형분석을 통한 포병 화력계획을 실질적으로 수립하였으며(예상접근로), 공비토벌 작전간의 전투경험을 축적하여 전투력을 강화한 점 등 전투준비에 철저하였다. 제7연대 2대대 특공대의 역도하 등 공세적인 방어행동과 소양강, 원창고개, 큰말고개 등 지형을 적절히 이용한 점 등을 둘 수 있다.

○ 한국군은 춘천을 3일간 고수하여 북한군 제 2사단에 의한 한강이남 포위를 저지함으로써 7월 3일까지 6일간 한강방어선을 유지할 수가 있었으며, 그 결과 미 제 24사단의 한국도착 및 전개가 가능하게 되었다. 또한 북한 제 2군단의 중앙진출(5번 도로) 저지로 서부 전선의 미군과 함께 중동부전선의 균형을 유지하고, 제8사단의 철수로를 엄호하여 제 6, 8사단 양개사단의 전투력을 보전함으로써 지연전, 낙동강 방어선을 형성하는데 크게 기여하게 되었다. 이 전투 이후 제7연대는 북한군으로부터 "**춘천바우**"라고 불리게 되었다고 한다.

○ **북한군**은 춘천에서 3일간 저지됨으로써 수원방향으로 진출하여 서울지역에 투입된 아군퇴로를 차단하려는 최초계획에 차질을 빚게 되었다. 북한군이 계획대로 홍천을 공격하여 탈취하였다면, 아군 제 7연대의 퇴로차단과 춘천탈취가 용이하였을 것이며, 그 후 서울 동남방 진출로 한국군 잔여병력을 포위하거나 원주-제천-대구축선으로 신속히 진출하였을 경우 아 제 6사단과 제 8사단을 각개격파 함은 물론 한국군 지연전 및 낙동강 방어선 형성에 큰 차질을 가져올 수도 있었다. 그러나 그들 전술의 특징인 유생역량 섬멸보다 춘천이라는 지역확보에 중점을 둔 결과 춘천은 탈취하였으나, 그 시기의 지연으로 남침전략 수행에 커다란 과오를 범한 셈이 된 것이다.

○ 그 결과 작전 실패로 군단장 김광협과 양개 사단장은 경질되었다. 적 제2군단은 그 이후에도 아군 제6사단으로부터 충북 무극리에서 1개 연대가 궤멸되는 피해를 입는다.

다. 돌 파(突破, Penetration)

돌파란 주공이 적 방어 진지를 통과하여 이를 완전히 격파하고 적 방어의 지속성을 파괴할 수 있는 목표를 확보하는 것이며 이렇게 하여 양단된 적 부대를 각개 격파하는 기동형태이다. 여기에서 적 방어의 지속성을 파괴한다는 말은 주방어진지에서 방어에 실패한 적이나 적 예비대가 철수나 지연전을 통해 종심지역내의 유리한 지형에시 다시 방어를 실시하지 못하도록 적 능력을 파괴하는 것을 말하며, 이러한 지형은 전방부대 제2제대가 저지진지를 준비한 지형을 말한다.

돌파는 상황에 따라 포위를 위한 유리한 여건을 조성하기 위하여 실시하는 기동형태이다.[40)]

40) 포위를 하기 위해서는 약한 측익이 필요하다. 약한 측익을 이용하여 포위부대가(주공) 신속히 그 측익을 이용하여 기동함으로써 종심상의 중요지형인 적의 퇴로를 차단하는 것을 말한다. 상황에 따라서 이러한 약한 측익을 인위적으로 조성할 경우가 발생하는데 이때 적용하는 기동형태가 돌파이다. 즉 돌파는 포위의 유리한 여건인 약한 측익을 조성하기 위하여 실시되는 경우도 있다.

돌파에 유리한 지점을 선정하기 위해서는 부단한 전장감시를 통하여 적에 대한 강약점을 탐지하여야 한다. 적의 강약점 탐지활동은 전투의 전 과정에서 이루어져야 하는 것이며 이러한 적극적이고 지속적인 작전활동이 이루어질 때 전투력을 집중시킬 돌파에 유리한 지점을 파악할 수 있는 것이다. 그러나 적의 약점(적이 신장배치 되었거나 약한 지점 등)으로 파악되었다 하더라도 지휘관은 항상 적의 기만활동에 대한 주의를 집중하여 적의 의도에 말려들지 말아야 하는 치밀성을 견지해야 한다. 돌파를 계획하기 위해서는 통상 다음과 같은 조건이 구비되었을 때 유리한 경우로 보고 있는데, 방어의 지속성과 조직적인 저항을 파괴할 수 있는 지역을 통상 선정하게 된다.

1) 적 진지상에 병력 배치가 과도히 신장되었을 때

부대가 신장 배치되면 예하부대간의 간격이 넓어지고 종심이 얕은 진지 편성으로 인하여 통신 및 화력의 상호지원이 곤란하게 되고 지원역량이 부족하기 때문에 상대적으로 돌파에 취약하게 된다.

2) 적진지에 약점이 있을 때

진지상의 약점이란 불리한 지형에서 방어, 적진지의 강도와 종심 배치가 미약한 지점, 지형을 부적절하게 이용한 방어진지, 지형의 미숙지 등으로 인한 방어수단 배치가 부적절한 경우, 방어준비가 불충분한 상태를 말한다. 만약, 적 방어진지 상에 약점이 없을 경우에는 화력을 이용하여 약화시킨 후 이용하기도 한다.

3) 목표에 이르는 단거리 접근로가 가능 할 때

목표에 이르는 접근로가 단거리일 경우에는 기습의 달성이 유리하며 이것은 주도권 장악과 직결된다.

4) 지형이 효과적인 제병협동 작전에 유리할 때

양호하고 충분한 도로망이 가능한 지형은 신속한 기동성을 보장하며 전차 등과 함께 제병협동공격에 유리하다. 또한, 전방을 관측하기 유리하며 사계가 보장되어 지속적인 화력지원이 가능하고, 통신유지에 제한이 없는 지형이어야 한다. 장애물 등이 없어 기계화부대의 기동에 제한이 없는 지형 등이 돌파에 유리한 조건이 된다.

5) 강력한 화력지원이 가능할 때

돌파는 통상 포위를 위한 유리한 조건을 조성하기 위하여 실시하게 되며, 적의 준비된 방어진지에 대하여 돌파지점을 선정하게 된다. 따라서 강력한 화력지원이 병행되어야 성공 가능성이 높아지게 되는 것이다.

6) 상대적 우위의 전투력 확보가 가능하고 전투력을 발휘하는데 용이한 곳

적과 비교시 상대적으로 전투력이 우위에 있는 지점을 돌파지점과 돌파방향으로 선정하여야 한다. 이에 따라 적이 약하게 배치되었으며 아군 전투력을 통합적으로 발휘하는데 적합한 지형이 선정되어야 한다.

돌파는 적의 준비된 방어정면에 전투력을 집중하여 힘으로 적을 분단시키고 각개격파하는 것이다. 준비된 방어진지를 공격하기 위해서는 강력한 전투력의 발휘가 이루어져야 한다. 따라서 돌파시에는 충분한 전투력을 투입하여 목표를 탈취할 때까지 가능한 한 최대의 전투력을 돌파정면에 집중하도록 하는 동시에 돌파의 종심을 고려하여 돌파정면을 적절히 결정하여야 한다.

돌파 단계는 보통 다음과 같이 돌파의 유리한 조건을 고려하여 3단계로 진행되는데 적진지를 양난하고 돌파구를 확장시킨 후 종심의 중요한 지형을 확보하여 방어의 지속성을 파괴하는 단계로 진행된다.

제1단계(돌파구 형성 단계)는 적을 양단시키기 위하여 적 방어 진지 혹은 최초 진지를 격파하는 것이다. 이를 위해 돌파에 취약한 지점을 식별하여 전투력을 집중시켜야 한다.

제2단계(돌파구 확장 단계)는 최초 형성된 돌파구를 이용하여 과감한 공격행동을 전개하여 돌파구의 간격을 확장시키는 단계이다. 이때는 최초 돌파구를 확보하였다고 판단하게 되면 적의 약점에 대해 계속적인 압박이 필요하며 지휘관의 과감한 전투지휘가 필요한 단계이다.

제3단계(목표 확보 단계)는 돌파구를 확장시키게 되면 공격기세를 유지하는 것이 필요하게 되는데 이를 위해 방어의 지속성을 파괴할 수 있는 최종목표를 확보하여 적 방어체계의 균형을 혼란시켜 와해시키는 단계이다.

돌파는 이와 같이 돌파구 형성 및 확장을 통하여 전투력을 집중시켜 종심상의 중요지형을 확보하여 적의 전투력 발휘를 분쇄시키는 것을 목적으로 하는 기동형태이다. 이를 위해서는 무엇보다 적 진지상의 약한 부분을 식별하여 최초 돌파구를 확보하는 것이 중요하다.

라. 정면공격(正面攻擊, Frontal attack)

정면공격은 적의 전 정면에 대하여 최단거리를 이용하여 전 정면에서 동시에 지속적으로 적을 강타하는 기동형태를 말한다. 정면공격은 공자가 막대한 전투력을 보유하고 있을 때, 공격부대에 비해 약한 적을 진지 내에서 유린하거나 격멸할 때, 부여받은 임무가 주공의 작전성공을 위해 적의 주력을 조공지역에 고착하여야 할 경우에 적에 대한 기만의 목적으로 적합한 기동형태이다. 그 이외에 다음과 같은 임무를 부여 받았을 때 실시하게 된다.

1) 전과 확대를 할 경우

전 정면에 걸쳐 광범위한 공격으로 최대한의 적 부대 격멸을 작전목적으로 할 때이다.

2) 위력 수색을 할 경우

주도권을 확보한 상태에서 전진로 상 정면의 불확실한 상황에서 기동로 확보 등에 필요한 경우이다.

3) 조공으로서 고착임무를 수행 할 경우

포위 또는, 우회기동을 기동형태로 적용하여 작전시 상급부대 차원에서 주공의 임무수행에 적극적인 기여를 하도록 임무를 부여받았을 경우이다.

4) 역습부대로 작전할 경우

방어시에 공세행동의 일환으로 역습을 실시할 때는 정면공격을 통상적으로 실시한다.

5) 추격시 직접 압박부대나 포위부대로 작전할 경우

추격을 실시하는 경우에는 적의 무질서한 도주가 예상되는 상황이므로 이러한 경우에는 전 정면에 걸쳐 광범위하게 공격을 하는 것이 완전한 적 부대 격멸에 유리한 경우이므로 이때는 통상 정면공격을 실시하게 된다.

정면공격은 적의 집중화력에 취약하여 많은 피해가 발생할 수 있으므로 정면공격을 기동형태로 채택하는 데 있어서는 적의 기만과 생존성 보장에 특히 신중을 기해야 한다. 정면공격은 적의 정면에 대하여 동시적 지속적으로 공격하는 것이므로, 상대적으로 우세한 전투력을 사용하지 않는 한 결정적인 성과를 달성할 수가 없다. 전투력이 열세할 경우 정면공격에 의하여 달성될 수 있는 목적은 극히 미약할 것이다. 따라서 정면공격은 통상 적의 전장이탈을 방지하는 공격이나, 미약한 적의 구축 또는 잔적을 소탕하는데 사용되며 이는 기타의 기동형태와 배합되어 사용할 때 그 실효를 거둘 수 있다.

돌파와 정면공격과의 근본적인 차이점은 지휘관의 의도에서 찾아볼 수 있다. 통상 돌파는 정면공격에 의해 개시된다. 그러나 돌파시 지휘관의 궁극적인 의도는 적 부대를 격파하여 전과확대를 위한 목표를 확보하는데 있다. 반면에, 정면공격시 지휘관의 의도는 적을 진지 내에서 격멸하거나 적 부대를 고착하여 상급부대 작전에 유리한 여건을 조성하는데 있는 경우가 대부분이다. 따라서 모든 공격에 있어서 적과의 최초 접촉은 정면공격과 유사한 측면을 공통적으로 가지고 있는 것이다.

마. 돌파와 포위의 기동형태 결정시 고려할 사항

공격작전의 궁극적인 목적은 적의 전투의지를 분쇄하여 싸울 의지를 말살하여 전투력 발휘를 불가능하게 하여 쌍방 공히 최소의 피해만으로 전투를 종결시키는 것을 궁극적인 목적으로 한다고 하였다.

이러한 공격작전의 목적을 구현시키기 위하여 공격부대는 적을 찾아 적 방향으로 기동하게 된다. 이때 적용하는 기동의 형태로 돌파와 포위 등이 있는데, 어느 기동형태를 막론하고 적 부대를 격멸하는 것을 목적으로 한다. 그것은 적의 전투의지를 마비하기 위해서는 적 부대의 격멸이라는 구체적인 전투행동이 수반되어야 가능하기 때문이다. 이것은 공격작전의 궁극적인 목적과는 다소 모순되는 현상을 초래하기도 한다.

지휘관은 공격계획을 수립하면서 상급부대의 작전목적 달성이 가능한 기동형태를 선정하기 위하여 심사숙고하는 상황에 직면할 수도 있다. 특히, 돌파와 포위의 기동형태를 두고 이러한 상황에 직면하게 되었을 때 기동형태 결정은 다음과 같은 고려사항을 참고하여 명쾌하게 결심하기 바란다.

1) 임무

돌파는 방어의 지속성을 파괴할 수 있는 지형을 목표로 한다. 포위는 적의 퇴로를 차단할 수 있는 지형을 목표로 한다.

2) 적 상황

돌파는 적 배치가 과도히 신장되었을 때 유리하다. 이것은 부대간의 간격이 넓어지고 종심이 얕은 진지편성으로 상호지원이 곤란하기 때문에 상대적으로 돌파에 취약한 구조를 갖고 있게 된다. 또한, 적 진지에 약점이 있을 때 유리하다. 적 진지상의 약점이란 불리한 지형에서 방어하거나, 지형을 부적절하게 이용, 지형의 미숙지 등으로 인한 방어수단 배치가 부적절한 경우, 방어준비가 불충분한 상태 등이다. 포위는 적 진지상에 약한 측익이 있을 경우이다. 약한 측익이란 공격부대가 치열한 교전을 하지 않고도 통과할 수 있는 적 배치상의 약한 부분을 말한다. 제대별로 약한 측익을 판단하는 기준은 다소 상이하나 보통의 경우 연대급에서는 적의 증강된 중대이하의 적을 약한 측익으로 판단하고 있다. 약한 측익이 없는 경우 인위적으로 조성하는 방법이 있는데 그 방법으로는 침투부대 운용, 화력지원수단 이용, 전투지경선 조정, 전술적 기만 등이 있다.

3) 지형 및 기상

돌파는 지형과 효과적인 제병협동 작전에 유리할 때, 양호한 도로망과 충분한 기동공간이 가용할 때, 신속한 기동이 가능하고 정확한 사격을 할 수 있으며 계속적인 통신 유지가 가능할 때 등, 전투력이 발휘가 최대로 가능하기 때문에 돌파 기동형태가 유리하다. 포위는 적의 퇴로차단이 가능할 때인데, 퇴로란 적이 그들의 측후방으로 철수할 수 있는 통로를 말하며 퇴로차단 수단으로는 병력, 화력, 장벽, 경계 등이 있다.

4) 가용부대

돌파는 돌파구 형성과 확장에 필요한 전차, 포병화력 등의 강력한 화력지원이 가용할 경우이다. 포위는 적보다 빠르게 종심상의 퇴로 차단이 가능한 목표를 확보해야 하는 것이 작전의 승패를 가르는 것이므로 기동력이 가용할 때이다.

5) 시간

돌파는 시간이 부족하여 타 기동형태를 취할 여유가 없을 때이다.

포위는 기동성 보장 등에 시간이 소요되므로 충분한 시간이 가용할 때 적용이 유리한 측면이 있다.

바. 공격계획 및 공격준비

공격계획은 목표를 선정하고 목표에 기습적으로 전투력의 집중이 가능하게 계획하여야 한다. 이렇게 함으로써 적에게 치명적인 타격을 가할 수 있는 것이며 공격기세를 유지하여 주도권을 장악할 수 있다. 여기에서 중요한 내용은 전투력이 집중될 목표는 적의 약한 부분이어야 한다는 것이다.

계획수립과 작전준비에 관한 내용은 제4장 1절에서 이미 설명하였으므로 여기에서는 생략하고 계획수립시의 통제수단 위주로 기술하겠다.

공격작전간 사용되는 전술적 통제수단에는 목표, 공격개시선, 공격대기지역, 공격개시시간, 전투지경선, 전진축, 공격방향화살표, 침투로, 통제선, 사격제한선, 전투이양선, 연결지점, 확인점, 접촉점 등이 있다.

1) 공격개시선 및 시간

선두 제대가 공격개시선을 횡단하는 시간이며 공격장소와 공격개시 시간을 협조하기 위한 선과 시간을 말한다. 따라서 모든 제대는 동일한 시간에 공격개시선을 통과해야 한다. 이러한 공격개시시간 및 시간은 통상 상급부대의 공격명령에 명시된다.

공격개시선을 선정할 때는 적 방향에 대하여 대략 수직이 되어야 하며, 지상에서 식별이 용이하고, 은폐 및 엄폐를 제공하며 아군의 지배하에 있어야 하나 가급적이면 적진지에 접근하는데 유리한 위치에 있어야 한다.

공격개시시간 결정은 상급부대가 요망하는 시간, 예하부대가 정찰을 실시하고 계획작성 및 협조, 명령하달, 공격부대 편성 및 공격개시시간까지 이동하는데 필요한 시간과 기습 및 약점 이용의 필요성 등에 추가하여 공격개시선으로부터 목표까지 지형의 기동성, 적의 저항정도 그리고 결정적 목표상에 가용 전투력을 통합 집중할 수 있는 목표 공격시간도 고려되어야 한다. 따라서 상급부대에서 명시된 공격개시 시간은 기준제대에 적용하고, 상황과 여건을 고려 모든 공격제대가 동시 또는 제대별로 상이하게 적용하기도 한다.

필요시 제대별로 목표 공격시간 등을 설정하기도 하는데 이러한 시간을 적용할 경우에는 야간공격, 시도조건이 불량한 상황에서의 공격, 침투식 공격 또는 침투부대를 운용하는 경우, 공격간 조우한 적에 대한 상황조치 등에 적용하게 된다. 이러한 적용은 통상 소부대급에 해당하는 경우이다.

목표 확보시간 또는 목표공격시간 등은 작전명령에 명시하여 하달할 수 있다. 도식에서 공격개시선은 전투지경선과 전투지경선을 연하여 실선으로 표시하며, 공격개시시간은 공격개시선 좌우측에 일, 시, 분을 8계단으로 표시한다.

2) 집결지

차후작전을 위한 준비를 위하여 집결하는 지역을 말한다. 따라서 집결지는 충분한 시간을 갖고 전투를 준비하기 위해서는 많은 시간동안 머무를 경우가 많게 되며 이러한 목적에 부합되는 조건을 갖추어야 한다. 우선 생존성을 보장받기 위한 은폐 및 엄폐를 제공받을 수 있는 곳이어야 하며, 주위에 대한 경계가 가능하고 충분한 전개를 위한 전개 공간이 가능해야 한다. 특히 차후 작전을 위한 준비가 수일 또는 장기간이 될 수도 있으므로 이에 대비하여 식수 획득이 가능하여야 한다. 각종 보급품을 추진하여 분배할 경우를 대비하여 차량회전 공간도 중요한 요소이다.

3) 공격대기 지점

공격 개시선을 통과하기 전에 점령하는 최종진지를 말하는데 이것은 반드시 선정하여 점령하는 진지는 아니다. 집결지에서 공격개시선까지의 거리 등 상황을 고려하여 점령할 수도 있으며, 하지 않을 수도 있다.

4) 목표

부여받은 목표확보를 완수하기 위하여 부대의 역량을 집중하여 지향하게 되는 최종 결승점을 말한다. 그러므로 부대의 가용전투력을 집중 운용하여 확보해야 할 대상물을 말하는 것이며 통상 차 상급부대의 지휘관으로부터 부여받게 된다. 목표를 부여하는 목적은 목표에 대하여 공격의 전 역량을 통일시켜 전투력을 집중시키고 공격의 방향을 제시하여 방향전환을 용이하게 하기 위해서이다. 목표를 부여받은 공격부대는 목표 확보 후 그 임무가 교대된다거나 또는 해제될 때까지 계속 유지하여야 한다.

예하부대에 부여하는 목표의 종류에는 최종목표, 중간목표, 기타목표 등이 있다. 중간목표는 통상 조공부대에게 부여하는 목표로서 임무수행에 반드시 필요한 때 한하여 부여하며, 중간목표는 부대의 기동을 제한하고 전투력 소모를 고려하여 주공의 전진에 기여할 경우 조공지역에 선정하는 것이 일반적인 경우이다. 기타 목표는 침투목표 또는 공중강습목표 등을 지정하였을 때 부여하게 된다.

목표는 통상 적 부대 또는 주요고지, 교량, 애로 및 주요견부지역 등의 중요지형지물이 선정되게 되는데 다음과 같은 내용을 고려하여 부여하여야 한다. 상급부대에서 부여하는 목표는 지상에서 식별이 용이하여야 하며, 부대의 역량을 집중했을 때 확보 가능하여야 하고, 확보시에는 부대의 임무종결과 장차작전에 유리한지를 평가하여야 하며, 적 부대를 격멸이 가능한가? 등을 고려한 후 선정하여 예하부대에 작전명령으로 하달해야 한다. 목표의 도식요령은 목표로 선정된 지형, 부여받은 부대의 확보능력을 고려하여 도식하는데 필요한 숫자나 문자로 표시한다.

5) 전투지경선

공격시 책임지대를 명확히 하고 인접한 부대, 지형, 지역간에 전투협조 및 조정을 용이하게 할 목적으로 지표상에 설정한 선으로 예하부대의 기동과 화력을 협조 및 통제하고 전·후·측방에 대한 책임지역을 명시하기 위하여 설정한다.

전투지경선은 지상에서 식별이 용이한 지형지물을 따라 부여하며 중요지형지물과 접근로가 분할되지 않도록 하여야 하는데, 통상 상급부대 명령에 의해 부여된다. 전투지경선을 부여할 때는 철로 혹은 하천선과 같은 식별이 용이한 지형지물을 따라 도시하며, 중요지형지물이나 접근로의 책임의 일관성을 위하여 분할하지 않고 특정부대에 포함되게 도시하는 것을 원칙으로 한다.

공격간 예하부대에 목표만을 부여하는 경우와 전투지경선을 부여하는 경우가 있는데, 전투지경선을 예하부대에 부여할 경우에는 예하부대가 전투지경선 내에서의 모든 작전을 책임지라는 의미이다. 따라서 이러한 경우에는, 공격간에 책임지역 통제를 위해 기동속도가 둔화될 수 있다는 점을 필히 고려해야 한다. 그러므로 책임지역 내에서 적 부대 격멸을 요구하는 것인지 또는 단순히 기동과 화력을 협조시키기 위한 것인지를 명확히 부여하여 사격과 기동을 협조시킬 경우에는 전투지경선을 부여하지 않는다.

목표후방으로의 전투지경선은 진지강화시 화력의 협조 및 경계부대 위치를 고려하여 종심까지 연장할 수 있다. 공격개시선 후방으로는 예하부대가 사용할 도로, 병력 배치 및 시설수용 공간을 고려하여 연장하여 도식한다.

6) 전투지대

전투지경선과 공격개시선에 의해 부여되는 책임지역이 명시되는 지대를 말한다. 필요한 경우 인접부대와 협조하여 인접부대의 전투지대를 이용하여 사격과 기동이 가능하기도 하다.

7) 통제선

부대의 사격과 전진을 통제하는 선을 말한다. 또한 통제선은 공격부대의 전진 속도를 파악하고, 예하부대의 기동을 통제하거나 작전지역을 지정할 경우, 작전 실시간 우발사태 발생시 기동부대의 공격방향을 전환할 경우에 부여하는 선을 말한다. 별도의 지시가 없는 한 통제선에 도달한 부대는 보고 후 지체 없이 신속하게 통과하여 공격속도 둔화에 따른 공격기세 유지를 저하시켜서는 안 된다.

8) 전투이양선

부대가 초월공격을 계획하였을 경우 초월 및 피초월 부대의 상황과 여건, 적 상황, 지형 등 METT+TC 요소와 피초월부대 직사화기의 효과적인 지원과 관측이 가능한 거리 내에 선정하여 부여하고 피초월 부대장이 정확한 위치를 결정한다. 전투이양선 전방에 대한 책임은 초월부대의 선두가 전투이양선에서 전투대형을 유지하여 통과 직후 초월부대에게 이양된다.

9) 전진축

일반적인 통로나 방향을 표시하는 것으로 주로 기계화부대 및 차량화부대 작전시나 전과확대, 추격시 신속한 전진을 위해 사용하게 된다. 전진축은 부대가 실질적으로 기동해야 하는 기동공간을 의미하며 공격부대의 기동방향을 통제하고자 할 경우에 사용할 수 있다. 예하부대에 전진축을 부여하면 그 예하부대는 부여받은 전진축을 공격기동로로 하여 그 범위 내에서 공격해야 한다.

전진축은 목표지역에 이르는 도로망, 종격실 능선, 계곡과 같이 식별 및 기동이 용이한 지형지물을 따라 기동공간을 고려하여 선정한다. 전진축 사용 시기는 통상 종심 깊은 목표의 신속 탈취를 위한 가용한 접근로가 있으며, 사격과 측방 이동을 제한할 필요성이 있거나, 비교적 경미하거나 와해된 적을 공격시 사용하게 된다.

10) 공격방향 화살표

예하부대의 공격하는 기동방향을 예하부대장에게 위임하는 것이 아니라 작전목적을 달성하기 위하여 통제가 필요시에 부여하게 된다. 지휘관은 작전목적 달성을 위하여 예하부대의 기동방향을 강력하게 통제할 필요가 있을 때 부여하게 된다.

따라서 강력한 통제를 위하여 부대의 중심부가 지향해야 할 특정한 방향 또는 통로를 지정하는 것으로서 일반적으로 전진축 보다는 강력한 통제와 제한을 요하게 되며, 통상 역습시나 조공부대가 주공부대를 밀접히 지원할 때 사용하게 된다. 또한 소부대급의 경우에는 은밀한 기동이 요구될 경우, 산악지역 작전, 야간공격 등에서 통상적으로 부여하게 된다.

여기에서 말한 작전목적 달성이란 다음과 같이 설명할 수 있다. 앞에서 조공은 주공의 원활한 임무완수를 보장해 주는 역할을 수행하기 위하여 운용되는 전술제대라고 하였으며 이를 위한 조공의 전술행동 중에는 주공의 위치를 기만하기 위하여 주공보다 빠른 공격으로 적 2대대를 조기 투입 유도 및 주공지역으로의 적 예비대의 증원을 차단하는 것 등이 포함되게 된다.

이러한 경우 주공의 위치를 기만하기 위하여 상급제대에서는 조공의 기동방향을 통제함으로써 적으로 하여금 주공방향으로 오판하게 할 필요성이 제기되게 되는 것이며 이때 공격방향화살표를 부여하여 조공의 공격기동방향을 강력하게 통제하여 소기의 목적을 달성하게 하는 경우 등이다.

11) 치중대

단위부대에게 작전지속지원을 제공하는데 필요한 인원, 장비 및 차량으로 구성되어 지며, 전투치중대와 야전치중대로 구분된다. 치중대 지역은 도로망이 포함되어야 하고 전투부대의 작전에 방해가 되어서는 안 되며, 가능한 적의 경포 사정거리 밖에 위치해야 한다.

12) 주보급로

도로망을 이용하여 군수참모가 선정하며, 도식은 최초 시설 위치에서 최종 시설 위치까지 도식한다.

13) 확인점

아군 부대의 위치, 적 활동 및 장애물 등을 보고하기 위한 참고점을 말한다. 지상에서 식별이 용이한 지점인 교차로, 식별이 용이한 촌락, 교량, 독립가옥, 기타 저명한 지형지물 등을 확인점으로 사용한다. 확인점은 통제선을 보완하거나 대신 사용이 가능하다.

14) 접촉점

2개 이상의 부대가 실제 접촉이 요구되는 지점을 말하며 목표탈취 후 진지강화시에 협조를 위해 사용하는 지점을 말한다. 목표를 확보한 후에 진지강화를 위한 협조시에 사용되기도 한다.

15) 예비대 도식

집결지를 도식하는 것으로 지형과 수용할 부대 등을 고려하여 도식하는데 예비대의 위치는 은폐 및 엄폐 되는 지형으로 생존권 보장에 유리하며, 주공부대가 더 이상의 임무를 수행하기 곤란시 투입되는 임무를 갖고 있으므로 주공지역 투입에 유리하고, 전개할 수 있는 충분한 공간이 있어야 한다.

사. 공격실시 및 조치

전장의 상황은 전투의 특성이 말하여 주듯이 상황예측이 곤란한 불확실성, 적과의 치열한 교전과 보급부족 등으로 인한 마찰, 예측하지 못한 적의 공격 등으로 인한 위험 등이 상존하는 특수성이 있는 영역이다.

따라서 지휘관(자)은 공격이 실시되면 이러한 특성을 고려하여 전투를 지휘해야 하는 것이 중요한 것이며, 무엇보다 시시각각으로 변하는 전투상황에 예하부대가 적절한 대응을 하도록 필요한 전투지원과 작전지속지원이 가능하도록 하여야 한다. 특히 공자의 특성과 전투의 특성을 연계하면서 이에 대한 대비를 구상하고 조치하는 능동적인 자세로 전투를 지휘하여야 한다.

전장은 전투의 특성에서 오는 불확실성과 위험 등의 상황이 연속적으로 반복되는 과정을 갖게 된다고 하였듯이 전장의 특성은 예측하지 못하는 다양한 상황이 발생하는 현장이다. 따라서 무엇보다도 지휘관의 의연하고 전장상황을 예측하고 통찰하는 능력은 물론이며 전장에서의 인간의 심리현상까지도 깊이 있게 이해하여 이에 대한 적절한 대응과 대책을 강구하는 것이 전투실시간의 지휘관(자)으로서의 전투지휘인 것이다.

1) 공격전투 실시간 상황조치 절차

전투실시는 전투 중에 발생하는 다양한 전투상황에 대하여 이를 평가하며 대응방책을 구상하여 결심하고 이를 전투행동으로 옮기는 대응과정의 반복이다. 전투실시 중에는 지휘관으로서 전투를 준비하면서 예측하였던 상황이 발생하기도 하지만 전혀 예측하지 못한 돌발적인 상황 등이 발생하기도 한다. 이러한 다양한 상황 속에서 지휘관은 최초 수립한 계획을 기초로 다양하게 변화하는 유동적인 전장상황에 능동적이고 융통성 있게 대처하여야 한다. 이러한 유연성을 바탕으로 한 적절하고 적시적인 대응은 전장의 주도권을 장악하게 되어 전승을 보장하게 된다.

지휘관(자)은 변화되는 전투상황을 예의주시하면서 적의 기도를 파악하는데 주력해야 한다. 적의 기도를 파악하는 것은 가장 적합한 대응방책을 강구하는 필수적인 요소가 되는 것이다. 이러한 전투지휘는 일련의 과정으로 나타나게 되는데 그것은 다음과 같다.

가) 상황판단

상황판단은 작전실시간에 이루어지는 전투지휘 활동을 말한다. 현행작전을 평가하여 지휘관의 대응개념을 설정하고 이를 기초로 대응방책을 수립하는 과정을 상황판단이라고 한다. 즉, 현 상황평가와 대응방법 선정을 상황판단이라 한다.

공격작전이 진행되게 되면 교전의 과정을 거치게 된다. 이러한 상황에서 지휘관(자)은 신속하게 상황을 평가하고 대응방법을 강구하는 것이 중요하다. 따라서 지휘관은 작전실시간에 발생하는 임무달성에 직접적인 영향을 미치는 요소 위주로 평가하여 구체적인 대응방법을 강구해야 한다.

상황판단에서는 현재 발생하고 있는 상황을 명확하게 판단하는 것이 중요한 과제이다. 그러나 이것은 전투의 특성에서 언급한 전장의 불확실성이라는 것으로 인하여 대단히 어려운 과정이다. 현 상황에 대한 평가가 잘못된다면 이에 대한 대응방법 구상도 오류로 나타나게 되는 것이다.

대부분의 경우에 있어서 이러한 오류를 최소화하기 위하여 전술에서 일반적으로 활용하는 상황평가 요소(METT+TC)를 고려하여 가장 근접한 평가가 되도록 현 상황평가를 하고 있는데 다음과 같은 내용을 참고할 필요가 있다.

- **임무**

현 상황이 부대의 임무수행에 주는 영향은 무엇인가를 판단하고 이에 따라 최초에 부대가 수행할 과업을 그대로 추진하여 수행할 것인가, 변경할 것인가 등을 고려하여야 한다.

- **적 상황**

상황의 발생은 대부분이 적의 전술행동에서 기인하는 것이 일반적인 경우이다. 즉 아군 스스로 발생시킨 문제가 아닌 적의 반응에서 나타나는 경우가 대부분이라는 것이다. 최초 판단한 적의 상황이 변화된 경우도 있을 수 있으며, 예상하지 못한 적에 대한 강점과 약점의 분석이 부족했을 수도 있을 것이다. 이러한 점을 고려한다면, 현재까지 확인된 적과 추정된 적이 공격하는 아군에게 어떤 영향을 미칠 것인가와 적의 강점과 약점은 무엇인가를 평가하여야 한다.

- **지형 및 기상**

현재의 상황이 발생한 지점의 지형과 기상이 아군에게 유리한 점과 불리한 점은 무엇인가와 아군이 효율적으로 이용할 수 있는 지형 등이 있는지를 평가하여야 한다.

- **가용부대**

상황을 조치할 때는 무엇보다도 가용부대가 중요한 역할을 하게 된다. 따라서 현 상황에서 상황을 조치하기 위해 가용한 부대는 보유하고 있는가와 해당부대의 전투력 수준과 추가적인 전투력이 소요되는지를 평가하여야 한다. 즉 부족할 시는 상급부대에 신속하게 증원을 요청하는 근거가 되는 요소인 것이다.

- **가용시간**

현재 발생한 상황을 극복하기 위해서는 소요되는 시간이 얼마나 되는가와 현재의 상황을 조치하기 위해서는 준비할 시간이 얼마나 소요되는가를 평가해야 한다. 예를 들어 가용부대가 부족하여 상급부대에 증원을 요청할 경우 요청한 부대가 상황이 발생한 현장에 도달하기 위한 소요시간 등을 고려해야 되는 것이다.

이와 같은 방법으로 상황평가 요소를 이용하여 현 상황에서 위협이 되는 요소와 그 중에서도 시급히 해결해야 할 적의 위협, 가용부대를 가장 적절하게 운용할 시점과 방법 등을 고려하여야 하며, 다음과 같이 대응방법을 구상하여 선정하여야 한다.

대응방법 구상은 상황이 최초 예상했던 상황과는 전혀 다른 예상하지 못한 상황이 발생하기도 할 것이다. 현재 발생한 상황이 최초 예상했던 상황과 유사한 경우에는 최초 수립한 계획에 의해 전투를 지휘하는 것이 타당한 것이며, 만일 전혀 새로운 상황이 발생했다면 새로운 대응방법을 구상하여 조치하여야 한다.

지휘관(자)은 예하부대, 지원 및 배속부대를 운용하여 현 상황을 조치하기 위한 기동계획 및 화력지원계획의 조정 소요 등을 검토하여 조정하여야 한다. 이러한 조정사항 등을 구상하여 그중에서 최선의 대응방책을 선정하는 과정을 거치게 되는 것을 말한다.

나) 결 심

상황판단에서 상황평가를 통하여 대응방법을 구상하여 그중에서 가장 적합한 방법을 선정하는 과정을 거친다고 하였다. 이러한 과정을 거쳐 선정된 대응방법을 실행하는데 있어서 예하부대, 지원 및 배속 부대와 지원화력 등을 어떻게 운용할 것인가를 구체화하여 명령을 하달하는 과정을 결심이라고 한다.

지휘관은 결심을 하게 되면 필요한 경우 대응의 시간을 단축하기 위하여 준비명령을 하달하여 즉각 행동화할 수 있도록 하는 것이 필요하다. 또한 지휘관이 상황을 조치하기 위한 결심과정은 상급지휘관의 의도에 부합되게 하여야 하는데 이를 위하여 지휘관은 차상급 지휘관의 의도뿐 아니라 2차 상급지휘관의 의도까지를 지속적으로 파악하여야 한다.

결심은 명령을 통하여 구체화 되는데 변경사항 위주로 간단명료하게 단편명령으로 하달하게 된다. 가능하면 직접대면하거나 유선 또는 무선을 이용하여 임무수행에 핵심적인 내용위주로 하달하는 것이 필요한데 명확성과 적시성이 유지되어야 작전의 호기를 놓치지 않게 되며 예하부대의 혼란도 방지할 수 있음을 명심해야 한다.

다) 대 응

대응이란 명령을 하달 받은 예하부대, 지원 및 배속부대, 그리고 화력지원부대 등이 명령을 하달한 부대의 지휘관의 의도에 부합되도록 부대를 운용하고 지원하는 것을 말한다. 특히 중요한 것은 노력의 통합을 이루어 전투력 발휘의 효과를 최대화 할 수 있도록 하는 것이 중요하다.

가장 적절한 시점에 적의 가장 약한 지점으로 전투력을 지향하여야 하는데 이러한 공격으로 적이 효과적으로 대응하지 못하도록 대응하여야 한다. 지휘관은 다양하고 복잡하게 전개되는 상황을 정확히 예측하고 통찰하는 것은 물론이고 용기와 신념을 갖고 난관을 극복하려는 지휘관의 전투지휘가 대단히 중요한 것이다. 이러한 능력은 전투 현장의 지휘관이 반드시 갖추어야 할 덕목이고 요구되는 전투지휘 능력이다.

전장은 불확실성과 우연이라는 상황이 연속적으로 반복되는 과정이므로 지휘관의 전장을 통찰할 수 있는 능력이 전제되어야 하는 것이며, 통찰한 상황에 따라 전투력을 운용할 수 있는 과감성과 시기를 놓치지 않는 적시적인 전투지휘가 이루어져야 한다. 그렇다면 이러한 능력을 함양하기 위한 방법을 강구해야 하는데 그것은 평상시 실전상황과 최대한 근접한 환경을 조성하여 반복하여 숙달하는 실전과 같은 훈련이 필요하다.

그러나 훈련을 통하여 아무리 우수한 능력을 보유한 지휘관이라고 하더라도 전혀 예측하지 못했던 우발사태가 느닷없이 야기되어 갑자기 위기가 조성되는 상황에 직면하기도 하는 상황이 비일비재한 것이 전장이다.

적진지를 돌파하였다고 판단하는 순간 적으로부터 포위되고 부대의 생존이 위태하게 되거나, 적을 포위한 부대가 적으로부터 역습을 받아 다시 돌파되어 부대가 분쇄될 위험에 직면하기도 한다. 또한 적을 포위하여 적 부대를 완전하게 격멸할 상황이라고 생각하는 순간 부대가 역으로 포위됨으로써 절제절명의 위기가 찾아오기도 하는 것이다. 이처럼 전장의 상황은 위기와 호기가 항상 혼재되어 나타나게 된다. 위기가 호기의 원인이 되고, 호기가 위기의 시발점이 되기도 하는 예측하기 곤란한 불확실성의 상황이 연속적으로 발생하는 현장인 것이다.

지휘관(자)은 이처럼 위기와 호기가 교차되는 가운데서 수시로 절망적이고 체념적인 위기에 직면하게도 되는 것이다. 이 때 지휘관은 필승에 대한 신념으로 위기를 극복할 수 있다는 신념과 전투에 대한 자신감을 잃지 않아야 한다. 만약 지휘관(자)이 승리에 대한 신념이 상실되고 정신력에 동요의 빛을 나타내게 된다면 위기를 호기로 전환시키는 상황의 극적인 반전은 기대하기 어렵게 되는 것이다.

즉 난관을 극복하겠다는 불굴의 투지를 상실하고 승리를 확신하지 못하는 지휘관(자)의 눈은 관찰력과 판단력을 상실하게 된다. 그 결과 예리한 관찰력으로 적의 과오나 실수를 발견할 없게 되며 더욱 더 수세적으로 위축되어 위기의 상황을 호기로 전환시키기 위한 전기의 포착이나 창출은 기대할 수 없게 된다.

그 뿐 아니라 예하 부대원들의 전투의지와 승리에 대한 신념은 지휘관의 자신감과 의연하고 신념에 찬 모습에서 나오는 것이다. 그러나 이러한 모습을 상실한 모습을 보게 된 예하부대원은 그들의 신념과 투지도 상실되게 되어 부대의 전투의지는 급속도로 소멸되게 되는 것이다. 전투에서의 승리는 지휘관(자)을 비롯한 모든 전투원이 적보다 강한 필승의 신념으로 적의 전투의지를 분쇄할 수 있고 적을 격멸할 수 있다고 확신에 찬 신념이 강할 때 가능한 것이다.

적 부대를 격멸하고 적의 전투의지를 분쇄하기 위해서는 적 보다 확고한 신념을 항시 견지하여 어떠한 위기상황에 직면하여서도 냉정하고 침착하게 모든 가용 전투력을 집중하여 항상 상대적으로 적보다 우세한 전투력을 유지하여 상대적 우위를 점령하도록 부대를 지휘하여야 한다.

따라서 일단 전투가 개시되면 지휘관은 어떠한 어려운 상황에 직면하여서도 항상 침착하게 심리적 평형을 유지하고 어떠한 불리한 상황도 극복할 수 있다는 자신감과 전승에 대한 확고한 신념을 견지하여야 하는 것이다. 이러한 모습을 견지할 때 어떠한 난국에 처하여서도 명철한 판단력과 창의적인 전투지휘가 가능하여 위기상황을 극복할 타개책을 창출하게 되며, 예하부대의 모든 노력을 결집시켜 목표탈취에 매진하게 할 수 있다.

2) 공격작전 단계별 주요 조치사항

지휘관(자)은 상급부대의 공격작전에 기여하기 위한 공격을 계획하고 실시를 통제하여야 한다. 공격시 지휘관은 기동과 화력의 조화를 가장 관심을 갖고 지휘하여야 하며 그에 못지않게 공격부대의 생존성을 위한 대비를 작전이 진전됨에 따라 더욱 면밀하게 관심을 가져야 한다. 공격부대는 시간이 지남에 따라 적진지에 근접하게 되며 이것은 방자가 계획한 살상이 가장 용이한 지대로 근접하고 있는 점을 항상 고려하여야 한다. 공자는 특성상 시간이 지남에 따라 더욱 더 생존의 위협을 크게 받게 되며 적의 위협에 노출이 심대해 지는 특성이 있는 것이다.

따라서 작전지도의 중점은 화력과 기동을 효율적으로 운용하여 가용한 전투력을 결정적인 시간과 장소에 집중하여 발휘함으로써 기습의 효과를 최대로 달성하도록 하여야 한다. 또한, 노출된 상태의 기동에서 오는 불리점을 극복하고 생존성을 유지하여 작전의 주도권을 확보하여 지속적으로 주도권을 유지하는데 두어야 한다.

이를 위하여 지휘관은 항상 적에게 불리한 작전을 강요할 수 있도록 기동력을 이용하여 공자가 원하는 지역에서의 전투를 전개하여야 하며, 적의 약점으로 부대를 지향시키고 화력을 집중하는 등의 가용한 전투력을 적절히 운용하여 공자가 원하는 지역에서 전투력의 상대적 우세를 달성하고 원하는 시간에 기습적으로 공격하여 적의 약점을 확대하여 대응할 기회를 박탈하여 전투를 종결시키는 순간까지 항상 주도권을 확보하여야 한다.

공격을 개시하기 전에 지휘관은 정찰, 상급부대 첩보, 적 전술 교리 등을 고려하여 예상되는 적의 장애물, 단도화기 진지, 반땅크 지탱점 및 구역, 적의 방어진지 등 확인된 표적에 대하여 충분한 공격준비사격으로 사전에 공격에 제한을 주는 요소들을 제압한 후 공격을 실시하게 된다.

공격계획에 따라 정해진 시간에 공격개시선을 출발하게 되면, 지휘관은 모든 수단을 집중시켜 생존성을 보장하면서 신속히 목표를 확보하고 최대한 빠른 시간에 임무를 완수하는데 전념하여야 한다. 이를 위하여 화력과 기동의 운용을 적절히 하여 적의 전투력 발휘를 억제하도록 하고, 아군의 전투력 발휘는 극대화되도록 하여야 한다.

지휘관은 다음과 같은 전투지휘를 통하여 목표로 접근하게 된다.

가) 공격개시선 통과

지휘관(자)은 집결지에서 공격준비에 대한 최종적인 준비를 마치게 되면 정해진 시간을 이용하여 부대이동 순서를 정하여 적의 관측을 회피하면서 은밀하게 공격개시선으로 부대를 이동시키게 된다. 여기에서 말하는 정해진 시간이란 공격개시선을 통과하는 시간을 고려하여 출발하게 되는 시간을 말한다. 통상적으로 공격개시시간은 상급부대에서 정해서 하달하는 것이 일반적이며 이에 맞추어서 지휘관은 집결지를 출발하는 시간을 정하여 공격개시시간에 맞게 공격개시선으로 부대를 이동시켜야 한다.

집결지에서 공격개시선으로 이동을 할 때에는 적절한 전투대형과 이동기술을 적용하여 전술적으로 이동을 하여야 하는데 상황평가 요소를 적절히 고려하여 대형과 기술을 적용하는 것이 이동속도를 보장하고 생존성을 확보할 수 있다.

적의 특작부대는 공격개시선 부근 또는 집결지와 근접한 지역에서도 활동 중일 수 있다. 따라서 이동간에는 적절한 경계대책을 강구하여 적의 기습에 대비하여야 하며, 적의 공격을 받게 되면 상황판단, 결심, 대응의 절차에 따라 침착하고 유연하게 대처하는 자세를 보여 부대가 동요되지 않도록 하여야 한다.

공격개시선에 도달하게 되면 지휘관은 공격개시선에서 지체함이 없이 신속히 공격개시선을 통과하게 지휘하여야 한다. 공격개시선은 은폐 및 엄폐된 통로를 이용하여 은밀하게 통과하여야 하는데, 적의 관측 및 사격으로부터 공격부대가 노출될 우려가 크기 때문에 이때는 다수의 통로를 확보하여 부대가 충분히 소개된 상태로 유지하여 적의 공격시 피해를 최소화 하도록 하여야 한다. 또는 공격개시선을 통과시 기도가 조기에 노출된 상황이라면 연막 등을 과감하게 운용하고 포병화력을 이용하여 적진지를 무력화 시키는 것도 필요하다.

공격실시는 공격개시선으로부터 시작되며 적에게 최대한의 피해를 강요하기 위하여 전투력을 집중시키면서 최대한 빠른 속도로 공격하여 기동하는 부대의 사상자를 최소화시킬 수 있도록 하여야 한다.

공격개시선 통과시에는 계획된 시간에 신속히 통과하여 공격개시선에서 부대가 밀집되거나 지체되는 일이 없도록 하여야 하며 자체의 기동력과 화력을 최대한 이용하여 적의 전투력을 약화시키도록 하여야 한다.

공격개시선 상에서 우군부대를 초월하여 공격할 수도 있는데 이때는 우군간 피해를 방지하기 위한 대책이 필요하다.

나) 목표지역으로 기동

목표지역으로 기동시에는 다양한 상황이 발생하여 이를 조치하면서 목표지역으로 기동하여야 한다.

• 공중공격시 조치

공격개시선을 통과 후 목표를 향하여 계속 전진 중 적의 공중공격 상황이 발생하면 부대를 즉시 소산시키고 가용한 화력으로 대공화망을 구성하여 대응하여야 한다. 기동부대는 최단 시간내에 적의 방어사격을 통과하기 위하여 신속하게 계속적으로 전진하며, 가능하면 항공 공격부대는 발견된 적의 약점에 대하여 집중공격을 실시해야 한다.

• 측방경계 강화

공격이 진행됨에 따라 부대간의 간격이 신장되면 측방에 대한 경계의 중요성이 요망된다. 지휘관(자)은 부대의 공격대형 신장에서 오는 측방의 약화를 고려하여야 하는데 특히 적의 역습에 의하여 부대가 절단되는 상황이 발생하지 않도록 전진 속도를 통제하는 등의 노력이 필요하게 된다. 또한 혼재된 상황이 발생하면 적과 아군을 구분하지 못하여 오인사격 등이 발생할 우려도 있게 되는데 이를 방지하기 위하여 각종 신호대책과 식별수단을 사전에 강구하여야 한다.

• 보전협동공격 요령

공격작전은 기본적으로 제병협동의 개념을 기초로 한 것이며 각 병과는 전반적인 부대의 전투력 발휘에 기여하도록 지휘하여야 한다. 지휘관은 기동부대와 화력지원부대 등의 각 전투지원 요소들을 통합하기 위한 제반 노력을 기울여야 한다. 특히 기계화 부대의 지휘관은 기계화 보병과 전차 및 각 전투지원 요소들을 통합하기 위한 제반노력을 기울여야 하며, 가능하면 기계화 부대의 탑승전투 능력을 최대로 활용하기 위해 전차가 공격대형을 선도하도록 하고 기계화 보병은 탑승하여 전차를 후속하면서 종심기동을 보장하도록 한다.

기계화 부대의 지휘관은 전차와 기계화 보병의 진출속도를 통제하여 상호지원이 원활하도록 통제해야 하는데, 기계화 보병의 진출속도는 선두 전차부대의 활동에 따라 결정된다. 전차부대가 일제히 전진할 때 탑승한 기계화 보병도 일시에 전진하거나 또는 구간 전진하도록 통제한다. 구간 전진하는 방법은 전차의 엄호하에 전차를 후속하면서 구간 전진하는 방법과 한 지역으로 이동시에 전차와 같이 구간 전진하는 방법도 고려할 수 있다. 전차와 기계화 보병의 거리는 임무, 지형의 형태, 적의 대전차화기의 종류 및 능력, 적 행동을 고려하게 된다.

전차에 접근하여 따라가는 경우는 다음과 같은 경우에 해당하게 된다.

- 부여받은 임무 수행상 신속하고 면밀하게 통제된 공격이나 전과확대시
- 적의 방어력이 미약하여 방해가 과도하지 않을 때
- 적 방어진지에 단거리 대전차 화기만이 배치되어 있을 때
- 굴곡과 엄폐를 제공하는 지역을 비교적 안전하게 통과할 수 있을 때
- 이동이나 기상이 시계를 제한하여 엄폐를 제공받을 수 있는 조건에 있을 때 등이다.

• 방향 유지

공격개시선을 통과하게 되면 목표를 향하여 기동하게 되는데 이때에는 목표에 대한 기동방향을 정확히 하여 정해진 기동로를 벗어나거나 전투지경선을 이탈하는 상황이 발생하지 않도록 하여야 한다. 이를 위하여 도로, 교차로, 교량, 현저한 건물 및 현저한 지형지물 등에 대하여 확인점 등을 운용할 수 있다. 확인점을 이용하여 기동간 지휘관은 전진방향을 확인하고, 돌연표적에 대한 지원화력을 요청하며 상황을 정확히 보고하는데 적절히 활용하여야 한다.

확인점을 참조하여 예하부대 지휘관(자)은 전진속도에 맞추어 계속적으로 부대의 위치를 신속하고 정확히 보고하여야 하며, 상급지휘관은 이를 참조하여 부대의 전진속도와 대형을 통제하여 적의 포위에 대비하고 측방의 노출에 따른 위험을 최소화 하도록 통제하여야 한다. 확인점은 상황에 따라 목표로 부여될 수도 있으며, 집결지로 지정될 수도 있으며, 공격지대, 전진할 전진축, 공격방향 화살표 등에 선정하여 활용할 수 있다.

• 적 조우시 조치

기동간 매복한 적과 조우시에는 최초의 기선제압으로 주도권을 확보하는 것이 필요하므로 전 화력을 집중하여 일격에 적을 격멸하여야 한다. 적의 규모가 일시에 제압하기 곤란하면 최초접적한 부대로 하여 고착시킬 수 있도록 하여야 하며, 예비대를 투입하는 등의 방법을 강구해야 한다.

지휘관(자)는 선두제대가 적과 접촉하게 되면 다음과 같은 방법으로 상황을 조치하여야 한다. 먼저 적의 규모 등을 식별하여 자체적으로 조치 가능 여부를 판단하여 가능하다고 판단되면 접촉부대에 의한 적을 격멸하여야 하며, 불가시에는 고착하거나 우회하며 상급부대에 보고하여 후속부대에 의해 격멸하도록 조치해야 한다.

공격의 궁극적인 목적은 적의 전투의지 파괴에 있다고 하였는데 이를 고려해 본다면 목표를 향한 전진에 크게 영향을 미치지 않는 적은 우회하거나 고착시킨 후 계속 공격해야 한다. 소수의 적 또는 크게 영향을 미치지 못하는 적은 종심의 목표를 확보하게 되면 포위소멸의 대상이 되거나 전투의지를 상실하여 도주하는 등의 행동을 하게 될 것이기 때문이다. 중요한 것은 목표를 확보하는데 적시성이 중요하다. 적시에 목표를 확보하게 되며 지대내의 적은 자연스럽게 포위의 상황이 되어 저항 불능으로 나타날 가능성을 큰 것이다.

공격간 제압되지 않는 적 단도화기 및 매복전차에 의한 공격시에는 공격부대의 가용화력을 집중하고 지원화력을 요청하여 제압하며, 기동로를 은폐하기 위한 연막 등을 살포하면서 신속히 통과하도록 한다.

• 장애물 및 애로지역 봉착

공격간 애로지역에 봉착하게 되면 견부를 확보하여 기동로의 안전을 확보한 후에 통과하도록 조치하여야 하며, 견부 확보가 된 상태에서 신속히 기동하도록 통제하도록 해야 한다. 적의 저항으로 견부확보가 곤란하다면 선두부대가 적을 고착시키고 후속제대는 신속히 우회하여 적의 측방을 공격하여 적을 제압한 후에 통과하거나, 연막 등으로 적의 시계를 차단한 후 통과하여야 한다.

장애물 지대는 우회하는 것이 가장 안전하며 공격의 속도를 유지하는 측면에서도 유리하다. 그러나 그것은 안전한 우회로가 보장되는 경우에 해당하는 것이며 우회가 불가능한 지역이라면 적절한 방법으로 극복하고 통과하여야 한다.

우회로를 결정할 때에는 상급부대로부터 받은 적 배치에 관한 첩보와 필요한 경우에는 정찰대를 활용한 정찰결과 획득한 첩보 등을 바탕으로 우회로를 결정하고 은밀하게 통과하여야 한다. 특히 우회시에는 우회기동로는 물론이고 장애물의 형태, 위치, 면적 등을 상급부대에 보고하여야 한다. 기본적으로 장애물 지대는 병력이나 화력을 이용하여 통제하는 것이 원칙이므로 적의 입장에서 이러한 점을 다시 한 번 바라보아 우회로에 대한 안전여부를 철저하게 확인하여야 한다. 선정한 우회로가 적이 계획한 살상지대일 수도 있기 때문이다.

전진하는 도중에 우회로가 없는 지형에서 적의 장애물 지대에 봉착하게 되면 봉착된 부대는 지원된 공병을 이용하여 장애물을 개척하도록 하여야 한다. 만약 지원된 공병이 지뢰 개척로라 및 도쟈전차와 같은 공병장비가 가용하다면 이러한 장비를 적절히 활용하여 신속하고 안전하게 통로를 개척하도록 지휘하여야 한다.

장애물 지대 봉착시 지휘관(자)의 관심은 속도를 지체하여 공격기세를 상실해서는 안 된다는 것이다, 그러므로 장애물 지대는 파괴하기 곤란하면 우회로를 선정하여 신속하게 우회하는 등의 조치가 필요하다. 이러한 경우에는 상급부대에 장애물의 종류와 위치를 보고하여 후속부대에 의한 제거가 이루어지게 하여야 한다. 장애물을 우회할 때에는 적 진지에 대한 강력한 제압화력이 우선되어 엄호를 보장받아야 생존성을 확보할 수 있다.

다) 목표공격

목표를 공격하는 것은 임무달성의 성패가 결정되는 전투이다. 공격부대의 편제병력 뿐 아니라 지원 및 배속부대 그리고 상급부대의 지원화력 등 전 역량을 집중시키는 결승점이자 전투지휘의 총화로 볼 수 있다. 목표를 공격하기 이전에 지휘관은 적의 배치 및 규모를 최종적으로 확인하는 등 정확한 적 상황을 파악하여 가장 약한 곳에 전투력을 집중시켜야 한다.

기동과 화력으로 적을 약화시켜 신속하게 약화된 측면 또는 후면으로 기동하여 돌파하여야 하며 그 기세를 유지하여 적을 격멸하고 목표를 확보해야 하는 것이다. 적진지를 돌파시에는 목표에 대하여 수개의 약한 지점을 조성하여 일거에 전투력을 집중하여 적진지를 돌파하여야 한다. 비록 적진지를 돌파하여 유리한 여건을 조성 중에 있다고 하여도 적의 역습 등에 대비하여 적의 전투력을 무력화시키기 위한 수단을 강구하는 등의 대책이 마련되어야 한다.

만일 공격이 지휘관(자)의 의도대로 진전되지 않을 경우에는 현재의 상황을 판단하고 분석하여 대응방안을 강구하고 대응책을 지시하면서 적극적이고 선제적인 지휘를 하여야 한다. 적의 포로가 증가하고 포병화력이 감소하는 등의 현상이 나타나면 조직적인 방어력 발휘가 제한되는 현상으로 판단할 수 있으며 이러한 시기를 놓치지 않아야 하는 지휘관의 판단력이 요구된다.

공격작전의 형태를 즉각 전과확대로 전환하여 적에 대한 압박을 더욱 강하게 하여야 하며, 만일 적이 전장이탈을 시도하면 신속한 기동으로 추격을 단행하여 적 주력을 격멸해야 한다.

공격작전에 있어서의 기동은 공격작전을 성공시킬 수 있는 핵심적 요소로서 적이 취약하다고 판단된 지점에 전투력을 집중하여 기습을 달성할 수 있는 결정적인 영향을 미치는 요소이다. 그러므로 지휘관(자)은 각 부대로 하여금 적보다 항상 우월한 기동력을 유지할 수 있도록 노력하는 동시에 항상 기동의 자유를 확보하여야 한다. 기동의 자유가 확보된 부대는 어떠한 상황변화에도 적시에 대응할 수 있는 능력을 보유한 부대를 말하는 것이다.

이를 위하여 장차작전에 대비하여 부대기동에 필요한 지역을 적절히 선정하여 기동로상에 대한 도상 및 지형정찰을 실시하여 기동로상에 대한 첩보를 획득하여야 하며 기동로 상에서의 생존성을 보장하기 위한 중요지형에 대한 조기 확보 및 통제대책을 강구하고 기동간에 상하제대간의 원활한 통신과 지휘통제 능력이 제한을 받지 않도록 대책을 강구해야 한다.

그리고 지속적으로 적의 예상되는 작전활동을 분석하기 위한 적정수집 활동 등으로 아군의 기동에 영향을 미칠 적의 행동을 사전에 파악하여야 하며 이에 대응하기 위한 필요한 준비에 만전을 기하는 지휘조치가 필요하다.

포위를 실시할 때에는 적에 의한 역포위 상황에 대비하여야 한다. 현대전은 비선형으로 전선이 형성되며 이로 인해 피아가 혼재된 상황이 비일비재하게 발생하게 될 것이다. 이러한 현대전의 특성은 적을 포위한 부대가 다른 적에 의해 포위가 되는 상황이 발생할 가능성을 더욱 크게 만들 수 있다.

그러므로 아군이 적을 포위할 때에는 항상 전방의 적에 대한 대응방책 뿐 아니라 종심상의 적에 대한 행동도 예상하면서 이에 대한 워게임을 다양한 상황를 구성하여 실시하여야 하는 것이다. 이렇게 함으로써 적의 의도를 사전에 간파하여 주도권을 유지할 수 있는 것이며 적의 의도에 말려들어가지 않는 전투지휘를 하게 되어 적을 심리적으로도 압도하게 되는 효과로 심리적인 압박을 가하는 효과도 달성할 수 있다.

적진지를 돌파하여 종심으로 기동할 때에는 적전선을 돌파하여 돌파구를 형성하는 즉시 신속하고 과감한 지휘로 측방으로 돌파구를 확장하여 적을 양단하여야 하는 전투지휘가 요구된다. 이렇게 하여 종심과 측방으로 확대된 돌파구를 이용하여 전략적 돌파를 위한 종심상의 유리한 위치를 확보하여야 하며, 역시 포위를 위한 퇴로차단에 유리한 지점을 확보하여 전략적 포위로 유도해야 한다.

이를 위하여 최초 돌파부대에 대한 돌파구 확장 방향을 위한 공격전진방향 등을 전술적 안목으로 판단하여 호기를 창출하는 전투지휘가 필요한 것이다.

방어진지가 돌파당한 적은 돌파구 확장을 저지하기 위하여 역습을 실시하는 등 다양한 공세행동으로 공격제대의 공격력을 둔화시키려 노력할 것이다. 이에 대하여 적의 증원을 방지하고 차단하기 위한 선제적 병력운용 등의 선견지명적인 전투지휘를 구사하는 것이 필요하다.

3) 최초계획의 변경[41)]

공격계획은 마주하고 있는 적에 대한 면밀한 분석을 통하여 수립되어야 하며, 이를 위해 적에 대한 상황을 신중히 분석하여 계획을 확정해야 하는 것이다. 그리고 일단 계획을 수립하여 공격을 개시하게 되면 어떠한 난관도 극복하고 계획을 실행하여 작전을 성공시키겠다는 지휘관의 신념과 노력이 필요한 것이다. 이것은 대부대 또는 소부대를 구분하지 않고 모든 제대의 작전에서 동일하게 적용되어야 할 중요한 사항인 것이다.

그러나 상황의 전개상 기동계획을 최초의 계획에 따라 계속 공격하게 될 경우

41) 정호용, 앞의 책, p198.

혼란스러운 상황이 예상된다면 이를 신속하게 변경하고 예하부대가 혼란에 빠지지 않게 강력한 지휘를 하여야 한다. 공격작전 전반에 걸쳐 지휘관은 그의 계획대로 전투가 실시되고 있는가를 면밀히 관찰하며 계속적인 상황판단으로 기동계획과 화력지원계획의 변경여부를 결정하여야 한다.

최초에 수립한 기동계획을 공격을 개시한 이후에도 변경없이 계속 공격하기는 다양한 상황이 수시로 발생하는 전투현장에서 쉽지 않은 일이기도 하다. 다양한 상황이 시시각각으로 발생하고, 불과, 단 몇 초, 몇 분 후의 상황도 예측하기 곤란한 전투현장에서 최초의 계획은 공격출발개시 명령과 함께 무용지물이 될 수도 있다는 것을 지휘관은 항상 염두에 두고 있어야 하는 것이다.

전투현장은 불확실성의 특성을 갖는다고 하였으며, 이러한 불확실성은 어떠한 예고도 없이 갑자기 찾아오고, 그로 인하여 발생하는 전혀 예상하지 못한 돌발상황의 전개는 지휘관의 균형된 판단을 불가능하게 하게한다.

이러한 상황의 다양한 변화는 공격시 지휘관(자)으로 하여금 기동계획의 변경을 강요하는 주된 요인이 되기도 한다. 그러나 공격 실시 중에 기동계획을 변경하는 것은 작전의 주도권 장악과 유지를 위태롭게 할 수 있을 뿐만 아니라, 예하부대의 전투행동과 지휘에 혼란을 초래할 가능성은 매우 높게 해 주는 요인이기도 하다.

그러므로 전투상황이 불리하게 전개되는 불가피한 경우를 제외하고는 최초의 공격계획을 변경하는 것은 위험한 것이며 최대한 이를 회피하여야 한다. 만일 기동계획을 변경할 경우에는 각 부대에 명확한 임무를 부여하고 이를 강력하게 실행토록 하는 것이 중요하며, 이때는 단편명령을 통하여 최대한 신속하고 명확하게 변경되는 사항만을 명시하여 예하부대를 통제하여야 한다.

4) 전기의 포착[42]

작전의 목적을 효과적으로 달성할 수 있는 호기는 끊임없이 유동하는 전장상황 속에서 피아간에 간간히 조성되었다가 신속히 사라지곤 한다. 그러므로 지휘관(자)은 항시 전장을 예의주시하여 대세의 흐름을 정확히 간파하고 전기의 조성

42) 정호용, 앞의 책, p201.

에 노력하는 한편, 전투과정에서 발생되는 전기를 적시에 포착하여 과감한 결단력과 실행으로 적에게 결정적인 타격을 가해야 한다.

전기란 전투간 적에게 결정적인 타격을 가할 수 있는 절호의 기회로서 전승을 획득할 수 있는 필연적 또는 우연적 기회를 말한다. 전투는 우승열패의 근본전리에 의해서 지배를 받으며, 전투력의 우세는 단지 물리적인 힘뿐만 아니라 시간, 공간의 3개 요소가 상호 관련하여 발휘 되는 전투력에 의해서 결정 된다.

작전을 지휘함에 있어서 이 요소 중 힘, 즉 기초적 전투력에 대한 판단은 비교적 용이하나, 이 전투력을 사용하는 시간과 공간을 판단 및 결정하는 것은 매우 어렵고 이의 판단능력이 곧 전술능력이라고 할 수 있다. 그러나 이 이간과 공간 중에 전투의 결승점이라고도 할 수 있는 긴요한 일점, 즉 시기와 장소와 존재하게 된다. 지휘관은 작전을 지휘함에 있어서 유한의 전투력을 운용하는 것이므로 긴요한 일점(결승점)을 간파하거나 또는 스스로 이를 조성하여 이 점에 전투력을 집중 발휘하여 우승열패의 심판을 받게 되는 것이다. 이 결승점의 간파가 곧 전승획득의 제일보이며, 이 결승점이 전기가 생겨나는 지점이라고 할 수 있다.

제4절 방어작전

1. 방어작전의 개념

방어는 **병력, 화력, 장애물**을 주요방어수단으로 하여 지형과 시간을 적절히 이용할 수 있는 이점이 있으나 수세적인 작전형태이다. 그러므로 공격하는 적의 취약점을 이용한 적극적인 전투행동으로 반드시 공세이전의 호기를 포착하여야 한다. 클라우제비츠는 "방어는 공격하기 위한 호기를 포착하는데 있다."라는 말로 확고한 공세의지의 중요성을 강조하였다.

가. 방어작전의 의의

공격작전은 공자가 원하는 시간과 장소를 선택하여 적을 공격함으로써 자신의 의지를 적극적으로 관철시키려 하는 동적인 특성이 강한 것이라고 하였다. 이에 비해 방어작전은 공세이전의 여건을 조성하기 위하여 적의 공격을 병력, 화력, 장애물, 전투진지 등의 수단을 활용하여 지연, 저지, 격퇴, 격멸하는 작전이라고 정의하고 있다.

1) 수행개념 이해

방어작전의 수행개념을 이해하기 위해서는 정의에서 말하는 '지연, 저지, 격퇴, 격멸'에 대한 정확한 이해가 필요한데 다음과 같은 의미를 갖고 있다.

지연은 적의 공격을 방해하여 지체시키는 것으로 공격하는 적에 대하여 포병화력 등을 이용한 전투행동 등을 통하여 적의 공격을 둔화시키는 전투행동이다.

저지는 일정한 선에서 적의 공격을 멈추게 한 후에 적을 타격하는 것으로 적의 예상 접근로 상에 장애물을 설치하여 장애물 전방에서 적을 정지시켜 타격에 유리하게 여건을 조성하는 등의 전투행동이다.

격퇴란 공격하는 적이 현행 임무를 포기하고 퇴각하게 만드는 전투행동이다.

격멸이란 적이 어떠한 전술적 임무도 수행하기 어렵게 된 상태로 만드는 전투행동이다.

'지연, 저지, 격퇴, 격멸' 라는 용어가 표면적으로 주는 의미는 방어작전 간 수행하는 과업의 결과가 적에게 나타나는 효과를 의미하고 있다. 그러나 용어의 의미를 좀더 자세히 음미해 보면 방어수단의 적절한 활용이 필요하다는 내용과 공세적인 행동이 요구됨이 함축되어 있다는 것을 알 수 있다. 즉, 지연은 각종 화력의 적절한 활용, 저지는 적의 기동을 방해할 수 있는 장애물의 설치, 격퇴와 격멸은 화력 장애물 병력 등의 모든 방어수단을 이용한 공세적 전투행동의 필요성이 있음을 내포하고 있는 것이다.

방자는 공격하는 적을 맞아 그가 준비한 전투지역에서 지연, 저지, 격퇴 또는 격멸을 하기 위한 전투행동을 하게 된다. 원거리에 출현한 적에 대해서는 전투력을 저하시키기 위한 행동으로 상급부대의 자산을 요청하여 적을 타격하게 된다. 이후 적이 진전에 도달하면 장애물 등으로 저지하기 위한 노력을 한다. 즉, 적의 조기전개를 강요하여 기동속도를 저하시키며 지휘통제를 방해하고 적이 혼란에 빠지게 하는 등의 방법으로 적이 정상적인 전투력을 발휘하지 못하도록 모든 노력을 경주하는 것이다.

이러한 방자의 지속적이고 적극적인 전투행동을 거치면서 적의 전투력은 점차 약화 될 것이다. 공격하는 적이 방어진지에 근접하게 되면서 치열한 전투로 쌍방의 전투피해가 심각하게 발생하게 될 것이다. 또한, 적의 공격으로 인해 상실된 방어지역을 원상으로 회복하기 위한 적극적인 공세행동도 이루어지게 될 것이다.

즉, 적 부대를 격퇴하거나 격멸하게 되며 중요지형을 확보하는 등의 방어작전의 목적중 하나 또는 그 이상을 달성하게 되는 것이다. 그러나 이것은 부가적인 목적의 달성으로 밖에는 볼 수 없는데, 그것은 방어의 궁극적인 목적이 공세이전의 여건을 조성하는 것이기 때문이다. 그러므로 방어작전을 계획하고 실시하는 방어부대 지휘관은 공세이전을 위한 방어전투에 주안점으로 두고 방어를 수행하여야 한다.

2) 본질 이해

정의에서 나타난 바와 같이 방어작전은 정적(靜的)인 특성을 갖고 있는 작전형태라고 볼 수 있다. 그러나 방어작전을 통해 궁극적으로 달성하여야 하는 것은 끊임없는 공세행동으로 주도권을 회복하여야 하며 공세이전의 기회를 조성하여야 한다.

따라서 공격과 마찬가지로 방어작전에서도 주도권 장악과 회복은 중요한 것이다. 방어는 공세이전을 궁극적인 목적으로 하는 공세적인 전투행동을 추구하며, 이것을 진정한 방어의 본질로 이해할 수 있다.

따라서 방어작전의 근본적인 목적 등을 고려해 보면 수세 일변도의 방어란 존재할 수 없는 것이다. 오로지 방어만을 목적으로 한다면 전투를 종결시키기 어려운 것은 물론이고 자신의 의지를 관철시키지 못하게 된다. 지휘관이 전투에서 자신의 의지를 관철시키지 못한다면 그것은 어떠한 결과도 얻지 못한 성과 없는 전투 또는 실패한 전투였음을 말하는 것이다.

공격과 방어를 창과 방패에 비유해 볼 수 있는데, 전투란 방패(방어)의 역할과 창(공격)의 역할이 반복되는 연속의 과정이다. 즉, 방패의 역할을 하면서 적의 허점이 발견되면 신속히 공격을 하여 적을 쓰러뜨리는 행동이 필요한 것이다. 상대의 허점을 이용하여 신속한 공격으로 적을 제압하는 것처럼 전투행동도 방어를 실시하면서 적의 약점이 발견되면 신속하고 과감한 공세행동으로 주도권을 장악하여 전투를 종결시키는 노력이 필요하다.

창과 방패의 관계인 전투는 항상 상대성을 갖고 있다. 현재의 상황이 적보다 상대적으로 우세하면 공격을 하게 된다. 방어시에도 적의 약점을 발견하여 호기를 포착하게 되거나 적의 전투력이 상대적으로 열세하게 되는 것을 인지하게 되면 그 기회를 놓치지 않고 공세 행동으로 전환하여 적에게 일격을 가해야 한다.

다만, 방자가 공자의 전투력이 상대적으로 열세로 전환되는 시점을 인지하는 통찰력과 호기를 상실하지 않고 전투력을 집중하여 공세적인 행동으로 전환하는 실행력이 문제일 뿐이다.

방자는 공자에 비해 상대적으로 전투준비에 필요한 시간을 확보할 수 있다는 것과 방어에 보다 유리한 지형을 선택할 수 있다는 이점을 갖고 있다고 했다. 방자는 그가 선정한 작전지역에서 충분한 방어준비를 마치고 공격하는 적과 마주하게 된다. 이처럼 방자는 준비된 지역에서 충분한 시간을 갖고 방어력 발휘에 결정적인 장소를 선정하여 전투준비를 마친 상태에서 적의 전투력을 격멸시키려 하는 것이며 이것이 방자가 갖는 이점이다.

전 례 : 공세행동으로 적 연대를 궤멸시킨 동락리 전투

① 상 황

○ 북한군의 기습적인 남침으로 춘천지역을 방어하고 있었던 제6사단을 제외한 대부분의 부대는 조직적인 저항 한번 제대로 못하고 마치 급류에 밀리듯 낙동강 선까지 후퇴를 거듭했다. 이로 인하여 국군의 사기는 극도로 저하되었으며 그 동안 계속된 방어작전의 속성상 전투의지까지도 수세적인 사고에서 벗어나지 못하고 있었다. 그러나 그 후 인천상륙작전의 성공은 공세로 전환하는 계기가 되었으며 전세는 크게 역전되었고 전투원의 사기도 드높아지게 되었다. 이때부터는 각급부대가 북한군에 비해 확실하게 전투력의 우위를 확보하게 되었고 멀리 한만국경인 초산까지 진격할 수 있었던 것이다.

② 전투경과

○ 개전초기 방어작전에서 제6사단의 선전은 타부대의 귀감이 되기에 충분하였으며 철수과정에서의 첫 승전보도 제6사단에 의해 전달되었다. 제6사단 7연대 2대대는 동락초등학교 여교사로부터 초등학교에 많은 적이 모여 있다는 제보를 받게 된다. 북한군 부대는 제48연대였으며 이를 기습 공격하여 치명적인 타격을 입혀 다수의 병력과 장비를 궤멸시키는 전공으로 국군 제7연대는 대통령 부대표창과 전 장병 1계급 특진의 영예를 안았다. 이것은 개전 후 처음 있는 일로서 열세한 병력과 장비로써도 적을 섬멸할 수 있다는 신념을 심어주는 중요한 계기가 되었다.

③ 결과/교훈

○ 방어시의 적극적인 공세행동은 전투원의 싸우고 싶다는 공격심리를 유도한다. 즉 적극적이고 능동적인 전투의지로 나타나는 것이고, 이것은 주도권 장악의 자양분이 되는 것이다. 인천상륙작전 그 자체가 전력의 우열을 역전시킨 것이 아니라, 전투원 의지의 작용방향을 바꾸어 놓아 전력의 비율을 근본적으로 바꾼 것이다. 이처럼 공세행동의 효과는 실로 엄청난 결과로 나타나는 것이다.

○ 제7연대의 이러한 계속된 공세행동은 앞에서 언급한 바와 같이 압록강 초산까지 진격한 부대가 될 수 있었던 원천이 되었으며 부대의 애칭도 '초산부대'라고 불리게 되었다.

나. 방어작전의 목적

방어작전의 목적은 그 자체가 방어를 수행하는 지침이 되며, 예하부대를 비롯한 작전에 참여하는 모든 부대의 노력을 결집시키고 일정한 방향에 전투력을 지향시키는 목적의식을 제시한다. 방어작전은 통상 전투력이 약할 때 실시하게 된다. 그러므로 정의에서 살펴보았듯이 공격작전에 비해 소극적이고 수세적인 경향을 내포하고 있으나 항상 수세적인 차원의 작전에 머무를 수는 없다.

적극적인 공세행동으로 전투원의 공격심리를 자극하여 주도권을 장악하여야 하며 궁극적으로는 공세이전의 여건을 조성하여야 한다. 이를 위해 적 부대 격멸, 중요지역 확보, 시간 획득 등의 목적을 달성함으로써 적의 전투력을 저하시키고 적의 공격기도를 좌절시킴으로써 조기에 작전한계점에 도달하게 하여야 한다.

1) 중요지역 확보

중요지역이란 피아 확보·통제함으로써 현저한 이익을 주거나 전투의 승패에 결정적인 영향을 미치는 지역을 말하며 전투력 발휘에 유리한 감제고지, 견부, 교량, 애로지역 등을 그 예로 들 수 있다. 또한, 공세이전의 여건을 조성하기 위해서는 적 격멸을 통해 적의 전투력을 약화시켜야 하는데 이를 용이하게 해 주는 유리한 지역 등도 중요지역으로 분석하여 반드시 확보하여야 한다.

방자는 전투력 발휘를 위해 반드시 확보할 지역 또는 차후 작전을 위한 공격의 발판이 될 수 있는 지역을 분석하고 확보하는 것이 필요한데 이를 중요지역 확보라 한다. 중요지역은 적이 확보 및 통제하기 이전에 방자가 먼저 선점하여야 그 이점을 용이하게 이용 할 수 있다.

2) 적 부대 격멸

공격하는 적의 약점과 과오가 발견되면 신속히 포착하여 적의 병력은 물론이고 전투수행에 필수적인 장비 및 물자 등을 파괴하여야 한다. 격멸이라는 용어에는 보다 적극적이고 공세적인 전투수행에 대한 의지가 포함된다. 이러한 적극적인 전투수행은 공세이전의 여건 조성에 직접적으로 기여하는 것으로 방자는 방어 수단인 병력, 화력, 장애물, 기타 전투가용 요소를 활용하여 적 부대를 격멸해야 한다. 방어계획에 따라 방어수단별로 단계적으로 적의 전투력을 저하시키기 위한 전투행동을 전개하여 적의 전투력을 작전한계점에 조기에 도달하게 하여야 한다.

3) 시간획득

시간획득은 통상 상급부대의 차후작전에 기여하는 측면에서 작전목적으로 선정하고 있다. 적의 공격을 최대한 지연시키게 되면 상급부대 또는 인접부대는 차후작전에 필요한 충분한 시간이 확보하게 되므로 차후작전의 성공적인 수행을 위해 달성해야 할 목적 중의 하나로 본다.

즉, 상급부대 및 인접부대의 방어에 유리한 상황을 조성하고 인접 및 상급부대의 차후작전을 위한 충분한 시간적인 여건을 보장하기 위함이다. 예를 든다면, 부대가 전투전초 등의 임무를 수행하고 있는 경우에는 공격하는 적의 접근을 조기에 경고하고, 이를 최대한 지연시키는 방어를 해야 한다. 즉 이러한 임무수행으로 주방어지역에 배치된 부대가 충분한 방어준비를 할 수 있는 시간을 확보하게 된다.

이상에서 제시한 방어작전의 목적은 일반적인 상황에서의 방어작전의 목적을 말하는 것이다.

> **"북한군이 먼저 부산을 점령하느냐 아니면 우리의 증원군이 먼저 오느냐 하는 시간과의 싸움이다. 각자는 맡은바 진지를 사수하라! 후퇴는 죽음을 의미한다."**
>
> - 워 커 -

2. 방어작전의 이점

방어작전의 이점은 **시간과 지형**이다. 따라서 이 두 가지 이점을 극대화하기 위한 노력이 필요하다. 시간의 이점을 이용한 충분한 방어준비, 지형의 이점을 이용하여 방어력 발휘가 유리한 지형에 진지편성을 하는 등의 유리점을 이용하여야 한다.

가. 공자와 방자의 비교

방자가 방어력 발휘에 유리한 지형을 사전에 선점하여 전투준비에 필요한 시간에서의 이점이 있듯이, 공자는 그의 전투력을 집중할 장소와 시간에 대한 선택권을 갖는 이점을 갖게 된다. 그러므로 공자는 장소와 시간의 선택이라는 기습의 이점을 활용하려 할 것이고 방자는 이에 대한 대비를 철저히 하는 것이 승패를 가르는 분기점이 될 것이다.

방자가 공자의 기습의 이점을 거부하기 위하여서는 첫째, 전장관찰을 강화하여 공자의 주력이 지향될 장소와 시간을 조기에 판단하여야 하고 둘째, 충분한 전략 및 전술예비를 시간 및 공간적으로 적절한 장소에 보유함으로써 공자가 기습의 효과를 확대할 수 없도록 적시에 대처할 수 있어야 한다.

방어는 통상적인 경우 방어지역을 미리 선정하는 장소의 선택권과 공자에 비해서전투 준비에 필요한 시간을 충분히 확보하게 되는 이점을 갖고 있다. 따라서 방자는 지형의 이점과 시간을 활용하여 장애물을 설치하고 방어진지를 구축하는 것은 물론이고 적을 축차적으로 격멸할 화력계획 등을 미리 준비하여 유리점을 충분히 이용하여야 한다.

방자는 공자의 이점을 박탈하고 약점을 확대하는 동시에 자신의 약점은 최소화 하면서 방어의 장점인 유리한 지형을 선점한 방어준비의 이점, 상대적인 시간의 이점 등을 활용하여 적의 공격을 지연, 저지, 격퇴, 격멸로 공자의 전투력을 최대한 저하시켜 작전한계점에 이르게 하여야 한다. 공자가 작전한계점에 도달하게 되면 신속하게 공세행동을 실시하여 주도권을 확보함으로써 전투를 승리로 이끄는 노력을 경주하여야 하는 것이다.

방어실시간 방자는 적의 과오를 발견하기 위해 노력해야 하며 포착된 과오를 확대하고 이에 대한 지속적인 공세행동을 멈추지 않아야 한다.

나. 방자의 2대 이점

공격과 방어의 작전형태 중에서 그 수행이 보다 용이하고 유리한 것은 방어이다. 이것은 방자만이 선택할 수 있는 방어에 유리한 지형을 선택한다는 이점과 전투준비에 충분한 시간을 확보할 수 있다는 이점을 갖고 있기 때문이다. 그러므로 지휘관은 전황이 불리할 때는 방어에 수반되는 이점을 통하여 불리한 전세를 극복할 수 있도록 하는 노력과 지혜가 필요하다.

공격과 방어는 그 수행과정에서의 결과물을 볼 때 탈취와 확보라는 개념에서 움직이게 된다. 일반적으로 탈취보다는 확보가 용이한 것이다. 이러한 관점에서 방어가 공격에 비해 그 수행 면에서는 보다 용이하다고 볼 수 있다.

따라서 지휘관이 전력이 열세이거나 상황이 불리할 때는 방어를 취하는 이유가 바로 여기에 있는 것이다. 그러므로 지휘관은 전력이 열세하거나 상대적으로 전투력이 우세한 적의 공세가 예상될 때는 방어가 갖는 이점을 이용하여 피아 전력의 비율을 역전시킨 다음 공격을 시도하여야 한다.

1) 지형의 이점

방자는 열세한 그의 전력이 유리한 지형에 의하여 최대로 보완될 수 있는 그러한 지형을 선정하고, 그리고 이 지역을 효율적으로 이용함으로써 그가 갖는 지형의 이점을 더욱 증대시킬 수 있어야 한다.

방어 시 지휘관이 지형의 이를 극대화하기 위하여서는 지형을 평가 할 수 있는 안목과 이를 이용할 수 있는 지혜를 함께 지녀야 한다. 대부대 지휘관은 대국적인(전략적)인 견지에서 지형을 평가할 수 있어야 하며 소부대 지휘관은 주로 국부적인 이용 면에서 지형을 평가해야 하는데 주로 지형평가 5개 요소를 이용한다.

지형평가 5개 요소는 관측과 사계, 은폐 및 엄폐, 장애물, 중요지형지물, 접근로등에 대하여 공자와 방자의 입장에서 유리점과 불리점을 평가하는 것이다. 초기전투에서 중요지형의 이점을 제대로 활용하지 못한 대표적인 사례로 한강선 방어를 들 수 있다. 방어시에 한강이 주는 지형의 이점은 대단한 것이었는데 그 천연적인 방어력을 제대로 이용하지 못하였다. 도리어 한강교의 조기 폭파 등으로 아군의 희생만 컸을 뿐 이었다. 그러나 낙동강 방어선에서는 대구 북방의 횡격실 능선과 서쪽에서 흐르고 있는 천연 장애물을 효과적으로 이용하여 결국 북한군의 작전한계점에 다다르게 하였다. 그 이후 국군과 유엔군은 공세이전하여 공격작전으로 전환하여 통일을 향한 북진을 하게 되었다.

2) 시간의 이점

방자가 갖는 시간의 이점은 전투를 위한 준비의 이점이다. 그러므로 방자는 방어진지를 편성할 장소를 선정한 후, 방어력이 최대한 발휘되도록 전투준비를 마쳐야 한다. 이것이 시간이 주는 이점을 충분하게 활용하는 것이며 열세한 전투력을 보완하는 것이다.

방자는 시간을 활용하여 방어진지를 강화할 수 있는 반면, 공자는 방자가 강화한 방어지역에서의 전투를 강요받게 된다. 공자가 방어 진지 전방에 나타날 때까지의 모든 시간은 방자의 것이므로 이 시간을 방어준비에 총력을 기울여야 한다.

그러나 전장의 특성은 불확실성과 마찰의 영역이라는 특성으로 인하여 전투원은 극도의 심신피로를 겪게 되며 이로 인해 전투준비에 자칫 소홀해 질 수 있다. 특히 불확실성은 바로 수분 후의 상황도 확신할 수 없게 된다. 많은 노력과 땀을 흘리고 위험을 감수하며 구축한 진지를 버리고 다른 장소로 이동했던 경험은 더욱 이러한 전투준비를 기피하게 만드는 요인이 되기도 한다. 그러므로 방어 시 전투준비를 강화하기 위한 시간의 최대 활용은 지휘관(자)의 확고한 의지와 철저한 감독에 의해서만 가능해 지는 것이다.

전 례 : 벙커고지 전투(강원 홍천)

① 작전개요 : 1951. 5. 16 ~ 17 / 미 제 2사단, 중국군 제 5사단

② 상 황

○ 한국군이 인제현리지구에서 격전을 치르고 있을 때 좌인접 미 제 10군단의 미 제 2사단도 홍천북방에서 중국군과 격전을 벌였다. 사단은 대룡산 899고지-가리산 1,051고지-매봉800고지를 연하는 전선의 좌전방에 제 9연대, 중앙에 제 38연대, 예비인 제 23연대는 노네임선 진지를 점령하고 있었다. 중국군 제 5사단 예하부대들이 1951년 5월 16일 저녁 무렵 좌전방 제 8연대의 전초대대를 공격하여 지뢰와 장애물지대를 통과하면서 다수의 피해를 입었지만 파상공격으로 전초진지를 점령하였다. 제 2사단장 루프너Clark L. Ruffner) 소장은 네덜란드대대와 프랑스대대를 투입하여 적의 돌파구 확대를 저지하도록 하였다. 그리고 포병부대들은 미 제 8연대 전방으로 증원되는 적의 집결지와 접근로 및 군단이 지정하는 근접목표에 탄약이 부족할 정도로 집중적인 포격을 실시하여 연대를 지원하였다.

○ 포병대대의 포격에도 불구하고 3,000여명의 적은 가리산과 914고지 사이의 안부지역을 통해 쓰러진 동료들의 시체를 밟고 계곡을 따라 계속 전방으로 진출하였다. 그러나 적은 전초부대의 철수 후 미군의 화력으로 추격을 잠시 멈추었으나 17일 02:00경 우전방 지역으로 총공세를 펼쳐 주방어선을 돌파하였다. 적은 09:30경 지역내 감제고지인 가리산 1,051고지를 점령하자 공격의 기선을 장악한 듯 돌파구 확장을 시도하였다.

③ 작전경과

○ 홍천 북방 16km 지점의 800고지 일대에서 방어작전을 지휘하던 미 제 2사단 예하의 한 대대장 헤인즈 중령은 예하 중대에 방어구역을 할당하고는 중대장들에게 전 병력을 수용할 수 있는 2-3인용 엄체호를 구축한 다음 이를 전부 유개교통로로 연결하고 적이 진전에 출현할 때까지 각종 장애물의 설치에 의한 방어진지의 강화를 계속하도록 지시했다.

○ 이 지시를 받은 중대장들은 물론 병사들까지도 처음에는 대대장이 농담을 하는 것으로 생각했다. 이는 전례에 없는 지시였기 때문이었다. 그러나 다음 날부터 노무자들에 의해 30만장의 마대와 다량의 장애물이 산정으로 운반되어 오자 비로소 대대장의 확고한 의지를 알 것 같았다. 한국

전에서 겪은 몇 달 동안의 경험에서 헤인즈 중령이 얻은 결론은 "인해전술에 의한 중국군의 야간공격은 최대한의 시간을 활용, 방어진지를 강화하여 적의 제파식 공격을 진전에서 최대로 약화시킨 다음 진내로 유인하여 포격에 의한 진내사격으로 격멸하는 길밖에 없다."라는 것이었다.

○ 그러나 지금까지 기껏해야 직사탄을 피할 수 있을 정도의 개인호만을 파오던 장병들의 타성 때문에 대대장이 그의 의지를 관철하는 데는 초인적인 열성과 노력을 필요로 했다. 설득과 강요를 거듭하기 10여일 만에 적의 최종목표로 판단된 800고지 정상(직경 200m 정도의 타원형 평지)일대에 23동의 견고한 엄체호와 유개교통호가 구축되었다. 이와 함께 여러겹의 철조망이 설치되었고 각종 지뢰가 매설되었다. 5월 18일 밤, 중국군은 칠흑의 어둠속에서 피리와 나팔을 불면서 공격을 가해 왔다. 아군의 최후 저지사격이 실시되었다. 암흑의 산골짜기에 치열한 사격이 얼마동안 계속되다가 얼마 후 약속이나 한 듯이 일제히 멎었다. 그리고는 한참 동안 적막이 계속되다 약 1시간 후 다시 피리소리가 울렸다. '피리소리 → 최후저지사격 → 적막'으로 연결되는 묘한 전투방식이 다섯 차례나 반복되었다. 여섯 번째의 공격이 시작되자, 비로소 중국군을 진내로 유인하여 접근신관(VT) 사격에 의한 진내사격을 실시하는 전법이 적용되었다.

○ 관측소를 제외한 모든 엄체호의 총안구와 출입구를 사낭으로 폐쇄하고 서서히 적을 진내로 유인하자 중국군은 여섯 번만의 돌격 성공에 환호성을 지르면서 밀물처럼 밀어 닥쳤다. 이 때 진내 사격의 제 2탄이 진지의 직상공에서 작렬했다. 그 후 8분 동안 2,000발의 포탄이 협소한 800고지 정상을 뒤덮었다. 중국군은 더 이상의 제파투입을 단념했다. 다음 날 아침 호속에서 나온 미군 병사들은 진지를 뒤덮고 있는 적의 시체를 보고 그들의 눈을 의심했다. 한편 헤인즈 대대를 직접 지원하던 제 38포병대대는 그들의 전투상보에 그날 밤의 사격량을 11,891발로 기록했다.

④ 결과/교훈

○ 대대장은 방어의 이점인 시간과 장소를 적극적으로 활용하였다. 시간의 이점을 이용한 철저한 장애물과 엄폐호, 교통호 등을 구축하여 생존성을 보장받을 수 있었다. 전투 후 이 고지를 '**벙커고지**'라 명명한 계기가 되었다.

○ 후일 미 육군은 이 전투의 성공요인이 견고한 벙커의 구축에 있었다고 판단하고 그 교훈을 학교 교육에까지 반영하였다고 한다.
○ 대대장은 중국군의 인해전술에 의한 야간공격을 야간 진내사격으로 격파한 최초의 전례를 기록했다.

3. 방어작전의 준칙

방어작전은 수세적이고 정적인 특징을 갖는다고 하였으며 반면, 공격작전은 공격지역, 시간, 방법의 선택을 갖는 특징으로 능동적이고 동적인 특징을 갖는 다고 하였다. 즉 공자가 선택한 지역과 시간에 맞서야 한다. 따라서, 예상하지 못한 지역의 공격과 전투력 부족으로 방어작전이 곤란시에는 즉시 예비대를 투입하여야 한다. 이것이 반드시 **융통성을(예비대) 확보**하여야 하는 이유이다.

방어작전의 준칙이란 방어부대가 방어의 목적을 달성하기 위한 방어작전 수행 과정에서 적용하여야 할 방어작전의 구체적인 작전수행 지침으로 이해 할 수 있다. 이러한 방어작전 준칙에는 전장의 관찰, 전투력의 집중, 종심 깊은 전투력 운용, 방어수단의 통합 및 운용, 방자의 이점 최대 이용, 공세행동의 최대이용, 융통성 등이 있다.

가. 적 기도 파악

전장의 불확실한 상황을 해소하기 위해서는 지속적인 적 기도 파악이 이루어져야 한다. 또한, 적의 기도를 파악한다는 것은 주도권 장악을 위한 선제적 행동에 유리하다. 전장에 대한 면밀한 관찰로 적의 기도를 파악하기 위해 각종 감시장비를 적절히 활용하는 것이 필요하다. 운용위치와 시간의 변경 등을 통해서 적의 침투를 미리 경고하도록 하여 적으로부터의 기습에 대비하여야 한다.

적을 찾는 노력의 주안점은 부대의 전투력을 보존하고 부대의 안전과 작전활동의 자유를 보장하기 위한 기습방지에 있다. 또한, 적의 사소한 활동상도 면밀히 관찰하여 적의 행동을 예측하여 적의 기도를 파악하여야 하며, 최종적으로 적의 주력이 지향 될 지점과 적 주력의 규모를 판단하여 방어계획에 반영하여 미리 준비를 갖추어야 한다. 적의 주력이 지향될 결정적 시간과 장소를 판단하여 대응할 전투력을 집중시키고 공격하는 적의 약점과 과오를 파악하여 공세적 행동으로 주도권을 확보하는 것은 적을 찾는 노력에서 시작된다.

방자의 취약점은 그 수동성에 있다고 하였는데 이러한 수동성의 본질적인 취약성을 해소하는 것은 적을 찾아 그 기도를 파악하는 결과에서 가능하게 된다. 즉, 적이 집중할 방향과 시기를 조기에 파악하여 화력과 공세부대 등을 운용하는 등의 전투행동으로 이러한 수동성을 극복할 수 있는 것이다. 따라서 방자는 모든 전장감시 수단의 효율적인 운용에 의한 철저한 전장관찰을 통하여 공자의 행동을 면밀히 감시하고 이에 대비함으로써, 방자가 갖는 수동의 불리점을 극복하고 이를 보완할 수 있도록 하는 것이 중요한 것이다.

그러나 감시수단의 제한과 적의 기만행동 등은 적을 찾는 활동을 어렵게 만드는 요인이 된다. 이를 극복하기 위하여 제대별로 경계부대를 운용하여 조기에 접근을 경고하고 이에 대한 공세행동으로 적의 공격 충격력을 흡수하는 대응 등이 이루어져야 한다. 적에 대한 첩보수집을 위하여 수집수단을 적의 접근로 별로 중첩되게 운용하여야 하며 임무별, 작전지역별로 감시부대를 운용하여야 한다.

공자는 적이 예상하지 않는 시간과 장소에 예상하지 않는 방법으로 병력을 집중하여 방자를 기습할 수 있는 선택의 이점을 가지고 있는 반면, 방자는 그가 선정한 전장에서 적을 기다리고 있어야 하기 때문에 공자로부터 기습을 받기 쉬운 취약점을 지니고 있다. 이러한 방자의 입장에서 공자의 이점을 제거하고 방자의 이점을 극대화하고 보완하는 방법은 면밀하고 정확하게 적을 찾는 노력으로 가능하다. 즉, 적의 기도 파악으로 적절한 대응에 필요한 준비를 보장하여야 한다.

전 례 : 울진부근 전투(경북 울진)

① 작전개요 : 1950. 7. 1 ~ 2 / 제 3사단 제 23연대, 북한군 제 5사단

② 상 황

○ 남침 3일 만에 강릉을 탈취한 북한군 제5사단은 철수하는 국군 제8사단을 추격하는 한편 그 주력을 동해안 도로에 투입하여 남진을 계속하였다. 북한군 육전대인 제 549부대가 정동리에 상륙하여 이에 합류하고, 제 766부대는 임원진에 상륙한 후 미리 태백산에 잠복중인 공비 도당을 흡수하면서 유격전을 전개하였다. 이들은 중·서부 지역의 북한군과는 별도로 독자적인 작전을 수행하면서 동해안의 요충인 영덕- 포항을 조기에 공략하고 부산으로 진출하려고 기도하고 있었다.

○ 동해안의 요충인 강릉이 북한군에게 피탈되고, 국군 제 8사단이 대관령을 넘어 내륙으로 후퇴하게 되자, 강릉에서 울진에 이르는 약 92km의 지역은 무방비 상태로 적에게 개방되고 말았다. 이 지역에서 해안 도로를 따라 남하해 올 적을 저지할 임무를 띤 국군 제 3사단(대령 유승렬)은 제1차 저지선을 편성하기 위해 제 23연대(중령 김종원)를 이곳에 투입하였다. 연대는 천신만고 끝에 적의 정찰대가 점령하고 있던 울진을 탈취하였다.

③ 작전경과

○ 연대장은 울진을 점령하자 곧 방어태세에 들어갔다. 해안 도로상의 적정을 파악하기 위해 연대 수색대를 죽변으로 출동시키는 한편, 본대를 나누어 제 2대대(소령 백기천)로 하여금 양정리-138고지선에서 적의 주력을 포착하게하고 제 1대대(소령 박재열)로는 울진을 확보하게 함과 동시에 긴급시 제 2대대를 지원하게 하였다. 나머지 제 3대대(소령 허형순)로서는 왕피천 남쪽에 주저항선을 편성케 하였다. 이로써 연대는 적의 공격을 격퇴하기 위한 방어종심을 갖추게 되었다.

○ 7월 1일 새벽에 죽변 방향으로 출동한 연대 수색대는 방축리(죽변 서남쪽 1km에서) 적의 주력으로 간주되는 대규모 부대를 발견하였다. 그런데

수색대의 급보를 받은 연대 지휘부는 특히 적이 앞세우고 남하중이라는 자주포에 대하여 전혀 아는 바가 없었다. 그 제원 및 성능은 물론, 그것에 대응할 방법도 모르는 가운데 연대장은 "적이 전차를 동반하여 접근중, 각 대대는 여하한 수단으로써도 이를 격파하여 현전선을 결사 고수하라"고 막연한 명령을 내렸을 뿐이었다. 연대로서도 출동전에 1개 대전차포 중대와 2개 중화기 중대를 제22연대에 차출하였으므로 화력이 약화된 데다 이때는 사단의 화력지원도 받을 수 없는 실정이었다. 따라서 각급 지휘관들은 장병 각자의 분발 용전만을 기대할 뿐이었다.

○ 북한 제 5사단의 선두 부대가 아군 방어정면에 출현한 것은 이날 08:00 경이었다. 적 제 10연대는 해안 도로를 따라 접근하였고 제 12연대는 남대천지류를 건너 138고지를 공격해 왔다. 도로를 따라 6대의 SU-76 자주포가 무한궤도의 굉음도 요란하게 고갯길의 어귀에 나타나자, 이 철갑자주포를 처음 본 아군 병사들은 놀라움과 두려움을 느꼈다. 89고지의 완만한 경사면세 산병호를 구축하고 고갯길의 제 2굴곡 부위에 화력을 집중 배치하고 있던, 제6중대원들은 응사도 해보기전에 심리적으로 위축돼 버렸다. SU-76 자주포의 장갑과 직사 화력에 대응할 만한 공격장비를 전혀 갖추기 못한 중대로서는 전의를 고무하기 위한 중대장의 독려도 헛되이 접적 15분 만에 진지를 포기하지 않을 수 없었다.

④ 결과/교훈

○ "적정의 불투명은 전장의 당연지사 이다."라고 하는 말은 결코 적정의 불명한 상태를 그대로 방치해도 좋다는 뜻을 의미하는 것은 결코 아니다. 오히려 적정이 불명확 할수록 이를 탐지하기 위하여 더 많은 노력을 경주하여야 한다. 상대적인 전투력이 약한 부대일수록 첩보수집에 더욱 많은 노력을 경주하여야 한다.

○ 한 부대가 상황이 급박하여 급거 전투에 투입될 시 상급부대에서 전파되는 적정은 통상 개괄적이고 이미 적시성이 상실된 경우가 많다. 그러므로 실제 전투에 투입되는 부대는 자체능력으로 온갖 노력과 방법을 다하여 적정탐색을 모색해야 한다. 그리고 그 상황에 알맞은 대비책을 스스

로 세워 두어야 한다. "적을 알고 또한 나를 알면 백번 싸워도 위태롭지 아니하다."는 손자병법의 논리가 울진 부근 전투에서도 깊은 교훈으로 되새겨지게 되는 것이다.

나. 전투력의 집중

전장의 불확실성을 제거하지 못한 방자는 적의 기도파악이 곤란 해 진다. 그리고 이것은 전 방어정면에 대한 균등한 병력의 분산 배치라는 현상으로 나타날 수 있다. 적에 대한 정보가 부족한 방자는 그의 수동적인 특성과 불확실성의 증가는 불안감을 유발하여 전투력을 분산하여 배치하는 현상으로 나타난다. 이로써 대단히 불리한 상황이 조성되어 항시 돌파당할 취약성을 갖게 된다. 반면에 공자는 그의 이점을 활용하여 공자가 원하는 시간과 장소에 전투력을 집중할 수 있게 된다.

그러므로 방자는 공자가 주력을 집중하는 시기와 방향을 조기에 분석하고 판단하여 충분한 대응전력을 적시적소에 집중할 수 있어야 한다. 방자도 선택의 이점을 자체적으로 조성하는 노력이 필요한 것이며 앞서 설명한 전장의 불확실성 제거로부터 출발한다.

적의 기도 파악 결과 적의 주력이 공격할 것으로 예상되는 지역에 대해서는 다음과 같이 전투력을 집중시켜 방어의 효율성을 증대시켜야 한다.

1) 협소한 전투지대 부여

주방어지역을 담당하는 부대에게는 상대적으로 협소한 책임지역을 부여함으로써 전투력의 밀도를 증가시킬 수 있다.

2) 우선권 부여

각종 작전지속지원을 위한 도로사용의 우선권을 부여하고 화력지원 계획시에도 우선적인 화력지원을 보장하는 등의 조치를 한다.

3) 추가적인 전투력 할당

지원 및 배속부대의 추가적인 전투편성, 장벽자재의 추가 할당 등으로 전투력의 집중을 달성하여야 한다.

4) 우선적인 조치

전투실시간에 적의 위협이 급박할 시에는 예비대를 활용한 증원, 위협이 없거나 미약한 지역에서의 과감한 병력차출 등으로 적시적인 전투력 보강, 가용한 화력의 신속한 전환 및 집중 등으로 전투력의 상대적 우세를 달성하여야 한다.

적절한 기만활동으로 적의 예비대를 조기 투입하도록 유도하고, 적지종심에서의 활발한 작전으로 적의 전투력을 분산시켜 집중을 방해하는 것이 필요하다. 그리고 지속적인 화력을 이용한 전투강요로 적의 마찰요인을 증대시켜 전투력을 약화시키는 방법 등을 강구하여야 한다.

전례 : #1 357고지 부근 전투 (경기 파주)

① **작전개요 :** 1950. 6. 25 / 제 1사단 서울특별연대, 북한군 제 1사단

② **상 황**

○ 청단-고랑포간의 서부지역에서 38°선 경비임무를 수행하던 국군 제 1사단은 6월 25일 미명에 북한군 제 1사단과 제 6사단으로부터 개성과 고랑포 지역에서 동시에 기습공격을 받았다.

○ 개전 당일 38도선 경비진지와 그 주변 부락에 적의 포탄이 낙하하였으나 이러한 포격은 그 이전에도 수차례 있었으므로 처음에는 단순한 위협사격으로만 여겨졌다. 그러나 시간이 갈수록 포격은 더욱 치열해졌고, 곧 이어서 전차를 앞세운 북한군이 순식간에 아군 방어지역으로 밀어닥쳤다. 당시 사단 예하 각 부대는 외출, 외박, 휴가 등으로 부대 잔류병력이 적었고, 다수의 차량과 중화기 등이 개전전 상부 지시에 의하여 후송되었기 때문에 전력이 극히 저하되어 있었다.

○ 불의의 기습공격을 받은 전 경비부대는 적의 전차와 병력의 우세에 눌려 이렇다 할 저항도 하지 못한 채로 분산 후퇴하게 되었다. 이에 사단은 문산의 제 13연대로 하여금 우선 주진지를 점령케 하고, 이어서 수색의 제11연대를 축차로 진지에 투입하여 임진강선에서의 결전을 준비하였다. 개전 당일 육군 총 참모장 채병덕소장은 공산군의 전면 남침에 대응키 위하여 후방 각 지역에 주둔하고 있던 전 사단에 대해 서울로 이동하라는 작명 제 84호를 하달하였다. 이어서 이날 오후에는 작명 제 85호를 추가로 하달하여 서울특별연대를 편성하게 하였다.

③ 작전경과

○ 육본 작명 제85호의 요지는 육군 보병학교와 육사 교도대 및 사관후보생(생도)대를 즉시 용산초등학교로 이동시켜 1개 연대를 편성하라는 것이었다. 이에 따라 보병학교(대령 민기식)의 학생연대장 유애준 중령은 육군본부 작전국장(대령 장창국) 으로부터 연대 편성에 관한 지침과 함께 즉시 문산으로 이동하여 제 1사단장 지휘하에 들어가라는 지시를 받았다. 그리고 시흥의 보병학교와 태릉의 육사에서 용산초등학교로 집결하는 병력으로 혼성연대를 편성하였다. 당시 보병학교 교도대의 경우에는 김병화 소령이 지휘하는 제 5연대 제 3대대가 교도대의 임무를 수행하고 있었기 때문에 비교적 건제가 유지되고 있었다. 그러나 일부 외출 장병의 부대 복귀가 늦었던 탓으로 부족병력을 후보생으로 충당하는 실정이었다.

○ 이리하여 연대장 유중령은 보병학교와 육사의 양 교도대를 기간으로 편성한 서울 특별연대를 이날 오후 늦게 철도(용산-문산)편으로 출발시킨 뒤, 그는 일부 본부 요원을 이끌고 버스편을 이용해 문산으로 직행하였다. 이 연대의 본대가 사단에 도착한 것은 이날 오후 늦은 시간이었다. 이때의 사단은 좌우 측방이 모두 적으로부터 위협을 받고 있는 실정이었으므로 사단장은 이 증원부대를 전방연대에 분할 배속키로 결심하고 신고가 끝나는 대로 즉시 김병화 소령이 지휘하는 보병학교 교도대를 좌일선 제 11연대에, 그리고 김웅남 소령이 지휘하는 육사교도대를 우일선 제 13연대에 각각 재배속 하도록 명령하였다. 이렇게 연대를 양분케 됨에

따라 연대장 유중령은 양개 연대지역을 왕래하면서 작전을 지원하게 되었다.

○ 사단에서 제 13연대에 재 배속케 된 서울특별연대 예하의 육사교도대는 문산으로부터 야간행군을 실시한 끝에 다음날 새벽에 파평산 우측방 산 기슭에 도착하였다. 이 무렵 제 13연대는 밤사이에 수차례 치른 사격전으로 기진맥진해져서 이날 새벽녘에야 겨우 숨을 돌리고 있었다. 그나마 쉴 수 있는 것이 아니라 적의 새로운 공격에 대비하여 탄약의 보급과 붕괴된 진지 보수를 실시해야만 될 처지였다. 교도대는 잠시 휴식을 취한 다음 방어진지를 편성하도록 지시받은 357고지를 점령키 위하여 이 고지 서편으로부터 산을 오르기 시작하였다. 그러나 부대가 5부 능선에 이르기도 전에 고지의 적으로부터 사격을 받게 되었다. 교도대가 명령을 받고 문산으로부터 이동하는 밤 사이에 적이 먼저 이 고지의 정상을 점령한 것이다.

④ 결과/교훈

○ 서울특별연대의 경우는 보병학교와 육사라는 양개 학교를 한 연대장 아래 통합한 것인데, 그나마 제 1사단에서는 각개 연대에 재 배속시킴으로써 이 연대가 지닌 전투력을 스스로 분산, 약화시키는 결과를 초래하였다. 서울특별연대의 분할 배속은 바로 이런 점에서 과오임을 지적할 수가 있다. 이는 당시의 전황으로 보아 부득이한 조치였는지 모르나 우일선 연대 지역에 배속된 육사 교도대가 파평산 동측방에서 역할을 제대로 수행하지 못한 채 철수한 사례가 이를 증명해 준다. 따라서 이들 부대를 최초부터 집중 운용하였더라면 공격에나 철수시의 병력장악 등 부대의 전술적인 운용면에서 보다 효율성을 높일 수 있었을 것이다.

다. 종심 깊은 전투력 운용

종심 깊은 전투력 운용은 전 종심에 걸쳐 지속적인 공세행동으로 적의 전투력을 약화시켜 조기에 전력한계점에 도달하게 하기 위한 전투력 운용을 의미한다.

장차전은 전후방의 개념이 모호해진 전후방 동시 전장화와 비선형 전투, 다양한 기동장비의 발달로 인한 속도의 고속화에 힘입은 고속기동 능력으로 주방어지역의 돌파 허용 가능성은 더욱 커질 것이다. 또한, 적 특작부대 등에 의한 후방지역[43]에서의 지휘통제 시설과 작전지속지원 시설 등을 목표로 한 공격활동은 더욱 활발해질 것이다. 이러한 장차전의 양상을 방어부대의 지휘관 입장에서는 다음과 같이 예상해 볼 수 있다.

1) 적 특작부대 침투에 대비한 전투력 배비

장차전은 후방지역에서의 적 활동이 활발하게 전개될 것이라는 것과 정규전과 비정규전의 경계가 애매해 진다는 것을 들 수 있다. 이렇게 예상해 볼 수 있는 것은 먼저 적의 특작부대의 규모, 공격전술과 한반도의 지형적 특성을 고려해 보면 쉽게 예측이 가능할 것이다.

적은 비정규전을 실시하기 위한 충분한 규모의 특작부대를 보유하고 있으며 각급제대가 공격시에는 침투부대 운용을 기본으로 하고 있다. 이와 함께 최초진지 돌파에 성공하게 되면 기계화부대를 이용하여 신속하고 과감하게 종심 깊은 기동을 실시하여 성과를 확대하는 전술을 발전시키고 있다. 이 과정에서 최초 돌파를 원활하게 하고 종심 깊은 공격을 위한 여건 조성 차원에서 특작부대를 운용하게 될 것이다.

이때 적은 한반도의 지형적인 특징을 활용하여 계곡, 소로 등을 이용하여 주요 견부를 선점하고 종심에 위치한 지휘통제 시설과 화력지원 시설 등을 공격하고 퇴로와 증원을 차단하기 위한 활동을 전개하여 후방을 교란하는 등의 활동으로 전후방 동시전투를 감행하여 방어지역의 전단전방과 종심지역 모두에서 전투가 전개될 것이다.

다른 한 가지는 한반도의 지형적 특성을 들 수 있다. 한반도는 전체 면적의

43) 전장편성 시 한 지역에 대한 용어이며 공격과 방어 모두 동일하다. 전장구분은 크게 관심지역과 작전지역으로 나뉜다. 작전지역은 현행작전을 수행하는 지역으로 지휘관에게 책임과 권한이 부여된 지역이다. 작전지역은 다시 적지종심지역, 근접지역, 후방지역으로 구분된다. 다만, 방어시는 근접지역을 경계지역과 주방어지역으로 구분하여 설정한다. 후방지역에는 주로 지휘통제시설, 작전지속지원 시설, 예비대 등이 위치해 있으며 상대적으로 경계에 취약한 면이 있다.

75% 이상이 산악지형이며, 특히 동부와 북부지역의 지형은 산악과 산지와 산지 사이에 형성된 평지, 소구획형의 고지, 계곡, 능선 등으로 이루어져 있다. 이러한 지형의 특징은 기동장비와 정밀 유도무기 운용에는 제한을 주는 반면, 산악은 고지와 계곡의 큰 기복으로 특작부대의 기동에 유리한 지형, 그 사이 사이에 형성된 동굴 등과 은폐와 엄폐가 유리한 삼림 등은 적 특수부대의 작전활동에 용이한 환경을 제공하여 적 특작부대의 종심지역 침투 및 교란행동에 유리한 측면을 갖고 있다.

이러한 점을 고려해 보면 후방지역의 주요 작전지속지원 시설에 대한 경계 등이 대단히 중요하게 다루어져야 한다. 즉, 주방어 지역에만 집중한 결전과 대응만으로는 방어를 성공시키기는 매우 어렵게 되었다고 볼 수 있다. 장차전은 공방동시 전투와 종심전투의 중요성이 더욱 부각되고 있다.

2) 경계지역의 전투력 배비

경계지역에 배치된 전투력은 적의 지상관측, 기습적인 공격으로부터 조기경보 및 능력 범위 내에서 적을 격멸하여 주방어지역의 전투력을 보호할 목적으로 운용한다. 따라서 경계지역에 배치되는 전투력은 상황을 고려하여 기동성 있게 편성하고 화력을 증강하여 적의 공격을 최대한 저지하며 능력이 가능한 범위 내에서 적의 공격을 격퇴하거나 격멸하여 적의 전투력을 조기에 소모시켜 작전한계점에 도달하게 적극적인 전투행동을 하여야 한다.

3) 주방어지역의 전투력 배비

앞에서 언급했듯이 적의 공격양상은 일정한 시점에서 기계화부대를 집중 운용하여 종심 깊은 공격을 시도하려 할 것이며, 이러한 양상은 방어지역에서의 결전만으로는 기계화 부대를 주축으로 한 과감한 돌진전법을 구사하는 적의 공격을 격퇴하기는 어렵게 될 것이다. 따라서 적지전장 확대개념을 적용하여 종심 깊은 적 후방지역으로부터 최대한의 피해를 적에게 강요하고 주방어지역 및 후방지역에 이르기까지 전 방어종심에 걸쳐 가용한 전투력을 적절히 운용하여 적 기계화부대에 의한 종심 깊은 돌파를 사전에 무력화 시켜야 한다.

장차전에 있어서의 적의 공격 양상은 도보부대에 의한 최초 방어선의 돌파에 이어 기계화부대 위주의 강력한 예비대를 주축으로 하는 후속부대를 집중 투입하여 과감한 종심돌파 및 전과확대를 실시하는 한편, 특작부대를 아군 후방지역에 침투시켜 후방교란을 시도할 것이므로 전선이 비선형화 되고 전후방이 동시에 전장화 될 것이다.

이와 같이 적의 전략, 전술에 대응하는 최선의 방법은 전후방 동시전투의 수행으로 극복이 가능할 것이다. 따라서 가용한 모든 전장감시 수단을 최대로 활용하여 적의 최초 공격 제대에 대한 신속한 타격은 물론, 집결 또는 전개 중인 적의 종심기동부대를 조기에 포착하여 타격하여야 한다. 이를 위해 특수 및 특공부대의 투입, 항공차단, 장거리 포병화력의 집중, 유도탄 사격, 지뢰살포 등 가용한 모든 수단을 이용한 타격으로 적의 전투력을 전방지역에서부터 종심에 이르기까지 축차적으로 약화시켜야 한다.

4) 종심지역의 전투력 배비

주 방어 지역을 돌파한 적의 최초 공격부대인 도보부대는 돌파구를 확장하기 위해 노력할 것이며, 이러한 전술의 성과를 달성하게 되면 적 기계화 부대 투입이 임박하게 될 것이다. 이때는 방어준비 단계에서 계획한 설치한 장벽 등을 운용하여 적의 기동을 일시 정지시키는 노력과 방어지역의 종심에 위치한 전차부대 등을 이용하여 적의 기계화부대를 공격하게 하고 대전차화기를 비롯한 포병 및 항공화력 등을 운용하여 격멸되도록 하여야 한다. 또한 대전차 격멸지역으로 유인하여 적의 기계화부대를 격멸하도록 하여야 한다. 이때 아군 기계화 부대에 의한 역습이나 역공격은 적의 격멸을 위한 필수적인 요소이다.

아군 종심지역에 위치한 주요시설 등을 공격목표로 하여 기동하는 적의 종심 깊은 돌파를 저지하기 위하여서는 주방어지역 후방에 종심진지의 준비 및 점령으로 축차적으로 적을 계속 공격하여 적의 전투력을 약화시키고, 각종 화력의 계획 및 운용으로 원거리에서부터 적을 타격하여야 하며 종심지역에 이르는 주요 접근로에 대한 다중배비 등이 요망된다. 특히 지역 내의 예비군 전력을 비롯한 활용 가능한 작전요소에 대하여 조직적이고 효율적인 운용이 되도록 하여야 한다.

전례 : 슬음산 부근전투 (충북 단양)

① **작전개요** : 1950. 7. 11 / 국군 제 8사단 제 10연대, 북한군 제 8사단

② **상 황**

○ 남침이후 서울 지역을 장악한 북한군의 주력은 7월에 들어서자 단양, 충주, 음성, 진천 지역까지 남하하여 경부가도 정면으로 압력을 가해왔다. 그중에서 북한 제 8사단(소장 오백룡)은 제천으로부터 국군 제 8사단(대령 이정일)을 압박하면서 남한강을 도하하여 7월 10일에는 단양을 탈취한 후 전열을 정비하고 있었다. 이 부대의 병력은 사단으로의 증편과 함께 10,000명 선으로 증강되었는데, 그 보충 경위는 알 수 없으나 북한이 7월 1일에 내린 소위 전시 동원령에 의거 강제 징모한 후방의 청, 장년으로 이루어진 것이라 추측되었다.

○ 한편 국군 제 8사단은 초기 전투에서 입은 피해에도 불구하고 건제를 유지하고 있었으나 여전히 2개 연대(제 10, 제 21연대) 뿐이었고, 병력도 5,500명 선에 지나지 않았다. 따라서 소총중대에서는 화기소대를 해체하여 3개 소총소대로 개편 운용하는 실정이었다. 그동안 장비의 손실은 많지 않았으나, 적에 비하여 열세한 편이었으며, 지형적인 조건으로 야포와 대전화포의 화력자원은 제한을 받을 것으로 판단되었다. 그리고 보급은 비교적 양호하고 사기는 크게 저하되지 않았던 반면, 인접부대와 연계를 이루지 못한 점, 상부의 작전계획과 다른 지역의 전황을 알 수 없으므로 자기 부대만이 고립된 것이 아닌가 하는 불안감, 그리고 유언비어 때문에 전 장병들이 지구전에 대한 확고한 신념을 갖지 못한 것이 전투 수행상의 불안 요인이 되었다.

○ 사단의 제 10연대는 7월 9일 제 21연대의 전투지역을 인수하면서 제1대대를 요충인 슬음산에, 제 2대대를 가락동, 제 3대대를 현천리에 투입하여 남한강을 사이에 두고 적과 대치하였다. 다음날 적은 단양 정면에서 도하를 강행하여 이곳을 장악하였고, 아군은 664고지-슬음산-현천리선에서 이후에 계속될 적의 공세를 물리칠 방어선을 보강하고 있었다.

③ 작전경과

○ 7월 11일 낮 동안 연대 정면의 적은 요란한 포격만 실시 할뿐, 전날 밤에 단양을 탈취한 후 전열을 정비하고 있는 듯, 별다른 움직임을 나타내지 않았다. 19:00경에는 미공군 F-51 2개 편대가 출격하여 약 30분 동안 적 지역에 기총소사와 로켓트포 공격을 실시하였는데 이 공격으로 단양 시내에는 불기둥이 치솟고 적의 포사격도 잠시 동안 침묵을 지키고 있었으나 장병들이 바라는 정도로 "적의 공격 기도를 무산"시키는 결정적인 위력을 발휘하지는 못하였다.

○ 미공군기의 출현 이후 한동안 잠잠하던 적은 날이 어두워지기 시작하자 갑자기 치열한 포화를 아군 진지에 퍼붓기 시작하더니, 21:00부터 2개 연대 규모로 일제히 공격을 실시해 왔다.

○ 연대 우일선 지역을 담당한 제2대대(대위 정순기)는 644고지 부근에서 제 5중대를 우, 제 6중대를 좌전방에 배치하고, 제7중대를 예비로 하여 644고지와 가락동 동북쪽 능선을 점령하고 있었다. 그런데 20:30부터 시작된 집중 포격에 뒤이어 상양방과 외양방에 적의 무리가 밀려들기 시작하더니 중리로 우회한 적의 일부가 음지촌의 서쪽능선으로 붙으면서 대대를 3면으로 공격하여 왔다.

○ 즉각 유도된 제 18포병대대의 엄호사격이 능선과 계곡을 뒤덮고 각 중대에서 실시하는 일제 사격이 접근하는 적에게 집중되었으나, 적의 공격 또한 집요하였다. 우일선의 제 5중대는 중대장의 진두지휘로 적을 진전에서 고착 시킨 채 분전을 거듭하였다.

○ 한편 좌일선의 제 6중대 정면에서는 하양방과 노동리에서 침공하는 적에 밀려 근접전을 벌이게 되었는데, 이때 갑자기 남쪽의 여기저기서 신호탄이 솟아오르면서 다발총 소리가 요란하게 울렸다. 이렇게 되자 일부 병사들은 이미 적의 일부가 남쪽으로 침투하여 방어 진지가 포위되고 퇴로가 차단된 것으로 판단하고 동요하기 시작했다.

○ "후방으로 침투한 적은 극소수이며, 제 7중대가 즉각 격퇴할 것이다"라고 중대장이 고함치며, 분전하고, 여기저기서 병사들이 총검을 휘두르며, 육박전을 전개하였다. 그러나 이런 상태에서 진지 고수가 어려울 것으로 판단한 대대장은 가락동으로의 철수를 명령하였다. 이때가 23:00경이었다.

○ 좌일선인 제 3대대 지역에도 적의 공격이 시작되었는데, 현천리 계곡과 하리 쪽으로 우회한 적이 합류하면서 대대를 압박하자 무명고지 일대의 대대 주력은 고립된 채 분전해야만 하였다. 이미 근접전투가 벌어지고 어두운 밤에 피아를 분간할 수 없는 상태에서 육박전을 전개하였으나 시간이 경과할수록 전황이 점차 악화되므로 대대장은 연대장에게 긴급한 전황을 보고하는 한편 단독철수를 명령하였다. 이리하여 양 중대는 즉각 유도된 포병의 차단 사격하에 포위를 헤치면서 장현리로 분산 철수하고 이를 엄호한 제 11중대도 후속하여 물러서니 이때가 23:00 무렵이었다.

○ 이렇게 제 2대대와 제 3대대의 방어선이 무너지고 뒤이어 슬음산의 제1대대마저 적의 포위 속에서 철수하게 되었다.

④ 교 훈

○ 제 10연대가 실시한 슬음산 부근의 방어전투는 약 2시간 만에 아군의 실패로 끝나고 말았다. 병력 혹은 장비의 열세는 분명하다고 하더라도 지형적인 조건이나 방자의 이점 등을 고려한다면 단 2시간 만에 방어선이 와해되어 패퇴하게 된 것은 큰 문제점으로 지적되지 않을 수 없다.

○ 전투경험이 부족했던 전쟁초기에 광정면을 담당하게 된 대대나 연대는 방어에 고심하지 않을 수 없었다. 그 당시 부대의 전 병력을 일선배치하여 물샐 틈 없는 방어를 하는 것이 최선의 방책일 것이라고 판단한 지휘관들의 심정도 이해는 된다.

○ 따라서 이런 경우에는 정확한 적정과 지형판단으로 적이 점령하지 않고는 다음목표로 공격하지 못하는 지형에 진지를 편성하고 상급부대로부터 예비를 보충 받아 방어의 종심을 유지하는 것이 필요하다.

라. 방어수단의 통합 및 협조

부여된 책임지역에 대한 방어를 위한 방어의 기본 수단으로서는 편제병력 및 지원배속 부대와 작전통제 하는 부대의 병력, 상급부대 및 편제된 화력, 장애물, 장애물 등을 들 수 있다.

방어작전시에는 병력, 화력, 장애물 등의 방어수단과 제 전투수행 기능을 통합 및 협조시켜 방어력 발휘가 극대화 되도록 하여야 한다. 방어수단의 기본요소인 유리한 지형에 배치된 병력, 배치된 부대를 지원하는 강력한 화력, 방어지역에 산재된 천연 및 인공장애물 등은 각각 상당한 능력의 방어력을 지니고 있는 요소이다. 이러한 방어수단들은 다음과 같이 조직적으로 통합되어 운용되어야 한다. 통합된 우용에서 발휘되는 전투력은 각 요소가 갖는 힘에 비례하여 더욱 강한 방어력의 효과로 나타날 것이다.

1) 병력

적의 주력이 집중할 지역을 분석하여 집중 배치하여 방어밀도를 높이며 화력과 장애물로 보강하여 상대적 전투력의 우위를 달성하여야 한다.

2) 화력

기동부대의 지원과 공간통제 등을 위하여 기동 및 장애물과 통합하여 조화를 이루게 하여야 하며 적의 전투력이 집중되는 지점으로 즉각 전환하는 유연성을 확보하여야 한다. 특히 화력진지 등은 경계가 취약한 특성이 있으므로 병력과 장애물을 활용한 경계력을 제공으로 전투력을 보존하여야 한다.

3) 장애물

장애물은 지형의 자연적 이점을 이용하여 그 효과를 증대시키고 기동 및 화력과 협조하여 보호되도록 하여야 한다. 즉, 장애물에 대한 감시와 화력계획 등이 보장되어야 한다.

이러한 수단을 효과적으로 계획하고 운용하기 위하여 방자는 그가 갖는 시간의 이점을 최대로 활용하여야 하며, 공자에 비해 유리한 위치를 선점하여 위에서 언급한 방어수단인 병력, 화력, 장애물을 조직적으로 통합하여 그 유리점을 극대화하고 취약점을 보완하여 주도권을 획득하기 위한 노력을 하여야 한다.

방어수단의 통합 및 협조는 노력의 통일 및 작전요소의 통합, 시간 및 공간적으로적 목표에 집중하는 동시성의 보장을 말한다.

전례 : 281 고지부근 전투 (철원)

① **작전개요** : 1951. 11. 3 ~ 4 / 제 9사단 제 29연대 제 2대대, 중국군 제 126사단 제 376연대

② **상 황**

○ 휴전회담이 개시된 이후로 전선은 교착되었다. 이러한 정체를 타개할 목적으로 아군은 10월 3일부터 「추계공세」를 감행하여 「제임스타운」선까지 진출하였다. 이 전선은 중부전선 미 제 9군단의 좌익과 서부전선 미 제 1군단의 전면에서 10km 북상한 것으로서 아군에게는 유리한 방어상의 지형을 제공하게 되었다. 그리고 곧 재개된 휴전회담의 군사분계선 협상에도 좋은 영향력을 미칠 수 있게 되었다.

○ 아군의 「추계공세」로 전선이 북상한 상태에서 공산군의 공세이전은 충분히 예측할 수 있는 일이었다. 기간중 위력수색을 통한 적정수집의 결과, 적은 공격 준비를 갖추고 있는 것으로 확인되었다. 특히 제 9사단 제 29연대의 경우 철원이 지니는 작전상의 중요성 때문에 철원 평야를 감제하는 395고지(백마고지)와 그 인근에 위치한 281고지에 대한 적의 공격 위험이 가중되고 있었다.

○ 철원평야 및 철원방어의 중임을 담당하게 된 제29연대장은 제1대대를 우일선으로 하여 395고지 일대에 배치하고, 제2대대를 좌일선으로 하여 281고지 일대를 방어하게 하는 한편, 제 3대대를 예비로 하여 주진지 후방 3-4km에 위치토록 하였다. 그리고 이 연대의 좌일선을 담당한 제2대대는 우 제일선에 제5중대, 좌 제일선에 제 6중대를 배치하고, 중앙 제일선에는 제7중대를 배치하여 281고지의 방어임무를 부여했다.

○ 281고지는 395고지와 더불어 철원평야의 서북쪽 능선의 남단에 위치하여 철원평야 및 철원을 방어하는 방파제 역할을 하는 곳이다. 만일 이곳을 탈취당하면 이 지역 일대의 주보급로가 마비될 뿐만 아니라 나아가서는 중부 및 중서부 전선의 아군 전세에도 결정적인 영향을 미칠 것이 예상되었다.

③ 작전경과

○ 11.2. 21:30 281고지 동북쪽 상공에 신호탄이 솟아오름과 동시에 제2대대 주진지 일대에 적의 공격준비 사격이 작열하기 시작했다. 그리고 30분 후에는 그 화력이 281고지로 집중되면서, 제5중대 정면으로 1개 중대 규모의 병력이 공격해오고, 1개 대대 규모의 병력은 제6중대(중위 김용진)의 정면으로 쇄도하기 시작했다. 중국군의 공격제대는 공격준비 사격과 동시에 공격개시선을 통과하여 자신들의 포병이 포격중인 목표를 향해 접근하기 때문에 그 인명피해가 막심한 반면 방어측에게는 거의 기습적은 충격을 주게 된다. 아군은 역전의 경험에 비추어 중국군의 이러한 전법을 숙지하고 있었으므로 적 포탄이 집중하는 중에서도 엄개호의 총안에서 시선을 집중하여 적의 동태를 주시하였다.

○ 281고지에 대한 중국군 제 376연대의 공격은 1개 대대로써 고지 북사면으로 일제히 쇄도하여 정면 돌파를 시도하면서 일부 병력으로써는 좌인접인 미 제 1기갑사단과의 전투지경선의 허를 찌르고, 또 다른 병력을 고지 동측방으로 분진하게 하는 우회와 포위의 양면작전인 것으로 판단되었다. 이때 제 2대대장(소령 손덕균)은 240고지(281고지 동남쪽 1.5km)에 대대 OP를 추진시키고 있었는데, 대대 정면에 대한 적의 주공이 281고지에 집중되고 있음을 확인하고 중화기 중대의 화력을 이 고지로 지향케 하는 한편 제 6중대장에게는 고지사수를 명하였다. 그리고 사단 화력으로써 대포병 사격과 281고지에 대한 탄막사격을 실시하도록 연대에 요청하였다.

○ 지원화력의 요청과 동시에 사단 제 30포병대대(소령 서정선)의 제압사격이 작열하기 시작했다. 이와 동시에 제 6중대도 사전에 치밀하게 구성해 둔 화력계획에 따라 진전에서 적을 도륙하였다. 병력의 우세를 믿고 협소한 정면에 밀집대형으로 접근해 오던 적 1개 중대는 아군의 협조된 화력에 의해 장애물 지대에서 대오를 수습할 사이도 없이 패주하기에 바빴다.

④ 결과/교훈

○ 281고지 방어전은 전 전선에 걸쳐 결정적인 영향을 미치는 중요지형을 1개 대대로 지탱하게 된 전형적인 전례에 속한다. 이 전투의 성공으로 아

군은 철원평야를 확보할 수 있게 되었고, 인접한 395고지(후에 백마고지로 명명 됨) 서측방의 위협을 제거함으로써 결국 두 요지와 철원평야를 동시에 확보하게 되었으며, 철의 삼각지대의 일각을 고수할 수 있게 되었던 것이다.

○ 제2대대는 이 전투에서 방어부대가 갖추어야 할 제반수단을 갖추기에 최선을 다하였다. 우선 대대장은 적의 주공방향이 281고지가 될 것이라고 판단하고 이곳에 제6중대를 배치하였다. 대대장이 제 6중대장에게 중요한 임무를 맡긴 이유로는 그가 김중위의 지휘력을 신임하였다는 것과 대대의 3개 소총중대 중에서도 제 6중대의 투지 및 단결이 가장 강하였기 때문이었다. 지휘관의 능력이 전투력의 강도를 경정하는 중요한 요인이 되므로 이미 이 부대는 전투의 성공요소를 확보하고 작전에 임한 셈이었다.

○ 또한 대대는 적의 주공이 지향될 지점에 지원화력의 우선순위를 두고, 유무선을 통해 사격요청 및 유도를 실시하였다. 그리고 진지간에는 각개격파를 방지함과 동시에 적의 침투를 봉쇄하고, 진지의 강도를 증대시키도록 협조가 이루어졌다. 또한 제 6중대의 경우 이 고지를 인수함과 동시에 중대본부 병력과 화기소대로 하여금 준비하게 한 예비진지가 중대의 위기를 구하게 되었다. 역습부대의 투입도 최대한 신속하게 이루어져서 제 6중대를 기사회생 시키고 고지를 탈환하는데 성공하였다. 방어부대가 사용가능한 모든 방어수단을 강구하고, 통합하고 협조케 하는 것이 무엇보다도 중요하다는 사실을 281고지 전투는 말하고 있는 것이다.

마. 방자의 이점 최대 이용

방자는 그가 갖는 양대 이점인 지형의 이점과 준비(시간)의 이점을 최대한 이용할 수 있도록 하여야 하며 이에 추가하여 생존성을 보장받고 전투력 발휘가 극대화 되도록 조치하여야 한다.

지형적인 면에서는 천연적인 방어력이 높은 지형을 작전지역으로 선정하여 적에게는 최대한 불리하고 아군에는 유리하게 하여야 하며 특히 자연장애물을 적절히 이용하는 것이 필요하다. 또한 중요지형은 사전에 확보하거나 통제하는 대책을 강구하여 적의 유리점은 감소시키고 아군의 유리점은 계속 유지하고 확대시키는 적극적인 행동을 하여야 한다. 유리한 지형은 생존성을 증대시키고, 전투력을 절약하거나 집중함으로써 적의 전투력 발휘를 곤란하게 하고 아군의 전투력 발휘 효과를 증대하며, 적에게는 방어부대가 선택한 지형에서 전투하도록 강요하는 효과를 도모해야 한다.

방자는 공자가 작전지역에 접근할 때까지의 모든 시간을 효율적으로 활용하여 각종 방어수단을 통합하고 전투준비에 집중함으로써 공자보다 우세한 전투력을 발휘할 수 있도록 조치하고 있어야 한다. 충분한 시간을 이용하여 유리한 지형에 진지를 강력하게 구축하고 위장하여 생존성을 증대시키고 장애물을 설치하여 적의 기동을 제한시킬 수 있도록 하여야 한다. 지휘통제를 원활하게 하기 위한 유선 가설 및 무선통신의 중계소 설치, 살상효과를 증대시키기 위한 사계청소 등을 철저히 하는 것이 방어의 이점을 최대로 활용하는 것이다.

방어력 발휘의 보장을 위하여 예상되는 적의 접근로를 선정하여 적의 공격 양상을 고려한 방어 예행연습 등을 충분히 하는 것도 시간의 이점을 활용하는 방법 중의 하나이다. 이렇게 함으로써 공자의 노출된 상태의 취약점을 확대하며, 반면에 방자의 방어력과 생존성은 극대화시켜 적의 전투력이 조기에 소진되어 작전한계점에 도달하도록 유도함으로써 공세이전의 여건을 조성할 수 있는 것이다.

전례 : 백마고지 전투(제1차 방어전) (강원 철원)

① **작전개요** : 1952. 10. 4 ~ 6 / 제 9사단 제 30연대, 중국군 제 38군 제 114사단 제 340연대

② **상 황**

○ 평강을 정점으로 하고 금화 및 철원을 저변으로 하는 소위「철의 삼각지대」는 한반도의 중앙고원 지대로서 교통의 요충지를 이루고 있었다. 전쟁이 계속되면서 제공, 제해권을 상실한 공산군으로서는 지상 전 전선에서 동서의 균형 있는 연계를 이룩하고 전후방의 병참의 중심을 마련하는

동시에 통신망의 축으로 삼기 위해 이곳을 확보하려고 하였다. 그런데 아군이 금화-철원선을 완전히 장악함으로써 차후 작전의 유리점을 갖게 된데 반하여, 적으로서는 삼각지대의 저변을 잃음으로써 작전상 커다란 피해를 입게 되었다. 따라서 적은 이곳을 공략하려는 기도하에 표적을 백마고지(395고지)로 지향하게 되었던 것이다.

○ 이 무렵 미 제 8군은 전전선에 걸친 적의 동향을 분석한 결과 적의 대공세가 있을 것이라 예상하고 방어선의 보수강화를 서두르는 한편, 사단 자체의 역습계획을 세워 수차례 예행연습을 실시하였다. 사단 좌일선의 백마고지 방어를 담당한 제 30연대는 주저항선의 우일선에 제 2대대, 좌일선인 백마고지에 제1대대를 배치하고 제 3대대를 예비로 하였다. 그런데 아군이 방어준비를 갖추고 있던 10월 3일에 중국군 군관 1명이 투항해왔다. 이 투항자의 진술에 의하면 중국군의 공격이 늦어도 10월 6일까지는 개시될 것이라고 하였다. 사단은 긴급 작전회의를 열어 작명을 하달하는 한편 철저한 방어준비를 갖추면서 적의 공격에 대비하였다.

③ 작전경과

○ 사단 작명에 의거 백마고지 일대의 주방어선을 담당한 제 30연대(대령 임익순)는 10월 4일부터 언제 있을지 모를 적의 침공에 대비하면서 방어준비를 계속하였다. 연대장은 255고지에 위치해 있던 제 3대대를 백마고지 전면으로 추진시켜 제1대대 전진진지의 보수작업을 지원케 하는 한편, 제 10중대를 제1대대에 배속시켜 주봉 동쪽 능선의 주진지를 보강케 하였다.

○ 연대는 10월 4일 일몰시부터 395고지에 대한 적정을 주시하고 있었으나 공격의 징후는 전혀 보이지 않았다. 다만, 전날부터 점차로 늘어가는 적의 포탄만이 작열할 뿐이었다. 다음날인 10월 5일에도 이 상황에는 아무 변동이 없었다. 395고지의 주진지 및 전진진지에 배치된 제 30연대 제 1대대와 제 3대대 주력은 이 동안에 진지공사를 보완하였다. 10월 3일의 긴급명령에 의해 철야 작업으로 진지 보강을 서두르기는 하였으나, 충분치는 못하였는데 이 2일간의 시간적 여유를 이용해서 호의 구축 및 장애물의 설치에 큰 진전을 보게 될 것이었다.

○ 연대가 보완한 방어준비는 다음과 같은 것이었다. 즉 적이 봉래호를 파괴하여 역곡천이 범람할 것에 대비, 각 중대단위로 1주일분 이상의 제 1종(식량) 및 제5종(탄약) 보급품을 확보하고, 적의 공격으로 봉우리 하나를 상실하여도 그와 맞서 주진지를 확보할 수 있도록 고지 단위로 중대를 배치하여 사주방어를 실시하게 했다. 그리고 적의 집중포화에 대비하여 엄개호를 강화하는 한편, 교통호의 깊이를 한길 이상 파고 대대-중대-소대간의 유선도 이 깊이로 매설하였다. 또한 진전의 철조망을 3선에서 7선으로 증설함과 동시에 대인 및 대전차지뢰, 조명지뢰, 네이팜탄 등을 대량으로 매설하였다.

○ 적의 공세를 예상했던 마지막 날인 10월 6일에는 06:00부터 적의 포화가 더욱 집중하기 시작하였다. 이에 대하여, 사단의 지원화력도 일제히 포문을 열어 500고지 후방 일대를 강타하고, F-84의 4개 편대가 연3회 출격하여 적 지역에 네이팜탄과 기총소사를 가하였다.

○ 제 1대대장은 395고지 주봉의 서북쪽으로 길게 돌출해 있는 낙타능선의 특수한 지세에 비추어, 적의 주공이 이 방향으로 집중될 것으로 예상하였다. 그리하여 전진진지 3면에 철조망과 대인지뢰를 종심 깊게 설치하였는데, 적 1개 대대가 접근하자 즉각 조명탄을 쏘아 올려 동측사면 일대를 낮처럼 밝혀놓았다. 이에 고무된 제 3, 제 10중대는 조명탄의 불빛에 부각되는 적을 향하여 화력을 집중하면서 진전에서 적을 강타하였다. 그리고 철조망과 지뢰지대를 뚫고 진지에 접근한 적에 대해서는 최후 저지사격으로 응수하였다. 이와 동시에 진전에 설정한 탄막사격도 정확하였으므로 적은 1시간 동안의 집요한 공격 끝에 썰물처럼 패주하고 말았다.

④ 교 훈

○ 백마고지의 공방전은 그 투입병력과 화력 및 전투의 치열함에 있어서 보기 드문 전례를 남기었다. 중국군은 목숨을 아끼지 않는 듯 인해전술로 공세를 가해왔고, 아군은 조직적인 방어준비와 협조된 화력지원 및 장병들의 용전 분투로 12차에 걸친 길고도 긴 백마고지 공방전의 서전을 승리로 장식하였다.

○ 적 공격에 대한 정확한 정보입수와 2~3일 간의 신속하고도 철저한 방어준비가 없었더라면 적의 공세를 격퇴하기 어려웠을 것이다. 백마고지 전투에서 아군은 가용한 시간을 최대로 이용하여 사전준비를 갖추었다. 전진진지의 보수작업에서부터 주진지 보강과 교통호 구축, 장애물 설치 등으로 방어력을 증강시키고, 예 배속 및 지원포화가 진지 전면에 탄막과 화집점을 구성함으로써 적을 진전에서 격멸시킬 대비책을 강구해 놓았던 것이다.

○ 백마고지 전투(제1차 방어전)의 결과는, 방어의 성공여부란 가용한 시간을 방어준비에 얼마나 효과적으로 사용하는가에 달려있음을 보여주고 있다.

바. 공세행동의 최대이용

방어의 본질이 비록 수세적이라고 하더라도 수세일변도의 전투만으로는 적의 저지는 가능하겠지만, 방어목적의 주요 목적인 적의 격퇴나 격멸의 효과는 달성하기 어렵다. 그러므로 방자는 종심 깊은 적 후방지역에 대한 동시전투의 강요와 함께 호기를 간파한 각종 공세행동의 최대 활용으로 작전의 주도권을 장악하고 적 부대의 격멸을 시도함으로써 공세이전을 위한 여건조성에 주력하지 않으면 안 된다. 공세행동에 대해서는 별도로 설명하기로 하겠다.

전례 : 이화령 전투 (경북 문경)

① **작전개요** : 1950. 7. 14 / 제 6사단 제 2연대, 북한 제 1사단

② **상 황**

○ 개전 초기부터 북한군의 공세에 밀려 차령산맥 이남까지 후퇴한 국군은 이제 소백산맥의 준령을 방패로 삼아 새로운 방어전을 계획하기에 이르렀다. 이것이 이른바 「금강산 방어작전」으로서, 국군이 38도선에서 물러선 이후 좌우로 연결된 전선을 형성하고 지연전을 전개하기는 이때가 처

음이었다. 국군 제 6사단은 이 작전의 일환으로 문경지역을 맡아 중부 내륙으로 공격한 북한군 제 1사단과 맞이하게 되었다.

○ 북한 제 1사단(소장 최광)은 초기에 서부전선에서 임진강을 건너 서울로 침입한 부대이며, 한수 이북에서는 국군 제1사단과 접전한 바 있고, 한강을 도하한 이후에는 중부 내륙지역으로 진로를 바꾸어 광주-여주를 거쳐 수안보에 이르렀다. 이 사단의 총 병력은 약 12,000명, 주요장비로는 장갑차 8대, 각종 야포 40문, 박격포 12문 이외에도 소규모의 사이드카 부대가 있었다.

○ 춘천과 홍천에서 서전을 치른 국군 제 6사단(대령 김종오)은 소백산과 금강을 연하여 새로운 방어선을 구축키로 한 육본 방침에 따라 7월 12일 충주에서 문경으로 이동하였으며, 이 사단의 제 2연대(대령 함병선)는 수안보-연풍을 거쳐 사단의 좌일선으로 이화령을 점령하였다. 특히 이 고개는 연풍에서 문경으로 통하는 3번 도로가 굽이굽이 뻗어 오르고 그 양쪽이 암벽으로 되어 있는 곳으로서 방어의 요충지이기 때문에 그 중요성이 강조되었다.

○ 이 지역 방어를 담당한 연대는 제 1대대를 우일선으로 하여 이화령 동쪽의 동광리 일대에, 제 3대대를 좌일선으로 하여 681고지(속칭 세봉)에 배치하고 제 2대대는 여기서 북측으로 1.7km 떨어진 633고지에 투입하였다.

③ 작전경과

○ 연대가 방어 편성을 실시한지 이틀째 되는 날인 14일 새벽, 이곳 이화령은 전날 밤까지 내리던 비가 그치고 7월 중순 고산지대의 기상 그대로 짙은 안개가 산곡을 메워 지척을 분별키 어려웠다. 이런 가운데 이화령 부근에 배치된 연대의 방어진지에 적의 122㎜ 유탄포와 82㎜ 박격포 등의 포화가 집중하니 연대장은 드디어 적의 공격이 시작된 것으로 판단하고 각 대대로 하여금 더욱 경계를 철저히 하도록 지시하였다.

○ 전진기지를 맡고 있는 제 2대대(중령 이종기)는, 3번 도로로부터 800m 더 올라온 곳까지 수 미상의 적이 안개 속에 접근하여 갑자기 수류탄을 투척하고 충격을 가함으로써 접전을 벌이게 되었다. 또한 여기서 교전이

시작된지 30분이 채 못 되어 이화령 동쪽 능선을 점령하고 있는 제1대대(중령 박노규) 진전에 적의 선봉이 출현하였으니, 이때 그들은 이미 주력으로서 제 2대대의 서축을 통과하여 이화령으로 쇄도하고 있었던 것이다. 그뿐만 아니라 연대의 좌일선을 담당한 제 3대대(소령 이운산)는 20여분 동안의 접근 끝에 일부의 병력이 분산되는가 하면, 연대 관측소에서도 포격의 피해가 극심하였다.

○ 이렇게 제일선에서 고전을 치르고 있을 무렵, 연대장이 이화령의 관측소에서 전방을 살펴보니 운무에 쌓인 아군진지는 확인할 길이 없고 작열하는 총포성만이 계곡을 메우고 있었다. 특히 제 2, 제 3대대와는 교신마저 끊겨 그 상황을 파악할 수가 없었다. 이러한 상태로 3시간이 지나 어느덧 08:00를 넘어서자 점차로 안개가 걷히면서 북쪽 능선이 시야에 들어오는데 어찌된 영문인지 현 진지를 고수하고 있는 것으로 믿었던 제 2대대와 제3대대의 병사들이 이화령 쪽으로 철수하고 있었다. 이를 본 연대장은 고개 마루로 뛰어 올라 지휘봉을 빗겨들고 "일보도 물러설 수 없다. 즉각 돌아서서 반격하라"고 명령하는 동시에 제1대대장을 전화로 불러 곧 역습을 실시하도록 명령하였다. 명령을 받은 제 1대대 제 2, 제 3중대는 함성을 지르며 서북쪽 능선으로 돌진하면서 계곡에 나타난 적을 무찔러 나갔다. 이와 때를 같이하여 안개가 걷히자, 진지를 버리고 고개위로 올라오던 병사들도 방향을 바꾸어 역습 대열에 가담하게 되었다.

○ 이 무렵 제3 대대도 혼전중에 분산된 병력을 수습하여 역습을 실시하였다. 이와 보조를 같이하여 제16포병대대의 포대도 적의 증원을 차단하기 위해 연풍 남쪽의 3번 도로 부근에 포격을 퍼부으니 전황은 바야흐로 크게 역전되어졌다. 일단 공세의 기세가 꺾이자 북한군은 이화령을 향해 힘겹게 밀어올린 야포와 장갑차는 물론 보병화기까지 내버린 채로 뿔뿔이 흩어졌다.

○ 공격부대가 이렇게 패주하자 적은 포격을 더욱 증강시켜 이화령 일대를 강타함으로써 제 2연대 관측소가 파괴되고 인사주임(소령 김옥현)이 중상을 입는 등 한 때 혼란이 일어나기도 하였으나, 연대장은 이 결정적 호기를 놓칠세라 직접 진두에서서 적을 추격하도록 독려하였다. 전기를 포

착한 연대는 제 1, 제 3중대가 역습을 단행하여 천길 벼랑에서 바위가 굴러 내리듯이 이화령 계곡을 휩쓸었다. 제 1대대는 요광원 고개에서 3번 도로로 뛰어들어 적의 선두를 격파하고, 제 3대대는 이화령 서북쪽으로 약진하여 그 서측면을 강타하는가 하면, 제 16포병대대는 예상되는 적의 집결지 중심부에 효력사를 퍼붓는 등 촌각의 여유도 주지 아니하였다.

④ 교 훈

○ 국군 제 6사단이 문경지역으로 이동하여 제2연대가 이화령 방어진지를 점령하던 때에도 전체적인 아군의 방어선은 북한군의 공세에 밀려 계속 남하하고 있었다. 그동안 북한군은 줄곧 공세만을 취하였으므로, 공격은 그들의 전유물이 된듯하였고 국군은 수세적인 입장에서 거의 방어 일변도의 작전에만 급급하였던 것이다. 따라서 아군은 사기가 저하되고, 적극적으로 공격하여 이길 수 있다는 확신을 갖지 못하고 있었다.

○ 이화령 전투에서 아군 제 2연대는 적의 공격을 잘 막아내었을 뿐만 아니라 반격을 실시하여 적에게 결정적인 타격을 주었다. 방어진지를 지켜내는 데에 머문 것이 아니라 진지를 박차고 나가 적을 과감하게 추격하기까지 했던 것이다. 그러므로 소극적인 방어작전에서는 생각할 수 없었던 큰 전과를 얻을 수 있게 된 것이다.

사. 융통성

방자는 어떠한 전장상황에서도 방어 체계의 균형을 유지하는 것이 대단히 중요하며 이것은 방어의 성공과 직결된다. 이를 위하여 방자는 적의 다양한 공격과 시기와 장소를 선택하여 능동적이고 적극적으로 공격하는 공자에 대해 유연하고 탄력적으로 대응할 수 있는 융통성이 요구된다.

공자는 동적인데 반하여 방자는 정적이다. 또한 전투의 양상은 공자가 갖는 선택의 이점과 의지의 자유 때문에 방자가 예상한 대로만 전개되지는 않는다. 그러므로 방자는 그가 갖는 정적인 수동성을 감안하여 어떠한 상황이 발생한다 하여도 적시적절히 대처할 수 있는 융통성을 항시 보유하고 있어야 한다. 클라우제비츠는 "전투에는 예상 밖의 일이 많이 발생한다. 그것은 정보가 불확실하고 우연이 지배하는 전장의 특성이 크게 작용하기 때문이다,"라고 말하였다. 따라서 전장에서 직면하게 될 불확실하고 변동되는 상황의 대처에 필요한 것은 예비대를 보유하는 것이다.

융통성이란 전투간 우발사태에 대처할 수 있는 태세를 유지하는 것으로써 이는 병력과 화력을 요구되는 장소에 신속히 전환할 수 있는 준비를 갖춤으로써 유지된다. 또한 융통성은 사주방어에 요구되는 긴요한 고려사항이기도 하다. 작전간 그 어떤 경우에도 예비대는 확보되어야 한다. 심지어 프로이센의 프레드릭 대왕은 "예비대를 보유하지 않는 지휘관은 대 사건의 방관자와 같다."고 하였다. 낙동강 방어작전을 지휘하던 워커 장군이 아침마다 그의 참모장에게 맨 처음으로 하는 말은 "랜드럼(참모장), 오늘은 내가 활용할 수 있는 예비대가 얼마나 되오?"였다고 한다. 이것은 예비대의 중요성을 웅변하고 있는 것이다. 190여 km에 달하는 낙동강 방어선의 어느 한곳이 문제가 발생했을 때 대처할 수 있는 부대가 예비대였던 것이다.

따라서 지휘관은 예하부대는 물론이고 상급부대의 작전을 통찰하는 능력이 필요하며 전투실시간에는 다양한 첩보활동을 통하여 적의 공세가 집중되는 지점을 명찰하여 전투력을 운용할 수 있는 능력을 갖추어야 한다.

손자는 상산(常山)의 뱀처럼 병력을 부려야 한다고 하였다. 적이 그 머리를 치면 꼬리로 공격하고, 꼬리를 치면 머리가 공격하고, 중간을 치면 머리와 꼬리가 동시에 공격하게 하여야 한다고 하였다.

전례 : 두매리 고지 부근 전투 (경기 연천)

① **작전개요** : 1951. 12. 28~30 / 제 1사단 제 12연대, 중국군 제 63군 제 188사단

② **상 황**

○ 휴전회담으로 말미암아 전선이 소강상태로 접어든 1951년 10월 중순, 국군 제 1사단은 미 제 1군단의 제한된 공격 계획에 따라 「제임스타운」 선

이라 명명된 임진강 북안의 전선까지 진출하였고, 이달 하순에는 사미천-백학산-사천 사이에 전개하게 되었다. 사단의 우일선인 제 12연대는 고량포리-104고지 지역을 담당하여 예하 제 3대대 제 11중대로 하여금 전진거점을 확보케 하는 한편 배속 받은 제 15연대 제 2대대를 우일선, 예하 제1대대(소령 유문호)를 중앙, 제 3대대(소령 강영건)를 좌일선에 배치하고, 제 2대대(소령 장동수)를 예비로 하여 주진지와 저지진지를 강화하면서 수색활동을 전개하였다.

○ 연대 정면의 적은 아군 주력이 강북으로 진출하자 이를 주시한 듯 그들의 전초 병력을 점차로 증강시켜 집요하게 연대의 진지 구축을 방해하는 한편 수차에 걸쳐서 주진지에 대한 공격을 실시하였다. 그리고 적 포로의 진술 등을 토대로 미루어 보아 곧 적이 공격해 오리라고 판단되었다.

③ 작전경과

○ 12월 28일 16:00경, 제 5중대(대위 김영준) 진지 전방에 신호탄이 오르는 것과 동시에 철모고지, 104고지, 두매리 140고지 부근 일대에 적의 포격이 시작되었다. 한편 적의 공격을 받은 아군 측에서도 사단 포병대대와 미 포병대대가 적의 예상 포진지에 대하여 대 포병사격을 실시하였다. 피아 포격을 주고받는 사이에 제일먼저 제 5중대 정면으로 2개 중대 규모의 병력이 접근해왔다. 그들은 사전에 공격방법을 여러 차례 연습한 듯, 포격을 실시하는 동안 공격제대가 은밀히 목표에 접근하고 포격이 연신되는 순간에 바로 방어 진지로 쇄도하는 수법을 능숙하게 사용하였다.

○ 제 5중대는 공군의 F-51 전폭기 4대의 공중지원과 포병의 집중적인 사격지원으로 104고지에서는 적을 격퇴할 수 있었다. 그러나 인해전술을 사용하며 파상공격을 펼치는 적의 공세에 밀려 철모고지에서는 진지 고수에 실패하고 말았다.

○ 다음날 날이 밝자 연대장은 전날의 적 침공 상황을 분석하고, 그들의 기도가 차기 작전에 유리한 감제고지를 확보하기 위한 것으로 판단하게 되었다. 따라서 연대가 확보한 주요지역을 결코 적에게 넘겨줄 수 없다고 다짐하여 이를 조속히 탈환하기로 결심하였다. 명령을 수령한 제 2대대

장은 제 6중대(대위 한자평)에게는 무명고지를, 제 7중대(대위 최준영)에게는 두매리 고지를 목표로 하여 동시에 역습을 강행하게 하였다. 제7중대는 두매리 고지를 공격하여 이날 10:10경에 목표를 탈환할 수 있었다.

④ 결과/교훈

○ 두매리 고지 부근 전투의 특징은 피아간에 수차에 걸쳐 역습을 단행한 것이었다. 중요한 것은 방어 시에는 융통성을 확보하는 것이다. 따라서 2대대를 예비로 확보하여 역습을 할 수 있는 여건을 확보한 것은 적절한 조치로 평가된다.

“전투에서 패배한 지휘관을 만나고 싶지 않소, 귀관이 관속에 들어 있다면 모르겠지만 ……”

– 워 커 –

* 한국전쟁시 영산지구 전투에서 방어작전에 패배하고 상황보고를 하기 위하여 군사령부를 방문한 미 제25사단장에게 한 말이다.

4. 방어작전의 형태

방어작전에는 지역방어, 기동방어, 지연방어의 형태를 갖고 있다. 형태를 결정할 때에는 METT-TC를 고려하여 결정한다. **지역방어**는 지역확보와 적 부대 격멸을, **기동방어**는 적 부대 격멸에 중점을 두고 실시한다. **지연방어**는 지역확보와 적 부대 격멸보다는 시간을 확보하기 위한 방어작전이다. 그러나 어느 방어작전을 막론하고 주도권 장악 없이 승리한 전례는 존재하지 않는다.

가. 방어작전의 형태 결정시 고려사항

방어작전의 형태는 지역방어, 기동방어, 지연방어로 구분하고 있다. 상황에 따라서는 두 가지의 형태가 혼용하여 적용하기도 하는데, 중요한 것은 어떠한 방어작전 형태를 채택하더라도 공세적 방어 개념을 구현할 수 있도록 해야 한다.

지역방어는 대체로 전투력을 정적인 개념으로 운용하게 되며 중요지역을 확보하고 적 부대를 격멸하는 목적으로 한다. 반면, 기동방어와 지연방어는 동적인 개념으로 전투력을 운용한다. 기동방어는 지역방어와 마찬가지로 중요지역 확보와 적부대 격멸을 목적으로 하지만 지연방어는 시간을 확보하는 것을 목적으로 한다.

방어작전의 형태는 구분되어 있어도 방어의 본질은 동일하게 유지된다. 그렇지만 목적에 따라 결정적인 방어전투의 실시여부가 결정되기도 한다. 기동방어와 지역방어는 그 목적을 실시하기 위하여 결정적 전투를 실시하지만 지연방어에서는 실시하지 않는 특징이 있다 지휘관이 방어작전의 형태를 결정할 때에는 임무, 적 상황, 지형 및 기상, 가용부대, 가용시간, 민간요소 등을 고려하여 결정하며, 상황에 따라 융통성 있게 결합하여 결정해야 한다.

1) 임무

상급부대로부터 중요지역 확보의 임무와 비교적 협소한 정면을 부여받았을 경우에는 지역방어를, 적 부대 격멸의 임무 또는 비교적 광정면을 부여받았을 경우에는 기동방어를, 차후작전에 유리한 여건을 조성하기 위하여 공간을 이용하여 적의 공격을 지연시키는 등 시간 확보를 임무로 부여받았을 경우에는 지연방어를 실시할 수 있다.

2) 적 상황

적의 포병화력, 화생무기 사용, 항공화력, 기동성을 고려하여 방어형태를 적용하게 된다. 포병화력이 아군의 예비대 운용에 방해를 줄 만큼 강력하거나, 화생무기 등을 보복으로 사용할 우려가 있어 그에 대한 대처방법으로 소산이 요구될 때, 적의 기동력이 우세하고 항공력도 우세할 때는 지역방어를 선택하는 것이 유리하다. 반면에 적의 화력이 비교적 우세하지 않은 상황이며, 화생무기는 적이 우세하여 분산하여 전투하는 것이 화생무기 공격 대비에 유리한 상황이고, 적의 항공력이 아군에 비해 약하며, 아군의 기동이 적보다 우세할 때는 기동방어를 선택한다.

적의 압력이 강하여 현 방어임무 수행이 제한되거나, 상황의 변화에 따라 적과의 접촉을 단절할 필요가 있을 경우에는 지연방어를 선택한다.

3) 지형 및 기상

지형이 주는 이점이 유리하여 방어력 발휘에 유리한 경우에는 지역 방어가 유리하다. 그러나 도로망이 발달되어 있고 장애물이나 방어에 유리한 지형지물이 없을 경우에는 기동방어가 유리하다.

4) 가용부대

기동력이 적에 비해 상대적으로 열세한 편성상의 특성이 있거나 상급부대로부터 기동에 필요한 장비를 지원받기 곤란한 경우에는 지역방어가 유리하다. 그러나 전투력이 충분하고 기동성 있는 부대로 예비대 편성이 가능할 경우에는 기동방어가 유리하다.

5) 가용시간

방어준비에 미치는 영향을 고려해야 한다. 지역방어는 지형을 활용하여 병력을 배치하고 장애물 등을 설치하는 등의 시간이 상대적으로 많이 소요되므로 통상적으로 충분한 준비시간이 보장될 때 선택한다. 이에 반해 기동방어는 시간이 제한되는 상황에서 선택하게 된다.

6) 민간요소

작전을 실시하는 지역 내에 반드시 보호되어야 할 민간인, 자원, 중요시설, 문화재 등의 민간시설 등이 있을 경우에는 이를 보호할 수 있는 작전형태를 선정해야 한다.

나. 전술적 통제수단

방어작전에 있어서 전술적 통제수단은 공격과 마찬가지로 작전을 통제하고 예하부대의 협조를 증진시키기 위한 것으로 전투지역 전단, 전투지경선, 전투진지, 집결지, 협조점, 접촉점, 확인점, 통제선 등이 있다.

1) 전투지역 전단

주력이 전개하는 최첨단지역으로써 부대의 배치와 화력을 상호 협조하기 위하여 측방 전투지경선상에 협조점을 부여함으로서 결정되며, 실제적인 전투지역전단은 전방 보병소대의 병력배치 전방으로써 일정한 폭과 종심을 연하여 형성된다. 전투지역전단을 부여하는 방법은 세 가지가 있는데 다음과 같이 부여한다.

가) 협조점으로 부여하는 방법

전단 좌측과 우측의 전투지경선상에 협조점만 부여한다.

나) 일반적인 위치로 지정하는 방법

협조점과 협조점 사이를 점선으로 표시한다. 이 경우는 지형이 착잡하거나 식별이 불명확할 때 협조점과 협조점 사이에 점선으로 개략적인 위치를 표시하여 부여하는 방법이다.

다) 실제 배치된 선으로 지정하는 방법

협조점과 협조선 사이를 실선으로 표시한다. 이것은 실제 병력이 배치된 선을 표시할 때 사용하는 것이다. 실선은 역습, 초월공격, 지연작전시 양개부대의 긴밀히 협조와 통제를 하고자 할 때 사용한다. 방어작전을 지휘하는 지휘관은 위에서 제시된 방법과 병행하여 협조점 없이 전투지역전단을 지정할 수도 있다. 이때 도시방법은 측방 전투지경선상의 요망지역에 '전단'을 기입하여 지정한다. 전투지역전단의 위치 선정 시에는 관측과 사계를 고려하게 되는데 주로 다음과 같은 내용을 가지고 위치를 선정한다.

전단의 전방 및 측방에 대한 양호한 관측을 제공 하는 지역으로 방어력 발휘에 영향을 주는 자연적인 장애물이 있는 지역, 방어시 기관총의 최저표척사와 측사가 가능한 양호한 사계를 제공하는 지역, 방어병력을 보호할 은폐와 엄폐가 용이한 지역, 방어진지 편성에 영향을 주는 큰 돌출부와 돌입부가 없는 지역 등이다.

2) 전투 지경선

예하부대의 기동과 화력을 협조 및 통제하고 전 · 후 · 측방에 대한 책임지역을 명시하기 위해 설정하는 선을 말한다. 전투지경선을 선정할 때는 주요 접근로와 중요지형지물이 분할되지 않아야 하며 적의 침투가 용이한 지역, 감시가 제한되는 지역, 계곡 및 도로는 한 부대가 담당할 수 있도록 하여 책임감 있게 통제되도록 하여야 한다.

3) 전투진지

적의 공격양상과 지형의 특성을 고려하여 적이 지향하는 접근로를 통제할 수 있는 지역에 선정한 방어를 수행하는 장소이다. 방어부대의 책임지역은 전투지경선을 이용하여 부여할 수도 있으나 전투진지로 부여하는 것도 하나의 방법이다. 방어시 전투진지는 **주진지, 예비진지, 보조진지, 차후진지, 고수진지**로 구분한다. 예하부대에 전투진지를 부여하였을 때, 전투진지를 점령하는 부대는 주 전투력을 전투진지 내에 배치하고 병력, 화력, 장애물과 통합한다. 그러나 경계 부대와 작전지속지원 시설은 필요시 상급부대에 보고 후 전투진지 외곽에 배치할 수 있다. 전투진지를 점령한 부대의 책임지역은 일반적으로 편제 직사화기 유효사거리를 기준으로 하며 그 외곽지역은 상급부대의 책임지역이다. 또한 투명도상에 전투진지로 책임지역을 부여할 경우에는 진지 내부에 점령할 부대를 도시한다.

4) 집결지

부대가 집결하도록 지정된 일반적인 위치로서 적 돌파가 예상되는 지역에 대한 신속한 역습이 가능하도록 시·공간적 중간에 위치하며 지형의 특징과 소산, 후방지역 경계의 필요성에 따라 중대 단위로 집결지를 점령할 수 있다.

5) 협조점

인접부대간 병력, 화력 및 장애물 운용 등을 협조 및 통제할 수 있도록 전투지경선상에 부여한 통제수단으로써 경계부대 배치선과 전투지역전단이 전투지경선과 만나는 지점에 부여하며 상호식별과 접근이 용이하고 아군부대의 엄호를 받을 수 있는 지점에 선정한다. 전투지경선상에 협조점을 부여받은 지휘관은 부대간의 간격에 대하여 병력과 화력 및 장애물로 엄호하도록 협조해야 한다.

다. 전장편성

방어시의 전장편성은 작전을 효율적으로 수행하기 위하여 전장을 구분하고 전투력을 할당하는 것을 말한다. 이는 지휘관이 전장에서 어떻게 전투력을 운용할 것인가를 가시화하는 과정인 것이다. 방어작전시 전장편성은 해 제대의 편성과 능력을 고려하여 전관심지역과 작전지역으로 구분하며 작전지역은 다시 공간 또는 작전목적에 따라 구분하여 부대배치 및 전투력 운용을 구분하고 예하부대의 작전 책임지역의 범위를 결정한다.

1) 관심지역

현행 및 장차작전에 영향을 미칠 수 있는 적 부대가 위치한 지역으로 통상 상급부대 작전지역 및 인접부대 작전지역의 일부를 말하며 첩보획득과 정보활동의 범위를 한정하기 위해 적의 이동능력, 차상급부대의 첩보수집능력, 해당제대의 결심 및 반응속도, 장차 임무 등을 고려하여 결정한다.

2) 작전지역

현행작전을 수행하기 위하여 지휘관에게 권한과 책임이 부여된 지역으로 통상 상급부대로부터 부여되며 지리적 공간상의 전 · 후 · 측방 경계선으로 정면과 종심이 결정된다. 제대별로 차이는 있겠으나 통상적으로 공간구분에 의해 작전지역을 근접지역과 후방지역으로 구분하며 근접지역은 이를 경계지역과 주방어지역으로 구분한다.

가) 근접지역

측방 전투지경선의 전방한계로부터 전방부대의 측방 전투지경선의 후방한계까지이며 경계지역과 주방어지역으로 구분한다.

• 경계지역

측방전투지경선의 전방한계에서부터 전투지역 전단까지를 말한다. 경계지역은 지형의 방어력, 화력지원 능력 등을 고려하여 편성하고 정찰대, 추진매복조 등의 경계부대를 운용하는 지역이다.

• 주방어지역

전투지역 전단에서부터 전방부대의 측방 전투지경선의 후방한계선까지로서 주방어 부대가 운용되는 지역을 말한다.

나) 후방지역

근접지역 후방으로부터 부대의 후방 전투지경선까지를 말하는데 주로 지휘소, 작전지속지원 시설, 예비대의 배치를 고려하여 편성해야 한다.

라. 지역방어

1) 지역방어의 개념

공자와 방자는 각각의 이점을 갖고 있으며 그 이점을 최대한 활용하여 전투력 발휘를 극대화하기 위한 노력을 한다. 공자는 선택의 이점을 최대한 활용하여 기습의 효과를 달성하고자 하며 방자는 유리한 지형을 선택하여 방어를 준비한다는 이점을 갖고 있다. 공자는 공격하고자 하는 시간과 장소를 선택하여 전투력을 집중하여 기습을 달성하기가 용이하다는 이점이 있는 반면, 방자는 방어에 유리한 지형을 선정하여 방어력 발휘의 보장을 위한 충분히 준비할 수 있다는 이점을 충분히 활용하는 이점이 있다.

지역방어는 이와 같이 방어에 유리한 지형을 선택하여 그 지형이 주는 이점을 최대한 이용할 수 있도록 주 전투력을 운용하여 일정기간 동안 방어부대가 배치된 진지들이 위치한 지역을 확보하기 위하여 적을 저지, 격퇴, 격멸하는데 중점을 두는 방어작전 형태이며 경우에 따라서는 적 부대를 격멸하는데 중점을 둘 수도 있다.

따라서 지역방어는 지형의 자연적인 방어력을 이용하는 전투진지를 준비하고 병력을 배치하며 화력과 장애물로 진지를 보강함으로써 공자보다 유리한 여건에서 작전을 수행한다. 그러나 진지를 이용한 수세적인 입장에서의 전투력 운용으로는 공세이전의 여건을 조성하기가 어렵게 된다는 점을 간과해서는 안 된다.

방어수행 도중에 주방어지역의 일부가 돌파되는 상황이 전개될 수도 있다. 이러한 상황을 신속하게 조치하지 못하면 방어체계의 균형을 상실하여 종심 깊은 돌파를 허용하게 되기도 한다. 그렇기 때문에 방어체계의 균형을 유지하고 방어의 지속성을 보장하기 위해 적극적인 공세행동을 실시하여 적 부대를 격멸하거나 돌파지역을 신속히 회복하여야 한다. 적의 돌파에 의하여 돌출부가 형성되거나 고립지역이 발생하게 되면 예비대 등을 운용하여 돌파지역을 회복시켜야 한다.

그러나 방어부대는 항상 공세적인 방어에 중점을 두어야 하므로 지역방어 간 돌파구가 형상되지 않은 경우에도 적을 격멸할 수 있는 호기가 포착되면 언제든지 공세행동을 실시하여 과감하게 적을 공격하여야 한다.

2) 지역방어 결정시 고려요소

방어부대의 지휘관은 방어를 계획하는 과정에서 방어형태를 결심하여야 하는데 이때는 전술적 고려요소를 참고하는 것이 결심에 용이하며 일반적으로 다음과 같은 경우에 지역방어를 실시할 수 있다.

가) 임무

상급부대로부터 부여받은 임무를 분석하여야 한다. 만약, 특정지역을 확보하도록 임무를 부여받았거나 비교적 협소한 정면과 종심을 책임지역으로 부여받은 경우는 지역방어를 채택하는 것이 상급부대 지휘관의 의도에 부합하게 될 것이다.

나) 적 상황

기동방어는 부대가 보유한 기동력과 관련이 깊게 된다. 만약, 아군이 기동력 발휘에 유리한 장비 등을 보유하고 있다고 하더라도 적의 화력과 항공력이 우세하여 아군의 기갑 및 기계화부대, 항공부대, 차량화부대 등의 운용에 제한을 받는 경우

다) 지형 및 기상

작전지역의 지형이 방어력 발휘에 유리한 횡격실 능선으로 되어 있거나 하천, 단애 등과 같은 자연장애물로 형성되어 방어에 유리한 지형으로 형성되어 있는 경우

라) 가용 부대

기동성 발휘에 유리한 장비 등이 편제된 부대가 아니지만 보병부대로 지형을 확보하여 방어하는 것이 유리한 경우

마) 민간요소

책임지역 내에 반드시 확보해야 하거나 보호해야 할 민간인, 주요 자원 및 시설, 주요 문화재 등의 민간자원이 위치한 경우 등을 말한다.

지역방어는 전술적 고려요소에서 제시한 바와 같이 지형의 조건이 방어력 발휘에 유리하고, 기동공간이 협소하고, 기동력의 열세 등으로 방자의 기동이 제한될 경우, 공중우세권을 적이 장악하고 있을 때 적합한 방어형태이다. 지역방어는 주로 지형과 화력에 의존하여 적을 저지, 격퇴, 격멸하는데 중점을 두고 있는 작전이기 때문에 지역방어의 성공은 지형의 철저한 이용에 의한 진지편성의 강화와 효율적인 화력의 통합에 의하여 달성될 수 있는 것이다. 그러나 부대 운용상의 융통성과 적을 기습할 수 있는 기회는 크게 제한된다.

그러므로 지역방어는 방어력 발휘가 양호한 지형을 선정하고 화력과 장벽을 효율적으로 통합할 수 있도록 하여야 한다. 또한, 공자의 기습에 대한 취약점을 극복하고 병력운용의 융통성을 확보하도록 예비대 편성 등에 특히 유의하여야

한다.

방어작전시에 융통성을 확보한다는 것은 대단히 중요한 요소이다. 융통성의 제한은 적절한 규모의 예비대를 적시에 예상 돌파 지역에 투입할 수 있는 시간적 공간적 중간지역에 위치시키는 한편, 화력지원의 신속한 전환태세를 항상 유지함으로써 극복할 수 있다. 공자의 기습에 대한 취약성은 철저한 전장관찰을 통해 적정을 정확히 파악하고 경계 및 경보체제를 효율적으로 운용함으로써 감소시킬 수 있으므로 이에 대한 철저한 계획이 요구되는 것이다.

3) 전투수행 방법

지역방어는 결정적 전투의 수행의 장소에 따라 수행방법을 전방방어와 종심방어로 구분한다. 지역방어는 전장관찰을 통하여 적 주력의 지향 방향을 분석해야 하는데 적 주력이 지향되는 축선의 전투지역전단이나 종심에서의 유리한 지형을 이용하여 결정적 작전을 실시하게 된다.

지휘관은 방어전투의 수행방법을 결정하여야 한다. 즉, 결정적 작전을 수행할 지역을 분석하여 선정하여야 한다. 작전지역의 지형적인 특성과 적 공격전술에서 주타격부대 운용 양상과 방어부대의 전투편성을 종합적으로 고려하여 결정적 작전을 어디에서, 어떻게 실시할 것인지를 구상하여야 한다. 그러나 어느 지역에서 결정적 전투를 실시한다 하더라도 적절한 규모의 예비대를 확보하고 방어력을 보강하기 위한 저지진지를 준비하는 등의 대책을 반드시 강구해야 한다.

지역방어의 수행방법은 전방방어와 종심방어로 나누고 있지만 그것은 진지편성의 위치에 따른 구분이다. 따라서 진지편성을 하게 될 때 근본적으로 가장 중요하게 고려해야 하는 것은 지역방어의 이점인 지형이 주는 방어력이다.

가) 전방방어

전투지역 전단 일대의 방어력 발휘에 유리한 지역에서 결정적 작전을 실시하는 지역방어 수행방법이다. 전방방어 수행방법은 가용 전투력의 대부분을 전투지역전단 일대에 집중하고 우발상황에 대비하여 예비대를 보유해야 한다. 적이 주방어지역을 돌파할 경우에는 돌파구를 확장하고 종심으로 진출하기 이전에 신속하게 예비대를 투입하여 전방부대를 증원하거나 공세행동을 실시하여 돌파구 확장을 방지하고 상실된 방어지역을 회복해야한다.

전방방어는 일반적으로 상급지휘관이 전투지역 전단 상의 특정지역을 확보하도록 지시했을 경우, 방어종심을 이용하기가 제한될 경우, 전투지역 전단을 연해 최상의 방어진지가 준비된 경우, 하천이나 단애 등 방어력 발휘에 유리한 자연장애물이 전투지역전단을 연해서 형성된 경우에 실시한다.

전방방어를 계획할 경우에는 가용 전투력의 대부분을 전투지역 전단 일대에 집중하고 우발상황에 대비하여 적정 규모의 예비대를 보유한다. 전투지역 전단 일대에서 결정적 작전을 성공하기 위해서는 적지종심작전과 경계작전을 보다 적극적으로 실시하여 적 주력이 전투지역전단에 도달하기 전에 최대한 적 전투력을 저하시키는 것이 효과적이다.

특히 방자가 이용할 수 있는 종심이 제한되어 우발상황에 효과적으로 대응하기 위한 시간과 전투력 운용이 제한되는 경우에는 적 주력의 지향방향을 조기에 파악하는 것이 무엇보다 중요하다. 적이 주방어지역을 돌파할 경우에는 적이 종심으로 진출하기 이전에 전투지역 전단 일대에서 격퇴, 격멸할 수 있도록 신속히 예비대를 투입하여 전방부대를 증원하거나 역습을 실시하여 돌파구 확장을 방지하고 상실된 방어지역을 회복하여야 한다.

나) 종심방어

종심방어는 방어지역의 종심을 이용하여 결정적 작전을 실시하는 지역방어 수행방법이다. 종심방어는 일반적으로 전 종심에서 작전하도록 허용된 경우, 전단 일대의 지형이 방어에 불리하거나 작전지역의 종심에 방어에 유리한 지형이 있을 경우, 작전지역 정면에 비해 종심이 깊은 경우, 적의 기동력이 상대적으로 우세할 경우, 전투지역 전단 상에서의 병력 절약이 인접부대 작전에 제한을 주지 않을 경우에 실시한다.

종심을 이용하여 방어한다면 전투지역 전단 일대에 국한되지 않고 책임지역 내에 형성된 유리한 지형을 최대한 이용할 수 있고, 화력을 포함한 제반 전투력을 통합 운용할 수 있는 기회가 증대되며, 적의 기도를 보다 정확하게 추적 및 판단할 수 있다는 장점이 있다.

종심방어 시 방어부대들은 상호 지원이 가능한 방어전투체계를 종심 상으로 설비하고 이를 이용하여 적의 공격 템포를 차단하고 공격기세를 약화시킨다. 특히 결정적 작전을 위한 종심 상의 진지는 강력하게 구축하고 장애물과 화력을 통합 운용할 수 있도록 준비해야한다.

인접부대와 협조되지 않은 종심 허용은 전체저인 작전에 큰 영향을 미칠 수 있으므로 종심방어를 실시하려면 계획수립, 작전준비, 작전실시 간 상급부대의 통제와 인접부대와의 협조가 매우 중요하다. 종심방어 시에는 책임지역의 특성을 고려하여 종심 상의 방어력 발휘가 용이한 특정지역에서 결정적 작전을 수행할 수도 있고, 전 종심에 걸친 축차적인 방어를 통해 적 전투력을 소진시킬 수도 있다.

종심방어 수행방법에는 산악지역 방어나 상황에 따라 종심 도로망이 발달되고 적 기계화부대의 종심 깊은 공격이 예상되는 경우 도로견부위주 종심방어를 수행할 수도 있다. 도로견부위주 종심방어와 산악요점방어는 종심방어를 효과적으로 응용한 방법이다.

(1) 도로견부위주 종심방어

적의 속도전에 대응하기 위해 적 주력이 지향되는 주요 축선을 따라 도로견부위주로 전투력을 종심 깊게 중점 배비하여 전 종심에서의 동시전투를 통해 적 전투력을 흡수하는 방법이다.

(2) 산악요점방어

도로망이 제한되는 산악지역에서 부여된 작전지역에 비해 제한된 전투력을 보유한 방어부대가 계곡접근로는 봉쇄하고 적이 통과할 수밖에 없는 능선 상의 요즘 위주로 진지를 편성하여 전투를 수행하는 방법이다.

마. 기동방어

1) 기동방어의 개념

일반적인 개념의 방어는 수세적이고 수동적인 측면이 높은 작전형태이다. 특히 지역방어는 그러한 특성이 보다 높게 나타난 방어의 형태라고 볼 수 있다. 그러나 기동방어란 적 주력을 계획된 지역으로 유인, 격멸하기 위하여 주 전투력을 동적으로 운용하는 방어형태를 말한다. 기동방어는 적의 주력을 아군의 공세행동이 계획된 지역까지 유인하거나 진출시킨 후 타격부대의 결정적 작전으로 적을 격멸하는데 중점을 둔 보다 능동적인 방어작전 형태이다.

만일 가용한 전투력의 대부분을 전투진지 상에 고정 배치하고 접근하는 적에 대해서만 대응하는 피동적인 방어작전으로 일관한다면 주도권을 확보하기가 곤란하다. 이러한 측면에서 주 전투력을 적 주력을 능동적으로 타격하기 용이한 지역에 집중하여 결정적 작전을 수행하는 기동방어는 조기에 주도권을 확보하여 방어작전의 궁극적인 목적을 달성하기 위한 보다 적극적인 방어작전 형태라 할 수 있다.

기동방어는 계획된 지역으로 적 주력을 유인한 후 신속한 기동으로 적의 주력을 타격하여 적 부대의 격멸을 도모하는 작전으로써 부대 운용상의 융통성과 기습의 기회가 증대되는 작전형태이다. 그러므로 기동방어는 이 두 가지의 이점을 최대로 확대할 수 있도록 계획되어야 한다.

기동방어는 지역방어에 비해 적 주력을 격멸하기 위한 전투력 운용방법 면에서 차이가 있을 뿐 적 부대를 격멸하고 지역을 확보한다는 목적은 동일하다. 기동방어는 공자를 계획된 지역으로 유인하여 방어부대가 선정한 시간과 장소에서 지역방어와 동일하게 화력과 기동으로 적을 격멸한다.

기동방어는 가용 전투력, 작전지역, 기동성 등을 고려할 경우 군단급 이상 제대에서 수행하는 것이 효과적이다. 주 전투력을 동적으로 운용하는 기동방어는 적의 약점과 과오를 이용하는 지역방어시 공세행동과 유사한 형태로 전투를 수행하지만, 지역방어시 공세행동은 우발계획으로 시행되고 기동방어는 기본계획으로 시행한다는 점에서 차이가 있다.

기동방어는 기동력과 화력을 이용하여 작전지역의 폭과 종심을 통제하는 것이 가능하고, 경계부대, 유인부대, 고착부대, 타격부대 등의 다양한 전술집단을 편성할 수 있을 만큼 충분한 전투력을 보유한 군단급 이상 제대가 수행하는 것이 효과적이다. 그러나 보병 사단급 이하 제대에서도 여건이 충족되거나 임무달성을 위해 필요한 경우에는 기동방어를 수행할 수 있다.

기동방어는 전투력을 동적으로 운용하는 작전수행으로 인해 다음과 같은 위험요소가 발생할 수 있다. 타격부대에 주 전투력을 할당하기 때문에 상대적으로 소규모로 운용되는 유인 및 고착부대가 적에 의해 고립되거나 각개격파 될 수 있다. 적 부대의 위치, 배치 등 적 기도에 관한 정보를 획득하지 못하거나, 아군이 최초 의도했던 지역으로 적이 공격하지 않을 경우 계획된 타격작전이 곤란해 질 수 있다.

타격부대가 결정적 작전을 실시하기 위해 타격작전 지역으로 이동 시 적의 특수전 부대 및 화력에 노출되어 전투력이 저하되거나, 인접부대 지역으로부터 측방위협이 대두되는 경우에는 타격부대 투입이 어려워 질 수 있다. 따라서 지휘관은 적에 대한 유인대책을 강구하고 결정적 작전 시까지 지속적으로 적의 공격양상을 추적하는 동시에 우발적인 상황에 대응할 수 있는 융통성을 구비해야 한다.

2) 기동방어 결정시 고려요소

지휘관은 작전을 구상하는 과정에서 전술적 고려요소(METT+TC)를 종합적으로 고려하여 방어작전의 형태를 결정한다. 일반적으로 다음과 같은 경우에 기동방어를 실시할 수 있다.

가) 임무

비교적 가용 전투력에 비해 상급부대로부터 부여받은 방어정면이 광정면 이거나, 적 부대를 격멸하기 위한 목적으로 방어임무를 수행해야 하는 경우이다.

나) 적 상황

적의 능력이 핵 또는 화생무기를 보유하여 그 위협으로부터 생존성을 보장받기 인해 소산이 요구 되며, 공중 우세권을 상실한 경우이다.

다) 지형 및 기상

횡격실 능선 등 방어력 발휘에 유리한 지형이 방어지역 전단에 발달되어 있지 않거나, 적 부대의 접근로가 비교적 명확하고, 방어지역 종심으로 적을 유인격멸하는데 필요한 유리한 지형이 발달하여 있는 경우이다.

라) 가용부대

유인 격멸하기에 용이한 결정적 작전을 위한 기동력과 화력을 구비한 강력한 부대를 편성할 수 있는 경우, 아군의 화력과 항공력이 적에 비해 비교적 우세하여 행동의 자유를 확보할 수 있는 경우이다.

마) 가용시간

방어부대가 주방어 지역을 편성하는데 가용시간에 비해 비교적 많은 준비시간이 요구되어 준비에 차질이 예상되는 경우이다.

바) 민간요소

작전지역 내에 민간인, 민간자원, 주요 시설, 주요 문화재 등의 반드시 보호되어야 할 민간요소가 비교적 적을 경우이다.

전술적 고려요소가 방어의 형태를 결정시 반드시 절대적인 기준이 되는 것은 아니다. 보다 중요한 것은 지휘관이 기동방어를 채택함으로써 상급부대의 작전목적 달성에 기여할 수 있다고 확신이 되거나, 진행되는 작전상황이 기동방어를 수행하는 것이 상급부대의 임무달성에 기여하는 측면이 보다 유리하다고 판단되는 경우에는 위의 고려요소가 다소 부족하더라도 과감한 결단력으로 기동방어 형태를 선택할 수 있다. 이러한 경우는 지역방어에서도 마찬가지로 보면 된다.

기동방어를 성공적으로 수행하기 위해서는 적 주력을 아군이 원하는 지역으로 유인하는 것이 관건인데 특히 주의할 점은 아군의 기도를 알아채지 못하도록 작전보안이 유지되어야 한다. 즉 결정적 전투는 아군이 원하는 지역으로 적의 주력을 유인한 상태에서 주도권을 잃지 않고 일격에 타격하는 것이 기동방어를 성공시킬 수 있다는 것이다. 적을 유인하는 과정에서 적의 공격대형을 신장되게 하며, 측방 노출, 전투력 분산 등을 강요하여 격멸하는데 유리한 조건을 유도함으로써 결정적 작전을 위한 여건을 조성하는 것이 무엇보다 중요하다.

기동방어는 앞에서 열거한 고려요소 중에서 특히, 깊은 방어종심, 적의 주력을 격멸할 수 있는 양호한 지형조건, 공중 우세권을 확보하고 기동력의 우세 등으로 방자가 넓은 기동공간을 활용하여 기동력을 자유롭게 구사할 수 있는 조건이 충족될 경우에 적용하기 적합한 방어형태이다.

전례 : 칸네전투 (이탈리아 남동부의 칸네)

① **전투개요 :** B.C 216년 8월 2일

○ 교전국(지휘관) : 로마(파울루스, 테렌티우스 바루) / 카르타고(한니발)

○ 병 력 : 로마 보병 7만명, 기병 8천명 / 카르타고 보병 5만명, 기병 1만명

② **상 황**

○ 트레시메네호 전투에서 한니발은 로마군을 상대로 승리하고 아드리아 해 해안 일대에서 정비를 하고 있었다. 이때 로마는 파비우스 막시무스(Fabius Maximus)를 새로운 집정관으로 임명하여 로마군을 일신하려 하였다. 하지만 파비우스가 지연전술과 소모전술로 한니발의 원정군에 대항하는 전략으로 일관하자 공격 성향의 로마 시민들은 그를 실각시켰다.

○ 하지만 파비우스는 전장에서 한니발과 결전할 수 없음을 잘 알고, 지연전술과 소규모 전술로 일관하면서 원정군에 대한 병참선을 차단하면서 공세를 가할 시간을 획득하는 전략이었다. 이러한 파비우스의 전략은 지연전술과 교란전술의 유래가 되었고 그의 이름을 따 '파비우스 전술'이라 부른다.

○ 이어 아밀리우스 파울루스(Amilius Paulus)와 테렌티우스 바루(Terentius Varro)가 새로운 집정관으로 임명되어 로마군을 지휘하게 되었다. 두 사람은 규정대로 하루씩 돌아가면서 군을 지휘하고 있었으나 성격은 너무도 대조적이었다. 파울루스는 신중한 성격인 반면 바루는 야심가에 급한 성격의 소유자였다. 하지만 한니발은 전투이전 두 집정관의 성격뿐만이 아니라 로마 시민의 파비우스 불신임 사실과 로마군의 반수 이상이 전투 경험이 없다는 것을 이미 파악하고 있었다.

○ 따라서 한니발은 적극적인 유인전략으로 로마군의 보급 창고를 습격하고, 로마 남부 아플리아(Apulian) 지역에 위치하고 있는 곡창지대를 점령하였다. 양 군은 아우피두스(Aufidus)강 인근의 칸네 평원에서 대치하게 되었고 한니발군은 로마와 칸네 사이에 위치하였다. 바루는 칸네가 평야지대인 만큼 한니발이 매복 등의 술수를 부리지 못할 것으로 판단하고 있었다.

③ 작전경과

○ 한니발은 공격전날인 8월 1일 파울루스에게 싸울 것을 제의했으나 거절당했다. 그러자 한니발은 로마군의 급수시설을 공격하도록 했다. 또한 한니발은 계획적으로 바로가 지휘하는 날(8월 2일)을 택하여 로마군을 공격하는 것처럼 위장하여 병력을 인솔하고 아우피투스 강을 건넜다.

○ 바로는 새벽의 짙은 안개 속에 즉각 카르타고 군을 추격하기 시작했다. 로마군은 포위가 실패로 돌아가자(한니발이 아우피두스 강 만곡부를 이용 포위 방지) 수적 우세를 이용하여 정면 돌파를 시도했다.

○ 전투 대형은 중앙에 중장보병 그 옆에는 경장보병, 좌익에는 동맹국 기병, 우익에는 로마군 기병을 배치한 전형적인 로마군 전투대형이었다. 바로는 파울루스의 조언에도 불구하고 전진을 재촉했다. 더욱이 전열을 강화하기위해 제2전열의 각 소대를 제1전열의 간격사이로 밀어 넣음으로써 병사들은 익숙하지 않은 대형에다 행동공간의 축소로 밀집되어 병사들이 칼을 들 수도 없는 상황이 되었다.

○ 한니발은 로마군의 전투력이 약함을 알고 배수진으로 임했다. 그리고 로마군 기동을 간파하고 중앙에는 갈리아 보병, 뒤에는 중장보병을 배치하였다. 또한 우측에는 누미디아 기병, 좌측에는 스페인-갈리아 기병을 배치했다. 이때 안쪽의 보병은 활처럼 휘게 배치하여 중앙부는 볼록하되 종심은 깊어지는 대형으로 배치했다. 이는 초승달모양의 전투대형으로 로마군이 공격해온다면 V자 같은 주머니형태로 변하여 로마군이 그 안으로 흘러들어오게 한 대형이었다. 이때 기병은 로마군의 배후로 기동하여 포위할 계획이었다. 또한 양익의 기병도 좌익에는 중장기병 8천명으로 강화 배치하여 로마의 기병을 격파하고 로마 군단의 배후를 공격하도록 했고, 우익은 기병은 2천으로 로마의 약 5천 기병을 견제 및 지연하도록 했다. 이러한 우익절약 배치계획은 한니발이 칸네 전투에서 좌익의 기병에 모험을 거는 순간이었다.

○ 로마군이 공격하여 카르타고의 보병들이 겨우 버텨내고 있을 때 카르타고의 기병들은 로마의 기병과 접전하고 있었다. 카르타고군은 로마군 우익에서는 스페인-갈리아 기병들이 상대적 우위를 달성하여 로마 기병을

패주시켰고, 로마군 좌익에서는 누미디아 기병이 로마군과 호각세를 유지하며 접전을 벌이고 있었다. 로마 보병에 의하여 카르타고 보병이 거의 돌파될 무렵 한니발은 정예 카르타고 보병을 투입하여 로마군을 포위하면서 저지하기 시작했고, 스페인-갈리아 기병은 누미디아 기병과 로마 기병을 협공하기 시작하여 멀리 퇴각 시켜 버렸다.

○ 이때 카르타고 기병은 퇴각하는 기병을 쫓지 않고 로마 보병의 후방으로 돌아 공격을 개시했다. 이제 V자 모양의 진형에 가치게 된 로마군은 점점 밀집대형으로 모이게 되었고 밀집대형의 내부에서는 아비규환이 발생하고 외부에서는 살육전이 전개되었다. 6시간 동안 진행된 칸네의 대 포위전에서 한니발의 카르타고군은 칸네 평원에 7만여 구의 로마군 주검을 남기면서 문자 그대로의 완전한 '섬멸전'을 전개하였다.

④ 결과/교훈

○ 카르타고(한니발)의 승리로 끝난 칸네 전투는 포위 섬멸전의 교과서적인 전례로 자리매김하면서 섬멸전이라는 용어를 등장시킨 전사의 중요한 위치를 차지하고 있다. 또한 수적으로 열세인 부대도 절약을 통한 집중의 달성으로 이중포위가 가능하다는 선례를 보였다.

○ 하지만 한니발은 로마전역에서 최종 목표는 군사적 승리보다 로마의 지중해에 대한 지배권을 약화시켜 카르타고와 로마가 공존하기를 바라는 것이었다. 따라서 그는 로마를 상대로 정치적 승리를 달성하는 전략을 추구했다. 하지만 한니발의 이러한 전략은 계속되는 전술적 승리에도 불구하고 전략적인 실패를 초래하고 말았다. 한니발의 계속되는 승리가 로마의 단결력을 강화하는 요인으로 작용했기 때문이며 원정군으로서의 한계를 드러냈기 때문이다.

○ 한니발은 이후 카르타고 부근의 자마(Zamma)전투(서기전 202)에서 로마의 스키피오(Scipio Africanus)에게 패하면서 항복하고, 제2차 포에니 전쟁도 로마군의 승리로 종결되었다.

바. 지연방어

1) 지연방어의 개념

지역방어나 기동방어를 실시하는 목적은 중요지형을 확보하거나 적을 격멸하기 위하여 방어작전을 수행한다. 즉 지역을 확보한다는 개념을 근본으로 삼고 있다는 것이다. 그러나 경우에 따라서는 지역을 양보하면서 아군의 전투력을 보호하고, 적의 공격을 지연시킴으로써 시간을 획득하여 차후작전에 유리한 여건을 조성하기 위한 방어를 실시하여야 하는 상황이 발생할 수도 있게 된다.

이러한 상황에서 실시하는 방어작전의 한 형태를 지연방어라고 한다. 지연방어란 차후작전에 유리한 여건을 조성하기 위해 공간을 허용하면서 적의 공격을 지연시키거나 적으로부터 조직적으로 이탈하는 방어작전이다. 즉 지연방어는 종심을 이용하여 전반적인 작전을 아군 후방지역으로 진행시키면서 적의 공격을 지연 및 방해하는 방어작전이다.

가) 지연방어 목적

목적은 지역을 양보하는 대신 시간을 획득하며 적의 전투력을 약화시키고, 타 지역으로의 부대전용 등을 통하여 전투상황을 유리하게 하여 적 부대를 격멸할 수 있는 여건을 조성하는 데 있다. 한국전쟁시 국군과 유엔군이 낙동강으로 철수하면서 전개한 작전이 지연방어이다. 개전초기에는 일부부대를 제외하고는 제대로 된 방어작전 없이 북한군의 우세한 전투력에 밀려 서울을 불과 3일 만에 내주는 결과가 되었다. 그러나 초기의 한강방어선 작전, 금강 - 소백산맥선 등에서의 지연방어를 시행하면서 유엔군의 증원에 필요한 시간을 확보하기 위한 노력이 계속되었다. 그 후 낙동강 방어선에서 효과적인 방어작전을 전개하였으며 인천상륙작전이 성공하면서 드디어 공세이전하게 되었다. 이때 전개한 지연방어는 시간확보를 가장 우선적으로 하면서 유리한 상황을 조성하기 위하여 적 전투력 격멸과 아군의 전투력 보존 등에 목적을 두고 한 것이다.

지연방어에서 말하는 차후작전에서의 유리한 여건이란 공세이전의 여건을 조성하는 것을 말한다. 이러한 목적을 달성하기 위해서는 지연방어를 통하여 적의 전투력을 지속적으로 약화시키는 것이 필요하다. 지연방어는 이러한 사항 중 하나 또는 그 이상의 목적을 달성하기 위하여 실시하게 되는 방어작전인 것이다.

시간획득은 일정한 공간을 양보하면서 축차적인 방어를 실시하여 적의 공격속도를 둔화시키고, 아군 후방지역에서 차후작전을 수행하는 부대에게 전투준비시간을 확보하게 하거나 부대 증원에 필요한 시간을 보장하기 위한 것이다.

차후작전의 유리한 여건을 조성하기 위해서는 지속적으로 적과 접촉을 유지하면서 축차적인 방어전투로 적의 전투력을 저하시켜야 한다.

적 부대 격멸은 아군이 선정한 유리한 지역으로 적 부대를 유인하여 적을 격멸하거나, 적의 병참선을 신장시켜 조기에 작전한계점에 도달하게 하여 전투지속능력의 약점을 조성하고자 할 경우에 목적으로 선정할 수 있다.

타 지역으로의 부대 전용은 현 진지에서 전투력을 절약하여 타 지역으로 전환하고 부대를 유리한 위치로 재배치하거나 별도의 임무를 부여하고자 할 경우에 지연방어의 목적으로 선정할 수 있다.

나) 지연방어 수행 개념

지연방어는 적과의 결정적인 전투를 회피하고 적에게 최대한의 피해를 강요하기 위하여 시간과 공간을 교환하는 작전이다. 지연전은 통상 수 개 선의 진지에서 실시되며, 이는 축차진지 상에서의 지연전과 교대진지 상에서의 지연전 또는 이의 혼용방법으로 구분된다. 지연방어는 방어와 철수가 결합된 방법으로 실시하면서 호기를 포착했을 때에는 과감한 공세행동을 취하여 적의 전력을 약화시키는 한편, 적으로 하여금 계속적인 경계상태에 놓이게 함으로써 추격속도를 둔화시키고 지연시간을 최대로 연장할 수 있도록 해야 한다.

지연작전을 성공적으로 수행하기 위해서는 불리한 상황 하에서의 안전하고도 신속한 이탈, 적 전력의 약화와 아군 전력의 보존, 차후 작전태세의 확립 등이 원활히 이루어져야 한다. 이를 위하여 효과적인 기도비닉 및 기만방책의 강구, 화력 및 장애물의 적절한 이용, 적극적인 공세행동 등이 필수적으로 고려되어야 한다.

지연방어는 적의 압력에 의하여 현진지 고수가 불가능하거나 적의 압력이 없더라도 현 진지에서 방어임무수행이 불리하다고 판단될 경우, 그리고 상급부대의 작전개념을 구현하기 위해 경계부대 또는 유인 부대로서 적 공격을 지연하거나 적 부대를 유인하는 임무를 부여받은 경우, 그리고 타 지역에서 새로운 임무를 수행할 수 있도록 임무를 부여받은 경우에 실시한다. 지연방어는 어떠한 경우이든 상급부대 지휘관의 승인을 득하여야 한다.

지연방어 시 적이 아군의 작전기도를 파악하게 되면 전과확대 또는 추격으로 전환하여 신속하게 공격하려고 할 것이다. 따라서 다양한 감시 및 정찰 수단으로 전장을 감시하여 적의 기도를 파악하고 적이 아군의 의도를 인지하지 못하도록 적극적인 기만작전을 수행해야 한다.

또한 적과 접촉하여 근접전투를 지속할 경우에는 작전목적을 달성하기가 제한되므로 적과의 결정적 작전을 최대한 회피하고 지형의 이점과 장애물, 포병 및 항공 등의 전투력을 최대한 활용한 원거리 전투를 적극적으로 실시하여 적의 전투력 소모를 강요하여야 한다.

만일 지연방어를 진행하는 과정에서 결정적 작전을 수행하게 되었다면, 이는 지연방어에서 지역방어 또는 기동방어로 방어작전의 형태가 전환되었음을 의미한다. 지연방어가 후방으로 진행된다고 해서 수세적인 작전으로 일관해서는 안 되며, 소규모의 기동성 있는 예비대 등을 활용하여 적극적인 공세행동으로 적을 지연시키거나 혼란을 조성해야한다. 지연방어 시에는 특히 지휘통제체계가 확립된 상태 하에서 상·하, 인접부대 간 긴밀하게 협조된 작전을 실시함으로써 최소한의 공간을 양보하고 차후작전에 유리한 여건을 조성하여야 한다.

다) 지연방어 수행 방법

지연방어를 수행하는 방법은 적과의 접촉 여부에 따라 지연과 철수로 구분된다. 그러나 지연과 철수는 통상 결합된 형태로 진행되는 것이다.

(1) 지 연

적과 접촉하고 있는 부대가 일정한 공간을 이용하여 적에게 최대한의 피해를 강요하고, 적의 공격을 지연시킴으로써 시간을 획득하기 위해 실시하는 방법을 말한다. 지연은 공간을 허용하는 대신에 시간을 획득하고 아군의 전투력을 절약하며 적 전투력을 약화시킴으로써 차후작전에 유리한 여건을 조성하는 것이 목적이므로 지연을 수행하는 부대는 지속적으로 적과 접촉을 유지하되 결정적인 근접전투는 회피하여 전투력을 보존하는데 중점을 두어야 한다.

(2) 철 수

차후작전을 위하여 적과 접촉된 부대의 일부 또는 전부를 접적지역으로 부터 조직적으로 이탈하는 방법을 말한다. 철수는 적과의 접촉을 단절함으로써 아군 전투력을 보존하거나 타 지역으로 부대를 전용하기 위한 목적으로 수행한다.

철수는 적과 접촉 중에 있는 부대의 일부 또는 전부가 타 지역으로 이동하기 위하여 적으로부터 이탈하는 작전으로서 자발적으로 실시할 수도 있고 적의 강압에 의하여 실시될 수도 있다. 이와 같이 철수는 적으로부터 받는 압력의 정도에 따라 자발적인 철수와 강요에 의한 철수로 구분할 수 있는 것이다. 자발적인 철수는 적이 모르게 하는 것이 성공요결이므로 기도비닉이 대단히 중요하며, 강요된 철수는 적의 압력이 강하여 현진지의 지탱이 곤란한 경우에 실시하므로 기도비닉보다는 효율적인 엄호부대 운용에 그 성공여부가 결정된다.

자유의지에 의해 철수하는 자발적인 철수는 적의 압력이 없거나 경미한 상태에서 실시하는 철수작전으로서 전선조정, 부대 재배치 등 차후작전을 위하여 실시한다.

강요에 의한 철수는 적의 압력에 의해 실시하는 철수작전으로써 방어작전을 수행하다가 적과의 접촉을 단절하고 후방으로 이동하는 것이다. 통상 야간에 실시하나 주간에 철수하는 것이 야간까지 지체하는 것보다 유리할 경우에는 주간에도 실시할 수 있다.

• **자발적인 철수**는 적에게 철수기도를 은폐하고 철수하는 주력부대의 후방이동을 엄호하기 위하여 잔류접촉 분견대를 운용한다. 잔류접촉 분견대의 규모는 병력의 1/3 이내에서 구성하고 잔류접촉 분견대장은 부대대장이나 예하 중대장 중 한 사람을 임명하며 K4 기관총 등 대대의 가용전투력 일부를 지원 및 배속시킬 수 있다.

적의 압력이 없을 때 실시하는 자발적인 철수는 기도비닉 및 기만이 중요하므로 적에게 노출되지 않고 혼잡을 회피하기 위해 후방에 위치한 부대로부터 신속히 이동하며 잔류접촉 분견대와 이동을 지원하는 부대는 마지막으로 철수하고 지휘소는 본대와 함께 철수한다.

부대가 자발적으로 철수할 때의 성공은 기도비닉을 유지한 상태로 실시해야 하는데 철수속도와 기만 및 경계부대의 효과적인 운용 여부가 중요한 요소이다. 자발적인 철수시에는 기도를 비닉하고 혼란을 회피하기 위하여 후방에 위치한 부대부터 신속히 철수시켜야 하며, 잔류접촉부대와 이들을 지원하는 부대는 주력부대가 철수한 후 마지막으로 철수시켜야 한다. 지휘통제시설은 주력부대와 함께 철수하여야 한다. 적이 모르는 가운데 철수하여야 하며 적이 알았다 하더라고 적과의 접촉단절에 유리하도록 최대한 신속한 속도 발휘에 중점을 두는 것이 필요하다.

• **강요에 의한 철수**는 적의 공격을 차단하고 지연하며 적을 기만할 목적으로 엄호부대를 운용한다. 엄호부대는 상급부대에서 운용할 경우도 있고 상급부대에서 운용하지 않았을 경우에는 자체적으로 운용하여 철수부대를 엄호한다.

부대가 적의 강요에 의하여 철수할 때, 이의 성공은 엄호부대를 효과적으로 운용함으로써 성취될 수 있다. 적은 철수부대에게 혼란을 야기 시키기 위하여 통상 정면을 통한 근접추격을 시도하는 한편, 측후방에 대한 위협을 가하게 된다. 그러므로 철수부대는 적절한 규모의 엄호부대를 효율적으로 운용하여 정면에 대한 적의 압력을 배제함과 동시, 측후방에 대한 위협을 제거하여 주력부대가 적과 접촉을 단절하고 온전하게 목적지로 이동할 수 있도록 하여야 한다.

적의 강요에 의해서 부대가 철수할 경우, 적의 압력이 강한 부대부터 철수시키게 되면 적의 추격이 가속화되어 부대 전체가 포위될 우려가 있고, 반대로 적의 압력이 경미한 부대부터 철수시키게 되면 적의 강력한 압력을 받고 있는 부대가 격파당할 우려가 있다. 따라서 지휘관은 전반적인 상황을 고려하여 어느 방법이 가장 안전하게 전투력을 보존할 수 있고 임무달성에 기여할 수 있는가를 판단하여 철수순서를 결정하여야 한다.

강요에 의한 철수 시에는 통상 엄호부대를 제외한 모든 부대가 동시에 철수하고 엄호부대는 주력부대의 철수를 엄호한 후 마지막으로 철수한다. 그러나 주력부대 철수 시에는 적의 압력이 강한 부대를 먼저 철수시키면 부대전체가 포위될 우려가 있다. 또한 반대로 적의 압력이 경미한 부대부터 철수시키면 적의 압력이 강한 접촉부대가 격파당할 우려가 있기 때문에 어떠한 방법을 택하는 것이 전반적으로 전투력 손실을 최소화 하고 전투력을 보존할 수 있는가를 판단하여 철수

순서를 결정해야한다. 지연방어에 있어서 통상 지연과 철수 결합된 형태로 작전이 진행되게 되며 둘의 공통점은 전투력을 보존하는 것이다.

2) 지연방어 결정시 고려요소

지연방어는 자발적으로 선택하여 수행하기 보다는 상급부대로부터 임무를 부여받았거나 적의 압력에 의해 불가피하게 수행하게 된다. 따라서 지연방어의 실시 여부는 임무와 적 상황에 기초하여 결정하게 된다.

지연방어는 적의 압력에 의하여 현진지의 고수가 불가능하거나 적의 압력이 없더라도 현진지에서는 결정적인 전투가 불가능하다고 판단되었을 때 또는 상급부대로부터 지연임무가 부여되었을 때에 계획적으로 실시된다. 어떠한 경우이든 지연방어의 실시는 상급 지휘관의 승인을 받아야 한다.

지연방어는 비록 소규모 부대가 실시한다 할지라도 승인 없이 실시될 때 인접부대에 미치는 영향은 대단히 크다. 따라서 지연방어는 반드시 상급 지휘관의 승인을 받은 상태에서 인접부대와의 조화를 이루며 실시되어야 하며, 상황이 위급하여 예하 지휘관이 독단으로 지연작전을 실시하는 경우라 하더라도 상급 지휘관의 작전의도에 부합되도록 실시하지 않으면 안 된다.

지연방어를 실시할 때에는 다음의 요소를 일반적으로 고려하여 실시하게 된다.

가) 임무

상급부대로부터 타 지역으로 전환하여 임무를 수행해야 하는 경우, 경계부대로서 적을 지연하거나 유인부대로서 적을 유인하도록 임무를 부여받은 경우이다.

나) 적 상황

적의 압력이 강하여 방어지역이 돌파되었거나 돌파될 위험이 있어 현 진지를 고수하게 되면 포위될 가능성이 있는 경우, 또는 기동방어 시 적 주력부대가 아군이 예상한 지역으로 투입된 경우이다.

3) 지연방어 준칙

지연방어의 어려움은 전반적인 작전을 아군의 후방지역으로 진행시키는 특성으로 인하여 일선장병에게는 패배로 인식될 수 있어 사기를 크게 저하시킴으로써 정신적으로 아군에게 큰 손실을 주게 되는데 있다. 반면에 적에게는 승리를 쟁취하는 길목에 도달했다는 심리적 우월감을 갖게 할 수 있기 때문에 다른 형태의 방어작전 보다는 어려운 것이다. 따라서 지연 지연작전은 적에게 강력한 유형적인 타격을 가하여 적의 전투능력을 저하시키는 것은 물론이고 아군의 정신적, 심리적 우월감과 안정감을 회복하여 사기를 진작시켜야 한다.

작전의 승패를 좌우하는 것은 물질보다 정신에 의존하는 경우가 많이 발생한다. 지연작전은 아군 후방지역으로 진행되는 성격상 사기 저하를 예상할 수 있다. 전장에서 전투원의 사기가 일단 저하되면 적에게 강력한 일격을 가하여 적 부대를 격멸했다는 자신감을 갖게 하는 것이 중요하다.

따라서 지휘관은 주도권을 잃지 않도록 해야 하며, 차후 작전에 유리한 여건을 조성하는데 주안을 두고 반복적인 공세행동으로 적에게 피해를 강요하고, 아군의 전투력을 보존한 상태로 후방지역으로 이동시켜야 한다.

지연방어를 계획하고 준비 및 실시함에 있어서 적용할 지연작전의 준칙은 다음과 같다.

가) 전장관찰

어느 작전을 막론하고 전장관찰의 중요성은 첫 번째로 강조되고 있다. 지연방어를 계획하고 실시하는 전 과정에서 지휘관은 상급부대 첩보와 가용한 감시 및 정찰수단을 이용하여 적의 공격 기도를 식별하고 기습을 방지해야 한다. 이를 위하여 정찰대나 추진매복조 등의 경계부대를 운용하여 적의 활동을 조기에 포착하여 적의 기도를 분석하고 이에 대응하도록 하여야 한다.

또한 이러한 정찰활동도 중요하지만 아군의 의도를 기만하기 위한 다양한 기만활동을 전개하여 적의 오판을 유도하여야 한다. 특히 차후작전을 고려하여 철수로 상의 중요지역이나 애로지역에 대해서는 적의 특작부대에 의해 선점되지 않도록 적의 예상침투로 및 후방지역에서도 적극적인 정찰을 실시해야 하며 필요시에는 매복조 등을 운용하여 한다.

전례 : 장진호지구 철수 (함남 신흥군 장진호 동안)

① 작전개요 : 50. 11. 25 ~ 12. 2 / 미 7사 32연 1대대, 중국군 9군 80사단

② 상 황

○ 1950년 10월 하순, 원산항에 상륙한 미10군단은 한, 만 국경을 목표로 진격을 개시, 11월 21일에는 이미 장진호-압록강선까지 진출했다.

○ 군단 정면에 투입된 중국군 9병단은, 장진호 정면에서 아군의 진격을 저지하는 한편, 5개 사단 규모를 우회기동시켜 아군의 포위를 시도했다.

○ 11월 25일 미7사 32연 1대대는 동 사단 31연대장(맥크린 대령)이 지휘하는 특수 임무 부대에 배속되어 미1해병 사단이 확보중인 장진호 동쪽의 한 진지를 인수받아 공격을 계속할 준비를 하라는 명령을 받았다.

③ 작전경과

○ 그날 밤 중국군의 대대적인 공격을 받고 적의 압력이 점차 가중되자 29일 03:00, 대대장은 맥크린 대령으로부터 현진지에서 철수하여 특수임무부대의 주력(약 6km 후방에 위치)과 합류하라는 명령을 받았다.

○ 철수명령이 대대에 하달되자 적의 강력한 압력으로 각 중대가 동시에 적과의 접촉을 끊고 5번 도로상으로 몰려옴으로써 철수기도가 폭로되어 적으로부터 치열한 집중사격을 받기 시작했다. 29일 여명, 무질서한 철수대열이 5번 도로를 따라 남으로 이동했다.

○ 철수대열이 약 4km 거리의 저수기 만곡부에 이르렀을 때에 강력한 적의 도로차단 진지에 조우했다. 대대장은 2개 중대를 투입하여 적을 공격했다. 이 공격으로 철수로를 개척한 대대는 특수임무 부대의 주력과 합류하여 훼이스 중령 지휘하에 전면방어 진지를 편성했다. 12월 1일 아침까지에 계속된 적의 끈질긴 공격으로 방어진지의 일부가 돌파됨과 동시에, 탄약과 식량 및 의약품등이 고갈되기 시작했다. 훼이스 중령은 하는 수 없이 철수를 결심하고 12.1 13:00, 3중대를 전위로 하여 철수를 개시했다.

○ 그 뒤, 철수병력은 계속적인 적의 추격을 받으면서 탈출을 계속하여 12

월 2일 새벽 무렵에야 하갈우리의 아군진지에 도착했다. 확인 결과 최초 투입 병력 1,053명 중 생존자는 181명에 불과했다.

④ 교 훈

○ 적의 대병력이 투입되었다는 첩보를 입수하고도 특별한 대책 없이 공격의 계속만을 시도함으로써 감당할 수 없는 혼란에 빠졌다.

○ 최초 진지 철수 시 동시에 적과의 접촉을 단절시킴으로써 조기에 기도가 폭로되어 많은 사상자와 장비의 유기를 초래했다.

○ 이동간의 경계 소홀로 계속적인 적의 기습 공격을 받았다.

나) 주도면밀한 계획과 협조

지연작전에 있어서는 아군의 후방지역으로 부대를 기동시키는 과정에서 발생할 우려가 있는 우군간 피해방지 대책을 강구하여야 한다. 특히 상급 및 하급 부대와는 철수간 엄호, 지휘통제권과 전투력 전환 등 후방초월 관련사항을 면밀히 검토하여야 하며, 인접부대와는 지연진지 운용, 측방방호, 철수시간 등을 협조하여 측방노출 등이 발생하지 않도록 협조하여야 한다.

계획수립 과정에서부터 조직적인 작전수행을 보장할 수 있도록 전술적 통제수단을 사용하여 치밀한 계획을 수립하여야 한다. 계획은 집권화 하여 상하급 제대의 행동의 통일을 보장하고 실시는 분권화 하는 것이 필요하다.

전례 : 장진호 전투에서 덕동고개 철수 작전 (함남 신흥군 유담리)

① **작전개요 :** 1950. 12. 1 ~ 3 / 미 해병 제 1사단, 중국군 제 9집단군

② 상 황

○ 1950년 11월 25일 중국군의 소위 제 2차 공세가 개시되면서, 중국군 제 3야전군 예하 제 9병단의 제 20군단과 제 26군단 그리고 제 27군단은 장진호 부근에서 미 제 1해병사단을 위협하고 있었다. 이들의 주임무는 미

제 1해병사단을 격파한 다음 함흥-흥남 지역을 공략하는 것으로 판단되었다. 중국은 12만 병력을 당시 함흥-장진도로 방면으로 진격중인 미군을 황초령 이북에서 섬멸코자 7개 사단을 전방에 5개 사단을 예비로 하여 차단작전을 감행하기에 이르렀다.

○ 1950년 11월 원산에 상륙하여 함흥을 거쳐 일로 한·중 국경선을 향하여 진격중이던 미 해병 제 1사단은 1950년 11월 26일 장진호 부근에서 예기치 않았던 중국군의 일대 반격을 받아 수세로 전환, 장장 100km에 달하는 철수작전을 전개하게 되었다.

○ 철수작전 직전의 사단 배치는 제 5연대와 제 7연대(-)가 유담리 일대에서 전면방어 진지를 편성한 채, 중국군 제 20군 예하 부대와 교전 중에 있었고, 제 1연대는 후방 병참선 방호를 위하여 진흥리에 제 1대대, 고토리에 제 2대대, 하갈우리에 제 3대대를 배치하고 있었다. 한편 제7연대 F중대를 덕동 고개에 배치하고 주력은 하갈우리에 잔류, 전방으로 투입되기 위한 수송차량을 기다리고 있었다.

○ 11월 30일 사단으로부터 다음과 같은 요지의 철수 명령이 하달되었다.

- 제 5연대와 제 7연대는 유기적으로 협조하여 지체없이 하갈우리로 철수하라.
- 철수시 부대행동에 지장을 초래하는 장비 및 보급품을 파괴하라.
- 하갈우리로 철수 후에는 의명 행동하라.

③ 작전경과

○ 12월 1일 06:00경 유담리의 제 5, 제 7연대장은 사단 작명을 기초로 하여 협동작전 명령을 각 대대에 하달하였다. 그리고 양 연대는 지휘소를 바로 인근에 설치하고 제 5연대장 “머레이” 중령은 부연대장에게 부대를 맡겨놓고 자신은 제7연대장과 같이 위치하면서 긴밀히 협조하였다.

○ 12월 1일 08:00경 제 5연대 제 3대대가 예정대로 방어진지에서 이탈을 개시했다.

○ G중대(1,282고지)의 엄호하에 질서 정연하게 이탈했고 마지막 남은 G중대는 중국군과 수류탄전을 전개하고 있었기 때문에 그 이탈은 곤란할 것으로 예상되었으나 먼저 항공기의 위협공격으로(피아가 지근거리에 있었

으므로 안전을 고려하여 실탄을 사용하지 않음) 중국군을 그 자리에 못박아 놓고 있는 사이에 중대가 이탈을 개시한 후 안전한 거리까지 후퇴한 다음 적에게 실탄사격을 가했다.

○ 포병관측 장교도 전방 항공 통제관과 협조하여 G중대에 접근하려는 중국군에게 포사격을 가했다. 대대 81mm 박격포도 G중대의 철수를 밀접히 지원했다. 또한 장치 해둔 탄약이 점화되어 폭발했기 때문에 1,282고지 전체가 마치 화산처럼 폭발하가 중국군은 얼씬도 못하였다. 이로써 G중대는 한명의 부상자도 없이 이탈에 성공했다.

○ 한편 제 1대대도 B중대(1,240고지)의 엄호하에 질서 있게 이탈했다. 이탈한 B중대는 기도를 비닉하기 위하여 일체의 화력지원을 받음이 없이 자체 경기관총의 엄호 사격만을 이용하여 철수했다. B중대 역시 단 1명의 부상자도 발생하지 않았다.

○ 장비를 가볍게 하기 위하여 중화기는 단지 8mm 박격포 2문과 중기관총 6정만을 휴대하였고 탄약수를 2배로 증가시켜 여분의 탄약을 휴대했다. 본부 요원들도 박격포탄 1발씩을 운반했다.

○ 산중에서 방향유지 방법은 나침의에 의하는 방법 외에 별의 위치, 산정의 모양 등에 의한 방법과 포병의 연막탄 등을 준비하고 있었으나 깊은 계곡에 들어가고 부터는 별로 도움이 안 되자 할 수 없이 머리위에 판초우의를 덮어쓰고 그 안에서 후레쉬로 나침의를 보면서 방향을 유지해야 했다.

○ 중국군은 미군이 산을 다라 잠행하리라고는 생각지 않고 있었기 때문에 아무런 저항을 해오지 않았고 1,520고지에서는 오히려 미군이 먼저 적 1개 소대 진지를 발견하고 공격 끝에 이를 섬멸, 그 고지를 탈취했다.

○ 대대가 정지하면 피로에 지친 병사들은 흙덩이처럼 눈 속에 쓰러져서 추위도 적탄도 아랑 곳 없이 자려고 했다. 장교들도 혹독한 추위 때문에 머리가 이상해지는 것 같았다. 대대장 자신도 자기가 정상적인 명령을 내리고 있는지를 몇 번씩이나 중대장에게 확인했을 정도였다.

○ 12월 2일 06:00경 목표인 덕동산(1,653 고지)을 공격, 항공기 지원과 자대 81mm 박격포 지원하에 동고지를 점령하고 고립되어 있던 F중대와 합류

했다. 대대의 피해는 부상자가 22명이었고 전사자는 군의관 1명이었다. 정신착란을 일으킨 병사 2명이 나중에 동사했다.

○ 한편 12월 1일 전위 대대는 소총 2개 중대를 도로 좌우측에 전개시켜 감제고지를 점령하고 있는 중국군을 공격하면서 철야로 행군했다. 야음이 깔리자 중국군은 박격포를 쏘면서 맹렬한 공격을 가해왔다. 치열한 교전이 전개되면서 미군은 많은 손해를 입었으며, 우측의 측위를 담당했던 I 중대의 피해가 더욱 심했다. 3일 13:00경 대대는 많은 피해를 입은 채 동덕고개 서쪽에 도착하여 야간 잠입한 제7연대 제1대대와 연결했다.

○ 다른 한편 12경 1일 주력부대인 제 5, 제 7연대 예하의 각 대대는 적으로부터 이탈 후, 차량 중대를 감싸듯 북방고지일대(1,542고지, 1,276고지, 1,100고지)를 점령하고 있었다. 중국군은 12월 1일 심야에서부터 조조에 걸쳐 이들 부대에 대하여 치열한 공격을 가해왔다. 그들은 우선 1,276 고지의 제7연대 제3대대에 대하여 공격을 감행했다. 중국군은 일출 전까지 해병들을 섬멸하려는 듯 맹렬히 공격을 되풀이 했다. 그들은 박격포 지원하에 해병대 진지 25m 전방가지 접근해 와서는 돌격을 감행해왔다. 얼마동안 서로 쏘고 치고 휘두르는 난투가 전개되는 가운데 해병대는 얼마간 뒤로 물러났으나 혼신의 노력을 다하여 끝까지 중국군의 공격을 막아내고 있었다. 이때 5대의 미 해병 야간 전투기가 비래하여 지상 공격을 가하자 중국군의 공격이 누그러지기 시작하였다. 추위와 허기진 중국군의 동작은 둔하였고 백설이 덮인 산정에 노출된 그들은 항공기의 좋은 목표가 되었다. 주력 대대들은 측방고지에 달라붙어 차량 종대의 철수를 엄호한 후 항공기의 근접 지원 하에 적으로부터 이탈하여 노외기동으로 철수했다.

○ 그리고 보병이 도로 양측의 감제고지를 점령한 다음 차량대열이 천천히 움직였으나 양측고지를 항시 점령해 두기에는 보병의 병력이 부족했고 한번 점령했더라도 보병이 전진하고 나면 또다시 중국군이 잠입하곤 했다. 그러나 중국군도 미군의 강력한 항공기 공격 등에 의하여 대규모 병력을 집중시키기는 못하고 소규모의 공격을 되풀이 하는데 그치고 있었다. 그러나 적의 공격이 있을 때마다 차량 종대는 정지해야 했고, 포병은

직접 조준사격으로, 몰려드는 중국군과 싸웠다.
○ 덕동고개에서 부터는 내리막길 인데다가 비행장과 각종 천막이 즐비한 하갈우리가 눈앞에 전개되자 대원들은 환성을 지르며 사기가 올랐다. 그들은 해병대가를 합창하기도 하고 발걸음은 저절로 빨라졌다.
○ 상공에는 언제나 2대의 정찰기가 선회하면서 적이 발견되는 대로 전폭기를 유도하여 지상공격을 가했다. 하갈우리로 철수하는 하루 동안 항공기 출격 회수는 무려 145회나 되었다.
○ 12월 3일 14:00 해병대의 철수 대열은 완전히 하갈우리의 전면 방어진지로 진입하였고 유담리로부터의 22km에 달하는 악몽 같은 철수작전은 끝이 났다.

④ 결과/교훈
○ 지연작전은 통상 광정면에서 실시되고 상황이 유동적이기 때문에 작전통제와 부대간의 협조가 타 작전에 비하여 어렵다. 그러므로 철수시 통제방책은 보다 세밀하게 계획하여야 하고 상급부대와 인접부대의 상황을 정확히 파악하여야 한다. 본 전례에서는 제5연대와 제7연대 간에 그리고 엄호부대와 차량종대간에 원활한 협조가 이루어졌다.
○ 지연작전을 실시하는 부대는 적보다 우세한 기동력을 보유하여야 한다. 장진호 전투에서 덕동고개를 돌파하는 작전이 성공할 수 있었던 것은 효과적인 공지작전이 수행되었기 때문이다.
○ 보병부대에 의한 측방 주요고지의 탈취 확보 그리고 야간 침투부대의 성공적인 운용 및 덕동고개 확보는 주력부대의 성공적인 철수에 크게 기여했다.

다) 기도비닉과 기만

지연방어는 후방지역의 진행이므로 이러한 과정에서 적의 추격을 특별히 경계하여야 한다. 이를 위하여 은폐 및 엄폐된 기동로를 이용해야 하며 무선침묵 등을 포함한 기도비닉을 철저히 유지하여 적과의 접촉을 단절시키는 대책이 필요하다. 그러나 상황에 따라서는 아군의 기도를 은폐시켜 적의 추격을 방지하여야 하나, 적을 결정적인 작전 지역으로 유인하여 격멸할 수 있는 기회를 조성하여야 한다. 적을 기만하기 위해서는 통신과 화력을 적절하게 운용하는 것이 필요한데 허위통신으로 아군이 지연방어를 하는 것을 인지하지 못하도록 하는 것과, 소규모부대를 운용한 적극적인 공세행동을 실시하는 등의 작전활동이 요구된다.

전례 : 화개장 전투 (경남 하동)

① 작전개요 : 1950. 7. 25 / 제 5사단 제 15연대(이영규 부대), 북한군 제 6사단

② 상 황

- ○ 남원을 점령한 적 제 6사단의 일부 선견대는 25일 07:00경에 구례를 점령한 다음 후속해 온 연대주력과 합류하여 부대를 재정비하고 1개 대대의 선발대와 전차 1대 및 야포 5문을 동반하고 화개장 방면으로 진출 중에 있었다.
- ○ 제1대대와 제2대대는 24일 구례로 철수하였으나 여기서 호남지구 전투사령관으로부터 제 1대대장은 "구례를 방어하라"는 명령을 받고 부대를 섬진강 남쪽 용두리(구례 남쪽 8km)에 배치하고, 구례에서 남하하는 적을 저지시키려고 하였다. 그러나 이날 야간에 제 2대대와 현지 주둔경찰은 하동 방면으로 철수하였다.

③ 작전경과

- ○ 적은 25일 07:00경 구례를 점령하고 계속해서 제 1대대에 압력을 가하기 시작했다. 제 1대대장은 적과 접촉을 유지하며 축차적으로 철수하기로 결심하고, 그 일부 병력을 후퇴시켰다. 후퇴 도중 제 2대대의 상황을 알기 위하여 화개장으로 간 제 15연대 부연대장(중령 이영규)으로부터 09:00경 트럭 5대가 도착했다. 화개장 동쪽에는 359고지가 있으며 이 고지에는 과거 공비 토벌 당시에 1개 중대가 배치되어 있던 진지가 있었다. 이영규 중령은 제 2대대를 지휘하여 이 고지를 방어하고 있었다. 한편 제 2대대 북방 161고지에는 경찰 1개 중대가 배치되어 있었다.

○ 한편 구례를 탈취하고 25일 순천에 돌입한 적 6사단 예하 1개 연대는 순천-광영 가도를 따라 동진, 하동을 공략코자 침공의 속도를 멈추지 않았다. 더구나 적은 용두리에 배치되었던 아군 제1대대가 저항도 없이 조기에 철수한 사실과 개전 이래 후퇴만을 거듭하는 국군의 취약상으로 미루어 구례-하동간 도로 연변에는 이미 저항세력이 없을 것으로 판단했음인지 침공 속도를 높이기 위하여, 일부 보병을 5대의 차량에 분승시켜 아무런 경계도 없이 차량거리도 유지하지 않고 화개장으로 급진하고 있었다.

○ 10:30경 제 1대대장은 이 때를 놓칠세라 일제사격을 알리는 3발의 카빈사격을 실시했고, 섬진강 동쪽해안에서 각종 지형지물을 방벽삼아 몸을 감추고 사격신호만 기다리고 있던 제1대대 병력들은 일제히 5대의 차량에 탑승한 적보병들에게 집중사격을 퍼부었다. 차량에 탑승한 채 무심코 화개교를 건너 하동으로 침공하려던 적은 이 갑작스런 집중화력으로 미처 피하지도 못한 채 아비규환의 참경을 연출하며 쓰러졌고 차량 또한 운전병이 모두 사살되어 움직이지를 못하였다.

④ 결과/교훈

○ 상대적으로 열세한 병력과 장비를 가지고 적의 선봉 부대를 섬멸시키고 적의 진격을 잠시나마 저지시킬 수 있었던 근본 요인은 오로지 유리한 지형에 진지를 급편하고 적을 이곳으로 유인하여 기습을 가한 데 있었다. 성공적인 지연작전은 기도비닉 및 기만방책에 의존한다. 이는 지연작전을 실시하려는 아군의 기도를 은폐시켜 적의 추격을 방지하고 적의 방해를 최소한으로 감소시키며 적을 유인하여 격멸할 수 있는 기습의 효과를 달성할 수 있기 때문이다.

○ 불리한 여건에도 불구하고 적에게 결정적인 타격을 줄 수 있었던 것은 제1대대장의 적극적인 공세 행동이었다.

라) 유리한 지형의 이용

지연방어시 유리한 지형을 이용한다는 것은 방어력 발휘에 유리함과 생존성을 보장한다는 측면이다. 지연방어도 지역방어와 마찬가지로 방어력 발휘에 유리한 횡격실 능선 등을 이용하는 것이 유리하며 자연적인 장애물이 형성된 하천, 단애 등의 방어진지 편성에 유리한 지형을 이용하여야 한다. 이렇게 함으로써 지연방어의 목적중의 하나인 적의 전투력을 약화시켜 공격기세를 둔화시키고 적의 전투력 소모를 강요해야 한다.

유리한 지형에는 아군의 철수로에 대한 선정도 중요한 내용인데 철수로는 차후진지의 위치까지가 단거리이면서 은폐 및 엄폐를 제공하는 지형지물이 산재한 접근로를 선정하여 적의 기습에 대비하여야 한다. 또한, 철수로 상의 애로 지역 등에 대해서는 사전에 확보 및 통제하여 적의 침투를 방지하여야 한다.

전례 : 원창고개 전투 (강원 춘천 원창고개)

① **작전개요 :** 1950. 6. 27~29 / 6사 7연 2대대, 북한군 4사단 예하부대

② **상 황**

○ 1950년 6월 27일 북한군 2사단은 38선을 돌파하고 춘천으로 침공해 왔으며 이를 저지하고 있던 아 6사단은 전선 조정을 위한 육본지시에 따라 홍천으로 철수 중에 있었다.

○ 28일 12:00경 7연대장은 연대 주력의 철수를 엄호케 하기 위하여 예하 2대대를 원창고개에 배치하면서 최대한 적을 저지 격멸하라고 명령했다.

③ **작전경과**

○ 원창고개는 표고 500~600m 능선이 요철형의 횡격실을 이루고 있고 북쪽은 급경사인데다 수목이 없는 적토로 되어 있기 때문에 관측과 사계가 양호하며 특히 고개부근에서 많은 커브를 이루고 있는 5번 도로(평강-춘천-안동)를 감제할 수 있어서 방어에는 극히 유리한 지형이었다.

○ 28일 아침 5번 도로를 따라 남하하고 있던 북한군은 사암리에 이르러 원창고개에 대한 위력수색을 실시한 결과 아군이 강력하게 방어하고 있음을 발견하고는 야포와 전차포로 밤새껏 고개 일대를 난타하였다. 이무렵 연대 주력은 이미 후방 사현리 일대로 철수하여 진지를 편성하고 있었다.

○ 대대장 김종수 소령은 철수엄호의 임무는 끝났으나 최대한 적을 고착시키고 저지 격멸하라는 연대장 명령에 따라 현 진지에서 적을 유인격멸하기로 결심하였으며 대대장이 더욱 자신을 갖게 된 것은 적의 접근을 한눈에 굽어 볼 수 있는 유리한 지형 때문이었다.
○ 대대장은 2대대만이 전방에 고립되어 있고 보유탄약이 제한되어 있음을 고려하여 적을 최대한 유인하여 기습사격을 가하기로 하고 명령이 있을 때까지 사격을 금하도록 지시하였다.
○ 29일 06:00경 적의 포격이 점점 고조되더니 이윽고 거리가 연신되면서 약 2개 연대 규모의 적이 수개 제파로 나뉘어 파도처럼 공격해 왔다. 적이 점점 접근하여 최후 방어 사격거리에 드디어 접근하자 대대장은 사격개시 명령을 내렸다.
○ 아군의 포화가 일제히 사격을 개시하자 적은 은폐물이 없는 고지 전사면에서 우왕좌왕하다가 전멸되었다. 적은 되풀이 하여 집요하게 공격해 왔으나 불리한 지형과 아군의 완강한 저항으로 모두 실패하자 피아는 한동안 산발적인 사격전만 전개했다.

④ 결과/교훈

○ 2대대장은 대대에 부여된 연대주력 철수엄호 임무를 마친 후에도 계속 공세적으로 적을 강타함으로써 적에게 많은 피해를 주었다.
○ 지연전을 수행하는 과정에서도 계속하여 공세적인 전투를 실시하여 작전의 주도권을 장악하여야 한다.

(마) 기동성 발휘

적은 아군의 후방지역으로의 기동에 대하여 심리적 우월의식 등으로 추격을 실시하여 격멸하려 할 것이 예상되므로 이를 방지하고 신속하게 차후진지에서 전투준비를 하기 위해서는 적보다 우월한 기동성을 발휘하여 신속히 적과 접촉을 단절하고 최대한 이격한 상태에서 지역을 이탈하여야 한다.

적보다 우세한 기동력을 발휘하기 위해서는 기동장비 등으로 병력과 장비를 수송하는 것도 하나의 방법이지만 적의 기동을 방해하여 적의 전진속도를 늦추는 방법도 고려하여야 한다. 이를 위하여 지속적인 화력지원을 실시해야 하는데 적이 접근하는 원거리에서부터 타격하여 적의 조기 전개를 강요하여 전진을 지연시키며 적의 전투력 손실 확대와 공격기세를 둔화시켜 상대적인 기동성의 우세를 달성하는 방법이 있다. 또한 장애물을 주요 접근로 상에 설치하여 적의 전진을 저지시키며, 소부대급에서의 접촉분견대 운용 등으로 적의 손실 강요와 이로 인한 적의 기동속도를 저하시키는 등의 방법을 강구하여야 한다.

지연방어에서 화력과 장애물의 효과적 운용은 아군의 전투력을 보존하고 적에게는 전투력 약화의 피해를 강요할 수 있다. 화력의 운용에 있어서 대대급 이하 제대의 박격포는 근접하여 추격하는 적의 전방 전투력을 표적으로 하며 상급부대의 화력은 적의 후속 및 증원부대를 차단할 수 있도록 운용해야 한다.

적은 특정지역에서 돌파를 성공시키면 강력한 기계화부대를 투입하여 종심으로의 기동을 통하여 성과를 확대하기 위한 노력을 집중하게 된다. 이를 저지하고 방해하기 위하여 적의 기계화부대 공격이 예상되는 접근로 상에는 살포식 지뢰, 도로 대화구 등의 장애물을 운용하여 적의 전진 속도를 둔화시키도록 조치하여야 한다. 특히 애로지역에 효과적으로 운용하여 적의 기동을 차단하고 전진을 지연시켜야 한다.

바) 적극적인 공세행동

지연방어는 적의 강압에 의하여 실시하기도 하지만 자발적으로 실시하기도 한다. 특히, 적의 강압에 의하여 지연방어를 실시할 때에는 공격하는 적의 약점과 과오를 포착하여 신속하게 적극적인 공세행동으로 적에게 최대한의 손실을 강요하여 적의 공격을 차단 및 지연시켜야 한다.

지연작전시의 공세행동은 일회성이 아닌 지속성이 요구된다. 지속적인 공세행동은 적의 공격속도를 둔화시키며 적의 전투력을 분산시키는 효과를 달성하여 적 지휘관으로 하여금 과오를 유발시킬 가능성을 높여주게 된다.

사) 확고한 부대장악

지연작전은 후방지역으로의 진행이라는 어려운 여건에서 실시되는 관계로 특히, 심리적으로 장병들이 패배의식을 갖기 쉽고 심리적으로 불안하여 부대가 혼란과 무질서에 빠질 우려가 있다. 또한 막연하게 적의 전투력이 우월하다는 심리적 패배감을 갖기 쉽다. 따라서 각급부대 지휘관은 전 장병을 대상으로 지연방어를 실시하는 목적 등을 설명하고 부대의 임무와 제대별 임무 등을 설명하여 장병들이 패배의식을 탈피하고 각자의 역할을 인식하여 능동적으로 행동하도록 조치하는 등의 활동이 필요하다. 즉, 보다 유리한 여건을 조성하여 머지않아 적을 공격하게 된다는 적극성과 능동성을 고취시키는 정신교육과 지휘활동이 필요하다. 또한 공세행동을 지속적으로 수행하여 부대원을 공세적이고 동적인 상태로 전환시켜야 한다. 지원 및 배속 부대 등의 다양한 작전요소를 단결시키며 차후 유리한 지역을 점령하여 적을 격멸하기 위한 일시적인 부대이동이라는 점을 강조하는 등 강력한 전장 리더십을 발휘하여 엄정한 군기확립과 사기유지로 확고하게 부대를 장악하여 지휘체계를 유지하여 전투력 발휘를 보장하여야 한다.

전례 : 효과적인 통솔과 사기 유지 (경기 평택 오산)

① 작전개요 : 1950. 7. 4 ~ 5 / 제 17 독립연대, 북한군 제 4사단

② 상 황

○ 1950년 7월 3일 한강을 도하한 북한군 제3사단 및 제4사단은 서울을 침공할 때와 마찬가지로 다투어 수원을 탈취하기 위해 경쟁하고 있었다.

○ 개전초기 옹진반도에서 철수하여 대전에 주둔하고 있던 한국군 제17연대는 7월 2일 기차로 대전을 출발하여 평택에 도착한 다음 미 스미스 부대를 지원하라는 임무를 받고 오산으로 이동했다.

* 스미스 부대는 한국전에 최초로 투입된 미 제24사단 제34연대 제1대대장 스미스 중령이 지휘하는 부대명칭이다.

③ 작전경과

○ 김중령은 7월 4일 이른 아침에 연대를 서정리 부근 화현(숫고개)에서 도보로 8km 북상시켜 오산 남쪽의 과수원 부근에 재배치하였다. 연대가 배

치 중이던 이날 오전 스미스 중령 일행이 지형 정찰차 이곳 갈천리에 있는 연대지휘소(오산 남쪽 1.5km)에 들려 김중령에게 "제17연대도 우리와 함께 전진배치 해 달라"고 요청하였다. 이는 전날에 백인엽 대령에게 제의한 내용과 같은 것으로써 적의 전차를 저지하려던 병력을 전방으로 추진할 필요가 있으며 지형상으로 보아 죽미고개 부근이 가장 적합하다는 주장에서 비롯된 것이었다. 이에 대하여 김중령은 지형과 적정 그리고 자신이 직접 체험한 전투경험을 토대로 북한군의 전술 등에 대하여 자세히 설명하고 적을 가볍게 대하지 말고 모든 면에 신중을 기해서 병력 배치 등을 고려해야 한다고 조언하였다. 아울러 "스미스 중령의 취지는 수긍이 가지만 빈번한 부대이동으로 인한 혼란과 병사들의 사기문제 등을 고려하여 동의할 수 없다."는 의사를 분명히 밝히었다. 이 때 스미스 중령은 자기는 제2차 대전에 참전하여 많은 전투경험이 있으며 자기 나름대로 적을 저지할 자신과 판단이 섰다고 하면서 "그렇다면 우리만이라도 오산 북쪽으로 추진 배치할 것이니 뒤에서 우리 진지에 낙오탄이나 떨어지지 않도록 부탁한다."는 모욕적인 말을 남기고 제17연대 지휘소를 떠났다는 일화가 있다.

○ 이로부터 1시간 뒤인 11:00경에 적의 선두 전차는 제17연대 주력이 배치된 갈천리 500m 전방에 출현하였다. 이에 연대는 즉각 제4중대의 81mm 박격포 소대로 하여금 적 선두전차 4대를 포격토록 하였다. 81mm 포격에 놀란 적 전차는 주변을 경계하는 듯 하더니 곧 난사를 가하였다. 적의 선두전차대는 아군의 집중사격에도 불구하고 진지 측방으로 침투하여 노출된 아군의 포진지를 향하여 사격을 가한 후 서정리 쪽으로 계속 남하하였다.

○ 아군기의 오폭으로 추가보급이 중단된 데다가 대전차전에서 이미 포탄을 소모하였기 때문에 81mm 박격포는 더 이상의 화력지원을 할 수 없었으며 소화기의 실탄도 바닥날 상태에 있었다. 이에 이르자 연대장은 적의 공격을 저지할 수 없음을 판단하고 부대를 철수하여 다음 전투에 대비키로 결심했다.

○ 연대장은 철수함에 앞서 여름이라 장병들의 피로가 속히 올 것으로 예상

하고 각개 병사에게 탄약과 건빵 기타 먹을 것을 휴대하게 하는 외는 다른 물건에는 일체 신경을 쓰지 않도록 지시하고 부대 철수를 시작했다. 어느 지점에 이르자 국방부 군수국장 김장군을 만난 김중령은 그의 도움을 얻어 군수주임에게 지시하여 소를 구입하여 장병들에게 취식시키는 등 급식문제를 위시하여 건강관리 등에 세심한 주의를 기울였다. 또한, 후퇴에 따른 심리적 위축을 방지하기 위하여 온갖 노력을 다했다. 이러한 노력으로 전 장병은 한마음 한뜻으로 굳게 뭉쳐져 불리한 전투상황하에서도 한사람의 이탈자도 없이 일사분란하게 전투 임무를 수행할 수 있었다. 그 예로써 김중령이 지휘하는 17연대는 화령장 지구 전투에서 혁혁한 공을 세운 것을 비롯하여 철수 중 낙오가 되더라고 그들은 끝까지 연대를 찾아오곤 하였던 것이다. 이때 마다 김중령은 부하를 사랑하는 마음과 투철한 애국심으로 전 부대를 철통같이 단결시킬 수 있고, 나아가서는 국가의 위기도 구할 수 있음을 다시 한번 깊이 깨닫고 이를 신조로 부대를 지휘통솔하여 많은 전투를 승리로 이끌었다.

④ 결과/교훈

○ 지연작전은 어려운 여건하에서 실시하는 작전이기 때문에 사기가 저하되어 부대가 혼란과 무질서에 빠질 우려가 있다. 그러므로 지휘관은 부대원에게 작전의 목적을 명확히 인식시키고 희생적이고 창의적인 지휘통솔로 부대의 사기가 침체되지 않도록 하여야한다.

○ 부하들은 통솔자가 자기들을 위하여 최선의 노력을 다하고 있다고 느낄 때 어떠한 어려운 임무도 능히 완수할 수 있게 되는 것이다. 김중령의 경우와 같이 패배의 굴욕과 쓰라림을 안고 철수하는 부대에 있어서는 지휘관의 희생적인 모습은 반드시 필요하다. 특히 그들이 희망을 잃지 않게 하기 위해서는 정신적인 문제에 보다 더 관심을 두어야 한다.

○ 마샬 장군은 "싸우는 것만으로는 부족하다. 결정적인 전투에는 정신이 수반되어야 한다. 승리를 가져오는 것은 사기이며 사기만 있으면 모든 것이 가능하다. 사기 없이는 아무것도 할 수 없다." 라고 하여 사기의 중요성을 무엇보다도 중요하다고 강조 하였다.

4) 지연방어 계획

지연방어를 계획할 시에는 지연방어의 목적을 충분히 달성할 수 있도록 계획을 수립하여야 한다. 지연방어는 앞에서도 언급했듯이 시간을 획득하고 아 전투력을 보존하는 것이 주된 목적이다. 그러므로 이 목적을 달성하기 위해서는 결정적인 작전을 계획하지 않는 것이 타당하다. 그러나 모든 전투에서와 마찬가지로 적을 기만하는 대책은 필요한 것이며 지연방어에서도 아군의 기도를 철저히 비닉할 필요가 있다. 따라서 적으로 하여금 주방어지역에서 적극적인 전투를 실시하는 것으로 오인하게 하기 위한 적극적인 원거리 화력전투와 제한적인 공세행동을 계획하는 등의 적극적인 전투행동이 계획에 포함되어야 한다.

지연방어는 부대 단독으로 실시하기 보다는 통상 상급부대의 명령에 의해 계획하고 실시하게 된다. 또한 지연방어는 다른 방어작전의 형태에 비해 예기치 않은 상황과 제한요소가 발생할 확률이 높기 때문에 예하지휘관에게 사전에 충분한 지침을 하달하여 효율적으로 계획을 수립할 수 있도록 여건을 보장해야 한다.

최초부터 지연방어 임무를 부여받은 경우에는 계획수립을 위해 비교적 충분한 시간을 활용 할 수 있다. 그러나 유인임무를 부여받은 경우를 제외하고는 대부분 지역방어 임무를 수행하는 과정에서 우발계획 또는 장차작전계획으로서 지연방어계획을 수립해야 한다. 따라서 성공적인 지연방어를 위해서는 제한된 시간 내에서 명확한 상황판단에 기초하여 계획을 효율적으로 수립할 수 있어야 한다.

기동계획은 지연선, 지연방법, 지연선별 지연기간을 우선 결정한 후, 이를 기초로 작전투명도, 전투편성 등을 계획함으로써 전투력 운용방법이 구체화 되는 것이다.

가) 지연방어시 통제수단

지연을 계획하기 위한 전술적 통제수단에는 지연을 수행하기 위하여 지연선(통제선), 지연진지, 지연시간, 전투이양선, 전투지경선과 협조점 등이 있으며, 철수를 수행하기 위한 전술적 통제수단으로는 지연진지에서 이탈 후의 집결지, 출발점, 철수로, 교통통제소, 분진점 등이 있다.

지연방어 시 지연선은 특정일자 및 시간까지 적의 통과를 허용하지 않는 선으로 지연진지의 일반적인 선단을 연결한 것이다. 지연선은 작전투명도 작성 시 통제선으로 도시한다. 명령 하달 시에는 통제선과 지연진지를 동시에 부여하거나,

통제선 만을 부여하여 예하부대가 지연진지 위치를 선정토록 할 수 있다.

지연방어를 수행하는 부대는 지시된 시간 이전에 적이 지연선을 통과하지 못하도록 기만작전을 포함하여 능력범위 내에서 모든 수단과 방법을 강구하여야 한다.

지연방어 시에는 예하부대가 임무를 수행할 때 인접부대와의 협조된 작전을 보장하기 위하여 최초지연선, 중간지연선, 지연이 종료되는 선을 지정해 주어여 한다. 그러나 임무와 여건을 고려하여 중간지연선을 점령하지 않고 최초지연선에서 적을 지연하고 바로 철수할 수도 있다.

지연선을 선정할 때에는 적을 최대한 지연시키면서 피해를 줄 수 있는 곳을 선정하여야 한다. 따라서 지연선은 전투력 발휘가 용이한 지형적인 이점을 최대한 이용하여 최소의 부대로 적을 지연할 수 있거나 적을 집중시켜 유리한 표적이 되도록 강요할 수 있는 지역을 선정한다.

지연선 간의 이격거리는 당야 내에 이동이 가능하고 지연선 간에 효과적인 상호지원을 제공할 수 있으며 적이 다음 지연선을 공격하기 위한 재편성과 포병의 진지변환을 강요할 수 있는 충분한 거리를 고려하여 결정한다. 최초지연선은 지연방어를 개시하는 선으로 전방의 적 상황을 고려하여 적지종심작전부대 및 경계부대를 운용한다.

상급부대로부터 최초지연선과 지연이 종료되는 선만을 부여받은 경우에는 하나 이상의 중간지연산과 이를 통제하기 위한 지연진지를 선정 할 수 있다. 지연을 수행하는 부대가 중간 지연선 점령을 결정할 때는 작전 목적, 부대유형, 종심과 지연기간, 지형의 특징, 지연선별 예상되는 적전투력, 기상의 영향 등을 종합적으로 고려한다.

지연방법은 상급부대로부터 부여된 작전지역의 넓이와 종심, 적의 위협 정도, 지연기간, 아군의 전투력을 고려하여 결정한다. 정면의 넓이와 가용부대는 상대적이기 때문에 상호 연관시켜 동시에 분석하여야 한다. 지연방법에서는 축차진지 상의 지연과 교대진지 상의 지연, 그리고 혼용방법이 있다.

(1) 축차진지 상의 지연

부여된 작전지역이 넓어 가용 전투력으로 2개 이상의 지연선을 동시에 점령할 수 없을 때. 수개의 지연선을 축차적으로 점령하면서 지연방어를 실시하는 방법이다. 이 방법은 통제는 용이하나 종심이 제한되고 차후 지연선을 점령할 시간이 부족하므로 교대진지 상의 지연보다 돌파 당하기 쉽다.

(2) 교대진지 상의 지연

통상 충분한 전투력이 있고 작전지역의 종심이 깊고 협소한 정면을 부여받았을 경우에, 단일 작전지역 내에서 2개 이상의 지연선을 동시에 점령하고 상호 엄호하에 교대로 차후 지연선을 점령하는 방법이다. 이 방법은 양호한 경계 및 지원을 받을 수 있고, 차후 지연선을 준비할 수 있는 시간 확보가 가능하지만 후방초월이 빈번하게 발생하여 초월부대와 피초월부대 간의 긴밀한 협조가 요구되며, 병력 소요가 많다.

(3) 혼용방법

축차진지상의 지연과 교대진지 상의 지연을 전환하거나 축선별로 각각 적용하는 방법이다. 상대적인 전투력이 열세할 경우에 아군이 수 개의 지연선을 동시에 점령하게 되면 전투력의 열세가 가중되므로 한 개의 지연선에 전투력을 집중할 수 있는 축차진지 상의 지연을 적용하는 것이 효과적이다.

나) 지연방어 통제방법

지연방어시의 전투지도는 작전목적에 부합되게 전투편성부터 세심한 관심을 기울여야 한다. 통상의 경우 최대의 전투력을 전방에 발휘할 수 있도록 대부분의 전투력과 전투지원부대를 예하부대에 배속하여야 하며 예비대는 소규모로 보유하도록 하여야 한다. 예비대는 광정면에서 요구되는 지역에 신속히 투입될 수 있고 역습과 제한된 목표에 대한 공격 및 기타 공세적 행동이 가능하도록 기동성 있게 편성해야 하며 가능하면 예비대는 탄력성 있게 운용할 수 있도록 해야 한다.

(1) 병력규모

지연방어시의 병력규모는 전반적인 작전개념에 따라 피아의 상황, 지형, 전투정면 및 종심, 지연기간을 고려하여 결정하게 된다. 이 때 기갑부대, 기계화 부대 등 기동력이 높은 부대를 전투편성에서 적절히 고려하여 이용할 수 있다면 전투력 발휘에 더욱 유리하다. 특히 기갑부대는 지연전 실시에 가장 적합한 부대로서 강력한 충격과 기동성 있는 저항 등 그 특성을 효과적으로 발휘할 수 있다. 또한 포병 및 공병부대는 원거리 전투와 천연 및 인공장애물의 활용을 가능하게 하므로 적을 지연시키는 데 유리하다. 예비대는 기동성 있게 편성함으로써 지연진지 후방에 대한 적의 공정 및 공중기동 공격과 포위 및 우회침투의 저지, 지연전 부대의 증원 및 철수엄호 등의 임무를 효과적으로 수행할 수 있도록 하여야 한다.

(2) 지연진지의 선정

지연방어시 진지는 정면이나 측방에 도섭이 불가능한 하천이나 호수 기타 장애물이 있고 양호한 관측과 원거리 사계를 제공하는 횡격실로 된 지형, 그리고 신속한 철수를 가능하게 하는 지형에 선정함으로써 방어력 발휘에 유리하며 적을 최대한 지연시킬 수 있는 지형을 선정하여야 한다. 특히 자발적 철수시에는 아군의 기도를 은폐할 수 있는 지형이 유리하다.

다) 전투실시

지연방어는 병력에 의한 근거리 전투보다 화력에 의한 원거리 전투에 더욱 의존하게 된다. 이것은 지연방어 본래의 목적인 전투력을 보존하고 시간을 확보하기 위한 효과적인 철수를 위하여 보다 유리하다. 즉 원거리 관측과 사계를 제공하는 지형을 적절히 이용하여 원거리에서부터 적과 교전하고 화력과 장애물을 운용하여 적의 전진을 저지함으로써 최대의 시간을 획득할 수 있게 하여야 한다.

이 때 야전포병은 적 전방부대를 제압하고 항공화력은 적의 후속제대를 차단하는 데 주로 운용되어야 하며, 즉각 설치 가능한 인공장애물은 적의 기갑부대 접근로에 집중적으로 운용하여 적의 접촉을 최대한 단절시켜야 한다. 교량, 터널 등을 적시에 파괴하고 애로지역을 차단하여 적의 공격기세와 속도를 둔화시키는 것이 중요한 것이며 공격의 시간을 최대한 지연시켜야 한다. 또한 철수시에는 방어력 발휘에 유리한 자연장애물인 하천 등을 이용하여 적의 전진속도는 물론이고 적의 전투력을 저하시키는 적극적인 노력이 필요하다.

(1) 실시의 분권화

지연작전은 통상 긴박하고 불리한 상황 하에서 실시하게 되므로 작전의 통제와 부대 간의 협조가 매우 곤란해진다. 특히 강요에 의한 철수의 경우는 더욱 급박한 상황이 전개된다. 그러므로 철수개시시간, 철수지대 및 철수로, 통제선의 통과시간 및 차후 진지의 점령시간 등은 상급부대에서 집권통제하고 이에 따른 부대 간의 협조사항 등을 세밀히 계획하는 한편, 그 실시는 분권화하여 신속성을 보장하여야 한다. 따라서 지연작전 간명한 명령이 필요하며 특히 전달시에는 가장 신뢰할 수 있는 지휘통신수단을 이용하여 필요한 부대에 정확히 전달될 수 있도록 하여 예하부대가 속도를 발휘하도록 조치하여야 한다.

(2) 반격시기 결정

지연전투 간 지휘관은 전황의 추이를 예의관찰하고 호기를 포착하여 적시적절한 공격행동을 취함으로써 적의 전투력을 약화시키고 최대의 시간을 획득할 수 있도록 작전을 지도하여야 한다. 얻어진 시간을 효율적으로 이용하여 부대를 재편성하고 전투력 발휘에 유리하게 하여야 하며 결전을 도모할 지역을 선정하여야 한다. 전투력 발휘가 보장되고 상대적으로 적의 전투력이 약화되어 작전한계점에 도달했다고 판단되면 반격작전을 실시할 수 있도록 준비하여야 한다.

(3) 적극적인 공세행동

지연작전이 비록 결정적인 전투를 회피하고 공간과 시간을 교환하는 작전이라고 할지라도 소극적이고 수세적으로만 작전을 지도하게 되면 치명적인 피해를 입기 쉽다. 그러므로 지휘관은 전투시 항상 공세적 자세를 유지하여 적의 약점을 발견하고 적시적절한 공세행동을 감행하여 적에게 손실을 강요하는 한편, 적의 추격을 방지할 수 있도록 작전을 지도하여야 하며 적의 약점과 과오 발견시에는 적극적인 공세행동을 통하여 주도권을 획득하고 공세로 전환할 기회를 놓쳐서는 안 된다.

지연작전 시의 공세행동에는 적과의 거리를 충분히 이격한 상태로 작전하는 것이 전투력 보존에 유리하므로 원거리에서 포병 및 항공화력 등을 최대로 이용하여야 한다. 또한, 전기를 포착한 역습을 과감히 실시하며, 능숙한 기만방책을 적절히 운용하여 적의 오판을 유도하여야 한다. 지휘관의 지속적인 정신교육을 통한 공세적인 의지를 유지하여야 하며, 특공부대 및 적진 잔류부대의 운용에 의한 적 후방교란 등의 모든 방법을 활용하여야 한다. 이들 공세행동은 변화하는 전장상황에 따라 다양하고 복합적으로 지속력을 가지고 실시함으로써 그 효과를 더욱 증대시킬 수 있다.

(4) 작전지속지원

지연방어간 지속적인 작전지속지원은 대단히 중요하다. 특히 지연전에 있어서는 전투부대의 소요를 충족시킬 수 있도록 탄약과 제반 보급품이 적시에 추진되어야 한다. 전투력을 온전하게 보존한다는 것은 전투력 유지에 필요한 각종 장비 등을 신지역으로 안전하게 이동시키는 활동도 포함되는 것이다. 이러한 시설과 물자를 적시에 요망하는 지역으로 이동시킴으로써 불필요한 파기나 손실이 없게 하여 전투력을 보존하여야 한다.

지연작전 시 전투근무지원 부대의 분권화 운용은 지속적인 작전을 위한 보급지원을 유기적으로 충족시켜 준다. 전투근무지원 시설은 계속적인 지원을 제공할 수 있고 이동이 용이하며 최대한의 방호가 가능한 곳에 분산배치 해야 하며 후방으로의 이동은 교통의 혼란을 방지하고 전투부대 이동에 방해가 되지 않는 시기에 실시되어야 한다. 그리고 보급품의 파괴는 상급지휘관의 승인하에 실시되어야 한다.

전례 : 장진호 지구 철수 (함남, 신흥, 장진호 동안)

① **작전개요** : 50. 11. 25 ~ 12. 2 / 중국군 9군 80사단, 미 7사 32연 1대대

② **상 황**

○ 1950년 10월 하순, 원산항에 상륙한 미10군단은 한, 만 국경을 목표로 진격을 개시, 11월 21일에는 이미 장진호~압록강선까지 진출했다.

○ 군단 정면에 투입된 중국군 10병단은, 장진호 정면에서 아군의 진격을 저지하는 한편, 5개사단 규모를 우회기동시켜 아군의 포위를 시도했다.

○ 11월 25일 미 7사 32연 1대대는 동사단 31연대장(맥크림 대령)이 지휘하는 특수 임무 부대에 배속되어 미1해병 사단이 확보중인 장진호 동쪽의 한 진지를 인수받아 공격을 계속할 준비를 하라는 명령을 받았다.

③ **작전경과**

○ 중국군의 대대적인 공격을 받고 적의 압력이 점차 가중되자 29일 03:00,

대대장은 맥크림 대령으로부터 현진지에서 철수하여 특수임무부대의 주력(약6km 후방에 위치)과 합류하라는 명령을 받았다.

○ 철수명령이 대대에 하달되자 적의 강력한 압력으로 각 중대가 동시에 적과의 접촉을 끊고 5번 도로상으로 몰려옴으로써 철수기도가 폭로되어 적으로부터 치열한 집중사격을 받기 시작했다. 29일 여명, 무질서한 철수대열이 5번 도로를 따라 남으로 이동했다.

○ 철수대열이 약 4km거리의 저수지 만곡부에 이르렀을 때에 강력한 적의 도로차단 진지에 조우했다. 대대장은 3개 중대를 투입하여 적을 공격했다. 이 공격으로 철수로를 개척한 대대는 특수임무 부대의 주력과 합류하여 훼이스 중령 지휘하에 전면방어 진지를 편성했다. 12월 1일 아침까지에 계속된 적의 끈질긴 공격으로 방어진지의 일부가 돌파됨과 동시에, 탄약과 식량 및 의약품등이 고갈되기 시작했다. 훼이스 중령은 하는 수 없이 철수를 결심하고 12월 1일 13:00, 3중대를 전위로 하여 철수를 개시했다.

○ 그 뒤, 철수 병력은 계속적인 적의 추격을 받으면서 탈출을 계속하여 12월 2일 새벽 무렵에야 하갈우리의 아군진지에 도착했다. 확인 결과 최초 투입 병력 1,053명 중 생존자는 181명에 불과했다.

④ 결과/교훈

○ 최초 진지 철수 시 동시에 적과의 접촉을 단절시킴으로써 조기에 기도가 폭로되어 많은 사상자와 장비의 유기를 초래했다.

○ 이동간의 경계 소홀로 계속적인 적의 기습공격을 받았으며, 작전지속지원이 원활하지 않아 전투력 유지에 필요한 탄약과 식량 등이 부족하였다.

"지휘관의 진가가 평가되고 증명되는 것은 역경에 처해 있을 때다. 참된 지휘관은 역경에 처하여도 패배하지 않고, 불리한 처지를 극복하여 다시 도전하여 끝내 승리를 쟁취하는 자다."

– 맥아더 –

5. 방어작전시 공세행동

어느 작전을 막론하고 주도권 장악 없이 승리한 전례는 존재하지 않는다. 방어시 **공세행동은 주도권**을 장악하여 공세이전의 여건을 조성하는 것이 근본적인 목적이라고 하였다. 공격에 비하여 수세적이고 정적인 방어는 공세행동을 통하여 적극적이고 동적인 본성을 되찾아야 한다. 방어작전의 성공은 공세행동을 통하여 가능하다.

가. 공세행동의 개념

방어시 공세행동은 적의 약점과 과오를 이용하여 적의 전투력을 약화 또는 격멸시켜 방어의 성공을 보장하기 위한 제한된 공격작전으로서 역습, 역공격, 파쇄공격, 기타 공세행동(촌단공격, 유린공격, 소부대 공세행동 등)이 있다.

흔히 공세행동에 대한 이해를 '실지(失地)를 회복하기 위한 전투' 정도로 인식하여 전단 일부가 피탈된 후 지역회복을 위한 역습에만 고착되어 있다. 그러나 앞에서 공세행동의 정의를 살펴보았듯이 그 어디에도 '방어지역을 피탈 당한 후 실시하는 전투' 라는 표현은 등장하지 않는다. 물론, 공세행동은 실지를 회복하기 위해서 하는 것도 당연하다. 그러나 공세행동의 정의에서 언급된 내용의 참 뜻은 전단이 피탈되기 이전이라도 적의 전투력을 약화시킬 수 있는 전투를 전개해야 한다. 이것이 방어의 근본목적인 공세이전의 여건을 만드는 것이며, 공세이전의 여건은 적극적인 공세행동으로 전투의 주도권을 장악하여야 조성할 수 있는 것이다. 즉, 수세적(守勢的)인 정적(靜的)의 방어가 아닌 능동적(能動的)인 동적(動的)의 방어를 해야 된다는 것이다.

방어의 목적이 가용한 모든 수단과 방법을 활용하여 부여된 방어지역에서 적을 방해, 저지, 격퇴 또는 격멸하여 공세이전을 위한 여건을 조성하는 데 있으므로 지형과 화력에만 의존하는 소극적인 방어전투로는 방어의 궁극적인 목적을 달성할 수 없다. 그러므로 방자는 전투실시 간에 호기를 간파하여 앞에서 언급한 공세행동을 지속적이고 공세적으로 실시하여 작전의 주도권을 장악하는 한편 적의 약점을 더욱 확대하여 적 주력을 격멸하여야 한다.

방어시 공세행동의 성공 여부는 **기습, 속도, 과감성** 등을 발휘하여 포착된 유리한 기회를 적시에 이용하는 능력에 따라 좌우된다. 방어작전간 과감한 공세행동으로 적의 전투력을 약화 또는 격멸시켜 주도권을 확보하여야 하는데 특히 다음 사항에 관심을 가져야 한다.

① 공세행동을 하기 위해서는 예비대 등이 필요하게 되는데 이를 위한 전투력의 융통성을 확보하여야 한다.

② 부단한 전장감시를 통하여 적의 약점 및 과오를 발견하여 이를 적극적으로 활용하여야 한다.

③ 지형의 이점을 이용하여 적 전투력을 분리 또는 밀집토록 유인하여야 한다.

④ 아군의 방어계획에 따라 공자가 행동하도록 강요하여야 하며 이를 위한 기만활동 등이 요구된다.

⑤ 중요지역의 확보로 적의 측·후방 노출을 강요하여 이를 약점으로 삼아야 한다.

⑥ 호기 포착 시 적극적인 공세행동으로 적을 격멸하여야 한다.

나. 공세행동의 종류

1) 역 습

역습은 가장 일반적으로 알고 있는 공세행동의 하나이다. 역습은 돌파구 내의 적 부대를 격멸하거나 상실된 방어지역을 회복하기 위하여 실시하는 공세행동으로 통상 상실된 주방어지역을 회복하기 위하여 실시한다. 그러나 상황에 따라 돌파지역 내의 적을 격멸하고 전투지역전단의 전방지역을 포함하여 실시할 수 있다. 역습은 방어시의 여러 가지 공세행동 중 핵심적인 것으로 이의 성공은 공자만이 얻을 수 있는 결정적인 시간과 결정적인 장소에 전투력을 집중 할 수 있는 이익을 최대로 활용함으로써 성취된다.

역습은 방어작전의 형태에 따라 역습의 중점도 다소 상이하게 나타나는데 지역방어와 기동방어를 비교하면 다음과 같다.

지역방어 시 방어의 중점은 점령하고 있는 지역을 계속하여 확보하면서 공세이전의 여건을 조성하는 것이기 때문에 역습의 주안도 역시 **상실한 지역의 원상회복**에 두게 된다. 그러나 **기동방어**는 방어의 주된 중점이 지역을 양보하면서 공세이전의 여건을 조성하는 것이기 때문에 역습의 주안점은 원상의 회복보다는 계획된 지역으로 적을 **유인하여 격멸**하는데 더욱 치중하게 된다.

어느 경우이던 역습은 실시시기와 전력의 집중방향에 따라 그 성패가 좌우된다. 그러므로 지휘관은 철저한 전장감시를 통하여 결정적인 전기를 포착하는 한편, 기습을 달성할 수 있는 방향으로 역습부대를 투입하지 않으면 안 된다.

역습은 공격하는 적 부대의 약점과 과오가 노출되었을 때 측·후방에서 기습적으로 실시하는 것이 효과적이다. 역습계획을 수립할 때는 접근로마다 가상 돌파구를 구상하여 돌파 허용의 한계선을 명시하고 역습시기를 판단할 수 있도록 하며 가상 돌파구에 대한 역습계획 작성은 가용시간을 고려하여 우선순위가 높은 접근로에 대해서는 구체적으로 작성하고 우선순위가 낮은 접근로의 가상 돌파구에 대해서는 계략계획을 구상해 두었다가 상황 진전에 따라 구체화하여 시행해야 한다.

2) 역공격

역공격은 적 주력 방향의 공격은 저지, 고착하면서 적 주력의 후방지역에 노출된 약점과 과오에 대하여 실시하는 공세행동이다. 역공격은 적 부대를 일부를 격멸하거나, 적 병참선 및 증원부대를 차단하기 위한 목적으로 실시한다.

역공격은 방어 간에 실시할 수 있는 가장 적극적인 공세행동으로서 이는 방어전투 간 전투력의 일부를 투입, 적의 후방이나 측방에서 조성된 약점을 포착, 강타하여 조직적인 적의 공격에 혼란을 야기시킴으로써 그의 공격기세를 둔화시키는데 목적을 두고 실시된다. 그러므로 역공격의 성공은 전투 간 전황을 예리하게 관찰하여 적의 측후방에서 조성되는 약점과 과오를 적시에 포착하여 신속한 기동으로 기습의 효과를 획득함으로써 달성된다.

역공격은 적 후방의 종심에서 실시되므로 기동성이 보장되어야 한다. 기동을 이용한 기습이 성공의 관건이 된다. 따라서 역공격을 계획할 때는 기동력 있는 수단을 제공하여야 하며 일정기간 독립작전이 가능하게 작전지속지원 대책을 강구해 주어야 한다. 역공격은 적이 점령하고 있는 지역에서의 공격행동이므로 특히 측후방의 위협으로부터 대비하여야 한다.

역공격을 구상하면서 유의해야 할 사항은 역공격계획이 방어자체를 위태롭게 하는 모험적인 구상이어서는 안 된다는 점이다.

3) 파쇄공격

파쇄공격은 방자가 공자의 취약시기를 이용하여, 방어 전력의 일부를 투입하여 적절한 목표를 공격함으로써 공자의 공격 준비를 유린하고 그 전력을 약화시키기 위하여 실시된다. 파쇄공격은 전투지역 전단 전방에서 공격을 준비하고 있거나 이동하고 있는 적 부대에 대하여 비교적 짧은 시간에 실시하는 공세행동이다. 파쇄공격의 목표는 지형목표일 수도 있고 적의 부대일 수도 있다. 적 공격의 균형을 와해시킬 목적으로 한다면 적 부대에 대하여 실시하기도 하지만, 적이 공격하기에 유리한 지역을 미리 탈취하여 공격작전의 차질을 유도하기 위해 실시하기도 한다. 파쇄공격은 공자의 취약시기와 취약점을 발견하기 위해 노력하여 하며 이점을 이용하여 공격해야 성공 가능성을 높일 수 있다. 취약지점과 시간을 예로 들면, 공자는 공격준비를 위하여 집결지에서 준비를 하는 동안 지체하게 되는 시간이 발생하게 된다. 즉, 타격받았을 때 공격에 심대한 지장이 발생하는 효과가 크게 나타나며, 상대적으로 안전이 보장된 집결지에서의 행동으로 나타나는 경계심 해이 등을 공자의 취약시기와 장소로 볼 수 있다.

이처럼 파쇄공격의 목표는 확실한 성공이 예견되어야 하고 또한 타격 결과가 적의 공격준비와 전반적인 작전운영에 상당한 혼란을 야기 시킬 수 있는 것이어야 한다. 그러므로 파쇄공격 계획 시 유념해야 할 중요한 요소는 적절한 목표의 선정과 신속한 기동에 의한 기습효과의 획득이다.

파쇄공격은 기동성 있는 부대를 운용하여 취약지점과 시간을 이용한 기습달성에 주안을 두고 실시하여야 한다. 파쇄공격의 성패는 목표의 적절한 선정과 기습효과의 달성여부에서 좌우된다.

전 례 : 소양호 지역에서의 파쇄공격

① 상 황

○ 춘천지역에서 좌는 수리봉에서 우는 계명산까지를 점령하여 방어하고 있던 제7연대 2대대는 3개 대대 규모의 적이 소로를 따라 침투하여 기습적으로 공격함으로써 각 중대와 소대는 거점에서 고립되어 고투하다가 철수를 거듭하여 소양강 남안의 주진지에 배치되었다.

② 작전경과

○ 6월 25일 해 질 무렵부터 샘밭 북쪽에 적이 집결하는 기미를 포착하였다.
○ 대대 정면의 적은 1개 연대 규모로 추산되었으며 북안의 천전리 일대에 집결하여 도하를 서두르고 있었다. 어둠이 깔릴 무렵 제2대대장 김종수 소령은 제5중대장 김상흥 대위에게 "역도하 하여 적을 격파하라."고 명령하였다. 평소 도하작전을 실시한 경험을 이용하여 중대에서 병사30병을 선발 1시간에 걸친 예행연습을 실시하고 도하준비중인 북한군에게 수류탄과 소총을 이용하여 파쇄공격을 실시하고 김대위의 지휘하에 전원 무사히 복귀하였다.

③ 교훈/결과

○ 야간에 할미여울을 통해 소양강을 도하하여 148고지 일대의 북한군에게 기습적인 공격을 실시하여 적의 소양강 도하 기도를 좌절시켰다.
○ 이러한 공세적인 방어는 주도권을 장악하고 장병의 공격심리를 자극하는 근원이 되는 것이며 높은 사기를 유지할 수 있는 것이다.
○ 이러한 과감성의 전통을 계승한 제6사단은 북진에서도 항상 선두를 유지할 수 있었으며 한만국경 초산까지 진격하여 압록강 물을 대통령에게 전달하기도 한 것이다.

4) 촌단공격

촌단공격은 적이 아군의 주방어 지역에 종심 깊은 돌파를 시도할 경우 적 부대를 측방에서 절단하고, 절단된 적 부대를 각개 격파하는 공세행동이다. 촌단공격은 적의 공격에 의해 길게 형성된 돌파구를 절단하는 공세행동이다. 이것은 마치 긴 뱀의 머리와 몸통, 꼬리를 토막으로 절단내는 것과 같이 실시하는 것을 말한다.

촌단공격은 돌파구 내의 적 부대를 격멸하거나 적의 공격균형 와해에 목적을 두고 있으며 다음의과 같은 시기에 실시한다.

① 적이 일정지역에 역량을 집중함으로써 비교적 깊은 종심의 돌파구가 형성되어 적의 공격대형이 신장되고 측방이 노출될 경우

② 아군의 효과적인 종심전투와 각종 공세행동으로 적의 선두제대(돌파구의 첨단에 도달한 부대)와 후속제대 간의 간격이 형성된 경우

③ 적의 선두 공격제대에 의한 돌파 후에 후속제대가 초월공격 실시하는 도중에 있는 경우이다.

촌단공격은 통상 가용한 예비대를 이용하여 실시하는데 전차 및 기계화부대가 특히 효과적이다. 촌단공격은 강력한 화력지원과 기동력이 수반되어야 성공 가능성을 높일 수 있다. 화력에 의한 적 증원부대 차단을 위한 사격과 돌파구의 첨단에 대한 확장방지를 위한 화력 등이 이루어져야 한다.

5) 유린공격

유린공격은 적의 측·후방을 신속하고 과감한 기동으로 공격하여 적을 격멸하거나 공격기세를 약화시키는 공세행동이다. 유린공격은 적의 공격기세 약화 또는 적 부대의 균형을 와해시킬 목적으로 실시한다.

6) 소부대 공세행동

소부대 공세행동은 통상 중대급 이하의 소규모 부대에 의한 제한된 목표에 대한 공격활동을 말한다. 방어작전의 초기에는 공격부대가 주도권을 보유하게 되므로 수세적인 작전은 불가피하다. 전장상황의 불확실성의 영향으로 약점과 과오는 항상 존재하고 있으며 공격부대의 경우 각종 마찰에 대한 영향이 방자에 비해 더 많이 나타난다. 따라서 방어부대는 방어의 이점을 최대로 이용하여 공세적인

전투행동으로 적의 공격기세를 약화시키고, 적에게 불리한 상황을 조성하여 공세 이전을 도모하여야 한다. 즉, 적의 약점과 과오를 발견 및 조성하여 적극적인 공세행동을 실시함으로써 조기에 주도권을 확보하여야 한다. 따라서 소부대급이라 하더라도 공자의 약점과 그로부터 나타는데 과오와 약점을 적시적절하게 포착하도록 노력하여야 한다. 일단 포착한 약점은 능력 범위 내에서 다양한 공세행동을 실시하여 공격기세를 와해시키고 전투력이 저하되도록 노력하는 것이 주도권을 장악하는 것이다..

소부대 공세행동에는 소부대 공격, 습격, 적진잔류부대, 화기매복조, 정찰대, 대전차공격조 운용 등이 있다. 지휘관은 상황과 여건을 고려하여 창의적이고 다양한 소부대 공세행동을 추구해야 한다.

한국전쟁 당시 춘천지역의 국군 제6사단 제7연대가 개전초기 방어작전에서 소부대의 공세행동으로 북한군의 공격을 효과적으로 저지시킨 전례를 살펴보기로 한다.

전 례 : 소양호 지역에서의 소부대 공세행동

① 상 황

○ 38도선 남쪽 300미터 지점의 길이 250미터, 폭 4미터의 모진교는 화천-춘천축선의 관문 역할을 하는 교량으로 전술적으로 반드시 확보해야 하는 중요한 가치를 갖고 있었다. 따라서 제6사단은 전쟁발발 전부터 적의 기습 공격에 대비하여 미리 폭약을 설치하여 두었다가 유사시 폭파하려 하였으나 적의 감제하에 있어 불가한 상태로 적의 공격을 허용하고 말았다.

○ 이로 인해 모진교 폭파는 실패하였고 적의 전차를 앞세운 공격으로 제7연대의 방어 정면이 붕괴되었으며 09:00경에는 적이 춘천이 보이는 역골, 지내리까지 진출하였다. 이에 따라 제 7연대의 전방부대는 계획된 주저항선으로 철수하여 방어진지를 점령하고 전투를 준비 중에 있었다.

② 작전경과

○ 춘천에서 연대예비로 있었던 제 7연대 제 1대대가 즉시 소양강을 건너

07:00에 소양강 북안의 128고지부터 163고지에 이르는 선에 종심으로 방어 진지를 편성하고 있을 때에 적은 SU-76 자주포를 앞세우고 5번 도로를 따라 공격하였다. 12:00경에 적의 주력이 옥산포를 통과하여 그 측면이 노출되자 대대는 기습적인 보병과 포병의 사격을 실시하였다. 적은 불의에 기습을 받고 우왕좌왕 하다가 많은 시체를 유기한 채 도주하기 시작하였다.

○ 적은 많은 병력의 손실을 보고 공격이 돈좌되자 이번에는 SU-76 자주포 10대를 몰아 14:00에 다시 옥산포로 밀어닥쳤다. 마침 옥산포로 철수한 57mm 대전차포중대 제2소대장 심일 소위는 적의 SU-76 자주포를 근접 유인하여 대전차포를 이용하여 돈좌시킨 후 화염병과 수류탄으로 결사대 5명과 함께 자주포 2대를 파괴하였다.

③ 교훈/결과

○ 심일 소위는 창군 이래 최초로 태극무공훈장을 수여받았으며 그 공적을 기리는 뜻에서 육군은 '심일상'을 제정하여 우수 중대장을 포상하고 있다.

* **심일 소위는 3형제 중 장남이었는데 그의 동생(차남)은 경찰간부로 근무하다 순직하였고, 3남은 낙동강 방어작전에서 학도병으로 전투에 참가하여 전사하였다. 심일 소위는 1951년 1월 26일에 제7사단 수색중대장으로 영월 전투에 참가하여 전투 중에 전사하였다.**

○ 이때 얼마 멀지 않은 164 고지에서 바라보던 아군장병들은 일제히 함성을 지르면서 기세를 올렸으며 이를 계기로 제7연대 장병들은 전차를 파괴할 수 있다는 자신감을 갖게 되었으며 전차에 대한 공포심을 제거할 수 있었다. 당시장병들은 이 자주포와 전차를 명확히 구분하지 못하고 있는 상태였다.

(이후 26일에도 심일 소위는 소양교 지역에서 자주포 3대를 파괴하였다.)

공자는 방자에 비해 전투력 소모가 동일시간을 기준으로 하면 상대적으로 더 발생하게 된다. 그 이유 중의 하나가 방자의 적극적인 공세행동이다. 방어시 적극적인 공세행동은 적에게 마찰을 더욱 증대시켜 공격기세를 둔화시키고 전투의 주도권을 장악하게 된다. 주도권 장악은 부대원의 사기에도 결정적인 영향을 미친다. 전투력은 유형전투력의 물리적이고 계량 가능한 요소도 중요하지만, 눈에는 보이지 않지만 인간의 내면에 잠재되어 있는 무형전투력도 대단히 중요하다. 무형전투력은 전투력의 상승작용을 촉진한다. 공세적인 부대의 장병은 이러한 무형전투력인 공격본능이 살아있게 되며 이것은 전투에서의 자신감으로 나타난다. 제6사단이 전쟁기간에 보여준 연전연승은 우연한 결과가 아니었다는 것을 알아야 한다. 그것은 이러한 공격본능을 개전이전부터 공비토벌 작전 등을 통하여 오래전부터 쌓아온 결과물 이었다. 전장에서 약점이나 과오는 언제든지 발생할 수 있다. 이러한 약점이나 과오는 우연히 발생한다. 그것은 약점이나 과오가 발생할 것을 전제로 하지 않는다. 따라서 전장에서 지휘관은 적의 약점과 과오를 발견하기 위한 끊임없는 전장감시 활동을 하여야 하며 이를 적극적으로 이용할 수 있는 통찰력과 결단력 그리고 실행력을 구비해야 한다. 전례에서 보듯이 제6사단 제7연대는 적의 기습에 의해 최초돌파는 허용하였으나 이후 전투수행 간에 나타난 적의 과오와 약점, 지형의 적절한 활용, 특히 아군에 대한 북한군의 경계태세 이완 등을 이용하여 적극적인 공세행동을 전개하여 적의 공격기세를 약화시켜 결과적으로는 춘천을 3일간 방어하는데 성공하였다. 따라서 수도서울을 점령하는 적의 계획에 막대한 지장을 가져오게 하여 나라를 구한 대표적인 부대가 된 것이다.

> **"가장 어둡다는 것은 새벽이 가까이 와 있다는 것이다."**
>
> – 프레드릭 대왕 –

부록 1. 영문 군사약어

부록 2. 주요 군사용어

부록 1. 영문 군사약어

약어	원 어	군사용어
AA	Avaliable of Assets	가용자산
AA	Avenue of Approach	접근로
AA	Assembly Area	집결지
AASLT	Air Assault	공중강습
AATF	Air Assault Task Force	공중강습작전부대
AAV	Amphibious Assault Vehicle	상륙장갑차
AB	Armor Brigade	기갑여단
ACE	Airspace Control Element	공역통제반
ADMINO	Administrative Order	행정명령
AI	Air Infiltration	공중침투
AL	Airlift	공수
AO	Air-land Operations	공지작전
AO	Area of Operations	작전지역
AOB	Advanced Operational Base	전진지휘소
AP	Advance Party	선발대
APM	Anti-Personnel Mine	대인지뢰
APV	Armored Personnel Vehicle	보병탑승차량
ARW	Air Raid Warning	공습경보
ASD	Anticipatory Self Defense	선제적 자위권
ATM	Anti-Tank Mine	대전차지뢰
ATO	Anti-Terror Operation	대테러작전
ATW	Anti-tank Weapons	대전차화기

약어	원 어	군사용어
B/L	Basic Load	기본휴대량
BCD	Battlefield Coordination Detachment	전투협조실
BCTP	Battle Command Traingin Program	전투지휘훈련
BDA	Battle Damage Assessment	전투피해평가
Bdry	Boundary	전투지경선
BHL	Battle Hand-over Line	전투이양선
BN	Battalion	대대
Br	Brach of Service, Branch of Arms	병과
C/S	Chief of Staff	참모장
C4I	Command, Control, Communications, Computers, Intelligence	지휘통신
C4ISR	Command, Control, Communications, Computers, Intelligence, Surveillance and Reconnaissance	지휘, 통제, 통시, 컴퓨터, 정보 및 감시정찰
CAO	Civil Affairs Operation	민사작전
CAS	Close Air Support	근접항공지원
CASOP	Crisis Action Standing Operating Procedures	위기조치예규
CBTI	Combat Intelligence	전투정보
CCC	Command Control Center	지휘통제본부
CD	Civil Defense	민방위
CDM	Chemical Downwind Message	화학풍통신문
CF	Counter Fire	대화력전
CFC	Combined Forces Command	연합사령부
CFX	Command Field Exercise	지휘조야외기동연습(훈련)

약어	원 어	군사용어
CHOP	Change of Operational Control	작전통제권이양
CI	Counter Intelligence	대정보, 방첩
CIPHER	Cipher Cryptogram	암호
CJCS	Chairman Joint Chiefs of Staff	합참의장
CLS	Combat Life Saver	응급처치
Co	Company	중대
COA	Course of Action	방책
COP	Combat Outpost	전투전초
CP	Contact Point	접촉점
CPMX	Command Post Movement	지휘소이동연습(훈련)
CQ	Charge of Quaters	당직근무
CSW	Crew Served Weapon	공용화기
CT	Counter Terrorism	대테러
CV	Combat Vehicle	전투차량
CW	Chemical Weapons	화학무기
CZ	Combat Zone	전투지대
D/O	Due-Out	불출예정
D/S	Daily Supply	일일보급량
DA	Direct Action	직접작전
DDC	Duty Division Code	업무구분부호
DEFCON	Defense Readiness Condition	방어준비태세
DMZ	De-Militarized Zone	비무장지대
DP	Decision Point	결심지점
DPER	Daily Personnel Effectiveness Report	일일병력보고

약어	원 어	군사용어
EA	Electronic Attack	전자공격
EBO	Effect Based Operations	효과중심작전
EENT	End of Evening Nautical Twillight	해상박명종
ES	Electronic Warfare Support	전자전지원
FB	Floating Bridge	부교
FD	Fire Direction	사격지휘
FDC	Fire Direction Center	사격지휘소
FEBA	Forward Edge of the Battle Area	전투지역전단
FFIR	Friendly Force Information Requirement	우군정보요구
FLOT	Forward Line of Own Troops	우군진출선
FM	Field Manual	야전교범
FO	Forward Observer	전방관측자
FR	Force Restoration	전투력복원
FSCL	Fire Support Coordination Line	화력지원협조선
FSE	Fire Support Elemnet	화력지원반
FSO	Fire Support Officer	화력지원장교
FTX	Field Training Exercise	야외기동연습
Gd	Guard	위병
GL	Grenade Launcher	유탄발사기
GOP	General Outpost	일반전초
GS	General Support	일반지원
GSR	General Supports & Reinforcing	일반지원 및 (화력)증원
GW	Guerrilla Warfare	유격전

약어	원 어	군사용어
HG	Hand Grenade	수류탄
HQ	Head Quarters	본부
HRD	Homeland Reserve Defense Force	향토예비군
HVT	High Value Target	고가치표적
IDC	Integrated Defense Center	통합방위본부
IDS	Integrated Defense Situation	통합방위사태
IED	Improvised Explosive Device	급조폭발물
IFV	Infantry Fighting Vehicle	보병전투차량
IN	Infantry	보병
INFOCON	Information Operations Condition	정보작전방호태세
INFOSEC	Information Securtiy	첩보보안
INT	Intelligence	정보
IO	Information Operations	정보작전
IPB	Intelligence Preparation of the Battlefield	전장정보분석
JAAT	Joint Air Attack Team	합동공중공격반
JCS	Joint Chiefs of Staff	합동참모본부
KAAO	Korea Approved Area of Operations	한국항공작전공역
KADIZ	Korea Air Defence Identification Zone	한국방공식별구역
KADS	Korea Air Defence Sector	한국방공구역
KGS	Korea Geographic System	한국좌표체계
LC	Line of Contact	접촉선
LO	Liaison Officer	연락장교
MDL	Military Demarcation Line	군사분계선

약어	원 어	군사용어
METT+TC	Mission, Enemy, Terrain and Weather, Troops Available, Time Available, Civil Considerations	메트-티씨 요소 *임무, 적, 지형 및 기상, 가용부대, 가용시간, 민간요소
MG	Machine Gun	기관총
MLC	Martial Law Command	계엄사령부
MOPP	Mission Oriented Protective Posture	임무형보호태세
MORT	Mortar	박격포
MOS	Military Occupational Specialty	군사특기
MOU	Memorandum of Understanding	양해각서
MP	Military Police	헌병
MSEL	Master Scenario Event List	사태목록
MSR	Main Supply Route	주보급로
NBC	Nuclear Biological and Chemical	화생방
NCO	Non Commissioned Officer	부사관
NCW	Network Centric Warfare	네트워크중심전
NLL	Northern Limit Line	북방한계선
O	Organization	편성
OB	Order of Battle	전투서열
OC	Officer Candidate	사관후보생
OP	Observation Post	관측소
OPCOM	Operational Command	작전지휘
OPCON	Operational Control	작전통제
OPLAN	Operation Plan	작전계획
OPORD	Operation Order	작전명령
PKM	Patrol Killer Medium	고속정

약어	원 어	군사용어
PL	Phase Line	통제선
PLD	Probable Line of Deployment	예상전개선
PLF	Prescribed Load	규정휴대량
PRI	Preliminary Rifle Instruction	사격술예비훈련
Pt	Platoon	소대
RA	Regular Army	정규군
RC	Reserve Components	예비군
RCLR	Recoilless Rifle	무반동총
RF	Reinforce	증원
RP	Release Point	분진점
RSOI	Reception, Staging, Onward Movement and Integration	연합전시증원 *수용 · 대기 · 전방이동 및 통합
SN	Service Number	군번
SOP	Standard Operating Procedure	내규, 예규
Sqd	Squad	분대
SU	Supporting Unit	지원부대
SW	Special Wafare	특수전
T/O	Table of Organization	편제표
TAC-CP	Tactical Command Post	전술지휘소
TACON	Tactical Control	전술통제
Tag	Target	표적
TAI	Target Area od Interest	관심타격지역
TC	Training Circula	교육회장
TF	Task Force	특수임무부대

약어	원 어	군사용어
TR	Tracer	예광탄
TWR	Tower	관제탑
WMD	Weapons of Mass Destruction	대량살상무기
WO	Warrant Officer	준사관
WR	War Reserves	전쟁예비량
WRSA	War Reserve Stocks for Allies	동맹군전시예비물자
WS	War Support	군수품
XO	Executive Officer	선임장교, 보좌관, 행정장교
ZF	Zone of Fire	사격지대

부록 2. 주요 군사용어

격멸 (擊滅, Destruction)

적의 인원 및 장비를 사살, 파괴 또는 포획하여 적의 전투력을 무력화시키는 공격행동.

격퇴 (擊退, Repulse)

배치된 적 또는 공세행동 중인 적에게 화력이나 공세행동을 가하여 그들의 임무를 포기하고 퇴각하게 하는 공격행동을 의미함.

견부진지 (肩部陣地, Shoulder Critical Point)

1. 전방 및 측후방을 감제관측 할 수 있고 사계가 양호하여 적의 진출을 저지하기 유리한 진지.
2. 살상지역을 형성할 수 있고 차후작전을 유리하게 수행하도록 하는 진지.

견제 (牽制, Containment)

적 부대를 아군이 요망하는 지역으로 고착시키거나 포위하는 전술적 행동 또는 적의 활동이나 관심을 가치가 적은 특정지역 및 상황에 집중하도록 강요하여 부대의 전부 혹은 일부를 결정적인 시간과 장소에 전환하지 못하게 하는 전술적 행동

가. 공격작전시 견제는 적 부대의 이동 또는 전술활동을 방지하기 위하여 충분한 압력을 가하는 것이며, 방어작전시 견제는 저지의 개념이 보다 부각된 용어임.

나. 적을 견제하는 방법에는 적의 약점을 위협하는 방법과 적을 기만해서 유인하는 방법이 있음

다. 견제작전은 대체로 주 작전에 종속된 작전으로서 주 작전에 의해 시간적, 공간적으로 구속을 받으며, 일반적으로 우세한 적에 대한 기만적 성격의 작전이고, 본래는 결전을 회피하여야 하나 상황에 따라서는 결전을 하는 것이 유리하거나 필요할 때도 있음.

가. 고착 (固着, Fix, Lock on)

적 부대의 전부 혹은 일부가 아 주공 또는 조공방향으로 전환되지 않도록 하는 것, 즉 현 위치에 그대로 있도록 하는 것.

나. 견제 (牽制, Containment)

적 부대의 전부 혹은 일부가 아 주공 또는 결정적 작전부대 방향으로 전환되지 못하도록 하기 위해 상황에 따라 아군의 조공지역으로의 전환은 허용할 수 있다는 개념을 포함함.

경계 (警戒, Security)

한 부대가 전투력을 보존하고 부대의 안전 및 행동의 자유를 도모하기 위하여 적의 공격, 기습, 관측 및 기타 위협으로부터 아군 부대를 보호하기 위하여 취하는 모든 수단을 의미함.

경계분견대 (警戒分遣隊, Security Detachment)

적의 기습 및 지상관측으로부터 본대를 방호하거나 이를 엄호하는 부대.

경계정찰대 (警戒偵察隊**)**

야간이나 제한된 시도조건하에서 첩보를 수집하거나, 필요시 잔류하여 유도병 임무를 수행하도록 공격개시 이전에 파견하는 소규모 부대를 말함.

경계지대 (警戒地帶**, Security Zone)**

자체방어 시 전초 및 청음초, 대전차 공격조를 운영하여 적의 접근을 조기에 경고하고 지원화력을 요청하거나 능력범위 내에서 적을 격멸하기 위한 방어지대를 말하며 주방어지대로부터 지원거리를 고려하여 선정함.

계획수립 (計劃樹立**, Planning)**

1. 부여되었거나 또는 예상되는 장차 임무를 완수하기 위하여 수행되는 계속적인

준비과정으로서, '계획작성'과 동의어임

2. 작전수행과정의 첫 단계로서, 지휘관과 참모가 상황평가에 기초하여 지휘관의 작전구상 결과를 구체적인 방책으로 발전시키는 과정.

계획수립절차 (計劃樹立節次, **Planning**)

계획수립 방법을 논리적으로 순서화한 것으로, 대대급 이상의 제대는 전술적 계획수립절차를, 중대급 이하 전술제대에서는 부대지휘절차를 적용함.

계획지침 (計劃指針, **Planning Guidance**)

계획수립 과정에서 지휘관이 자신의 의도대로 계획을 수립할 수 있도록 참모 및 예하지휘관들에게 계획수립의 초점을 제시하는 것을 말함.

고가치표적 (高價値標的, **HVT : High Value of Target**)

적 지휘관이 성공적인 임무수행을 위해 필요로 하는 자산(부대, 시설, 장비 등)을 말하며, 작성된 고가치표적 목록은 핵심표적 목록 작성의 기준 자료로 활용됨.

고수방어 (固守防禦, Defense in Place)

강력한 방어 편성과 결전의 의지를 기초로 방어지역의 상실을 최대한 억제하면서 적의 공격을 저지 격멸하기 위한 방어작전의 개념을 말함.

고유명칭 (固有名稱)

부대 편제표 상에 부여된 부대명칭. (예 : 제110보병사단, 육군보병학교)

고착부대 (固着部隊, Fixed Force)

기동방어 시 조기경고, 방어, 지연, 적 기만 및 와해, 그리고 지연진지를 점령함으로써 적의 병력을 집결시켜, 적으로 하여금 아군 역습에 취약하게 하기위하여 전방 방어지역에서 운용되는 비교적 경장비화 된 부대를 말함.

공격개시선 (攻擊開始線, Line of Departure)

공격작전을 실시하는 부대가 규정된 시간에 통과하는 일종의 통제선으로, 공격부대의 공격방향과 공격개시시간을 협조시키기 위해 사용함.

공격개시시간 (攻擊開始時間, Time of Attack)

공격이 개시되는 시간으로서 만일 공격개시선이 지정되었다면 공격부대의 선두가 공격개시선을 통과하는 시간.

공격개시점 (攻擊開始點, Attack Position)

침투 시 공격부대가 공격개시선을 통과하는 지점을 말함.

공격기동형태 (攻擊機動形態, Attack-Forms of Maneuver)

공격작전간 적보다 유리한 위치로 부대를 이동하여 적에게 접근하는 형태로서 공격부대가 전반적으로 전투력을 지향하고 운용하는 모습을 구분한 것을 말하며 포위, 우회기동, 돌파, 정면공격, 침투기동이 있음.

공격기세 (攻擊氣勢, Momentum of an Attack)

공격을 하고 있는 부대의 여세와 화력이 촉진된 상태를 의미함.

공격단정 (攻擊短艇, Assault Boat)

넓은 하천을 도하시 인원수송을 위하여 고안된 가볍고 빠른 소단정을 말함.

공격대기지역 (攻擊待機地域, Attack Holding Area)

공격 헬기가 전투진지 점령 전 지휘 및 정찰헬기가 전투진지 일대에서 목표지역(화력격멸지역) 일대의 지상작전부대와 최종협조 및 계획된 표적에 대한 정찰을 하는 동안 잠시 점령하는 지역.

공격대기지점 (攻擊待機地點, Attack Position)

1. 공격제대가 공격개시선을 통과하기 전에 점령하는 최종위치로, 공격개시선 적

후방의 은폐, 엄폐된 지역에 위치함.
2. 도하작전 시 공격단정을 운반하는 공병이 보병과 만나는 지점.

공격방향화살표 (攻擊方向~, Direct of Attack, Arrow Head)

주공 또는 주력부대가 따라야 할 특정방향 또는 통로로서, 통상 대대 및 그 이하 제대에서 사용함. 공격방향화살표는 전진축보다도 더 제한을 하는 통제방책으로서 부대는 부여된 통로를 이탈할 수 없음.

공격작전 (攻擊作戰, Offensive Operation)

적의 전투의지를 파괴하고, 적 부대를 격멸하기 위하여 가용한 수단과 방법을 사용하여 전투를 적 방향으로 이끌어 나가는 작전으로, 작전의 형태는 접적전진, 급속 공격, 정밀공격, 전과확대, 추격으로 구분됨.

공격준비파괴사격 (攻擊準備破壞射擊, Counter Preparation Fire)

적의 공격이 임박하였을 때 실시되는 사전 준비된 강력한 예정사격으로써, 적의 공격대형을 파괴하고 지휘 및 통제, 통신, 표적탐지 노력을 와해 시키며 적의 공격준비사격의 효과를 감소시키고, 공격정신을 저하시키기 위해 실시하는 사격을 말함.

공격축선 (攻擊軸線, Axis of Attack)

1. 공격작전의 주력이 지향되는 일련의 선.
2. 공격부대가 사용해야 할 공간을 한정하고 방향을 명시하는 통제방법.

공세 (攻勢, Offensive)

주도권을 행사해서 적을 격파하는 적극적인 대규모 공격 행동의 통칭.

공세이전 (攻勢移轉, Counter Offensive)

적의 공격을 무력화시키고 주도권을 확보하기 위하여 방어로부터 적극적이고 대규모적인 공세행동으로 전환하는 것으로서 '반격'과 동의어임

공세작전 (攻勢作戰, Offensive Operations)

접적 초기단계에 필승의 신념과 적극적인 전투의지로 방어와 동시에 즉각적인 공세행동으로 적의 공격기세를 박탈하여 전장 주도권을 장악하는 작전을 말함.

공세적방어 (攻勢的防禦, Offensive Defense)

먼저 적의 공격을 받아들여 방어의 이점을 최대로 이용하면서 적의 약점과 호기를 포착하여 적극적인 공세행동으로 적을 약화 또는 격멸하여 주도권을 장악하고 공세전환의 여건을 조성하는데 목적을 둔 적극적인 방어작전을 말하며, 이는 다음의 공격을 위하여 공격과 방어의 이점을 조화시킨 적극적인 정신의 방어개념임.

공세적전전장동시전투 (攻勢的全戰場同時戰鬪)

미래 한반도 전쟁양상을 북한의 장거리 화력과 특수부대에 의해 전·후방 구분 없이 피아가 혼재된 비선형 전투가 수행될 것으로 예상하고 전·후방 동시전투를 통하여 적의 중원역량과 배합전 능력을 무력화하는 개념.

* 1985년부터 적용하던 공지전투개념이 한반도 전장환경에 적합하지 않다는 의문이 제기됨에 따라 1988년 공세적 전 전장 동시전투 개념이 정립되었음.

공세적통합전투 (攻勢的統合戰鬪, Offensive Intergrated Combat)

공세적 전 전장동시전투개념에서 1991년의 걸프전 교훈을 기초로 하여 1994년에 새롭게 정립한 기본전투개념으로서, 제 전투수단을 체계적으로 동시에 통합하여 전투 효율성을 극대화하고 주도권을 확보하기 위하여 전투를 공세적으로 수행한다는 개념을 말함.

공세적후방지역작전 (攻勢的後方地域作戰, Offensive Rear Area Operations)

적의 지상, 해상, 공중침투를 사전에 탐지하여 침투하기 이전에 최대한 적을 격멸하고, 침투한 적에 대해서는 민·관·군 제 작전요소를 통합하여 능동적·적극적으로 전투력을 운용하여 작전의 주도권을 확보·유지·확대함으로써 조기에 적을 격멸하는 후방지역작전 수행개념을 의미함.

공역통제 (空域統制, Airspace Control)

전투지대에서 아군 항공기의 안전을 보장하면서 화력을 지속적으로 운용하기 위하여 공역 사용을 협조, 통합, 조정 및 규제하는 것을 말함.

공역통제구역 (空域統制區域, Sector of Airspace Control)

전투지대의 식별이 용이한 지형을 따라 횡적으로 연결된 공역을 말함.

공중강습작전 (空中强襲作戰, AAO : Air Assault Operation)

보병부대를 중심으로 구성된 제병협동부대가 중요지역 확보, 적 부대 및 시설 타격등의 목적을 가지고 육군항공자산을 이용하여 공중으로 기동, 지상전투를 실시하는 작전의 한 형태.

공중강습작전단계 (空中强襲作戰段階)

공중강습작전이 실시되는 양상으로서, 지상전술단계, 착륙단계, 공중기동단계, 탑재단계, 집결 및 이동대기 단계로 구분됨.

공중강습작전부대 (空中强襲作戰部隊, AATFC : Air Assault Task Force Commander)

보병부대에 항공부대의 공중기동력을 통합한 제병협동부대를 말하며, 통상 보병, 육군 항공 그리고 전투지원 및 작전지속지원부대로 구성되며, 중요지역을 확보하여 적의 증원 및 퇴로를 차단하거나 적 병참선을 차단, 적 핵심 시설 및 부대를 기습타격 함으로써 적 중심을 와해하는 등의 임무를 수행함.

과업 (課業, Tasks)

1. 예하부대에 할당된 기능이나 직무, 또는 상위기관에 의한 지시로서 임무를 달성하기위해 수행해야 할 일이나 업무.
2. 전반적인 전략개념과 기본임무로부터 도출된 작전개념을 성공적으로 수행하기 위하여 완수해야 할 일, 또는 예하부대가 수행해야 할 임무.

과오 (過誤)

적이 특정한 전술적 행동을 취할 때 발생하는 취약점으로 부대밀집, 공격대형 신장, 측방노출 등이 있음.

관심지역 (關心地域, Area of Interest)

작전지역 밖의 현행 및 장차작전에 영향을 미칠 수 있는 적 부대가 위치한 지역을 말함.

관심타격지역 (關心打擊地域, TAI : Target Area of Interest)

적의 전진을 자연, 와해, 격멸 또는 유인할 수 있는 접근로 상의 지역 또는 지점으로 우선순위가 높은 표적지역을 말하며, 주요 교량, 협곡 또는 애로지점, 도로 교차점, 저명한 도섭지점 낙하 및 착륙지대, 터널 등을 선정함.

관측 (觀測, Observation)

육안이나 감시수단을 이용하여 적을 볼 수 있는 능력.

관측소 (觀測所, OP : Observation Post)

관측과 사격요구 또는 조정할 수 있도록 통신이 설치된 장소를 말함.

교대전진 (交代前進, Bounding Overwatch)

소부대가 적과의 접촉이 긴박한 상황 하에서 이동제대를 나누어서 상대적인 잠제지형을 선점한 제대의 감시 및 엄호 하에 나머지 제대가 약진하고, 약진한 제대의 감시와 엄호 하에 감시하던 제대가 약진하는 방법으로 상호 교대하여 이동하는 기술을 말함.

교전 (交戰, Engagement)

1. 적과의 접촉상태에서 공격행동을 취하는 전투행위 그 자체를 의미.
2. 최소한 어느 한 쪽에 의해 야기되는 적대행위의 발생 상태.
3. 연대(여단)급 이하 부대에서 단기간, 즉 수 분, 수 시간 또는 하루 정도 지속

되는 소규모 충돌.
4. 지정된 표적에 대한 사격을 지시하기 위하여 사용되는 사격명령(방공).

군단 (軍團, Corps)

상급부대의 작전적 목표달성에 기여하기 위하여 작전을 수행하는 최고의 전술제대로서, 상급부대로부터 수 개의 사단과 각종 전투 및 전투지원부대를 배속 받아 운용됨.

군사분계선 (軍事分界線, MDL : Military Demarcation Line)

「한국군사정전협정」(1953. 7. 27)에 따라 유엔군사령관 통제 하에 있는 지역과 북한군사령관의 군사통제 하에 있는 지역을 분할하는 군사적인 경계선을 말하며, 임진강 북쪽 제방(한강하구의 동북방 경계선)으로부터 군사분계선 표시번호 0001에서 동해안으로 군사분계선 표시번호 1292까지 계속됨.

군사전략 (軍事戰略, Military Strategy)

국가목표를 달성하기 위하여 군사력을 건설하고 운용하는 술과 과학을 말함.

규정휴대량 (規程携帶量, PL : Prescribed Load)

편성부대 및 독립중대, 격리된 파견대(부대정비를 실시해야만 하는 격리된 통신소, 레이더감시소)에서 부대정비를 하기 위하여 보유하도록 인가된 15일분의 수리부속품과 특수공구를 말함.

규정휴대량목록 (規程携帶量目錄, PLL : Prescribed Load List)

규정휴대량 품목을 기능별, 장비별로 열거해서 수록해 놓은 목록을 말하며, 이는 수리 부속품에 대한 보급근거 문서가 됨.

급속공격 (急速攻擊, Hasty Attack)

적이 방어태세를 갖추기 전에 최소한의 준비로 가용부대를 투입하여 공격기세를 유지하고 적을 격멸하는 공격작전의 형태.

급편방어 (急便防禦, Hasty Defense)

통상 적과 접촉중이거나 접적이 긴박하여 편성을 위한 가용시간이 제한될 때 실시하는 방어로서, 급편방어 시에는 지형의 천연적인 이점을 최대로 이용하여 방어한다는 특징이 있음.

기동 (機動, Maneuver)

1. 차후작전에 유리한 상황을 조성하기 위해 적 보다 유리한 위치로 병력, 장비, 물자 등을 이동시키는 것을 말함.
   * 단순하게 어느 지점에서 타 지점으로 병력, 장비, 물자 등을 옮기는 이동(移動)과 구별됨. 적과 직접적인 접촉 유무에 따라 아군 지배 하 지역은 이동, 공격개시선 이북은 기동으로 나누어짐.
2. 부대를 전개시켜 아군에게 유리한 여건을 조성하고 적 부대의 균형을 와해시키며, 대기동으로 적의 조직적인 작전활동을 방해하는 전투수행 기능을 말함.

기동계획 (機動計劃, Scheme of Maneuver)

부대가 부여된 임무를 완수하기 위해 수립한 예·배속부대 등의 기동 및 운용에 관한 계획 적보다 상대적으로 유리한 위치를 확보하고 적의 대응보다 더 빠른 속도로 적 후방 종심으로 기동하여 적을 격멸할 수 있도록 작성된 계획으로 부대기동, 부대할당, 전투편성 등이 포함됨.
기동계획은 특별한 양식에 의해 작성되는 것은 아니며 통상 계획 및 명령 의 기본문 제3항 실시의 작전개념 란과 부록의 전투편성, 작전투명도 등에 포함되어 기술됨.

기동공간 (機動空間, Movile Space)

임무수행을 위하여 보다 효과적으로 기동할 수 있는 지면 및 공중을 말함.

기동로 (機動路, Avenue for Maneuver)

부대가 지형의 특별한 제한 없이 용이하게 기동할 수 있는 통로를 말함.

기동매복 (機動埋伏, Maneuvering Ambush)

기동성을 갖춘 소규모의 부대가 적의 접근이 예상되는 지역이나 지점에 다수의 매복진지를 준비하고, 연속적으로 선점하여, 접근 및 이동하는 적을 기습적으로 교란, 와해, 격멸하는 일련의 공세행동을 말하며, 통상 기갑 및 기계화 부대에서 수행하며, 기동성을 갖춘 보병부대도 수행할 수 있음.

기동방어 (機動防禦, Mobile Defense)

방어부대가 선정한 시기와 장소에서 주 전투력을 동적으로 운용하여 결정적 작전을 실시함으로써 적을 격멸하기 위한 방어작전의 형태를 말함.

기동전 (機動戰, Maneuver Warfare)

적의 군사력을 물리적으로 파괴하기보다는 기동을 통하여 심리적 마비를 추구함으로써 최소의 전투로 결정적 승리를 달성하게 하는 전쟁수행 방식을 의미함.

기만작전 (欺瞞作戰, Deception Operations)

아군의 작전의도, 능력, 배치 등을 적에게 오판하도록 유도하여 적을 아군의 의도대로 유인하거나 적의 기도를 사전에 포기하게 하는 계획적인 작전활동을 말하며, 양공, 양동, 계략, 허식 등이 있음.

가. 양공 (陽功, Feint)

적을 기만하기 위해 실시하는 제한된 목표에 대한 공격작전.

나. 양동 (陽動, Demonstration)

적을 기만할 목적으로 아군이 결정적인 작전을 기도하고 있지 않은 지역에서 실시하는 무력시위로서 양공과 비슷하나 적과 접촉하지 않은 것이 다름.

다. 계략 (計略, Ruse)

적을 기만하기 위하여 적에게 허위 첩보 및 활동을 고의로 제공하는 것.

라. 허식 (虛飾, Show)

적을 기만하기 위하여 감시체계에 어떠한 물건 또는 활동을 제시(提示)하는 것으로 모의, 가장, 연출 등의 형태가 있음.

1) 모의 (模擬**, Simulation)**

전장에서 실제 존재하지 않는 시설, 장비 또는 체계를 실존하는 것처럼 적을 속이는 것.

2) 가장 (假將**, Disguise)**

어떤 물체를 다른 물체처럼 보이도록 물체의 형태를 변형시키는 것.

3) 연출 (演出**, Production)**

어떤 활동이 적에게 실제와 다르게 보이도록 하는 활동.

기만장애물 (欺瞞障碍物, Deception Obstacle)

장애물이 설치되지 않는 지역에 장애물이 설치된 것처럼 하거나, 실제보다 적거나 많게 설치된 것처럼 기만하여, 적의 혼란 및 노력낭비, 심리적 공포감 조성을 위하여 사용되는 장애물을 말하며, 기만지뢰, 및 모의 장애물, 지뢰매설 흔적 등의 방법이 있음.

기본휴대량 (基本携帶量, B/L : Basic Load)

부대 내에서 항상 보유하도록 인가된 탄약의 양으로서, 정상적인 재보급이 이루어질 때까지 부여된 전투임무를 수행하는데 필요한 예상소요량을 말하며, 편제인원 및 장비로 1회 수송 가능하여야 하며, 이는 화기당 발수 또는 부대당 수량으로 표시됨.

기습공격 (奇襲攻擊, Surprise Attack)

불의의 공격으로 적에게 심리적, 물질적 충격을 가하여 혼란을 조성하고, 기습의 효과를 이용하여 주도권을 장악함으로써 유리한 여건 하에서 전쟁을 수행하고자 하는 것을 말함.

단차 (單車)

전차나 장갑차 등 운용단위로 1대의 전투 차량을 말함

대대 (大隊, BN : Battalion)

자체 본부 및 2개 이상의 대, 중대 또는 포대로 구성된 단위부대를 말함.

대전차공격 (對戰車攻擊, Antitank Attack)

적의 전차를 무력화하기 위한 적극적인 수단, 가용한 모든 대전차 화기 및 대전차 공격조의 운용 등으로 적 전차를 격멸하는 작전을 말함.

대전차장애물 (對戰車障碍物, Antitank Obastacle)

대전차지뢰, 도로대화구, 바리게이트, 파괴된 차량, 건물의 잔해 등으로 적 예상 접근로 상에 설치하여 차륜 및 궤도차량의 기동을 저지하는 장애물.

대지상침투작전 (對地上浸透作戰, Counter Ground Infiltration Operation)

군사분계선의 지상·수중·땅굴을 통하여 침투하거나 활동하는 적을 조기포착, 격멸 하기 위하여 전방군단 책임지역에서 실시하는 작전으로, 적 침투방법 및 양성을 고려하여 대육상 침투작전, 대강안 침투작전, 대땅굴 침투작전, 대고속 침투작전으로 구분함.

가. 대육상 침투작전

전방군단 책임지역의 육상으로 침투하거나 침투한 적을 조기에 발견하여 격멸하기 위한 작전

나. 대강안 침투작전

전방군단 책임지역의 수중으로 침투하는 적을 조기에 발견하여 강안 접안직전이나 접안순간에 격멸하기 위한 작전

다. 대땅굴 침투작전

전방군단 책임지역의 땅굴을 이용하여 침투하는 적을 조기에 탐지 및 발견하여 격멸하기 위한 작전

라. 대고속 침투작전

적이 차량 및 기타 수단을 이용하여 수도권 및 도시지역이나 목표지역으로 빠른 속도로 침투하는 것을 차단 및 격멸하기 위한 작전

대침투작전 (對浸透作戰, Counter Infiltration Operation)

평시 및 분쟁 시에 땅굴을 포함한 지상, 해상, 공중 또는 제3국을 통하여 침투하거나 침투하여 활동하는 적을 조기에 포착, 격멸하기 위하여 실시하는 제반 작전활동을 말하며, 군 경찰, 예비군과 행정관서, 기업체의 관계요원, 주민 등 제 국가방위요소를 망라하여 민 · 관 · 군 · 경 통합방위작전으로 수행됨.

도로견부 (道路肩部, Shoulder)

차량이나 기갑 및 기계화부대 기동로를 통제할 수 있는 도로 좌 · 우측의 중요한 지형지물을 말함.

도로대화구 (道路大火口, Road Capacity)

대전차 장애물의 일종으로, 도로나 적의 고속접근로에 설치하여 기갑 및 기계화부대의 기동을 저지 또는 지연시키기 위해 폭약으로 형성한 화구를 말함.

도로정찰대 (道路偵察隊, Road Reconnaissance Team)

정찰임무중 주로 부대이동 또는 기동을 위한 도로위주 정찰 임무를 수행하기 위해 잠정 편성된 부대를 말함.

돌격 (突擊, Assault)

백병전이 수반되는 공격전투의 최종단계로서, 공격전투의 승패를 결정하는 행동을 말함.

돌격사격 (突擊射擊, Assault Fire)

1. 돌격 간 실시하는 사격으로서, 비교적 근거리에서 기동하면서 짧고 맹렬하게 사격하는 것을 말함.
2. 고정된 점표적(벙커, 동굴)을 맞출 수 있는 정확도로 실시되는 간접사격(포병).

돌격진지 (突擊陣地, Assault Position)

돌파, 돌격, 돌파 및 돌격제대가 공격개시선과 목표사이에 점령하는 진지로 최종적으로 돌격을 준비하는 장소를 말함.

돌파 (突破, Penetration)

공격부대가 적 주 방어진지의 일부를 격파하고 적을 분산시킨 후 각개격파 하거나, 적의 방어 지속성을 파괴하는 공격기동의 형태.

돌파구내사격 (突破口內射擊, Firing on The Penetration)

역습 시 돌파구내의 적을 격멸하기 위한 사격을 말하며, 공격준비사격, 표적군(대) 사격, 엄호사격 등을 계획하여 역습부대를 직접지원하는 포병부대와 가용한 모든 화력을 운용하여 실시함.

마비 (痲痺, Paralysis)

대치하고 있는 적대국 중 어느 일방의 전략적 행위로 인하여 사고 또는 행동의 자유가 상실된 상태를 말함.

매복 (埋伏, Ambush)

이동 중이거나 일시적으로 정지한 적에게 은폐된 진지에서 기습공격을 하려고 잠복 대기하고 있는 행동을 말함.

메트-티시(METT+TC)

부대 운용에 영향을 미치는 전술적 운용요소인 임무, 적, 지형 및 기상, 가용부대 및 가용시간, 민간요소를 뜻하며, 구성요소는 다음과 같음.

M : 임무(Mission), E : 적(Enemy), T : 지형 및 기상(Terrain and Weather)
T : 가용부대(Troops available), T : 가용시간(Time available)
C : 민간요소(Civil considerations).

명령 (命令, Order)

1. 상급자가 하급자에게 구두 또는 서면으로 의무를 부과하는 것.
2. 서식, 구두 또는 신호 등의 통신수단을 이용하여 예하부대 또는 개인에게 상관의 계획 또는 결심사항을 지시 하는 것.

명시과업 (名示課業, Specified Task)

임무완수를 위해 반드시 수행해야 할 명시된 과업으로서, 상급부대의 계획(명령)에 기술되어 있는 과업이며, 상급부대 계획(명령)의 3항(실시) 예하부대 과업에서 주로 식별하나, 협조지시나 부록과 같은 다른 부분에서 식별할 수도 있음.

목표 (目標, Objective)

부대의 가용 전투력을 운용하여 확보 또는 달성해야 할 대상을 말함.

목표고립 (目標孤立, Objective Isolation)

목표상 전투 이전에 화력이나 기타 가용한 수단으로 목표상의 적을 제압하고 적의 증원 및 이탈을 차단하는 것을 말함.

목표공격개시시간 (目標攻擊開始時間, Objective H-hour, Time of Attack)

목표상에 전투력을 집중하여 결정적 작전을 실시할 수 있도록 각 부대들이 동시에 목표에 진입하는 시간을 말함.

목표부근재집결지 (目標附近再集結地, Objective environs Re-assembly area)

공격제대가 목표 지역에서 취할 행동을 준비하기 위하여 목표부근 일대에 선정하는 장소로, 공격개시선부터 목표까지의 거리가 원거리인 경우나 목표상 전투를 위하여 추가적인 준비가 필요한 경우에 선정함.

무력화 (無力化, Neutralization)

1. 적의 인원이나 물자를 군 작전에 사용될 경우에 비효과적이거나 혹은 사용이 불가능하도록 만드는 행위.
2. 일시적으로 표적의 전투력을 상실케 하는 것이며 부대의 사상자가 보충되고 장비가 정비되면 정상으로 복귀가 가능한 상태.

* 표적타격 요망효과는 제압, 무력화, 파괴로 구분함.

무조명무지원야간공격 (無照明無支援夜間攻擊, Non illuminated)

기습달성에 주안을 두고 기도비닉을 유지하기 위해 조명 및 화력의 지원없이 실시하는 야간공격을 말함.

무조명유지원야간공격 (無照明有支援夜間攻擊, Non illuminated Support Night Attack)

적의 관측과 사격으로부터 노출되지 않도록 하여 기습효과를 달성하기 위해 조명지원 없이 화력지원 하에 실시하는 야간공격을 말함.

무형전력 (無刑戰力, Intangible Combat Power)

군인이 전투에서 승리를 쟁취하기 위해 인간적으로서 발휘 할 수 있는 육체적, 정신적 능력과 내재적 가치가 결합된 총화를 말함.

문교 (門橋, Raft)

몇 개의 부주(교절)를 연결하여 뗏목 형태로 운용하는 도하수단을 말함.

문교도하 (門橋陶河)

도하방법 중 하나로써, 도섭이 불가능한 하천에서 강습도하 이후 적의 직사화기의 위협이 제거되었을 때 경전술 문교와 리본문교를 이용하여 차량 및 장비를 도하시키는 것을 말함.

민첩성 (敏捷性, Agility)

전투력을 적보다 신속하게 운용할 수 있는 부대의 능력을 의미하며, 주도권의 확보 및 유지, 확대를 위해 매우 중요한 요소임.

박명 (薄明, Twilight)

일출 전과 일몰 후에 하늘이 희미하게 빛나는 현상을 의미하며, 수평선 · 지평선과 태양의 위치와의 각도에 따라 해상박명과 민간박명, 천문박명으로 구분됨.

1. 해상박명(海上薄明)

가. 해상박명초 (BMNT : Beginnign Morning Nautical Twilight)

일출 전 태양이 수평선 아래 12° 위치에 있을 때의 시간

나. 해상박명종 (EENT : End of Evening Nautical Twilight)

일몰 후 태양이 수평선 아래 12° 위치에 있을 때의 시간.

2. 민간박명 (民間薄明)

가. 민간박명초 (EMCT : Beginning Morning Civil Twilight)

태양이 수평선 아래의 6° 위치에서 일출시의 위치로 이동할 때까지의 시간.

나. 민간박명종 (EECT : End Evenig Civil Twilight)

태양이 일몰시의 위치에서 수평선 아래의 6° 위치로 이동할 때까지의 시간.

3. 천문학적 박명 (天文學的薄明)

가. 천문학적 박명초 (BMAT : Beginning Morning Astronomical Twilight)

일출 전 태양이 지평선으로부터 12~18° 밑에 있을 때의 조명시간.

나. 천문학적 박명종 (EEAT : End Evening Astronomical Twilight)

일몰 후 태양이 지평선으로부터 12~18°로 내려갔을 때의 조명시간.

반 (班, Set : Section)

소대보다는 작고 분대보다 큰 전술단위로서, 어떠한 조직에 있어서는 부대보다 반이 기본적인 전술단위가 되어 있음.

반사면방어 (反斜面防禦, Reverse Slope Defense)

적 방향으로부터 내리막에 있는 경사면 상에 편성된 방어를 말하며, 일반적으로 산

악지형에서 작전하는 대대급 이하의 소규모 제대에서 유용하게 적용할 수 있음.

가. 반사면 방어는 적의 지세적인 정상 확보를 거부하는 것에 주안을 둠.

나. 반사면 방어진지를 편성할 때에는 고지정상까지 양호한 사계를 제공해야 하며, 특히 진지의 첨단은 정상으로부터 소화기 유효사거리 이내에 편성하도록 하여 방어진지에서 정상 주위의 접근로에 사격 할 수 있도록 계획하는 것이 바람직함.

다. 비록 방어부대가 정상을 점령하지 않더라도 사격에 의한 정상통제는 필수적이며, 만일 적이 정상을 확보하게 되면 반사면 방어가 갖는 이점을 상실하게 되므로 적이 정상을 확보하면 적을 격멸하고 정상을 회복하기 위하여 통상 역습을 실시함.

반응장갑 (反應裝甲, Explosive Reactive Armor)

특수물질을 삽입한 금속 장갑판재를 말하며, 전차 주 장갑 외부에 북착하여 탄이 충돌할 때 화학적·물리적 반응을 일으켜 화학 에너지탄(HEAT탄)의 분사제트나 운동 에너지탄(APFSDS탄)의 관통력을 약화시키는 일종의 덧붙임 장갑을 말함.

발사속도 (發射速度, Rate of Fire)

매 분당 발사탄수로 표시되며 화기의 자동적인 사격속도.

가. 유효발사속도 (有效發射速度, Effective Rate of Fire)

대포 등의 화기가 기능을 상실하지 않고 계속 포탄을 발사할 수 있는 속도를 말하며, 통상 1분간의 발사탄수를 의미.

나. 최대발사속도 (最大發射速度, Maximum Rate of Fire)

화기의 분당 최대 발사탄수.

다. 최적발사속도 (最適發射速度, Sustained Rate of Fire)

사수가 조준사격을 할 수 있고 총에 무리가 없이 장시간 동안 사격을 계속할 수 있는 속도.

방어시 공세행동 (防禦時 攻勢行動, Defensive offence Action)

적의 약점과 과오를 이용하여 적의 전투력을 약화 또는 격멸시킴으로써 방어작전의 성공을 보장하기 위해 실시하는 제한된 공격작전을 말하며, 역습, 역공격, 파쇄공격, 촌단공격, 유린공격, 소부대 공세행동 등으로 구분함.

방어작전 (防禦作戰, Defensive Operations)

가용한 모든 수단과 방법을 사용하여 공격하는 적 부대를 방해, 저지, 격퇴, 격멸하는 작전을 말하며, 작전의 형태는 주 전투력의 운용방법에 따라 지역방어, 기동방어, 지연방어로 구분됨.

방어준비태세 (防禦準備態勢, Defense Readiness Condition)

당면한 상황에 대처하기 위하여 부대를 일정한 준비태세로 유지시키는 것을 말하며, 4단계(DEFCON-IV~I)로 구분하여 상황이 긴박하게 진전됨에 따라 높은 단계로 전환하며, 세부절차는 부대예규로 규정함.

방어지역 (防禦地域, Defense Area)

1. 적의 공격을 지연, 저지, 격퇴 격멸하기 위하여 일정한 부대에 책임이 부여된 지역으로, 적지종심지역, 근접지역, 후방지역으로 구분함.
2. 공군의 방공에서 사용하는 방어지역은 대량항적 침투 시 중앙방공관제소의 컴퓨터가 자동적으로 위협을 평가하고 적절한 대응무기를 선정하여 신속한 전술조치를 취할 수 있도록 설정된 공중공간을 말함.

방책 (方策, COA : Course of Action)

부여된 임무를 완수하기 위하여 채택할 수 있는 실행 가능한 방안으로써, 방책수립 시에는 지휘관의 계획지침과 참모판단 결과 등 가용한 모든 자료를 활용하여 수립함.

방호 (防護, Protection, Guard)

1. 적의 지상 및 공중공격으로 부터 주요 군사기지 시설, 장비 및 병력을 보호하고, 피해를 극소화시킴으로써 작전능력을 보장하기 위한 활동.(Protection)
2. 아군의 생존성을 증대시키고 적으로부터의 기습을 방지하며 아군의 전투력을 보존하는 전투수행기능을 말함.(Protection)
3. 적의 지상관측, 직사화력 그리고 기습공격을 방지할 목적으로 이동 중이거나 정지해 있는 규모가 큰 부대(본대)의 측방, 전방 혹은 후방에서 작전하는 경계작전의 형태.(Guard)

방호벽 (防護壁, Protective Wall)

각종 화기 및 폭발물의 직접타격이나, 파편 등 각종 폭발효과를 차단하며 인원, 장비, 물자 등을 보호하기 위해 구축한 구조물을 말함.

방호장애물 (防護障碍物, Protective Obstacle)

적의 공격이나 기타 위협으로부터 병력, 장비, 물자, 시설을 보호하기 위해 사용하는 장애물을 말하며, 철조망, 조명지뢰, 산발형 지뢰 등이 있음.

방호철조망 (防護鐵條網, Protective Wire Entanglement)

방어진에 대한 적의 기습방지를 위해 진지, 관측소, 지휘소, 주요 화기 진지 주위에 적의 수류탄 투척거리를 고려하여 진지로부터 40～100m이격하여 설치하는 철조망을 말함.

배비 (配備, Dispose)

특정한 임무수행을 위하여 전력을 배치하는 것을 말하며, 아래와 같이 구분함

가. 다중배비

방어지대 내에서 전방방어지대 배치와 유사한 전력을 후방에 동시 배비하여 종심지대를 보강하는 것

나. 종심배비

방어지대 내에서 전력을 전방방어지대에 선형 배비하지 않고 주요 기동축선을 연하여 후방지역까지 계속 다중 배비하여 종심을 유지하는 것.

다. 기동배비

전력의 종점 배비로 인하여 발생하는 공간을 통제하기 위하여 시간적, 공간적 중앙에 기동예비대를 배비하는 것.

라. 종점배비

덜 중요한 축선에서 전력을 절약하고 위험한 축선에 전력을 집중하여 배비하는 것으로서 다중배비, 종심배비, 기동배비 방법이 혼합됨.

배속 (配屬, Attachment)

부대 또는 인원이 특정 편성체에 일시적으로 소속되는 지휘관계를 말하며, 피배속부대 지휘관은 배속인원에 대하여 지휘 및 통제권을 행사할 수 있으나, 전속과 진급에 대한 권한 및 책임은 통상 원 소속부대에 있음.

배치 (配置, Dispositon)

1. 한 지역 내에서 예하 각 부대를 배열하는 것으로, 통상 각 부대본부의 정확한 위치 및 그 예하대의 전개를 포함함.
2. 순항, 접근, 접촉유지 또는 전투와 같은 어떤 목적을 위하여 함대의 예하부대 또는 단일함정이 점유할 위치를 지정한 배열.
3. 비행편대나 일단의 항공전대를 구성하는 모든 전술 단위부대의 지시된 배열.
4. 원대복귀, 다른 치료시설로 이송, 사망 혹은 의무치료가 끝남으로써 의료시설로부터 환자를 제적 하는 것.

백병전 (白兵戰, Hand-To-Hand Combat)

적과 아군이 혼재되어 총검, 신체 등을 사용하여 상호 뒤섞여 싸우는 것.

백지전술 (白紙戰術, Student Paper Tactics)

전술원칙과 준칙을 적절하게 적용할 수 있도록 백지에 지형과 상황을 임의로 알맞게 부여하여 전술교리를 이해시키고 응용능력을 배양할 목적으로 제시하는 기본모형 전술문제를 말함.

병과 (兵科, Br : Branch of Service, Branch of Arms)

군사특기 구분 시 운영측면을 고려하여 적성분야별로 구분한 것으로, 가본병과와 특수병과로 구분함.

가. 기본병과

1) 전투병과 : 보병, 포병, 기갑, 공병, 정보통신, 정보, 방공, 항공.

2) 기술병과 : 화학, 병기, 병참, 수송.

3) 행정병과 : 부관, 헌병, 경리, 정훈.

나. 특수병과 : 의무, 법무, 군종.

보급품 (補給品, Supplies)

식량, 피복, 장비, 무기, 탄약, 유류, 기타 각종 자재 및 여러 종류의 기계를 포함한 군을 장비하고 유지하며 운용하는 데 필요한 모든 품목을 말하며, 다음과 같이 10가지 종별로 구분됨

1종 : 주·부식류를 포함한 전투식량 등 전투상황 및 지리적인 차이에 구애됨이 없이 대략 1일 일정한 율로 소모되는 품목.

2종 : 피복류, 개인 장구류, 천막류, 행정보급품, 내무생활용 보급품, 수공구등의 품목.

3종 : 석유, 연료, 윤활유 및 절연유류 보존유, 액체, 압축기체, 냉각제, 해빙제, 방독제, 첨가제, 석탄 등의 품목.

4종 : 공사자재, 설치된 장비를 포함한 모든 건축자재 및 축성자재.

5종 : 화학탄을 포함한 모든 탄약류, 폭파자재, 신관, 기폭약 등의 탄약류.

6종 : 개인 수요품목(비군사 판매품), 즉 군 매점계통에서 판매되는 품목.

7종 : 주요 완제품, 최종결합체, 즉 각종 차량, 총포, 기계 등의 품목.
8종 : 의무기재, 약품 위생소모품, 의무장비, 의무수리부속품 등의 품목.
9종 : 수리 부속품(의무장비 수리부속품 제외), 모든 장비의 정비지원에 소요되는 키트, 결합체를 포함한 부속 및 구성품.
10종 : 1종에서 10종까지의 분류에 속하지 않는 물자, 즉 비군사 목적, 대민지원 물자 및 자재.

본대 (本隊, Main Body)

전술부대 또는 대형의 주전투력으로 구성된 부대를 말하며, 전위, 측위, 후위 등의 경계부대와 연락조 등과 같이 분견된 단위요소는 포함되지 않음.

봉쇄 (封鎖, Blockade)

국지전시 기타적전 형태의 하나로, 적의 주권 하에 있거나 통제 하에 있는 특정 지역이나 해역 또는 해안에 대한 모든 선박 및 항공기의 출입을 차단하는 작전을 말함.

봉쇄선 (封鎖線, Blockade Line)

침투한 적을 특정한 지역 내에 고착시켜 격멸하기 위하여 확인되었거나 예상 및 추정되는 적의 위치를 중심으로 형성하는 포위선을 말함.

부교 (浮橋, FB : Floating Bridge)

1. 강 건너로 장비 및 병력을 보내기 위하여 부유물에 의하여 가설되는 임시교량.
2. 배, 뗏목 따위를 잇대거나 교각을 세우지 않고 강 위에 놓은 임시다리.

부대분류 (部隊分類)

1. 임무 및 기능에 의한 분류

가. 지휘통제부대 (指揮統制部隊)

예하부대의 지휘 · 통제를 주 임무로 수행하는 사령부급 이상의 부대.

예) 합참, 각 군 본부, 군사령부, 군단사령부, 작전사령부 등

나. 전투부대 (戰鬪部隊)

전투를 주 임무로 하는 전술작전을 수행하도록 구성되어진 부대

예) 보병부대, 기갑부대, 항공부대, 방공부대 등

다. 전투지원부대 (戰鬪志願部隊)

전투부대의 작전지원을 주 임무로 하는 부대.

예) 포병, 정보통신, 정보, 화생방, 공병, 헌병부대 등

라. 작전지속지원부대(戰鬪勤務支援部隊)

마. 교육훈련부대 (教育訓鍊部隊)

장병 양성 및 보수교육과 군사훈련을 주 임무로 하는 부대.

예) 각 군 사관학교, 각 군 대학, 국방대학교, 병과학교, 훈련소 등

2. 지휘관계에 의한 분류

가. 건제부대 (建制部隊)

상급부대 예하에 기본 제대로 고정 편성된 부대로서 지휘·통제는 기본적으로 상급부대 지휘관이 행사하며, 이러한 견제관계는 편제표에 의해 규정되어지고 일반명령에 의해서 변경됨.

나. 예속부대 (隷屬部隊)

특정한 상급부대에 비교적 영구적으로 소속되는 부대로서, 예속되어진 상급부대에 의하여 지휘·감독을 받으며, 예속관계는 일반명령에 의해 지정됨

다. 배속부대 (配屬部隊)

예속관계가 아닌 타부대에 일시적으로 소속되는 부대로서, 피배속부대 지휘관이 배속부대를 지휘하며, 보급·행정·교육 및 작전에 대한 책임을 짐 단, 보급 및 행정에 대한 책임이나 권한은 별도 규정으로 정할 수 있음.

라. 지원부대 (支援部隊)

예속 또는 피배속부대의 지휘하에 타부대 지원임무를 수행하는 부대로서, 지원하

는 부대는 피지원부대의 지원요청에 응해야 함.

마. 작전지휘부대 (作戰指揮部隊)

작전지휘를 받는 부대에 대한 임무수행에 필요한 명령과 지시를 하는 부대로서, 작전지휘를 받는 부대의 구성, 과업부여, 목표지정, 작전에 소요되는 자원판단 및 기획 등을 포함하며, 작전통제보다 포괄적인 개념.

바. 작전통제부대 (作戰統制部隊)

작전통제를 받는 부대에 대한 특정임무나 과업에 관하여 제한적으로 권한을 위임받아 작전을 통제하는 부대로서, 작전통제를 받는 부대의 구성, 수행할 임무 및 과업, 작전통제기간, 활동지역 등이 포함되며, 작전지휘보다 제한된 개념.

부대이동 (部隊移動, Troop Movement)

부여된 임무를 수행하기 위하여 전투력을 유지한 상태로 부대를 요구하는 시간과 장소에 위치시키는 것을 말함.

북방한계선 (北方限界線, Northern Limit Line ; NLL)

1953년 8월 30일 유엔군사령관이 한반도 해역에서 남북간 우발적 무력충돌 발생 가능성을 줄이고 예방하기 위한 목적으로 동·서해에 아 해군 및 공군의 초계활동을 한정하기 위하여 설정한 남북한의 실질적인 해상 분계선.

* 동해는 북방경계선(NBL;Northern Boundary Line)으로 최초 설정되었다가 1996. 7. 1일 동·서해 공히 NLL로 통일됨.

분대단위응급처치요원 (分隊單位應急處置要員)

전시 인접 전우의 부상치료와 후송을 위해 분(소)대별로 선발하여 양성된 요원.

분진점 (分進點, Release Point)

종대를 구성하여 이동하는 부대의 특정 구성 부대가 그의 각개 지휘관의 통제하에 복귀하는 지점 또는 예하 지휘자에게 지휘권이 이양되는 지점.

불확실성 (不確實性, Uncertainty)

확실한 판단의 바탕이 되는 체계적인 지도원리가 없는 상태로, 이러한 전장의 불확실성으로 인하여 적으로부터 기습을 받을 가능성과 판단상의 오류가 있을 가능성이 높음.

비대칭전 (非對稱戰, Asymmetric Warfare)

상대방이 효과적으로 대응할 수 없도록 하기 위하여 상대방과 다른 수단, 방법, 차원으로 싸우는 전쟁 양상을 말함.

비대칭전력 (非對稱戰力, Asymmetric Force)

적의 강점을 회피하면서 취약점을 최대한 공격하여 효과를 극대화하기 위한 전력 또는 상대방이 보유하고 있지 않거나 상대방보다 월등하게 많이 보유한 능력을 말함.

비트 (Bit)

단기간 은신하는 비밀장소로, 적의 관측, 추적, 수색 등으로부터 자신의 신체 및 장비, 행동을 일시적 또는 순간적으로 숨기거나 은신시키기 위한 비밀장소.

사거리 (射距離, Range, Fire Range)

1. 화기로부터 표적까지의 수평거리.
2. 사수나 사선에서 목표까지 이르는 가리.

*** 보조사거리** (輔助射距離)

사표 상의 사거리와 실제 사거리 간에 발생하는 사거리의 차이. 사표상의 사거리는 도상거리, 즉 직선거리이며 실지형에서 사거리는 포진지와 표적의 고도 차이를 고려한 거리임.

*** 유효사거리** (有效射距離, ER : Effective Range)

가. 어떤 무가 평균 50%의 확률로 표적을 명중시킬 수 있는 거리.

나. 한 무기가 손실 또는 피해를 가하기 위하여 정확하게 사격할 것이 예상되는 최대의 사거리.

다. 사수가 목표물을 조준 사격하여 적을 무력화시킬 수 있는 사거리.

* **최대사거리** (最大射距離, Maximum Range)

어떤 무기의 성능 상 사격 가능한 최대거리

사격 (射擊, Fire)

1. 총포의 발사 또는 총포나 총포 집단의 사격동작을 말함.
2. 사격을 하라는 구령으로도 사용되는데, 사격구령은 육성, 신호 또는 전자신호로 하달됨.

사격개시선 (射擊開始線)

1. 아군 방어진지 전방에 위치한 식별이 용이한 지형지물을 연하는 가상의 통제선으로 방어부대의 소구경 직사화기를 동시에 사격함으로써 사격효과의 증대와 적에게 피해를 가중시키고 방어진지의 조기노출을 방지하기 위해 중대장이 소총 유효사거리, 관측과 사계 등을 고려하여 선정함.
2. 전차 및 기계화부대 사격개시선은 편제장비 및 가용한 화력으로 기습적인 사격을 실시하기 위해 선정하는 선으로 화력격멸지역 및 전차사격 집중구역과 연계하여 화기별 유효사거리 범위 내에서 가용한 화기별로 별도의 사격개시선 선정이 가능하며 대략적 위치는 대대에서 세부 위치는 중대에서 선정함.

사격제한구역 (射擊制限區域, Restrictive Fire Zone)

전투지대 내 공역에서 아군 항공기가 특정한 임무를 수행 시 항공기의 안전을 보장하기 위하여 각종 화기의 사격을 일시 제한하는 구역을 말함. 사단급 이상 부대의 지휘관에 의해 설정되며, 항공기 참가 대수, 항공기 전투진지와 목표 간의 거리, 항공기 운용방법, 지상 편제화기 능력, 목표 중앙으로부터 안전거리 등을 고려하여 설치함.

사격제한선 (射擊制限線, Restrictive Fire Line)

제한적 수단의 일종으로, 양개부대가 연결작전을 실시할 때 상호 임무수행의 방해 또는 충돌을 방지하기 위하여 설치하는 선을 말함. 양개부대를 지휘하는 상급지휘관이 설치하며 해당부대 간 사전 협조 없이 이 선 너머의 표적에 대하여 사격할 수 없음.

사격지원진지 (射擊支援軫池, Fire Support Position)

돌파 및 돌격제대의 기동을 지원하고 적 부대를 사격으로 고착 또는 제압하기 위해 지원제대가 점령하는 진지를 말함. 사격지원진지를 선정할 때에는 점령하는 부대의 규모 및 화기종류, 돌격진지 위치, 적의 배치, 지형의 특징(관측과 사계, 은폐 및 엄폐, 기동로) 등을 고려함.

사격지휘 (射擊指揮, FD : Fire Direction)

1. 사격요구를 접수하면 사격임무가 종료될 때가지 일련의 절차를 통하여 사격을 지휘하고 통제하는 기능.
2. 사격지휘는 대포와 탄약의 특성, 대포와 표적의 위치, 기상제원 등을 사격제원으로 전환하는 '기술적 사격지휘'와 사격요구의 처리, 사격방법, 공격시간의 결정 등 절차의 효율성을 달성하면서 표적에 대한 최대의 효과를 얻을 수 있는 방법을 결정하는 '전술적 사격지휘'로 구분.

사격지휘소 (射擊指揮所, FDC : Fire Direction Center)

상급부대 또는 관측자로부터 사격요구를 접수하여 사격제원을 산출하고 이를 전포대에 사격명령으로 하달하는 포술분과의 통제본부를 말함.

사격진지 (射擊陣地, Fire Position)

사격요소가 점령하여 사격임무를 수행하는 진지를 말함.

사격협조선 (射擊協調線, CFL : Coordinated Fire Line)

화력지원 협조방법중 하나로, 박격포 · 야포 · 함포 등 모든 재래식 화력지원수단이 이 선 너머에 있는 표적을 설치부대와 협조 없이 사격할 수 있는 선을 말함. 그러나 이 선 너머에 있는 표적이라도 설치부대의 작전지역을 벗어난다면 그 상급부대와 협조해야함.

사계청소 (射界淸掃)

효과적인 사격을 할 수 있도록 하기 위하여 사격진지 전면의 수목 등 육안관측에 제한이 되는 방해물을 제거하는 작업을 말함.

사주경계 (四周警戒, All Round Security)

이동 또는 집결지행동 시 개인 및 부대가 전투력을 보존하고 적의 공격, 기습, 관측 및 기타 위협으로부터 자신 및 우군부대를 보호하기 위해 사방으로 취하는 제반 경계활동으로, 예하부대 또는 개인에게 시계방향으로 경계구역을 할당하고 경계임무를 부여함.

사태분석 (事態分析, Incident Analysis)

장차 예상되는 적의 사태와 활동을 분석 · 판단하여 적의 기도와 방책을 구체화하는 과정. 사태분석의 목적은 예상되는 적의 주요 작전활동을 감시하고, 표적을 획득하여 타격하기 위한 결정적인 시간과 장소를 판단하며, 적의 강점과 약점을 도출하여 작전계획 수립 및 작전실시간 활용하는데 있음.

사태분석도 (事態分析圖, Event Analysis Template)

구체화된 적 방책을 기초로 예상 이동소요시간을 판단하여 시간 지대선을 설정하고, 중요감시지역과 관심타격지역을 선정하여 도식화한 것.

산발형지뢰지대 (散發形地雷地帶, Sporadic Minefield)

일정한 형태 없이 소량의 지뢰를 점지뢰 형태로 설치하는 지뢰지대를 말하며, 지형을 분석하여 적의 통과가 예상되는 지역이나 침투로 등에 설치함.

살상지대 (殺傷地帶, Killing Zone, Kill Box)

1. 지형과 장벽을 이용하여 적을 불리한 상황으로 유인하거나 집결을 강요한 후 병력, 화력 및 장벽 등 각종 수단으로 적을 격멸하기 위해 사전에 계획된 지역으로서, 주로 방어시에 운영하며, 특정지역을 무력화시켜 기동부대의 통로를 개척하기 위해 운용되기도 함.
2. 3차원으로 구성된 지역으로 항공/지상 화력을 집중하기 위한 곳이며 적 목표물 집중이 예상되는 곳에 선정함.(공군)

살포식지뢰 (撒布式地雷, Scatterable Mine)

살포수단에 의해 이격된 지역에서 투발식으로 설치되는 지뢰를 말하며, 재래식지뢰에 비하여 설치가 용이하고 시간과 장소에 큰 제한 없이 원격 투발이 가능하며 자동폭발장치와 제거방지장치가 되어 있는 특징이 있음.

상대적전투력 (相對的戰鬪力, Relative Combat Power)

피·아 상호 간에 실제로 발휘되는 힘을 말함. 전투는 상대적이므로 전장에서 실제로 발휘되는 힘은 절대적 전투력보다는 상대적 전투력으로 발휘되며, 전투의 승패는 상대적 전투력의 우열에 의해 결정됨.

상대적전투력분석 (相對的戰鬪力分析, Relative Combat Power Analysis)

싸워야 할 적과 아군의 가용부대를 대비시켜 전투력의 상대적인 우열 정도를 평가하는 것을 말하며, 전투력 비교의 기본요소는 기동부대와 화력 지원부대이며, 작전지속지원 요소 및 심리적 요인 등을 추가로 고려할 수 있음.

상륙양동 (上陸陽動, Amphibious Demonstration)

적이 불리한 방책을 취하도록 유인하기 위한 부대의 시위를 통해 적을 기만할 목적으로 실시하는 합동상륙작전의 한 형태.

상륙일시 (上陸日時, D-Day H-Hour)

1. 상륙일(D일):상륙작전 시 최초지시의 목표 일자에 명시되어 있는 대략적인 상륙개시일자. 특정한 상륙일(D일)은 상륙기동부대 사령관이 상륙군 사령관과 협의하여 선정하며 잠정상륙일은 상륙기동부대 사령관이 통상 계획수립단계 초기에 발표함.
2. 상륙 시(H시):해상함안 이동에서 최초 돌격파가 해안에 상륙하는 시간을 나타내는 데 사용되는 특정시간으로서 계획수립단계에서의 H시는 최초 돌격파가 상륙하는 계획된 시간이나, 실시단계에서의 H시는 실제로 상륙하는 시간을 의미함. 헬기 수직돌격 및 보조작전 등의 경우에는 L시와 같은 다른 문자를 사용함.

소대 (小隊, Pt : Platoon)

중대의 일부로서 소대본부와 3개의 보병분대로 편상되고, 소대장이 예하분대의 기동과 화력을 통합하여 사격과 기동 및 근접전투로 적을 격멸하는 최하위 전투제대로서, 보병소대는 돌격을 실시하는 기본단위임.

소부대 (小部隊, Small Unit)

통상 중대급 규모 이하의 전술제대를 말함.

소부대공세행동 (小部隊攻勢行動)

통상 중대급 이하 소규모 부대에 의한 제한된 목표에 대한 공격활동을 말하며, 소부대 공격, 습격, 적진잔류부대, 화기매복조 · 정찰대 · 대전차 공격조 운용 등이 있음.

수령후보고 (受領後報告, Acknowledgement)

1. 수신인이 발신인에 대하여 그가 발송한 통신문을 접수하였으며, 이해하였다는 것을 알리는 통신문.
2. 계획(명령)을 직접 대면하여 수령하지 않고 간접적으로 수령하였을 경우, 계획(명령)의 수령결과를 보고하도록 임무확인에 관한 사항을 계획(명령)에 기술한 것.

수직포위 (垂直包圍, Vertical Envelopment)

공중에서 투하되거나 공중으로부터 착륙한 부대가 적 부대의 퇴로를 차단 또는 전면 포위하여 후방이나 측방을 공격하는 전술적인 기동으로 포위의 한 종류임.

수집수단 (蒐集手段, Collection Means)

정보기능 수행에 요구되는 인적, 물적 역량을 의미하며, 첩보를 수집하는 정보자산들을 그 출처 및 기술적 특성을 고려하여 그룹화 분류한 것으로, 수집수단에 따라 아래와 같이 분류함.

· 인강정보(HUMINT)	· 영상지리정보(IMINT)
· 신호정보(SIGINT)	· 기술정보(TECHINT)
· 계측 및 기호정보(MASINT)	· 공개출처정보(OSINT)
· 사이버공간정보(Cyber Space INT)	· 대정보(CI)

숙영지 (宿營地, Bivouas Site)

부대가 휴식하거나 집결하여 차후이동을 위해 준비하고 대기하는 지역. 숙영지를 점령하는 부대는 적의 공중공격이나 핵 및 화생무기 공격으로부터의 피해를 최소화하기 위하여 적절히 소산하며, 적의 특수작전부대 및 침투부대의 공격에 대한 방호를 고려하여 배치.

시간 (時間, TIME)

공간, 전투력과 함께 전투의 3요소 중 하나이며, 다음의 3가지 의미를 가짐.

1. 어떤 시각에서 어떤 시각까지의 사이.
2. 자연현상으로서의 시간 계절, 기후, 주야, 기상과 같은 자연현상.
3. 전기(戰機)로서의 시간.

시간간격 (時間間隔, TI : Time Interval)

1. 이동 중인 표적을 추적하는 동안 축차적으로 두 번에 걸쳐 그 표적을 관찬할 시간의 간격.

2. 차량 행군 또는 도보행군부대가 한 지점을 통과할 때까지의 시간차이로서, 한 부대가 한 지점을 통과한 순간부터 다음 부대가 그 지점에 도착한 시간을 각각 측정함.

시간개념 (時間槪念, Times Concept)

1. C-DAY : 증원군 전개개시일. 시차별 부대전개제원(TPFDD)에 의거 미 증원군이 전개를 개시하는 날.
2. D-DAY : 특별한 작전이 개시되는 혹은 개시되도록 되어 있는 날짜.
3. K-DAY : 특정 수송항로를 통한 수송 개시일자.
4. M-DAY : 동원 개시일.('M'은 Mobilization의 약어
5. N- DAY : C-DAY 이전의 불명일.
6. N-HOUR : (경보 발령시간) 비상대기부대 외의 부대투입 준비시간.
7. H-HOUR : 어떤 작전 혹은 적대행위가 개시되기로 되어 있는 일의 특정시간.
8. L-HOUR : 전개작전이 개시되거나 혹은 개시되기로 되어 있는 C일의 특정시간.
9. KA-HOUR : Korea Alert Hour(한국비상대기시간)의 약어로 Pre-ATO에 계획된 항공기가 무장을 시작하는 시간.

심리전 (心理戰, PSYWAR : Psychological Warfare)

부여된 임무를 효과적으로 수행하기 위하여 아측 외 모든 국가 및 집단의 견해, 감정, 태도, 행동을 아 측에 대한 신뢰감을 조성하고 호의적인 감정을 유발시키는 한편, 적의 전쟁지도부에 대한 불신·불평·불만의 확대, 오판과 착각을 유도함으로써 적의 전투의지 약화를 초래하거나 조직의 와해를 유도하는 것을 말함.

야간작전 (夜間作戰, Night Operation)

시계 및 수면 제한 등을 극복하기 어려운 야간에 실시되는 작전을 말함. 야간 작전간에는 제한된 시도조건으로 인해 지휘통제와 방향유지, 적과의 지속적인 접촉유지 등이 곤란하고, 피·아식별이 제한되어 우군간 교전에 의한 피해가 발생할 수 있으며, 조준사격 효과는 감소되고 은밀기동을 통한 기습의 기회는 증가함.

* 야간의 전술적 의미는 해상박명종(EENT)으로부터 해상박명초(BMNT)까지의 시간을 말함.

야외기동훈련 (野外機動訓練, FTX : Field Maneuver Exercise)

통상 사단급 이상 제대가 부대 편제상의 인원 및 장비의 전부 또는 일부를 참가시켜 모든 전술상황을 망라하여 쌍방훈련으로 실시하는 광범위하고 장기간에 걸친 전술연습으로 주로 작전지속지원 상황까지를 포함한 각종 전술제원을 종합적으로 획득할 목적으로 실시되며 교리 및 편제의 시험혹은 전투력을 시위하기 위해서도 실시됨.

야전군 (野戰軍, Field Army)

상급지휘기구의 군사전략목표 또는 전역계획의 작전목표 달성에 기여하기 위해 작전을 수행하는 작전술 제대로서, 사령부 및 직할부대와 수개의 군단 및 사단 등으로 구성됨.

약진 (躍進, Bound, Rush;)

사격과 기동시의 이동방법의 하나로, 은폐 또는 엄폐된 한 지점으로부터 다른 지점으로부터 다음 은폐 및 엄폐된 지점으로 신속히 전진하는 전투기술.

양면작전 (兩面作戰, Two Frontal Warfare)

전투력을 2등분하여 별개의 2개 적에 대항하는 작전. 양면작전은 전투력을 반감해야 되고, 실패할 때는 포위되는 것으로 원칙적으로 수세방면과 공세방면으로 나누어 공세정면에 전투력을 집중함.

양익포위 (兩翼包圍, Double Envelopment)

적 후방에 있는 목표나 적 측방을 공격하기 위해 적 진지의 양 측방으로 기동하는 포위 기동형태로서 적 부대는 통상 조공이나 간접사격 혹은 항공사격에 의해 진지에 고착됨.

엄호 (掩護, Covering)

1. 본대로부터 분리되어 작전하는 부대에 부여된 임무 또는 경계정도로서 적을 요격, 기만, 교전, 지연 또는 와해시키며, 적의 전개를 강요하고, 적이 아군의 본대를 공격하기 전에 적 주력의 방향을 폭로하고, 또한 공세작전에서 적의 배치를 확인하여 아군 주력부대가 가장 양호한 조건 하에서 공격할 수 있게 하는 것.
2. 적과 교전하는 전투기, 비전투기, 폭격기 등을 적기로부터 보호하는 것.

엄호부대 (掩護部隊, Covering Force)

1. 적이 피엄호 부대 본대를 공격하기 전에 적을 차단, 교전, 지연, 와해 및 기만할 목적으로 본대로부터 야격되어 독립적으로 작전을 수행하는 경계부대.
2. 공격작전형태 중 접적전진의 경우 최선두에서 정찰을 통해 적을 찾아 접촉을 유지하고 상황을 발전시켜 본대가 가능한 최적의 조건 하에서 전개하여 전투를 수행할 수 있도록 경계를 제공하는 경계부대의 하나.

여건조성작전 (與件造成作戰, Shaping Operations)

결정적 잔전의 성공을 보장하기 위한 여건을 조성하고 유지하기 위한 작전을 말하며, 결정적작전이 수행되기 전 · 중 · 후에 수행할 수 있음.

여단 (旅團, Brigade)

사단보다는 작으나 연대보다는 큰 단위부대로서 본부와 2개 이상의 단이나 대대로 구성되며 편제부대로써 전술작전을 수행할 수 있는 부대. 여단의 유형에는 보병여단, 특전여단, 특공여단, 기갑여단, 기계화보병여단, 포병여단, 공병여단, 항공여단, 방공여단 등이 있음.

여명공격 (黎明攻擊, The Dawn Attack, Attack at Dawn)

야간전투의 성과를 지속하기 위하여 해상박명초, 즉 최초로 일광이 비쳐 하늘이 훤한 상태에서 실시하는 공격.

역공격 (逆攻擊, Countblow)

방자가 적의 주력이 지향되는 지역을 고수하면서 적의 약점을 포착하여 주력의 측후방이나 타 지역에 대하여 제한된 공격을 실시함으로서 적을 격파하거나 증원 및 퇴로를 차단하여 효과적인 방어를 수행할 수 있도록 하는 방어 시 공세행동의 일종임.

역수색 (逆搜索, Counter Reconnaissance)

부대, 지역 또는 장소를 적의 관측 및 수색활동으로부터 방지하기 위하여 취해지는 모든 방책. 일명 대 수색, 역정찰이라고도 함.

역습 (逆襲, Counter Attack)

방어작전 간 공격중인 적의 노출된 약점과 과오를 최대로 이용, 기습적인 공세행동을 실시하여 돌파구 내의 적 부대를 격멸하거나 상실된 방어지역을 회복함으로써 작전의 주도권을 장악하기 위해 실시하는 제한된 공격작전을 말함.

연막작전 (煙幕作戰, Smoke Operation)

아군의 활동이나 시설 등을 적의관측으로 부터 은폐하기 위하여 연막을 사용하는 작전을 말함.

연속전진 (連續前進, Traveling)

이동기술의 하나. 속도가 요구되고 적과 접촉이 예상되지 않을 때 부대를 신속히 이동시키는 기술. 통상 종대대형을 적용하지만 지형, 기상, 적 상황들을 고려하여 다양한 대형을 적용할 수 있음.

연출 (演出, Production)

어떤 활동이 실제 활동과 다른 종류의 활동으로 보이게 하는 기만행동의 하나로서, 중대를 대대규모로 보이도록 행동하거나, 병력배치를 하지 않을 지역에 진지를 구축하는 등 기만방법 중에서 모의, 가장과 함께 허식의 일종.

연합 (聯合, Combined, Coalition)

1. 2개 이상의 국가 또는 그 군대 혹은 기관이 서로 협력하는 것으로, 동맹(Alliance)이나 연합(Coalition)의 형태로 이루어짐.
2. 2개 이상 동맹국들 간의 부대나 기관 간에 서로 협력하는 것으로(Combined), 일반적으로 동맹작전은 연합작전(Combined Operations)이라 함. 예) 한·미 연합군.
3. 공동목표를 달성하기 위하여 2개 이상의 국가간에 일시적으로 체결된 관계를 말하며(Coalition), 제휴, 연대 등으로도 불림. 예) 걸프전시 다국적군.

연합사령부 (聯合司令部, CFC : Combined Forces Command)

급변하는 한반도 주변정세에 대처하고, 주한 미 지상군의 철수를 보완하고 한·미 연합작전 능력을 향상하기 위하여 1978년 11월 창설되었으며, 연합사령관은 미 육군 4성 장군으로 유엔사·연합사·주한미군 사령관의 직책과 함께, 주한미군 선임장교까지 4가지 직책을 겸직함.

* 주한미군사령부 (USFK : U.S Armed Forces in Korea Command)

연합작전 (聯合作戰, Combined Operations, Coalition Operations)

1. 2개 국가 이상의 군대가 공동의 목표 달성을 위해 상호 협력하여 실시하는 작전.
2. 공동의 목표 달성을 위하여 2개 이상 동맹국들의 부대 간에 서로 협력하여 수행하는 작전.(Combined Operations)
3. 공동의 목표 달성을 위하여 2개 이상 국가의 부대가 일시적인 협력 관계에서 수행하는 작전.(Coalition Operations)

연합전시증원 (聯合戰時增援, RSOI : Reception, Staging, Onward Movement, Intergration)

연합군 증원전력의 수용, 대기, 전방이동 및 통합으로 부대 전투력화를 달성하는 절차를 말하며, 양륙공항 및 양륙항만에서 인원, 장비 및 보급품을 수용하여 이동준비를 하고 대기지역 또는 작전기지로의 이동과 전술집결지로의 이동을 실시한 후 유엔사 및 연합사에 작전통제권이 전환되어 전투준비가 완료된 부대를 통합하는 일련의 활동을 의미함.

가. 수용(Reception)

전략적 또는 내부전개단계로부터 바다, 공중, 지상, 양륙지점으로 병력, 장비, 물자를 인수해서 하역하고 정렬하여 수용되는 절차.

나. 대기(Staging)

전방이동 준비를 위해서 도착하는 병력, 물자, 전투지속 물자를 조립하고 체류시키며 재편성하는 것.

다. 전방이동(Onward Movement)

하역장소나 수용시설 또는 대기지역으로부터 전술집결지로 병력 및 장비의 이동 및 재배치하는 과정

라. 부대통합(Integration)

작전적 통합, 전술지휘관에게 부대의 작전통제권을 전환시키는 과정

연합훈련 (聯合訓練, Combined Excercise)

단일임무 수행을 위하여 공동행동을 취하는 2개 또는 그 이상 국가의 군대가 공동의 목표달성을 위하여 상호 협력하여 실시하는 훈련을 말하며, 한·미 양국군이 실시하는 대표적인 연합훈련은 다음과 같음.

1. UFG 연습 (Ulchi Freedom Guardian Exercise)

주한미군사 및 유엔사 주관 하에 시행해 오던 "포커스렌즈" 군사연습과 정부차원의 군사지원 훈련인 "을지연습"이 통합된 정부 및 군사 분야 종합 지휘소 연습
*'07년에 전시 작전통제권 전환기간 중 연습 명칭을 한국군 주도의 연습을 고려하여 기존의 UFL 대신 UFG로 변경.

2. KR/FE 연습 (Key Resolve / Foal Eagle Exercise)

전시 한반도에 증원될 미 증원군이 최초 한반도 도착 시부터 전방으로 이동 및

전장으로 통합되는 일련의 절차와 경계 등을 포함하여, 이를 지원하는 한국군의 전시지원, 상호 군수지원, 동원 및 한국군의 전투력 복원절차 등을 숙달하기 위해 실시하는 지휘소 연습.

* '07년에 전시 작전통제권 전환기간 중 연습 명칭을 연합사 체제하 전투 준비태세 유지 연습을 고려하여 기존의 RSOI/FE 대신 KR/FE로 변경

오열 (五列, Fifth Column)

적을 이롭게 하거나 적과 내통하는 자를 말하며 어원(語源)은 스페인 내란 때 「프랑코」 장군이 지휘하는 군대가 왕당파가 방어하고 있는 수도 「마드리드」시를 포위하고 시내에도 나를 지지하는 부대가 있다고 소문을 퍼뜨려 왕당파의 내부 분열을 가져오게 한 데서 생겨난 용어.

온열손상 (溫熱損傷, Heat Injury)

열, 즉 햇빛에 오래 노출되어 나타나는 질환으로, 열경련, 열피로, 열사병으로 구분됨.

외선작전 (外線作戰, Operation On Exterior Lines)

1. 내부에서 외부를 향해 작전하는 적에 대하여 후방 병참선을 외부에 유지하면서 여러 방향으로부터 구심적으로 이루어지는 작전.
2. 적의 외부에 작전선을 구성하여 광범위한 포위로 언제든지 공세를 취할 수 있는 작전.

요새 (要塞, Fort)

전략 혹은 작전상 중요한 지점에 적의 어떠한 공격에도 견딜 수 있도록 영구적인 제반 방어 시설로서 구축된 전략적 요점.

요새지역작전 (要塞地域作戰)

우회가 곤란한 지형에 견고하게 구축된 요새진지를 설치하여 장애물로 방어력을 증강시킨 지역에서 실시하는 작전.

요새지역(진지) (要塞地域(陣地), Fortified Area, Fortified Position)

전략 혹은 작전상 중요지역을 필히 확보할 목적으로 적의 어떠한 공격에도 견딜 수 있도록 영구적인 제반 시설로 강력하게 구축한 방어지역 및 진지를 말함.

용병 (用兵, Mercenary)

일반국민 또는 외국인이 지원해서 급여와 복무연한을 계약하고 병역에 복무하는 것. 지원병의 특수한 예.

용병술 (用兵術, Military Art)

국가안보전략을 바탕으로 전쟁을 준비하고 수행하는 활동이며 국가안보 목표를 달성하기 위한 군사전략, 작전술 및 전술을 망라한 이론과 실제.

용병술체계 (用兵術體系, Military Art System)

국가목표를 달성하기 위하여 국가통수기구로부터 전투부대에 이르기까지 군사력을 운용하는 군사전략, 작전술, 전술의 계층적 연관체계.

용치 (龍齒, Dragon Teeth)

방벽이나 단애 등의 장애물 설치가 곤란한 하천이나 습지 및 연안 지역에 적 전차 및 기계화 부대의 기동을 차단하기 위하여 설치 및 운용하는 인공장애물로서, 콘크리트 용치와 강철제 용치로 구분할 수 있음.

우군진출선 (友軍進出線, FLOT : Forward Line of Own Troops)

공지전투 교리에 도입한 통제선으로 종심지역에서의 전투 확대를 위한 우군부대의 최전선(경계부대 포함)을 연하는 선.

우발계획 (偶發計劃, Contingency Plan)

현행작전에서 예상되는 우발상황에 대비하여 기본계획과 상이한 수단과 방법으로 부대의 임무를 달성하기 위한 계획으로서, 사전에 계획하거나 작전실시간 상황변화에 따라 지속적으로 발전시킴.

우회 (迂廻, By Pass)

전투력의 전환이나 분산을 방지하고 공격기세를 유지하기 위하여 장애물이나 적 진지 또는 적부대의 주변으로 돌아서 가는 것으로 우회한 모든 장애물이나 적 부대는 필히 차상급 부대에 보고되어야 함.

우회기동 (迂廻機動, Turning Movement)

적 주력부대를 우회통과하거나 혹은 상공을 비행하여 적 후방의 종심 깊은 목표를 확보함으로써 적으로 하여금 현 진지를 포기하게 하거나, 또는 우회부대에 대항하기 위하여 주력을 전환하지 않을 수 없도록 강요하여 공자가 선택한 위치에서 적을 격멸시키는 공격기동의 기동형태.

위기조치예규 (危機措置例規, CASOP : Crisis Action Standard Operating Procedures)

적 도발 및 전쟁위협 감소를 위한 위기상환관리 및 조치내용을 작성한 문서이며, 억제 실패 시 효율적인 전시전환절차 내용을 포함하고 있음.

위협분석 (威脅分析, Threat Analysis)

방책발전단계에서 적의 능력 및 전술교리와 기상 및 지형의 종합분석을 통해 적 상황을 평가하여 적 상황도를 작성하고, 이를 기초로 적 방책을 구상하여 적 작전 예상도를 작성한 후 이를 분석 · 비교해서 우선순위가 높은 적 방책을 선정하고 적의 강 · 약점을 도출하는 과정.

유격부대 (遊擊部隊, Guerrilla Unit)

공개적으로 편성된 준군사 조직체로서 주로 현지 주민으로 구성되는 저항 조직의 일부이며 유격부대는 저항세력의 전투행동부대로서 적 부대 및 시설에 대하여 공개적이며 능동적으로 저항활동을 수행함.

유격전 (遊擊戰, Guerrilla Warfare)

적 지역이나 적 점령지역 내에서 무장한 주민 또는 정규군 요원에 의해서 직접, 간접으로 불규칙하게 수행되는 군사 및 준군사활동을 말함.

유인 (誘引, Canalize)

지휘관이 지형을 기동, 화력 또는 장애물과 결합하여 활용함으로써 적의 이동을 아군이 의도하는 지역으로 유도하는 것.

유조명무지원야간공격 (有照明無支援夜間攻擊, Illuminated Nonsupport Night Attack)

시도조건이 지극히 불량하여 방향유지와 목표식별이 곤란할 때 간접조명 지원하에 화력지원 없이 실시하는 야간공격을 말함. 간접조명 시에는 공격부대가 무조명 무지원 공격과 동일하게 기도비닉을 유지하여 기습달성을 할 수 있도록 유의해야 함.

유조명야간공격 (有照明夜間攻擊, Illuminated Night Attack)

조명탄, 탐조등과 같은 인공수단으로 조명을 실시하면서 공격하는 방법.

음어 (陰語, Code Word)

암호방식을 이용한 은닉방법으로서 통신내용 중 평문의 단어구절 중에서 비밀에 속하는 부분 또는 전부를 다른 말 또는 그 동의어로 변경시킨 용어.

음어자재 (陰語資材, Code Word Material)

통신내용을 비닉할 목적으로 사용하는 문자, 숫자, 기호 등으로 구성된 환자표(換字表)로서 이를 수록한 문서나 보조기억매체를 말함.

이동기술 (移動技術, Movement Technique)

소부대가 이동(전투)대형을 유지한 상태에서 신속하게 이동하기 위해 사용하는 이동방법으로 연속전진, 선두 감시하전진, 교대전진이 있음

1. **연속전진** (連續前進, Traveling)

속도가 요구되고 적과 접촉이 예상되지 않을 때 부대를 신속이 이동시키는 기술. 통상 종대대형을 유지하지만 지형, 기상, 적 상황 등을 고려하여 다양한 대형을 적용할 수 있음.

2. 선두감시하 전진 (先頭監視下 前進, Traveling Overwatch)

적과의 접촉이 예상되고 속도 및 경계가 요구되는 상황에서 선두부대가 적정을 살피면서 이동하는 구간전진의 기술. 선두 감시부대(병력)는 해당제대의 능력과 감시범위에 따라 편성함. 선두와 후미 간의 거리는 상황평가 요소(METT+TC)를 고려하여 결정하며, 통항 후미는 선두에 지향되는 적의 화력으로부터 동시 피해를 방지하고, 선두를 사격으로 지원할 수 있는 거리를 유지함.

3. 교대전진 (交代前進, Bounding Overwatch)

소부대가 적과의 접촉이 예상되는 긴박한 상황 하에서 이동제대를 나누어서 상대적인 감제지형을 선점한 제대의 감시 및 엄호 하에 나머지 제대가 약진하고, 약진한 제대의 감시와 엄호 하에 감시하던 제대가 약진하는 방법으로 상호 교대하여 이동하는 기술.

이원시 (離遠視)

야간감시 3대 원칙의 하나. 표적에다 전 신경을 집중시켜 사물을 직접 주시하지 말고 좌・우・상・하 6~10도 이격시켜 표적을 바라보는 것을 말함.

* 야간감시의 3대 원칙 : 적응시, 이원시, 주변시

인간정보 (人間情報, Human Intelligence)

인간의 직접적인 수집활동을 통해 획득되는 모든 첩보 및 정보를 말하며, 부대, 의도, 구성, 전투력, 배치, 전술, 장비, 인원 및 능력을 식별하기 위해 각개병사로부터 특공・정찰・수색부대 등의 인간정보 부대로부터 획득 되는 모든 첩보를 지칭함.

일반지원 및 (화력)증원 (一般支援(火力)增援, GSR : General Support & Reinforcing)

1. 지원 및 증원부대가 피지원부대를 전체적으로 지원하고 또한 동종의 다른 부대를 증원하기 위해 부여된 지원관계를 말하며, 일반지원 및 증원 임무를 부여받은 부대는 원소속부대에 의해 부대배치가 이루어지며, 지원 및 증원의 우선순위 설정권은 원소속부대, 증원부대 순으로 가짐.

2. 포병부대가 작전부대 전 지역에 포병화력을 제공하면서 2차원적으로 타 포병부대의 화력을 증강하는 임무를 부여하는 표준 전술적 임무의 한 형태.(일반지원 및 화력증원)

일선형매복 (一線形埋伏, A Line Ambush)

*매복대형 참조.

일익포위 (一翼包圍, Single Envelopment)

적의 최초배치의 공격 가능한 측익을 주공이 통과하여 적 후방에 위치한 목표를 확보함으로써 적의 퇴로를 차단하여 현 진지에서 적을 격멸하는 기동형태를 말함.

임무 (任務, Mission)

1. 개인, 조직단위 또는 부대에 부여된 주요한 과업(일).
2. 임무에는 항상 누가, 언제, 어디서, 무엇을 그리고 이유(왜)를 명백히 포함해야 하며 어떻게(방법)는 통상 지정하지 않음.
3. 하나의 특별한 과업을 수행하기 위하여 1대 또는 그 이상의 항공기에 부여되는 명령.

작전 (作戰, Operations)

1. 전략, 전술, 근무, 훈련 및 군 행정임무에 관한 군사적인 행동 또는 그 수행.
2. 어떠한 전투 또는 전역에서 목표를 달성하는 데 필요한 전투수행 과정으로서 이동, 보급, 공격, 방어 및 기동 등이 포함됨.

작전개념 (作戰槪念, Concept of Operations)

지휘관이 작전구상 결과 최종상태 달성을 위해 자신의 부대를 운용하고자하는 방향을 명확히 진술한 것이며, 지휘관의도에 기초하여 일반적으로 결정적
작전, 여건조성작전, 전투력지속작전 등 작전목적별로 표현되나, 필요시 주노력을 지정함.

작전계획 (作戰計劃, OPLAN : Operation Plan)

진술된 가정을 기초로 하여 단일작전이나 동시 또는 연속적으로 수행되는 일련의 작전을 망라한 계획, 이는 예하부대 지휘관으로 하여금 지원계획이나 명령을 준비할 수 있도록 상급제대 사령부에게 작성하는 지시임. 작전계획의 종류는 기본계획, 우발계획, 장차작전계획, 후속계획으로 구분함.

작전구상 (作戰構想)

전투 시 지휘관의 역할 중 하나로, 지휘관이 상황이해를 기초로 요망하는 최종상태를 결정하고, 부대가 최종상태를 달성하기 위한 일련의 작전수행 복안을 구상하는 사고과정을 말하며, 작전구상요소는 최종상태, 결정적 지점, 작전선, 템포, 동시성과 종심, 작전한계점, 작전단계화, 위험을 적용함.

작전목적 (作戰目的, Operation Objectives)

'무엇을 위해, 왜 작전을 실시하는가?'를 의미하는 것으로, 상급부대 명령에 기술되어 있을 때에는 식별하여 적용하고, 그렇지 않을 경우에는 상급 지휘관의 의도와 제한사항, 명시과업을 고려하여 도출하고 이를 지휘관의도에 포함시킨다. 또한 수행하는 작전의 성격과 해부대의 역할, 능력 등을 고려하여 상급부대와 합목적적으로 일치된 작전목적을 도출해야 함.

작전보안 (作戰保安, OPSEC : Operations Security)

적의 정보수집 체계에 의해 관측 및 평가될 수 있는 아군의 군사작전 및 활동을 보호하거나 취약성을 제거하기 위한 조직적인 활동으로서, 그 수단에는 대감시, 기만 제압이 있음.

작전선 (作戰線, LOO : Line of Operations)

군사적 목표를 달성하기 위해 현 작전기지나 배치지역으로부터 일련의 목표들을 연결하는 개념적이거나 지리적인 방향으로서, 통상 한 개를 선택 하지만 다수의 작전선을 고려할 수도 있으며, 제대 규모와 작전의 성격에 따라 작전선을 고려하지 않을 수도 있음.

작전술 (作戰術, Operational Art)

지휘관과 참모들이 군사전략목표를 달성할 수 있도록 전역 또는 주요작전을 구상하고 군사력을 조직하여 운용하기 위해 자신들의 숙련된 능력 · 지식 · 경험을 창의적으로 적용하는 것.

작전실 (作戰室, Operation Center)

지휘통제본부에 편성된 기구의 하나로, 정보 종합실에서 제공한 적에 대한 위협 우선순위를 판단하고 적의 강 · 약점을 기초로 대응개념을 제시하며, 가용 전투력의 운용방법을 건의하고 이를 할당 및 운영하는 통합전투력운용의 핵심기구이며, 장차 작전실이 운용될 때는 현행 작전실이라 함.

작전지속능력 (作戰持續能力, Operational Sustain ability)

작전목표 달성을 위하여 작전기간동안 요망되는 수준의 전투력 집중과 작전템포를 유지하는데 필요한 부대(병력), 장비 및 물자를 제공하고 유지할 수 있는 능력으로 주로 작전사급 제대에서 적용사용.

* '전투지속능력'과 '작전지속능력' 그리고 '전쟁지속능력'은 제대별로 구분하여 사용. 즉, '전투지속능력'은 전술목표 달성을 위하여 전술제대인 군단급 이하 제대에서 사용하고, '작전지속능력'은 작전목표 달성을 위하여 주로 작전사급 제대에서 적용하며 '전쟁지속능력'은 전쟁목표 달성을 위하여 국방부, 합참, 각 군 본부에서 주로 사용함.

작전지속성유지 (作戰持續性維持, Maintenance of Operational Continuity)

작전의 주도권을 장악하고 작전템포를 조정 · 유지하기 위하여 동원, 전개, 전투력유지, 전투력복원, 재전개 등을 수행하는 것으로서, 수행방법은 전략적 · 작전적 · 전술적 수준의 지원과 지원부대의 모듈화 및 과학하로 지원능력을 향상시키는 것임.

작전지속지원 (作戰持續支援, Operation Sustainment)

1. 전술 및 전략에 포함되지 않는 군사면의 제반 지원을 말함. 즉 행정 및 군수분야 활동으로 전투, 전투지원, 작전지속지원 부대에 대하여 임무 수행에 필요한 인원, 장비, 물자, 시설 및 자금 등을 통제 관리 및 제반 근무를 제공하는 것.
2. 제반 자원을 관리하고 근무를 제공하여 전투력을 조성하고 유지함으로써 작전지속능력을 향상시키는 전투수행기능을 말함.

작전지역 (作戰地域, AOA : rea of Operations)

1. 부여된 임무를 완수하기 위하여 지휘관에게 권한과 책임이 부여된 지역이며, 지상과 해상에서 지역 구분 시 사용됨. '작전구역'이라고도 함.
2. 합동군사령관이 합동상륙작전부대 사령관에게 지정해 준 작전수행을 위한 지역으로, 작전지역(AO)은 합동군사령관의 전체 작전지역을 포함하지는 않지만, 합동상륙작전부대가 부여된 임무를 달성하고 부대를 방호하기 위한 충분한 크기여야 함.(상륙작전)

작전지역분석 (作戰地域分析, Area of Operation Analysis)

지휘관의 계획지침을 기초로 전장정보 분석기법을 적용하여 전장지역을 평가하고, 지형 및 기상, 주민성형과 같은 기타 특징 등이 피·아 작전에 미치는 영향을 분석하는 것으로 위협분석과 방책수립 및 최선의 방책 선정의 기초를 제공함.

작전지역분석도 (作戰地域分析圖)

전장정보 분석 2단계에서 기상분석과 지형분석, 전장의 기타 특징을 분석하 결과를 종합하여 최종적으로 작전지역의 특징을 도해식으로 나타낸 분석도.

작전지원 (作戰支援, Operational Guidance)

1. 작전활동을 뒷받침하는 제 요소인 인원, 장비, 물자, 시설, 예산 등을 지원하는 기능
2. 지원 작전개념을 구체적으로 구현하기 위한 합동전장 운영기능의 하나로 전술차원의 작전지속지원 기능과 구분됨.

작전지휘 (作戰指揮, OPCOM : Operational Command)

전투를 주 임무로 하는 각군의 작전부대에 대하여 합참의장이 행사할 수 있는 지휘관계이며, 위임하거나 양도할 수 없다. 작전지휘는 합동 및 연합 작전이나 독립작전, 국지도발 대비작전 등의 계획·준비·시행과 이와 관련된 군사연습·훈련을 지휘 및 감독하는 권한이다. 여기에는 행정 및 군수에 대한 전반적인 책임과 권한은 포함되지 않으나, 작전수행에 필요한 인적·물적 자원의 소요 판단 및 기획, 작전통제·전술통제·지원 등의 지휘관계 설정, 임무부여 및 목표지정, 임무수행에 필요한 기타지시 등이 포함됨.

작전준비태세 (作戰準備態勢, Operational Readiness)

1. 부대 및 무기체계에 적용되었을 때 편성 또는 계획된 기능을 수행할 수 있는 능력, 장비 및 인원준비상태의 결합.
2. 장비에 있어 설계된 기능수행의 기능상태.
3. 인원에 있어 부여된 임무 또는 기능수행의 가용성과 자격.

작전통제 (作戰統制 : OPCON Operational Control)

작전계획이나 작전명령 상에 명시된 특정임무나 과업을 수행할 수 있도록 특정기간에 지휘관이 행사하는 권한을 말하며, 모든 제대 지휘관이 행사 할 수 있으며, 예하부대에 위임 가능한 권한임.

* 초월작전 또는 연결작전 시, 작전의 효율성 증대와 혼란을 방지하기 위해 일시적으로 이동로와 지원화력 등 제한된 분야에 대한 통제권만을 부여하는 전술통제(戰術統制, TACON)와 구별됨.

작전통제권 이양 (作戰統制權 移讓, CHOP : Change of Operational Control)

부대 또는 단위부대의 작전통제에 대한 책임이 작전통제권자로부터 타 권한자로 이양되는 것(작전통제권 변경).

작전투명도 (作戰透明圖, Operational Overlay)

한 작전에 관련된 완성된 계획 및 명령을 투명도상에 군대부호와 전술적 통제수단을 사용하여 도시(圖示)한 것. 이는 계획 및 명령 작성 시 기본문을 간명화하기 위하여 통상 대대급 이상 제대에서 부록으로 작성하여 활용함. 부록"가" 작전투명도.

작전한계점 (作戰限界點 : Culminating Points of Operations)

공격 또는 방어작전 부대가 전투력의 저하, 전투원의 피로, 긴요 물자의 결핍 등으로 인해 더 이상 현재의 작전을 수행하기 어려운 시간과 공간상의 지점을 말함.

잔류매복조 (殘溜埋伏組, Residual Ambuscade)

탐색격멸작전 시 아군 병력이 수색하여 통과한 지역 내에 은거한 적의 이동을 차단하고 격멸하기 위하여 수색병력의 일부를 잔류시켜 급속매복을 실시하는 소규모 부대 및 인원을 말함.

잔류접촉 분견대 (殘留接觸 分遣隊, Detachment Left in Contact)

자발적인 철수 시에 주력부대가 후방으로 이동하는 것을 보호하고 정상적인 방어를 가장하기 위해서 적과 접촉하고 있는 잔류부대를 말함.

잔적소탕 (殘賊掃蕩, Mop-up)

포위당한 혹은 고립된 적 부대, 또는 아군의 타부대가 제거하지 않고 지나간 지역의 잔존한 적 저항을 제거하는 것.

장애물 (障碍物, Obstacle)

적의 이동을 저지, 지연 또는 전환시키는 지형, 토질 그 자체와 그러한 목적을 위해 인위적으로 조성한 것을 총칭하는 것으로, 기본적으로 자연장애물과 인공장애물로 분류함.

장애물극복 (障碍物克服 Obstacle Subjugation)

장애물을 엄호하고 있는 적의 직·간접 화력에 대한 무력화와 연막으로 관측을 제한하는 등 대항을 최소화시킨 후 장애물을 우회 또는 개척하여 기동부대(아군)의 공격기세 유지가 가능하게 하는 활동.

장애물극복준칙 (障碍物克服準則, Obstacle Subjugation Stasnding Rule)

장애물 극복 시 적용해야 하는 극복 방법에 관한 규범으로, 제압, 차장, 확보, 개척ㄹ이 있음. 이 준칙은 장애물 극복 임무를 수행하는 작전부대, 기동형태 및 METT+TC 요소에 따라 융통성 있게 적용

1. 제압, 적의 관측과 사격을 방해하거나 효과를 감소시키기 위해 적의 인원 및 장비, 무기체계에 대해 직·간접화력 및 전자전 수단으로 공격하는 전술적 임무.
2. 차장, 적의 육안관측 및 표적획득을 방해하는 것.
3. 확보. 장애물 지대의 치안지역과 대안지역을 탈취하여 획득하는 것.
4. 개척, 장애물을 제거하거나 무능화시킴으로써 기동부대가 장애물 지대를 안전하게 통과할 수 있도록 통로를 만들고 표지하는 활동.

장애물통제수단 (障碍物統制手段, Obstacle Operation)

1. 장애물지대 (障碍物地帶, Obstacle Zone)

군단장 또는 사단장이 예하부대에게 전술장애물 운용을 강조하는 개략적인 장애물 운용 요망지역. 이는 에하부대가 상급지휘관의 작전개념을 구현하고 장차작전을 방해하지 않도록 하기 위해 기동, 화력 등 제 전투수행기능 요소와 장애물을 통합하기 위한 통제수단임.

2. 장애물대 (障碍物帶, Obstacle Belt)

연대장(여단장)이 적 연대급 접근로를 고려하여 장애물지대 내에 전술 장애물을 운용하기 위한 지역. 장애물대는 연대 기동계획을 지원하고, 장애물이 상급부대의 기동을 방해하지 않도록 보장함.

3. 장애물군 (障碍物郡, Obstacle Group)

지휘관 작전개념을 구현할 목적으로 하나 이상의 장애물을 조합하여 통합된 목적을 발휘할 수 있도록 장애물을 설치하는 지역. 이는 실제적인 장애물이 위치할 지역을 지정해 주기 위해 부여하고 장애물대 내에 선정함.

4. 장애물제한사항 (障碍物制限事項, Obstacle Limited Factors)

장애물지대, 장애물대, 장애물군 이외에 추가적인 장애물 통제를 위해 사용하는 통제수단으로, 지휘관은 예하부대로 하여금 장차작전 등을 고려하여 특정지역에 장애물을 운용하지 못하도록 하거나, 각개 장애물의 설치범위를 제한하거나, 특정 자재를 주요한 지역에 집중 운용하기 위해 타 지역에는 운용을 제한하기도 하고, 특정 장애물만으로 운용하도록 할 수 있음. 따라서 지휘관이 장애물을 운용하는데 있어 제한이 되는 제반사항.

장애물효과 (障碍物效果, Obstacle Effect)

장애물과 기동, 화력계획을 통합하여 적에게 영향을 미치지 원하는 지휘관의 의도를 말하며, 이러한 장애물의 효과는 장애물 단독으로 얻을 수 있는 것이 아니라 기동, 화력계획과 통합할 때 얻을 수 있음.

적강약점 (敵强弱點)

적 강점은 전술상황 하에서 적의 특징적인 행동 가운데 아군에게 위협이 되는 행동으로 대비하거나 회피하여 할 사항이며, 적 약점은 우군이 유리하게 이용 가능항 사항임.

적능력 (敵能力, Enemy Capabilities)

적이 실제적으로 수행 가능한 방책으로서 만약 적이 채택한다면 우리의 임무완수에 영향을 미칠 수 있는 방책을 말함. '적 능력'은 시간 · 공간, 기후, 지형 및 적군의 병력과 배치를 포함하며 군사작전에 영향을 미치게 될 모든 기존요소를 포함하며 전략적인 측면에서 전시나 평시에 적의 국가목표를 달성하기 위한 국력의 범위 내에서의 방책을 의미함.

적능력평가 (敵能力評價, Enemy Capavility Evaluation)

적의 구성, 배치 등을 고려하여 적이 아군의 임무수행에 영향을 미칠 수 있는 정도를 평가하는 것으로, 이러한 적 능력평가의 결과는 적 상황도를 작성하는 기초가 됨.

적응시 (適凝視)

야간감시 3대 원칙의 하나로, 저조명 하에서 물체를 볼 수 있도록 눈이 스스로 조절되는 상태를 말함. 적응시에 소요되는 시간은 통상 30분이며 빠른 사람은 8분이 소요됨.

전과확대 (戰果擴大, Exploitation)

전투에서 달성한 성공의 이점을 최대로 하기 위하여 실시하는 공격작전의 한 형태를 말하며, 적의 조직적인 철수나 재편성을 방해하고 방어의 지속성을 파괴하는데 주안을 둠.

전기 (戰機, 戰技)

1. 승리할 좋은 기회를 의미하며, 전투에 있어서 아군이 상대적 전투력의 우위를 기대할 수 있는 필연적 또는 우연적 기회를 말함.(戰機)
2. 지휘관, 개인 또는 부대가 전투 간 부여된 임무를 수행함에 있어 인원, 화기, 장비 등을 사용하는 방법을 말함.(戰技, Techniques)

전략 (戰略, Strategy)

이익을 저해하는 것을 방지 및 제거하고 이익을 극대화시키기 위해 목표를 설정하고 방책을 수립하여 제 수단과 잠재역량을 발전시키고 운용하는 술(術)과 과학을 말함.

전략개념 (戰略槪念, Strategic Concept)

전략판단의 결과로 채택된 방책으로서 그 개념으로부터 발전된 기본계획을 구상할 수 있도록 충분히 융통성이 있으며 광범위한 용어로 표현함.

전면포위 (全面包圍, Encirclement)

2개 이상의 포위부대에 의하여 적의 측방과 후방을 완전히 차단한 후 적의 주위를 둘러싸고 적을 공격하는 포위형태를 말함.

전방방어 (前方防禦, Defense in Area)

전투지역 전단 부근의 방어에 유리한 지역에서 결정적 작전을 실시하는 지역방어 수행방법.

전법 (戰法, War Method)

1. 현재 및 장차전에서 가용한 수단과 방법을 효과적으로 배비하고 운용하여 "어떻게 싸워 승리할 것인가?"를 체계화시킨 전투수행방법으로 개략적인 전투행위의 방향과 모델을 말함.
2. 현재 교리를 기초로 교리적인 측면도 포함되지만 작전운용 측면이 강조되는 『How To Fight?』 기법으로, 합동전장 운용개념과 현행교리에 기초하여 실제상황에 적용되는 싸우는 방법으로 지형과 피·아 상대적 전투력, 교리에 기초를 두고 발전시킴.

전사면 (前斜面, Forward Slope)

적 방향으로 기울어진 경사면을 말함.

전사자 (戰死者, KIA : Killed In Action)

1. 전쟁터에서 적과 싸우다 죽은 사람.
2. 전투 현장에서 사망하거나 또는 어떤 의료시설에 도착하기 전에 부상으로 사망하는 전투 손실자.

전술기동 (戰術機動, Tactical Maneuver)

유리한 위치에서 교전할 수 있는 지역으로 기동하거나, 적의 중심을 직접 타격할 수 있는 위치를 확보함으로써 공간적 이점을 획득하는 활동. 전술 기동의 필수요소는 신속한 기동과 협조된 근접화력으로서, 신속한 기동은 적에게 심리적 충격을 주어 교란 및 와해시키며, 기동과 협조된 근접화력은 적의 전투력을 저하시켜 아군의 기동을 촉진시킴.

전술기지 (戰術基地, Tactical Base)

한 부대가 그곳을 중심으로 하여 공세적인 작전을 개시할 수 있고 불리한 경우에는 그 지점으로 철수하여 자체방어를 할 수 있도록 보급시설이 구비되어 있는 지역(또는 시설)을 말함.

전술적과업 (戰術的課業)

전술적 수준의 군사작전에서 부여하거나 염출할 수 있고 임무를 완수하기 위해 반드시 수행해야 할 과제를 말함. 전술적 과업에는 우군부대에 의한 행동과 적에게 미치는 효과로 구분됨.

1. 우군부대에 의한 행동, 화력에 의한 공격, 사격지원, 개척, 돌파, 우회, 소탕, 후속지원, 점령, 확보, 탈취, 경계
2. 적에게 미치는 효과, 저지, 격멸, 무력화, 제압, 와해, 고착, 차단, 유인, 고립, 견제, 진지교대, 철퇴.

전술적임무 (戰術的任務, Mission of Tactical)

포병부대의 화력지원 책임을 상세하게 기술한 것을 말하며, 지원부대와 피지원부대, 증원부대와 피증원부대 간의 화력지원관계를 명시함.

* 포병부대 전투편성 시에는 '전술적 임무'라는 용어를 사용하며, 이는 작전부대 지휘관이 예하 포병부대에 어떠한 화력지원 임무를 수행해야하는가에 대한 책임을 부여하는 것이므로 「지상군 기본교리」에서 언급한 '지원관계' 보다는 "전술적 임무"로 표현.

전술철조망 (戰術鐵條網, Tactical Wire Entanglement)

전술장애물의 일부로서, 적을 교란, 고착, 유인 및 차단시킬 목적으로 설치, 운용되는 철조망을 말하며, 적 접근로 상에 타 장애물 및 화력과 연계하여 운용함.

전술통제 (戰術統制, TACON : Tactical Control)

부여된 임무나 과업완수에 필요한 작전지역 내에서의 이동 혹은 기동에 대한 지시 및 통제에 국한하여 일시적으로 설정하는 지휘 권한으로, 모든 제대 지휘관이 행사할 수 있으며, 예하부대 지휘관에게 위임 가능하고, 작전통제권자는 자동적으로 전술통제권을 행사할 수 있음.

전역 (戰役, Campaign/ 轉役)

1. 전역 (戰役, Campaign)

주어진 시간과 공간 내에서 전략적 또는 작전적 목표를 달성하기 위해 실시하는 일련의 연관된 군사작전.

2. 전역 (轉役)

현역 복무를 마친 장병이 예비역·퇴역하거나 보충역이 제2국민역에 편입이 되어 역종이 바뀌는 것.

전위 (前衛, Advance Guard)

본대의 전방에서 적의 관측과 기습으로부터 본대를 보호하기 위해 지속적으로 정찰적전을 수행하여 소규모 적을 제압하거나 격멸시키고, 주요 도로상에 설치된 장애물을 제거하거나 도로 및 교량을 보수하고 우회로를 탐색하는 임무를 수행하는 경계부대를 말함.

전장가시화 (戰場可視化, Visualization of Battlefield)

디지털화한 정보통신망을 이용, 자체의 수집수단과 범국가적 정보관리체계, 연합 및 합동 정보관리체계를 연동하여 지휘소로 수집되는 전 출처 및 정보를 자동화시켜 실시간에 융합시키고, 결심자와 전투원, 지원자가 실시간대에 전장실상을 화면같이 한눈에 볼 수 있도록 하는 것을 말함.

전장감시 (戰場監視, Battlefield Surveillance)

전투정보를 위한 첩보를 적시에 제공하기 위하여 전투지역을 계속적이며 조직적으로 감시하는 것을 말함.

전장감시체계 (戰場監視體系, Battlefield Surveillance System)

인간정보, 신호정보, 영상정보, 계측 및 기호정보 등의 수단을 이용하여 적, 및 작전환경에 관한 정보를 수집하고 적 기도와 강·약점을 판단하여 첩보유통체계를 통하여 적시에 전파함으로써 전장상황을 이해 및 인식하고 평가할 수 있도록 지휘관의 눈과 귀의 역할을 수행하는 수단 및 운용 절차를 말함.

전장정보분석 (戰場情報分析, IPB : Intelligence Preparation of the Battlefield)

장차 어떤 부대가 작전을 하게 될 예상지역에 대해서 평상시에 적 기상 및 지형에 관한 광범위한 자료를 수집하고 이 자료를 정밀 분석하여 작전에 미치는 영향을 판단하는 것으로서 누구나 쉽게 이해할 수 있고 적응할 수 있는 정보자료를 사전에 준비하는 기법. 전장정보준비와 동의어.

전장편성 (戰場編成)

작전을 효율적으로 수행하기 위하여 전장을 구분하고 전투력을 할당 하는 것. 지휘관은 부여된 작전지역에서 성공적인 임무수행을 위해서 전장지역 편성과 전투력 할당방법을 이해하고 METT+TC 요소를 고려하여 임무에 부합된 전장편성을 하여야 함.

전쟁 (戰爭, War)

1. 상호 대립하는 2개 이상의 국가 또는 이에 준하는 집단 간에 있어서 군사력을 비롯한 각종 수단을 행사하여 자기의 의지를 상대방에게 강요하려는 행위 또는 그러한 상태.
2. 주권을 가진 국가 간의 조직적인 무력투쟁 상태로서 선전포고와 더불어 개시되고 강화조약으로 무력투쟁이 종결될 때까지의 상태.
3. 국가의 생존이 달려 있는 국가목표를 달성하기 위한 전역(campaigns).

전쟁의 수준 (戰爭~水準, Levels of War)

국가전략목표와 전술행동 간의 연계성을 명확하게 하기 위한 관념적 구분. 통상 전략적 · 작전적 · 전술적 3가지 수준으로 구분하며 부대의 규모나 유형, 지휘수준에 따라 구분되는 것이 아니라 국가전략목표 달성을 지원하기 위해 어떤 활동을 하는가에 따라 수준이 결정됨.

전쟁의 원칙 (戰爭~原則, Principles of War)

전쟁수행을 지배하는 기본적인 원리를 말함. 이러한 전쟁의 원칙은 전쟁법칙과 원리에 기초를 두고 있으나 경험요소에 의해 산출된 것으로서 전쟁원칙의 적절한 적용은 지휘권 행사와 군사작전을 성공적으로 수행하는 데 대단히 중요함.

전진축 (前進軸, Axis of Advance)

기동통제 목적으로 부여되는 적 방향으로 확정된 일반적인 통로임. 이는 지형이나 부대규모에 따라서 도로와 도로군 또는 지정된 일련의 지점을 포함함.

전진한계선 (前進限界線, Limit of Advance)

기동부대의 안전과 지원화력의 통제 및 협조를 위하여 기동부대의 진출을 통제하기 위한 한계선을 말함.

전초 (前哨, Outpost)

본대의 정지 간, 숙영 간 혹은 진지에 있는 동안 이를 적의 관측과 기습으로부터 보호하기 위하여 본대로부터 약간의 거리를 두고 운용되는 경계파견대를 말함.

전투 (戰鬪, Combat, Battle)

1. 적을 섬멸하여 승리를 획득하기 위한 직접적인 행동.
2. 작전을 성공적으로 이루기 위한 작전행동의 한 수단.
3. 전술적 수준의 목표를 달성하기 위하여 실시되는 통상 군단급 이하 제대의 협조된 활동.

4. 적을 격멸하거나 일정지역 또는 목표물을 공격, 방어하기 위하여 적과 직접 싸우는 군사행동.

전투공간 (戰鬪空間, Battlespace)

한 부대가 전투를 수행함에 있어서 전투력을 투사할 수 있는 공간으로 정면, 종심, 고도의 물리적 영역 이외에 시간적, 인지적, 정보적 영역을 포함하는 다차원 공간을 의미함.

전투단 (戰鬪團, Battle Group)

각종 주요병과의 협동부대로 운용되는 증강된 보병으로, 이 지상부대의 통상적인 구성비율은 보병 1개 연대, 포병 1개 대대, 전차 1개 중대, 공병 1개 중대 및 대공포 1개 포대로써 구성되나 상황에 따라 변경될 수 있음.

전투력집중 (戰鬪力集中, Combat Power Concentration)

아군의 전투력을 결정적인 시간과 장소에 신속히 집중하여 적보다 상대적인 전투력의 우세를 달성하는 것으로, 아 전투력의 집중과 적 전투력의 분산을 통해 달성됨.

전투명령 (戰鬪命令, Combat Order)

전투와 이를 지원하기 위한 전투지원 및 작전지속지원에 관련된 사항을 지시하는 명령을 말하며, 종류에는 지령, 훈령, 작전명령, 작전지속지원명령, 기타명령(단편명령, 준비명령), 예규가 있음.

1. 지령

방침의 설정 또는 특정한 행동을 지시하는 명령으로 통상 전구사령관급이상 지휘관이 발령함

2. 훈령

국방부장관이 소속부대(기관)에 장기간에 걸쳐 그 권한 행사를 일반적으로 지시하기 위하여 발하는 행정규칙.

3. 작전명령

작전을 수행하기 위하여 임무와 작전수행 방법 및 협조사항 등을 예하 지휘관에게 지시하는 명령으로서, 문서 또는 구두로 하달할 수 있음.

4. 단편명령

예하부대에 기 발행된 명령의 내용을 변경하는 사항을 지시하는 명령으로, 기 발행된 명령에 대한 적시적인 수정이 요구될 때 사용함.

5. 기타명령

가. 단편명령 : 예하부대에 하달된 명려의 내용을 변경하는 사항을 지시 하는 명령으로서, 적시적인 수정이 요구될 때 사용함.

나. 준비명령 : 장차 수행해야 할 행동이나 적전을 사전에 예고하여 주는 명령으로서, 시간의 제한을 받는 상황 하에서 긴요하게 사용됨.

전투명령어 (戰鬪命令語)

소부대가 긴박한 전투현장에서 적의 위협에 즉각적으로 대응할 수 있도록 상황을 인식시키고, 적절한 조치를 지시하기 위해 짧게 하달하는 구두 명령을 말함.

전투수행개념 (戰鬪遂行槪念)

대대급 이상 전술제대가 추구하는 전투수행방향으로, 적보단 전체적으로는 전투력이 열세하더라도 합동 및 제병협동 하에 결정적인 시간과 장소에 상대적으로 우세한 전투력을 집중, 공세적 전투로 승리를 달성하는 것을 말함.

전투이양선 (戰鬪移讓線 BHL : Battle Handover Line)

식별이 용이한 지형지물을 따라 미리 선정된 선 또는 지역으로서 부대 간에 전투책임이 타 부대로 이양되는 선을 말하며, 초월 작전 간 양개 부대의 상호협조 및 통제를 용이하게 하고 초월부대의 공격기세를 유지할 목적으로 통상 상급부대에서 통제선 개념으로 설정함.

전투준비 (戰鬪準備, Combat Readiness)

전투를 수행할 수 있는 능력을 미리 마련하여 구비하는 것을 말함.

전투준비태세 (戰鬪準備態勢, Combat Readiness)

적대행위 이전의 최종 전투준비상태를 말하며 주로 전술적 차원에서 사용됨. 군사태세의 하위개념으로서 `전비태세', `전투태세', `작전준비태세'는 이와 유사한 의미의 용어임.

전투준비태세훈련 (戰鬪準備態勢訓練, Combat Readiness Conditions Training)

정상적인 단계의 교육훈련을 완료하고 최고도의 전투력을 유지할 책임을 부여받은 부대가 부여된 작전임무수행을 위한 고도의 균형된 상시 전투준비태세를 유지하기 위하여 실시하는 훈련을 말함.

전투지경선 (戰鬪地境線, Boundary)

인접한 부대, 대형, 지역간에 작전협조 및 조정을 용이하게 할 목적으로 지표상에 설정한 선으로, 예하부대의 기동과 화력을 협조 및 통제하고, 전·후·측방에 대한 책임지역을 명시하기 위해 설정하며, 전투지경선을 초과하는 작전은 인접 혹은 상급부대와 협조 및 승인 없이 수행할 수 없음.

전투지대 (戰鬪地帶, Combat Zone)

1. 전투부대가 작전을 수행하기 위해 필요로 하는 지상 구역.
2. 야전군 후방전투지경선의 전방지역. 야전군 책임지역 이남지역(병참지대)과 구분됨. 작전전구는 전투지대와 병참지대로 구분되고 전투지대 내에서 작전지역(적지종심지역, 근접지역, 후방지역)이 편성됨.

전투지속능력 (戰鬪持續能力, Combat Sustaining Power)

전술목표 달성을 위하여 작전기간동안 요망되는 수준의 전투력 집중과 작전 템포를 유지하는데 필요한 부대(병력), 장비 및 물자를 제공하고 유지 할 수 있는 능력을 말함.

* '**전투지속능력**'과 '**작전지속능력**', 그리고 '**전쟁지속능력**'은 제대별로 구분하여 사용함.

1. **전투지속능력** : 전술목표 달성을 위하여 전술 제대인 군단급 이하 제대에서 사용.
2. **작전지속능력** : 작전목표 달성을 위하여 주로 작전사급 제대에서 작용하며,
3. **전쟁지속능력** : 전쟁목표 달성을 위하여 국방부, 합참, 각군 본부에서 주로 사용함.

전투지역 (戰鬪地域, Combat Area)

전투작전에 참가하고 있는 아군부대간의 상호 방해됨을 방지하고 최소화시키기 위해서 설정된 지상, 해상, 공중의 제한지역.

전투지원 (戰鬪支援, Combat Support)

전투부대에 제공되는 화력지원과 작전지원(보조 작전)을 말하며, 야전포병, 방공포병, 항공(공중수색 및 전투헬기 제외), 공병, 헌병, 통신 및 전자전이 포함됨.

전투지휘 (戰鬪指揮, Combat Command)

지휘관이 임무를 부여된 임무를 달성하기 위하여 리더십을 기반으로 전투력을 효율적으로 운용하여 지휘관의 의지를 적에게 강요하는 전장에서의 지휘통제를 말함.

전투진지 (戰鬪陳地, Battle Position)

적의 공격양상과 지형의 특징을 고려하여 적이 지향할 수 있는 접근로를 통제하거나, 전투를 수행할 수 있도록 사전 선정된 장소 또는 지역을 말하며, 주진지, 예비진지, 보조진지, 차후진지, 고수진지로 구분함.

1. **주진지** : 임무를 달성할 수 있는 최선의 수단을 제공하는 진지로, 예상접근로 상의 적을 격퇴하기 위해 교전이 예상되는 지역에 가용전투력을 동시·통합하여 전투력을 발휘를 극대화할 수 있도록 선정함.

2. **예비진지** : 주진지를 지탱할 수 없거나 주진지 상에서 임무수행이 곤란할 때 작전지역 내의 동일한 적 접근로에 대비한 진지로 주진지와 동일한 지역에 대해 전투력 발휘가 가능하도록 준비되어야 함.

3. **보조진지** : 부여된 작전지역 내에서 예상되는 적의 주접근로가 아닌 다른 접근로를 통제하기 위해 설치되는 전투진지.

4. **차후진지** : 전투실시간 차후임무를 수행하기 위해 준비된 계획에 따라 이동하게 되어 있는 전투진지.

5. **고수진지** : 작전지역의 중요한 지형 상의 요충지를 요새화하여 강력한 지탱점을 형성함으로써 적의 공격을 지속적으로 거부하기 위해 편성하는 전투진지.

전투휴대량 (戰鬪携帶量, Combat Load)

전투참가 시 개인 또는 차량으로 운반되며, 재보급이 실시 가능할 때까지 전투작전수행에 긴요한 장비 및 보급품을 말하며, 여기에는 완전무장에 필요한 개인피복, 장비, 화기 및 탄약 등이 포함됨. 전투휴대량을 설정함에 있어서는 전투병사의 활동 능률을 향상시키고 자기 및 부대의 위급한 임무수행에 필수 불가결한 품목과 수량으로 제한하여 설정하여야 함.

접적전진 (接敵前進, Advance to Contact)

적과 접촉이 단절된 상태에서 접촉을 유지하거나 회복하기 위하여 실시하는 공격작전의 형태로서, 차후 작전을 위하여 유리한 상황을 조성하는데 목적이 있음.

접촉 (接觸, Contact)

1. 아군 상호 간에 각종 수단을 이용하여 연락을 유지하고 있는 상태.
2. 적을 계속 감시할 수 있도록 상호 근접하고 있는 상태.
3. 조직원 간에 계속적으로 연락을 유지하거나 조직원이 정보활동 상 필요에 의해 외부인을 대면, 서신, 유·무선 또는 제3자를 이용하여 서로 알려고 가까이 하는 것.

접촉선 (接觸線, LC : Line of Contact)

2개의 부대가 대치하여 교전하고 있는 위치를 일반적으로 묘사하여 그린 선을 말함.

접촉점 (接觸點, Contact Point)

1. 지상전에 있어서 둘 이상의 부대가 접촉이 요구될 때 간단히 확인할 수 있는 지점으로, 공격 및 방어 간 예하 부대들이 실제로 접촉할 필요가 잇는 지점에 용이하게 식별 할 수 있는 곳으로 선정함.
2. 공중작전에 있어서 편대장이 항공통제기구와 함께 무선접촉을 유지하는 위치.

정면공격 (正面攻擊, Frontal Attack)

공격부대가 최단거리를 이용하여 전 정면에 걸쳐 적을 동시에 공격하는 공격기동의 형태를 말함.

정면압박부대 (正面壓迫部隊, Frontal Pressure Forces)

공격작전 간 추격 시 편성되는 전술집단 중 적과 접촉을 유지하고 무자비한 압박을 가하는 부대로서, 적의 접촉과 재편성을 방지하고 적에게 최대의 희생을 강요하는 임무를 수행함

정밀공격 (精密攻擊 Deliberate Attack)

*정밀공격 참조.

정보분석조 (情報分析組, Intelligence Analysis Team)

국지도발 대비 작전 정보를 분석하기 위하여 연대급 이하 부대에 편성되는 조직체로서 수행하는 임무는 거수자의 신원을 식별, 유기물이나 침투단서를 발견 분석, 작전 전개 및 종결을 판단 건의, 원점을 보존, 차단작전 건의 등임.

제병협동부대 (諸兵協同部隊, Combined Arms Group)

2개 혹은 그 이상의 병과로 구성된 결합체로서, 임무수행을 위해 상호 지원 할

수 있는 부대로 구성되며, 통상 보병, 전차, 공격헬기, 포병, 방공, 그리고 공병 등으로 편성함.

제압 (制壓, Suppression)

1. 표적타격의 요망효과중의 하나로서, 임무를 수행하고 있는 적 인원 및 장비의 전투능력을 제한시키는 것으로, 그 효과는 통상 사격을 하고 있는 동안에만 지속됨.
2. 장애물 극복준칙 중의 하나로, 아군이 적 장애물을 극복할 때 아군에 대한 적의 관측과 사격을 방해하거나 효과를 감소시키기 위해 적의 인원 및 장비, 무기체계에 대해 직·간접화력 및 전자전 수단 등으로 공격하여 무력화하는 전술적 임무.

종심 (縱深, Depth)

시간·공간·자원에서의 작전의 확장된 범위를 의미함. 작전의 효과를 증진시키려면 전 종심에서 다양한 작전을 동시에 시행하고 이를 통합할 수 있도록 작전을 구상해야 함.

종심방어 (縱深防禦)

1. 방어지역의 종심을 이용하여 결정적작전을 수행하는 지역방어 수행방법을 말함.
2. 방공무기배치 준칙의 하나로, 적기가 방호목표에 접근할수록 사격량이 증가되면서 2회 이상 교전이 가능하도록 방공무기를 배치하는 것.

주도권 (主導權, Initiative)

작전의 성공을 위해 아군에 유리한 상황을 조성해 나감으로써 아군이 원하는 방향으로 전투를 이끌어 가는 능력을 말함.

주방어지대 (主防禦地帶, Main Defense Zone)

3지대 방호개념에 의한 중요시설 방호 시 시설내부 및 핵심시설로 침투하는 적을 저지, 격멸하기 위해 병력, 화력, 장애물을 집중 운용하여 주 전투력을 전명방어 개념으로 배치하는 방어지대를 말함.

주방어지역 (主防禦地域, Main Defense Position)

전투지역전단으로부터 전방 방어부대들이 편성되는 지역의 후방 간에 위치한 지역을 말함.

주방어진지 (主防禦陣地, Main Defense Position)

1. 기동방어 시 적 공격의 긴박함을 경고하고 공격부대를 보다 불리한 지형으로 유도하고 공격부대를 저지 또는 방해하기 위하여 방자가 사용하게 되는 지형 격실, 거점 및 관측소의 연결을 말함. 주방어진지는 필요한 최소의 병력에 의해 점령되고 대다수의 방어부대는 공격작전에 사용됨.
2. 지역방어 시 전투지역 전단에서 적의 접근로를 봉쇄하고 지역을 통제하기 위하여 종심 깊이 준비된 진지를 말함. 주방어진지에는 주방어부대가 배치되며 진지를 점령하고 있는 부대는 전력을 다하여 적을 저지하여야 하며 적이 돌파에 성공하면 적을 역습에 유리한 지역으로 유인하거나 전환을 강요하게 함.

주변시 (周邊視)

야간감시 3대원칙의 하나. 한 지역이나 표적을 관찰할 때 그 물체의 주변에 시축을 2~3초마다 불규칙하게 움직이면서 바라보는 것. 이원시를 적용한 상태에서 한 물체를 2~3초 이상 주시하면 간상부의 시홍이 소멸되어 기능이 마비되어 물체를 관측 할 수 없게 됨. 이러한 주변시는 모양이나 빛깔을 분간하는 힘은 약하지만 약한 빛이나 움직임을 감시하는 힘은 강하기 때문에 야간관측을 용이하게 할 수 있음.

중간목표 (中間目標, Intermediate Objective)

최종목표에 도달하기 전에 반드시 점령 혹은 격파하여야 할 목표를 말함.

중간진지 (中間陣地)

산악지역 방어작전 시 최초진지에서 철수하는 부대를 엄호하고 능력범위 내에서 가용한 화력과 장애물을 이용하여 적에게 최대한 피해를 강요할 목적으로 편성한 진지를 말함.

중대 (中隊, Co : Company)

자체본부 및 2개 이상의 소대로 구성된 부대로 통상 대위가 지휘하며, 보병중대는 기본 전투단위 부대임.

중요지역통제 (重要地域統制, KTC : Key Terrain Control)

구성군사령부의 작전적 기세 유지를 지원하기 위해 전략적·작전적 가치가 있는 중요지역이나 특정시설을 단기적 또는 일시적으로 통제하여 적의 파괴나 방해로부터 보호하고, 조직적인 활동을 방해하여 전쟁지속능력을 약화시켜 아군에게 유리한 여건을 조성하는 특수작전의 한 형태임.

* 특전부대는 중요지역 선점, 정찰감시, 화력유도 및 전투피해평가, 적 증원 및 퇴로 교란 및 차단과 적 은거거부, 야전군 기동로 확보 등에 중점을 두고 작전을 수행함.

중요지형지물 (重要地形地物, Key Terrain)

피·아가 탈취, 확보, 통제함으로써 현저한 이익을 주는 국지 또는 지역을 말함.

증원 (增援, Reinforce)

지원부대가 피지원부대의 임무달성을 위해 피지원 부대를 지원하는 관계를 말하며, 동종병과 간(예를 들면, 포병 대 포병, 정보대 정보, 기갑 대 기갑, 공병 대 공병 등)에서만 증원 및 피증원 임무를 부여받을 수 있음. 또한 증원임무를 부여받은 부대는 원 소속 부대와의 지휘관계는 그대로 유지하나, 피증원 부대에 의해 부대 배치가 이루어짐.

증원부대 (增援部隊, Reinforcements)

아군이 선정하는 특정한 방책 또는 적의 계획에 따라 아군에 대항하여 운용될 가능성이 있는 적 부대를 말하며, 책임지역 내외에 위치하면서 아직 투입되지 않았지만 장차 임무수행에 영향을 미칠 수 있는 시기에 아군부대와 접촉하리라고 판단되는 부대들이 포함됨.

증편 (增編, Augmentation)

한 편성체의 정상직능의 변화로 인하여 발생하는 인원 및 장비의 증가를 말함.

증편부대 (增編部隊, Augmentation Unit)

평시에 감소편성으로 운영되는 부대가 전시체제로 전환됨에 따라 편성을 확장하는 부대를 말함.

지연방어 (遲延防禦, Retrograde Defence)

차후작전의 유리한 여건을 조성하기 위해 공간을 이용하여 적의 공격을 지연시키거나, 적과의 접촉으로부터 조직적으로 이탈하는 방어작전의 형태를 말하며, 작전목적에 따라 지연과 철수로 구분함.

* '지연작전' → '지연방어' 용어 변경

지원 (支援, Support)

1. 지시에 의해서 타 부대를 지원, 방어, 보충 또는 유지하는 군대활동.
2. 전투 시 단위부대가 타 단위부대를 원조하는 것. 항공, 야포 또는 함포사격이 보병 지원을 위하여 사용될 수 있음.
3. 어떤 단위부대의 일부가 예비대로 후방을 담당하는 것.

지휘소 (指揮所, Command Post)

지휘관과 참모가 작전임무를 수행하는 부대의 본부로서 지휘소의 기능은 부대유지를 위한 요구와 전투지시에 관계되는 사항을 분류 정리함. 통상적으로 주 지휘소, 후방지휘소, 예비지휘소의 3개 지휘소가 설치됨.

가. 주지휘소 (Main Command Post)

지휘관이 작전을 지휘 통제하는 주 시설로서 지휘통제본부와 이를 지원하는 인원, 시설 및 장비로 구성됨.

나. 전술지휘소 (Tactical Command Post)

주지휘소의 연장으로써 현행작전 중 주요국면을 전투현장에서 지휘통제하기 위

해 주요 전투지역까지 추진하여 운용하는 지휘소

다. 예비 지휘소 (Reserve Command Post)

주 지휘소의 기능 상실에 대비하여 운용하는 지휘소로, 주지휘소와 동일한 지휘 통제기능을 수행할 수 있도록 준비함.

* 후방 지휘소는 육군의 지휘소 운용교리 개선으로 운용하지 않음.

직접지원 (直接支援, DS : Direct Support)

1. 한 부대가 지정된 특정부대만을 지원하는 지원관계이며, 지원부대는 피지원부대의 지원요청에 최우선적으로 응함.
2. 포병부대가 특정 작전부대가 요구하는 화력지원을 즉각 제공하는 임무를 부여하는 표준 전술적 임무의 한 형태.

진내사격 (陣內射擊, Fires within the Position)

방어작전 간 적이 아군진지로 진입 시 아군은 진지내로 엄폐하면서 노출 된 적을 격멸하기 위해 아군 진지 상에 실시하는 요청사격을 말함.

진지 (陣地, Position)

1. 전투행위를 하기 위해 준비된 개인, 부대 및 장비의 구체적인 전투위치.
2. 부대에 의해 점령된 장소 혹은 지역.
3. 전투부대의 공격이나 방어를 위한 준비로 구축해 놓은 지역.

진지강화 (陣地强化, Consolidation of Position)

새로이 점령한 진지를 사용하기 위해서 또는 적의 가능성 있는 역습에 대비하기 위하여 점령한 진지를 새로이 편성, 보강하는 모든 활동,

진지교대 (陣地交代, Relief in Place)

상급부대의 지침에 따라 교대부대가 피교대부대의 전체 또는 일부와 교체 하는 것을 말하며, 순차적, 동시적 상황적 진지교대 방법이 있음.

진지전 (陣地戰, Position Warfare)

방어진이 주로 고정된 진지에만 국한되는 전투를 말하며, 방어를 위주로 한 것으로, 적으로 하여금 책임지역 내에 침입하지 못하게 하며, 강력히 구축된 진지에 대하여 공격케 함으로써 적 전투력을 와해 또는 소모케 하는 전투임.

진지편성 (陣地編成, Organization of the Ground)

방어에 있어서 전술적인 면을 고려하여 부대가 점령할 특정지역을 부여하고, 그 지역의 천연적인 방어력을 더욱 강화하여 방어력을 보강하는 것을 말함.

집결지 (集結地, AA : Assembly Area)

부대가 차후 행동을 준비하기 위하여 집결하는 장소를 말하며, 명령하달, 전투편성, 장차 작전을 위한 훈련, 재급유 및 재보급, 정비 및 제독 작업, 급식 등의 활동을 실시하는 곳임.

집중 (集中, Mass Concentration)

작전의 목적을 달성하기 위해서 결정적인 장소와 시간에 전투력의 상대적 우세를 유지하는 것을 말함.

차안 (此岸)

강이나 호수의 우리부대가 위치한 기슭이나 언덕.

차장 (遮障, Screen)

1. 이동 중이거나 정지하고 있는 부대의 전방, 측방 혹은 후방에 대한 감시를 유지하기 위하여 관측, 보고 및 적과의 접촉유지를 통해서 그 부대에 조기경고를 제공하는 경계임무.
2. 방어 시 저항방법의 일부로서, 관측소, 정찰대 등을 운영하여 적의 접근을 경고하고 능력 범위 내에서 와해, 격멸하는 것.
3. 장애물 극복준칙의 하나로, 적의 육안관측 및 표적획득을 방해하는 것.

차장부대 (遮障部隊, Screening Force)

현행작전을 적의 방해활동이나 관측으로부터 보호하기 위하여 우군과 적 사이에서 활동하는 부대로서 통상 기계화 부대로 구성됨.

참고점 (參考點, Reference Point)

아군부대의 위치, 적 활동 및 장애물 등을 보고 또는 지시하거나 화력을 요청하기 위해 선정한 특정한 지점. 이는 통상 식별이 용이한 지점을 선정하고 보안을 위해 번호를 부여함.

철수 (撤收, Withdrawal)

방어작전 형태 중 지연방어 종류의 하나로, 차후작전을 위하여 적과 접촉하고 있는 부대의 일부 또는 전부를 접적지역으로부터 이탈하는 작전으로서, 적의 압력에 의해 적과 접촉을 단절하고 후방으로 이동하는 강요에 의한 철수와 적의 압력이 없거나 경미한 상태에서 자의에 의해 실시하는 자발적인 철수로 구분됨.

첨병 (尖兵, Advance Guard)

전위의 첨병분대 전방으로 나가는 정찰 및 경계병을 말하며, 적 발견 및 보고, 부대이동의 방향유지, 이동로 상 이상 유무 확인 등의 임무를 수행함.

첩보 (諜報, Information)

정보생산을 위하여 관측, 보고, 풍문, 사건 및 기타 출처로부터 나온 모든 평가되지 않은 기록 자료를 말함.

청음초 (聽音哨, Listening Post)

야간 또는 시계가 제한될 때 첩보를 수집하거나 적 행동에 대한 조기 경고를 위해 부대 배치선의 적 전방에 운용하는 초소를 말함.

초월작전 (超越作戰, Surpass Operations)

한 부대가 다른 부대를 통과하는 작전으로서, 통상 공격기세 유지, 작전지속능력

유지, 전투력의 보존을 위해 실시하나, 한 부대가 지연방어 또는 경계작전을 방어로 전환할 목적으로 실시하거나, 한 부대를 다른 임무로 전환하기 위해 현 임무의 해제 등 기타 전술계획상의 필요에 의해서 실시 할 수도 있음.

초월전진 (超越前進, Leapfrog Jumps)

1. 적과 대치하고 있는 아군부대를 초월해서 전진하는 것.
2. 우군부대가 점령 또는 잠적하고 있는 선을 통과하여 후방부대가 전방부대와 교대하여 전진하는 것.

촌단공격 (寸斷攻擊)

적이 아군의 주방어지역에 종심깊은 돌파를 시도할 경우, 적 부대를 측방에서 절단하고 절단된 적 부대를 각개 격파하는 방어 시 공세행동을 말하며, 통상 사단급 이상 제대에서 계획함.

최소안전거리 (最小安全距離, MSD : Minimum Safe Distance)

1. 아군부대의 상공을 안전하게 통과할 수 있는 최하의 탄도에 해당하는 거리.
2. 핵무기 운용에 있어서 부대안전을 99% 보장함에 소요되는 요망지상 원점으로부터 아군부대 진지까지의 최소거리.

최소예상선 (最小豫想線, MLE : Minimum Line of Expect)

적의 입장에서 아군이 공격하지 않으리라고 생각하는 지점 또는 지역을 아군이 판단하는 곳으로서 손자병법의 "出其不意"를 리델하트가 간접접근 전략에 적용한 것으로서 심리적인 면이 강조된 용어임.

최소저항선 (最小抵抗線, MRL : Minimum Resistance Line)

적의 입장에서 아군이 공격하지 않으리라고 생각하여 군사적인 대비책을 강구하지 않은 지점 또는 지역으로 손자병법의 "攻其無備"(공기무비)를 리델하트가 간접접근 전략에 적용한 것으로서 물리적인 면이 강조된 용어임.

최초진지 (最初陳地)

산악지역 방어작전 시 원거리부터 사격으로 적을 지연 및 와해시키고 능력 범위 내에서 최대한 타격하며 적을 불리한 지형으로 유인하거나 중간 진지의 위치를 기만할 목적으로 편성한 진지를 말함.

최후방어사격 (最後防禦射擊, Final Defensive Fire)

전투진지 전방에 사전에 집중화력을 계획하여 적의 돌격을 최종적으로 저지, 격멸할 수 있도록 계획된 지역에 실시하는 사격을 말함.

최후저지선 (最後沮止線, Final Protective Line)

적의 돌격이 모든 가용한 화기의 교차사격에 의해 저지되도록 선정된 선. 이 선은 진지전면과 평행될 수도 있고 교차될 수도 있음.

추정과업 (推定課業 Implied Task)

상급기관(부대)의 계획이나 명령에는 기술되어 있지 않지만 명시과업과 작전목적을 달성하기 위해 수행해야 할 추가적인 과업. 임무분석과정에서 상급기관 명령과 지휘관 의도, 적 상황, 적 방책 등을 분석하여 염출함.

추진매복조 (推進埋伏組, Propulsion Supply)

전투지역 전단 전방의 소총 유효사거리 이내에 2명~분대 규모로 편성하여 적 접근로를 통제할 수 있는 장소에서 사전에 진지를 점령하고 있다가 적 접근을 조기에 경고하고, 적의 침투 및 기습을 방지하기 위해 운용되는 국지경계부대를 말함.

침투 (浸透, Infiltration)

1. 특정임무를 수행하기 위하여 적의 후방에 육상·공중·해상으로 부대를 은밀히 이동시키는 것을 말함.
2. 적이 특정임무를 수행하기 위하여 대한민국의 영역을 침범하는 일체의 행위를 말함.

침투기동 (浸透機動, Infiltration Movement)

공격부대의 전부 또는 일부가 적 방어진지의 간격 또는 적 배치가 미약한 지역을 은밀히 통과하여 적과 교전 없이, 또는 최소한의 교전으로 적의 측·후방을 공격하는 공격기동의 형태.

침투대기지점 (浸透待期地點, Infiltration Stand-by Point)

1. 침투로에 대한 정찰 및 최종적인 침투준비를 하는 장소.
2. 육상을 침투하는 인간정보자산이 발진기지 행동을 마치고 적 지역으로 침투하기 위해 일시적으로 대기하는 지점.

침투로 (浸透路, Infiltration Lane)

침투부대가 사용하도록 규정한 통로로서 이는 침투 시 침투부대의 일반적인 방향을 제시하고 화력과 기동을 협조하여 침투부대의 안전을 도모할 목적으로 운용함.

침투부대 (浸透部隊, Infiltration Force)

적 지역에 침투하여, 병력 및 적 군사시설 등을 공격하거나 정찰·첩보수집 등을 위하여 운용되는 부대를 말함.

* 침투기동부대는 공격 기동형태인 '침투기동'을 적용하는 부대로서, 침투부대가 보조작전을 수행하는 부대인 반면, 침투기동부대는 주 작전을 수행하는 부대라는 점에서 차이가 있음.

타격 (打擊, Strike)

1. 어떠한 목표에 피해를 가하거나 어떠한 목표를 무력화 또는 확보하기 위하여 집중적으로 가하는 행위.
2. 단일목표에 집중된 공습.

탈취 (奪取, Seizure)

작전목적으로 적이 통제하는 영토를 강제적으로 그 일부분을 점령하는 것을 말함.

탐색 (探索, Search)

1. 공 · 지 · 해상에서 발견되거나 또는 발견이 예상되는 적 인원 및 장비, 적 부대의 위치를 확인하는 행위.
2. 지정된 지역에 대한 체계적인 정찰로써 목표를 확인하고 그 위치를 파악하기 위하여 모든 부분을 시계 내에 두고 통과하는 적극적이고 조직적인 조사행위.
3. 적의 잠수함(잠수정)이나 기뢰의 위치를 탐지하고 식별하는 행위.

탐색격멸작전 (探索擊滅作戰)

적이 침투하여 은거 및 활동하는 것을 찾아서 격멸하는 작전활동으로 적 은거 예상지역이나 차단선 및 봉쇄선 내의 적을 색출하여 격멸하기 위한 작전.

테러 (Terror)

특정 목적을 가진 개인 도는 단체가 폭력을 행사하여 사회적 공포상태를 일으키는 행위를 말하며, 살인, 납치, 유괴, 저격, 약탈 등 다양한 방법이 포함됨.

템포 (Tempo)

적에 대한 상대적인 작전의 속도이며 리듬을 말함. 템포를 조절하는 것은 궁극적으로 작전수행 간 주도권을 유지하여 최종상태를 달성하기 위함임.

통합방위태세 (統合防衛態勢)

원활한 통합방위작전을 수행하기 위하여 평시부터 대비상태를 유지하는 것.

통합방위사태 (統合防衛事態, IDS : Integrated Defense Situation)

적의 침투 · 도발이나 그 위협에 대응하여 갑종사태, 을종사태, 병종사태를 선포하는 단계별 사태

가. 갑종사태(甲種事態, Class Kab Situatuion)

일정한 조직체계를 갖춘 적의 대규모 병력 침투 또는 대량살상무기 공격 등의 도발로 인한 비상사태로서 통합방위본부장 또는 지역군 사령관의 지휘·통제하에 통합방위작전을 수행하여야 할 사태.

나. 을종사태(乙種事態, Class UL Situation)

일부 또는 수 개 지역에서 적의 침투·도발로 인하여 단기간 내에 치안회복이 어려워 지역군사령관 지휘·통제 하에 통합방위작전을 수행하여야 할 사태.

다. 병종사태(丙種事態, Class Byong Situation)

적의 침투도발 위협이 예상되거나 소규모 적이 침투하였을 때 지방경찰청장, 지역군사령관 또는 함대사령관의 지휘·통제 하에 통합방위작전을 수행하여 단기간 내에 치안이 회복될 수 있는 사태.

통합성 (統合性, Integration)

전투력의 효과를 집중하기 위하여 제 작전요소 간의 협조 및 통합을 보장하는 것을 말하며, 이는 각각의 전투력 요소를 목적에 부합되게 하나로 합치는 것임. 통합성은 궁극적으로 전투력 효과의 통합을 지향하며, 이는 가용 작전요소를 효과적으로 결합하고 조화롭게 운용함으로써 달성되는데, 여기서 조화로운 운용이란 제 작전요소를 시간, 공간, 효과 면에서 조정 및 통합하는 것임.

포위 (包圍 Envelopment)

주공이 적의 강력한 방어진지를 회피하여 적의 약한 측익 또는 공중으로 기동하여 적 후방의 목표를 확보한 후 조공과 협격하여 지대 내에서 적을 격멸하는 공격기동의 형태를 말하며, 종류에는 일익포위, 양익포위, 전면포위, 수직포위가 있음.

포위부대 (包圍部隊 Envelopment Force)

1. 포위할 때 주공으로서 적의 약한 측익이나 공중으로 기동하여 적 주력의 퇴로를 차단할 수 있는 후방 종심상의 목표를 확보한 후 조공과 협격하여 지대 내에서 적을 격멸하는 부대.

2. 주격할 때는 퇴로차단부대를 의미하며 조직적인 방어나 지연능력을 상실한 적 부대의 퇴로를 차단한 후 정면압박부대와 협격하여 적 부대를 격멸하는 부대임.

표적 (標的, Tag : Target)

1. 사격으로 공격할 수 있는 모든 인원, 물자, 지형지물, 참조점 등을 말함.
2. 연습 또는 실제 전투에서 화력이 지향되는 특정한 지점, 지역, 물체, 물체군.
3. 정보작전을 지향하는 국가, 지역, 시설, 기관 또는 인원.

표적군 (標的群, Group of Target)

동시사격이 요청되는 2개 또는 그 이상의 표적을 한데 묶은 것. 이는 사단포병연대 및 군단포병여단에서 할당된 문자를 사용하여 표시함.

표적대 (標的帶, Series of Targets)

수개의 표적과 1개 이상의 표적군으로 구성된 것으로, 작전부대의 작전을 지원하기 위하여 사전 결정된 시간순서에 따라 사격하기 위하여 계획하며, 명칭은 작전부대 예규에 의거, 음어화하거나 암호화하여 부여됨.

표적선정기준 (標的選定基準)

공격할 표적으로 선정하여 타격여부를 결정하는데 적용되는 기준으로서, 표적위치 정확도, 적 활동규모, 적 활동상태, 첩보의 적시성을 고려하여 화력지원반과 정보반 요원의 상호협조 하에 작성함.

표적일람표 (標的一覽表, Target List)

작전지원을 위한 계획표적의 제원(표적번호, 성질, 위치, 표고 기타 참고 사항 등)을 기술한 것으로, 관측장교, 화력지원장교 및 각 포병작전통제본부에서 작성함.

행군 (行軍, March)

부대가 작전상의 목적과 요구에 따라 도보 또는 차량으로 이동하는 것을 말함.

행군간 경계 (行軍間儆戒, Security on the March)

행군제대를 적의 관측이나 기습공격으로부터 보호하기 위해 취하는 대책을 말함.

정밀공격 (Coordinated Attack)

면밀한 전장상황평가를 통해 적의 기도를 분석하고 강약점을 도출하여 작전목적을 달성하기 위해 통합된 작전을 수행할 수 있도록 철저한 준비와 긴밀한 협조 및 통제 하에 실시하는 공격작전의 형태를 말함.

혼합형지뢰지대 (混合形地雷地帶, Mixed Minefield)

기본형 지뢰지대와 열형 지뢰지대를 혼합한 형태로 전방 지뢰열만 가진 기본형 지뢰열과 파편형 대인지뢰로만 구성된 열형 지뢰열을 교차시켜 설치하며 불규칙 지뢰조는 기본형과 동일한 형태로 설치함.

확보 (確保, Secure)

1. 공격시 부대를 사용하거나 또는 사용하지 않고 진지나 지형지물을 획득한 후 그곳에서 적에 의한 파괴나 손실활동을 방지하기 위하여 부대를 배치하는 것.
2. 방어시 진지 또는 특정지형을 획득하여 적의 파괴나 방해로부터 방호하고 이를 적에게 허용하지 않기 위하여 진지나 장벽 및 화력을 강력하게 계획하여 저항하는 것.
3. 장애물 극복준칙의 하나로, 장애물 지대의 차안지역과 대안지역을 탈취하여 획득하는 것.

후사면 (後斜面, Reverse Slope)

아군방향으로 기울어진 경사면을 의미하며, 반사면이라고도 함.

후속부대 (後續部隊, Follow-up Force)

투입부대의 후방에서 투입부대의 공격지대를 따라 전진하면서 전투임무를 수행하는 예비대

* **후속부대**와 **후속지원부대**의 차이점

후속부대는 공간적으로 선도부대를 뒤따르는 전술집단이며, 후속지원부대와 같이 투입되어 과업을 수행하고 있는 부대가 아니라는데 차이가 있다. 후속부대는 선도부대와 위치변경을 통해 투입된 부대로서, 새로운 선도부대가 되기까지 선두부대를 후속한다는 것을 제외하면 예비대와 동일함.

후속지원부대 (後續支援部隊, Follow and Support Force)

1. 정밀공격 시 주공과 조공의 공격 지속력을 유지하기 위해 이들을 후속하면서 지원하고, 이들이 더 이상 공격을 하지 못하게 되면 그 임무를 완수하여 계속 공격 하는 전술집단.
2. 전과확대 시 전과확대부대의 속도 발휘와 전투력 유지에 기여할 수 있도록 돌파구 견부의 확보 및 확장, 적 증원부대의 이동차단, 중요지역 및 시설의 보호, 우회한 적 부대 격멸, 포로 획득, 보급로 유지 및 후방 지역작전 등의 임무를 수행하는 전술집단.

참고문헌

1. 국내문헌

육군군사연구소, 〈1129일간의 전쟁 6·25〉, 2014.

______________, 〈6·25전쟁의 실패사례와 교훈〉, 2013.

육군본부, 〈중공군의 한국전쟁 교훈〉, 2005.

________, 교육참고 〈전장사례연구〉, 1983.

________, 〈지휘통솔 그 실제와 본질〉, 2003.

육군 교육사령부, 〈군사이론연구〉, 1989.

합동군사대학, 〈6·25 전쟁사〉, 2015.

김광석, 〈용병술어연구〉, 1993, 병학사.

김종욱, 〈한국의 자연지리〉, 2008, 서울대 출판부.

노병천, 〈기적의 손자병법〉, 2011, 양서각.

민병돈, 편저 〈명장명언〉, 1995, 병학사.

서경석, 〈전투감각〉, 2013, 샘터.

______, 〈전장감각〉, 1996, 샘터.

정호용, 편저 〈용병의 원리와 실제〉, 1985, 삼화인쇄.

황규만, 역 〈롬멜보병전술〉, 1993. 일조각.

2. 국외 문헌(국내 번역 자료)

미군 야전교범 100-1 〈The Army〉, 1983.

미군 작전요무령 야교 〈100-5〉, 육군대학, 1993.

저자 소개

김창진(金昌鎭)

- 전남대학교 대학원(행정학 전공)
- 조선대학교 대학원(행정학 전공)
- 前, 육군학생군사학교 전술학 교관
- 前, 보병학교 전술담임 교관
- 前, 기계화학교 전술담임 교관
- 前, 동명대학교 군사학과 교수

논문 : 북한군 군사사상에 관한 연구
군 지휘관의 리더십이 무형전력에 미치는 영향

김영택(金永澤)

- 단국대학교 대학원(정책학 전공)
- 순천대학교 대학원(행정학 전공)
- 일본 외무성 장학 연수 수료
- 前, 육군학생군사학교 전술학 교관
- 現, 한국미래문제연구원 국방/군사연구위원
- 現, 군 인성교육진흥원 국가안보 전문연구위원
- 現, 통일부 통일교육위원
- 現, 국가기관 군사·안보·통일관련 전문강사
- 現, 전남대학교 군사학교수

논문 : 21세기 동북아 안보환경에 관한 연구
군 복지증진에 관한 연구

저서 : 전쟁의 발견 (공저)